Nolting

Grundkurs: Theoretische Physik

4. Spezielle Relativitätstheorie

Thermodynamik

Wolfgang Nolting

GRUNDKURS: THEORETISCHE PHYSIK

4. SPEZIELLE RELATIVIÄTSTHEORIE

THERMODYNAMIK

97 Abbildungen

83 Aufgaben mit vollständigen Lösungen

2., durchgesehene Auflage

Verlag Zimmermann-Neufang • Antoniusstr. 9 • 56766 Ulmen

Prof. Dr. rer. nat. Wolfgang Nolting
Universität Valladolid, Spanien

Die Deutsche Bibliothek – CIP-Einheitsaufnahme

Nolting, Wolfgang

Grundkurs: Theoretische Physik / Wolfgang Nolting. – Ulmen: Zimmermann-Neufang

4. Spezielle Relativitätstheorie / Thermodynamik – 1991
ISBN 3-922410-23-5

Gesetzt in TEX unter Verwendung von AMS@-TEX.

Gedruckt auf säurefreiem Papier.

1. Auflage 1991
2. Auflage 1993

Vorwort

Das Anliegen der Reihe **Grundkurs: Theoretische Physik** wurde bereits in den Vorworten zu den ersten drei Bänden formuliert. An diesem hat sich selbstverständlich auch für den nun vorliegenden vierten Band nichts geändert, der die **Spezielle Relativitätstheorie** und die **Thermodynamik** zum Thema hat. Der Grundkurs ist als direkter Begleiter des Grundstudiums gedacht und richtet sich als solcher bezüglich Auswahl und Reihenfolge der Themen unmittelbar nach den Anforderungen des Diplomstudiengangs Physik. Gedacht ist dabei an einen Studiengang, der bereits im ersten Semester mit der Theoretischen Physik beginnt. Deshalb mußte in den ersten drei Bänden der Vermittlung des elementaren mathematischen Rüstzeugs ein relativ breiter Raum zugestanden werden, ohne daß dabei alle mathematischen Theoreme mit der eigentlich notwendigen Strenge bewiesen werden konnten. Es mußte vor allem darum gehen, die zum Aufbau der Theoretischen Physik unbedingt notwendigen Rechen**techniken** zu erlernen.

Mit dem vierten Band wird nun die sogenannte *klassische* Theoretische Physik abgeschlossen, die in aller Regel den Vorlesungsstoff bis zum Physik-Vordiplom darstellt. Die vielleicht etwas verwundernde Zusammenstellung von **Spezieller Relativitätstheorie** und **Thermodynamik** in einem Band erfolgt nicht etwa aufgrund einer engen thematischen Beziehung zwischen diesen beiden Disziplinen, sondern wegen der erklärten Zielsetzung des Grundkurses, ein direkter Begleiter des Physik-Studiums sein zu wollen. Die **Relativitätstheorie** zählt zu den klassischen Theorien und wird als solche zweckmäßig im Anschluß an die **Mechanik** und die **Elektrodynamik** besprochen, d.h. zu Ende des dritten oder zu Beginn des vierten Semesters. Deswegen soll auch der vierte Band des **Grundkurses** zunächst mit dem relativistischen Ausbau der **Mechanik** (Bd. 1, 2) sowie der **Elektrodynamik** (Bd. 3) beginnen.

Nach rein thematischen Gesichtspunkten wäre die Thermodynamik natürlich besser bei der **Statistischen Mechanik** aufgehoben, die jedoch als *moderne, nicht-klassische* Theorie nicht vor dem sechsten Semester angeboten werden kann, und zwar nachdem im fünften Semester die Quantenmechanik erlernt wurde. Die klassische, phänomenologische Theorie **Thermodynamik** bezieht ihre Begriffsbildung direkt aus dem Experiment, benötigt deshalb im Gegensatz zur **Statistischen Mechanik** die quantenmechanischen Konzepte noch nicht. Sie ist Prüfungsstoff des Vordiploms und muß deshalb an dieser Stelle in den Grundkurs eingebaut werden.

Die **Spezielle Relativitätstheorie** befaßt sich mit der Abhängigkeit physikalischer Aussagen vom Bezugssystem des Beobachters. Eine zentrale Rolle spielen dabei die Inertialsysteme, die sich dadurch definieren lassen, daß in ihnen das Newtonsche Trägheitsgesetz ohne Mitwirkung von Scheinkräften Gültigkeit hat. Nach dem Einsteinschen **Äquivalenzpostulat** sind Inertialsysteme grundsätzlich physikalisch gleichberechtigt. Sie werden jedoch nicht durch die *alte* Galilei-Transformation ineinander überführt, sondern durch **Lorentz-Transformationen.** Deren wichtigste Konsequenz besteht in einer Verknüpfung von Raum- und Zeitkoordinaten, aus der sich eine Reihe von zum Teil recht spektakulären Phänomenen ableiten läßt, die auf den ersten, oberflächlichen Blick sogar dem *gesunden Menschenverstand* zu widersprechen scheinen. Vertraute Begriffe wie **Raum, Zeit, Gleichzeitigkeit** müssen neu überdacht werden. Aus dem zweiten Einsteinschen Postulat, daß die Lichtgeschwindigkeit im Vakuum zu allen Zeiten und an allen Orten konstant und zudem vom Bewegungszustand der Quelle unabhängig ist, wird sich die spezielle Form der Lorentz-Transformations-Matrix ableiten lassen. Ein Hauptanliegen der **Speziellen Relativitätstheorie** muß dann darin bestehen, die physikalischen Gesetze und Schlußfolgerungen der Mechanik und Elektrodynamik auf ihr Verhalten gegenüber Lorentz-Transformationen zwischen Inertialsystemen zu überprüfen. Die Abweichungen der relativistischen Mechanik von der *vertrauten* Newton-Mechanik werden besonders deutlich, wenn Relativgeschwindigkeiten v mit der Lichtgeschwindigkeit c vergleichbar werden. Die **Spezielle Relativitätstheorie** führt somit zu einer *neuen*, in gewisser Weise nun *vollständigen* **Klassischen Mechanik**, die die *alte* Formulierung als Grenzfall $v \ll c$ enthält.

Die **Thermodynamik** ist als **Wärmelehre** eine klassische, phänomenologische Theorie, zu deren Verständnis insbsondere die Begriffe **Temperatur** und **Wärme** eingeführt werden müssen. Sie sind uns weder in der Mechanik noch in der Elektrodynamik begegnet. Sinnvoll definierbar sind sie nur für makroskopische Viel-Teilchen-Systeme, bleiben dagegen völlig sinnlos für Einzelteilchen wie zum Beispiel den Massenpunkt der Klassischen Mechanik. Die gesamte Thermodynamik basiert auf einigen fundamentalen **Hauptsätzen**, die als nicht-beweisbare, experimentell unwiderlegte Erfahrungstatsachen aufgefaßt werden müssen. Bei diesen, wie auch bei den oben genannten Begriffen Temperatur und Wärme, werden wir uns im Rahmen der **Thermodynamik** mit einem *gefühlsmäßigen Selbstverständnis* zufrieden geben müssen. Eine systematischere Begründung wird der in gewisser Weise komplementären **Statistischen Mechanik** (Bd. 6) vorbehalten bleiben, die mit Hilfe statistischer Methoden über die mikroskopische Struktur der makroskopischen physikalischen Systeme einen Zugang ermöglicht. Sie unterwirft sich dabei den Gesetzmäßigkeiten der **Quantenmechanik**, die im nächsten Band dieses **Grundkurs: Theoretische Physik** behandelt wird.

Das vorliegende Buch ist aus Manuskripten zu Vorlesungen entstanden, die ich an den Universitäten Würzburg, Münster und Warangal (Indien) zu den entsprechenden Themen gehalten habe. Dabei habe ich sehr von der konstruktiven Kritik der Studenten und Übungsleiter profitiert. Ihnen gilt deshalb mein besonderer Dank. Die druckfertige Vorlage für dieses Buch entstand während meiner Zeit als Mitglied des Sonderforschungsbereichs 225 an der Universität Osnabrück. Herrn Prof. Dr. G. Borstel bin ich für seine Unterstützung sehr dankbar. Die Zusammenarbeit mit dem Verlag Zimmermann-Neufang, insbesondere mit Herrn Prof. Dr. O. Neufang, war, wie auch schon bei den bereits erschienenen Bänden, sehr angenehm und hat Spaß gemacht.

Osnabrück, im März 1991 — Wolfgang Nolting

INHALTSVERZEICHNIS

Spezielle Relativitätstheorie

Thermodynamik

SPEZIELLE RELATIVITÄTSTHEORIE

1 PHYSIKALISCHE GRUNDLAGEN

Wir beginnen mit einer Definition. Welche Vorstellung verbindet man mit dem Begriff

Relativitätstheorie?

Es geht dabei um die Lehre von der Abhängigkeit bzw. von der Invarianz physikalischer Aussagen vom Bezugssystem des Beobachters. Insbesondere handelt die

Spezielle Relativitätstheorie

von der Gleichberechtigung aller **Inertialsysteme**, wobei die Übergänge zwischen den verschiedenen Inertialsystemen allerdings nicht durch Galilei-, sondern durch

Lorentz-Transformationen

bewirkt werden. Dies bedeutet, wie wir sehen werden, eine Verknüpfung von Raum- und Zeitkoordinaten. Als die entscheidenden Ausgangspunkte der Theorie werden wir zwei Postulate kennenlernen, nämlich das sogenannte

Äquivalenzpostulat

und das

Prinzip der konstanten Lichtgeschwindigkeit.

Die wichtigsten Resultate werden zu einer

Revision der Begriffe: Raum,
Zeit,
Gleichzeitigkeit

führen, die

Lichtgeschwindigkeit als absolute Grenzgeschwindigkeit

erklären und von der

Äquivalenz von Energie und Masse

zeugen.

Die Lorentz-Transformation bezieht sich nur auf geradlinig gleichförmig gegeneinander bewegte Systeme, sagt aber nichts aus über relativ zueinander beschleunigte Systeme. Die

Allgemeine Relativitätstheorie

kann als die Theorie der grundsätzlichen Gleichberechtigung **aller** raumzeitlichen Systeme charakterisiert werden. Ausgangspunkt ist hier das Postulat der Proportionalität von schwerer und träger Masse (s. Kapitel 2.2.1 und 2.2.2, Bd. 1!). Ein sehr wichtiges Resultat entlarvt die Annahme als Vorurteil, daß das Raum-Zeit-Schema euklidisch zu wählen sei. Durch passende Festlegung der Metrik läßt sich eine übersichtlichere Darstellung des Kosmos gewinnen. Die Raumstruktur erweist sich als von der Materieverteilung abhängig. Die Grundgesetze der Mechanik ergeben sich in der Allgemeinen Relativitätstheorie aus dem Prinzip, daß ein Massenpunkt, auf den keine elektromagnetischen Kräfte wirken, im Raum-Zeit-Kontinuum einen *kürzesten* Weg beschreibt. Probleme wie die Lichtablenkung im Gravitationsfeld der Sonne oder die Rotverschiebung der Spektrallinien von Atomen in starken Gravitationsfeldern finden in der Allgemeinen Relativitätstheorie eindeutige Erklärungen. – Die mathematischen Verfahren zum Auffinden des oben erwähnten *kürzesten Weges* in einer nichteuklidischen Metrik sind in der Regel nicht ganz einfach. Die *Allgemeine Relativitätstheorie* ist allerdings auch nicht Gegenstand dieses Grundkurses. Der Leser muß auf die Spezialliteratur verwiesen werden.

Warum und wann wird die *Spezielle Relativitätstheorie* notwendig? Die experimentelle Erfahrung lehrt, daß die Postulate und Definitionen der Klassischen Mechanik in der bislang diskutierten Form ungültig werden, sobald die Relativgeschwindigkeiten v in den Bereich der Lichtgeschwindigkeit c gelangen:

$$v \lesssim c.$$

Dann sind *relativistische Korrekturen* unumgänglich, die für kleine v unbedeutend bleiben. In diesem Sinne stellt die Relativitätstheorie gewissermaßen die Vollendung der **klassischen** Physik dar. Aus ihr folgt eine *neue* klassische Physik, in der die *alte* als Grenzfall $v \ll c$ enthalten ist.

Obwohl die Quantenmechanik eine ähnliche Funktion als übergeordnete Theorie erfüllt, besteht kein direkter Zusammenhang zwischen Relativitätstheorie und Quantenmechanik. Es gibt Bereiche, in denen Quanteneffekte wichtig werden, relativistische Korrekturen aber vernachlässigbar sind und umgekehrt. Die *Relativistische Quantenmechanik* befaßt sich mit Situationen, für die beide Korrekturen unvermeidbar sind.

1.1 Inertialsysteme

In der sogenannten *Newton-Mechanik*, die im ersten Band dieses **Grundkurs: Theoretische Physik** besprochen wurde, setzen fundamentale Begriffe wie die *Bahn* $\mathbf{r}(t)$ oder die *Geschwindigkeit* $\mathbf{v} = \dot{\mathbf{r}}(t)$ eines Massenpunktes die Existenz von Bezugssystemen (Koordinatensystemen) sowie von Zeitmeßvorrichtungen (Uhren) voraus. Zum Aufbau von Koordinatensystemen können Zimmerwände, Himmelsrichtungen oder ähnliches dienen, während als Uhren mechanische Systeme mit Feder, Unruh und Zahnrädern oder periodische Bewegungen wie die Rotation der Erde, Molekülschwingungen usw. herangezogen werden können.

Die experimentelle Beobachtung geht nun dahin, daß nicht in allen Bezugssystemen die Newton-Mechanik gültig ist. In rotierenden Koordinatensystemen zum Beispiel wird sie erst dann wieder korrekt, wenn man zu den eingeprägten Kräften noch gewisse, durch die Rotation bedingte *Scheinkräfte* (*Trägheitskräfte, Zentrifugalkräfte*) hinzuaddiert (Kapitel 2.2.4 und 2.2.5, Bd. 1). Das führt zu der Vorstellung, die man als

Newtonsche Fiktion

bezeichnet. Sie läßt sich in zwei Punkten zusammenfassen:

1) Es gibt den **absoluten Raum** (*Weltäther*). Dieser ist unveränderlich und unbeweglich und setzt den Bewegungen materieller Körper keinen Widerstand entgegen. Die Bewegung des *relativen Raums* (Teilraums) gegenüber dem absoluten kann dazu führen, daß die Grundgesetze der Mechanik nicht mehr gelten. Nur im absoluten Raum ruhende oder gegen diesen geradlinig gleichförmig bewegte relative Räume lassen die Grundgesetze invariant.

2) Es gibt eine **absolute Zeit**, d.h. eine irgendwo im Weltäther existierende Normaluhr.

Beide Postulate erweisen sich schlußendlich als unhaltbar. Punkt 1) läßt sich zunächst dahingehend verallgemeinern, daß wir nicht den *absoluten Raum* postulieren, sondern von der unbestreitbaren Tatsache ausgehen, daß es tatsächlich Systeme gibt, in denen die Newton-Mechanik gültig ist. Für diese wiederholen wir einige Überlegungen aus Kapitel 2.2.3, Bd. 1, um uns noch einmal detailliert klarzumachen, welche Voraussetzungen benutzt wurden.

Definition:

Wir bezeichnen als **Inertialsystem** ein Bezugssystem, in dem das Newtonsche Trägheitsgesetz

$$\mathbf{F} = m\,\ddot{\mathbf{r}}$$

ohne Mitwirkung künstlich eingeführter Scheinkräfte gilt.

Ein System, das relativ zu einem Inertialsystem rotiert, kann deshalb **kein** Inertialsystem sein. Wir haben in den Kapiteln 2.2.4 und 2.2.5, Bd. 1 gelernt, daß dann zur Kraftgleichung Terme addiert werden müssen, die die Drehung beschreiben (Zentrifugal-, Coriolis-Kräfte).

Satz:

Σ sei ein Inertialsystem; das System Σ' bewege sich relativ zu Σ geradlinig gleichförmig. Dann ist Σ' ebenfalls ein Inertialsystem.

Beweis:

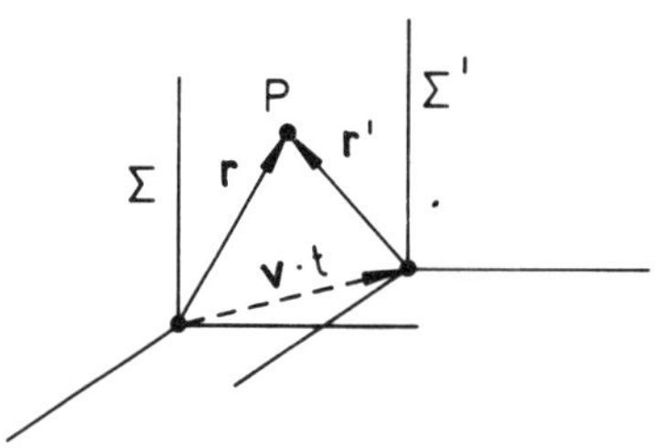

$\mathbf{r}$ sei der Ortsvektor für den Punkt P in Σ, $\mathbf{r}'$ der für P in Σ'. Σ' bewegt sich relativ zu Σ mit der konstanten Geschwindigkeit $\mathbf{v}$. Dann gilt offenbar:

$$\mathbf{r} = \mathbf{r}' + \mathbf{v}\,t \implies \dot{\mathbf{r}} = \dot{\mathbf{r}}' + \mathbf{v} \implies \ddot{\mathbf{r}} = \ddot{\mathbf{r}}'.$$

Es ist also:

$$\mathbf{F} = m\,\ddot{\mathbf{r}} = m\,\ddot{\mathbf{r}}' = \mathbf{F}' \quad \text{q.e.d.}$$

Dieser Beweis benutzt als wichtige Voraussetzung, daß das Zeitmaß in beiden Systemen gleich ist. Wir haben nämlich wie selbstverständlich beim Differenzieren $t = t'$ angenommen. Diese Voraussetzung wird sich als falsch herausstellen.

Wir können ohne Einschränkung der Allgemeinheit annehmen, daß die konstante Relativgeschwindigkeit $\mathbf{v}$ parallel zur z-Achse liegt. Dann geschieht der Übergang $\Sigma \longleftrightarrow \Sigma'$ durch eine

Galilei-Transformation

$$x = x', \; y = y', \; z = z' + v\,t, \; t = t'. \tag{1.1}$$

Die letzte Beziehung wird in der Regel weggelassen, da sie selbstverständlich zu sein scheint. Bei Gültigkeit der Galilei-Transformation können wir also durch mechanische Versuche eine geradlinig gleichförmige Bewegung (z.B. in grober Näherung die Bahn der Erde) relativ zum *Weltäther* nicht nachweisen. Vielleicht gelingt dieses jedoch mit optischen Experimenten, wenn man z.B. die Lichtgeschwindigkeit in verschiedenen Inertialsystemen untersucht:

Eine Lichtquelle im Ursprung von Σ sendet sphärische Wellen aus, die sich mit der Lichtgeschwindigkeit c fortpflanzen. Für den Ortsvektor $\mathbf{r}$ eines bestimmten Punktes auf der Wellenfront gilt dann:

$$\dot{\mathbf{r}} = c\,\mathbf{e}_r; \quad \mathbf{e}_r = \frac{\mathbf{r}}{r}.$$

Für die von Σ' aus gesehene Wellengeschwindigkeit sollte dann aber

$$\dot{\mathbf{r}}' = c\,\mathbf{e}_r - \mathbf{v}$$

gelten. Sie wäre damit richtungsabhängig mit $|\dot{\mathbf{r}}'| \neq c$. In Σ' würde es sich dann nicht um sphärische Wellen handeln! Wenn das aber richtig ist, dann gäbe es tatsächlich eine Möglichkeit, den *absoluten Raum* zu definieren. Es wäre gerade jenes Bezugssystem Σ_0, in dem

$$\dot{\mathbf{r}} = c\,\mathbf{e}_r \qquad (\textit{sphärische Wellen})$$

beobachtet würde. Alle anderen Inertialsysteme zeigen die obige Richtungsabhängigkeit der Lichtwellengeschwindigkeit.

Dies läßt sich aber relativ einfach experimentell überprüfen!

1.2 Michelson-Morley-Experiment

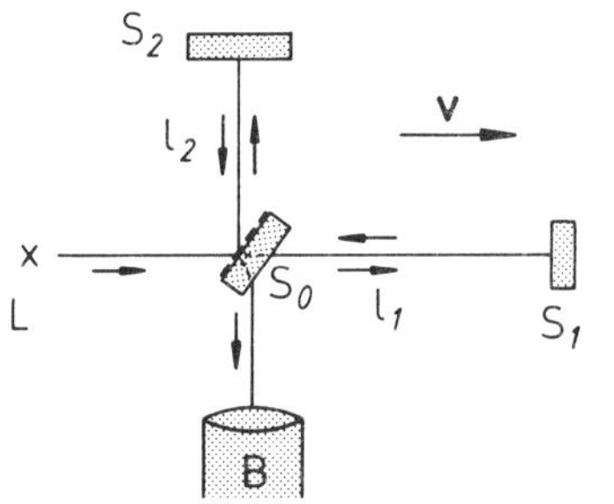

A.A. Michelson (Nobelpreis 1907) entwarf eine Versuchsanordnung, die mit extremer Genauigkeit die soeben diskutierte Richtungsabhängigkeit der Lichtwellengeschwindigkeit, wenn sie denn überhaupt existiert, messen können sollte. Das Prinzip ist in der Abbildung dargestellt.

Ausgehend von einer Lichtquelle L fällt ein Lichtstrahl auf einen Spiegel S_0, der auf der Vorderseite mit einer Metallschicht überzogen und damit halbdurchlässig ist. Ein Teilstrahl wird an S_0 reflektiert, fällt dann auf den Spiegel S_2, wird dort wiederum reflektiert, durchsetzt S_0 und gelangt in das Beobachtungsgerät B (Teleskop). – Der andere Teilstrahl durchsetzt S_0, fällt auf den Spiegel S_1, wird dort und anschließend an S_0 reflektiert, um am Beobachtungsort B mit dem ersten Teilstrahl zu interferieren. – In den Strahlengang $S_0 \rightleftarrows S_2$ wird in der Regel noch eine Kompensationsplatte eingesetzt, damit dieser Teilstrahl insgesamt dieselbe Glasdicke zu durchlaufen hat wie der andere. Benutzt man monochromatisches Licht, so beobachtet man in B konstruktive Interferenz der beiden Teilstrahlen, wenn die jeweiligen optischen Weglängen sich um ein ganzzahliges Vielfaches der Wellenlänge λ unterscheiden:

$$2(l_2 - l_1) = m\,\lambda; \quad m \in \mathbb{N}\,.$$

Bringt man den Spiegel S_2 zum Beispiel auf einem Schlitten mit Mikrometerschraube an und verschiebt ihn um $\lambda/2$, so verlagert sich das gesamte Interferenzmuster gerade um eine Interferenzstreifenbreite.

Betrachten wir nun einmal die **Laufzeiten** der beiden Teilstrahlen:

1)

$S_0 \rightarrow S_1$: Auf diesem Weg haben wir die Erdgeschwindigkeit $\mathbf{v}$ zu berücksichtigen. Die Gültigkeit der Galilei-Transformation voraussetzend können wir von der Additivität der Geschwindigkeiten ausgehen. Die Lichtgeschwindigkeit relativ zur Apparatur ist deshalb $c - v$. Wir erhalten als Laufzeit $t_1^{(1)}$ für den Weg $S_0 \rightarrow S_1$:

$$t_1^{(1)} = \frac{l_1}{c - v}.$$

$S_1 \rightarrow S_0$: Auf dem Rückweg beträgt die Relativgeschwindigkeit des Lichtes dann $c+v$. Das Licht läuft nun gegen den *Ätherwind*. Das ergibt als Laufzeit:

$$t_1^{(2)} = \frac{l_1}{c + v}.$$

Die gesamte Laufzeit des ersten Teilstrahls auf dem Weg $S_0 \rightarrow S_1 \rightarrow S_0$ beträgt somit:

$$t_1 = \frac{l_1}{c - v} + \frac{l_1}{c + v} = 2\,\frac{l_1}{c}\,\frac{1}{1 - \frac{v^2}{c^2}}. \tag{1.2}$$

2)

$S_0 \rightleftarrows S_2$:

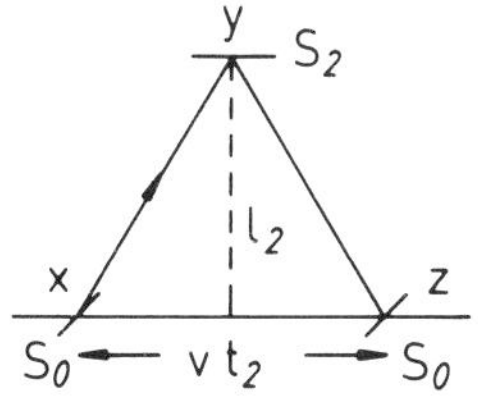

Jetzt müssen wir die Mitbewegung des Spiegels S_0 beachten. Die Lichtgeschwindigkeit ist c, da sich der Strahl jeweils senkrecht zum Ätherwind bewegt. Für die Laufstrecke gilt dann:

$$\overline{xyz} = c\,t_2 = 2\sqrt{l_2^2 + \frac{1}{4}v^2 t_2^2}.$$

Dies ergibt für die Laufzeit t_2 des zweiten Teilstrahls:

$$t_2 = \frac{2l_2}{c} \frac{1}{\sqrt{1-\frac{v^2}{c^2}}}. \tag{1.3}$$

Die beiden Teilstrahlen besitzen somit die folgende Laufzeitdifferenz:

$$\Delta t = t_2 - t_1 = \frac{2}{c}\left(\frac{l_2}{\sqrt{1-\frac{v^2}{c^2}}} - \frac{l_1}{1-\frac{v^2}{c^2}}\right). \tag{1.4}$$

Nun wird die Apparatur um 90° gedreht, so daß sich die Lichtwege l_1 und l_2 relativ zum Äther gerade vertauschen. Es ergibt sich nun eine andere Laufzeitdifferenz:

$$\Delta t' = t'_2 - t'_1 = \frac{2}{c}\left(\frac{l_2}{1-\frac{v^2}{c^2}} - \frac{l_1}{\sqrt{1-\frac{v^2}{c^2}}}\right). \tag{1.5}$$

Interessant ist der Unterschied in den Laufzeitdifferenzen:

$$\begin{aligned}\tau_0 = \Delta t' - \Delta t &= \frac{2(l_1+l_2)}{c}\left(\frac{1}{1-\frac{v^2}{c^2}} - \frac{1}{\sqrt{1-\frac{v^2}{c^2}}}\right) = \\ &= \frac{2(l_1+l_2)}{c}\left(1+\frac{v^2}{c^2}+\ldots-1-\frac{1}{2}\frac{v^2}{c^2}+\ldots\right).\end{aligned}$$

Dies bedeutet:

$$\tau_0 \xrightarrow[v^2 \ll c^2]{} \frac{l_1+l_2}{c}\frac{v^2}{c^2}. \tag{1.6}$$

τ_0 bewirkt eine Verschiebung des Interferenzmusters um r Interferenzstreifen, wobei sich r aus

$$r = \frac{c\,\tau_0}{\lambda} = \frac{(l_1+l_2)v^2}{\lambda\, c^2} = \frac{\tau_0}{\tau}$$

berechnet. τ ist die Schwingungsdauer des Lichtes:

$$\tau = \frac{\lambda}{c}. \tag{1.7}$$

Bei Drehung der Apparatur um $\pi/2$ in dem beschriebenen Sinne sollte also eine τ_0 entsprechende Verschiebung der Interferenzstreifen auftreten. Dies wollen wir einmal über konkrete Zahlenwerte abschätzen:

Nach dem Konzept des Experiments ist natürlich nicht ganz eindeutig, was man für die *Ätherwindgeschwindigkeit* v einzusetzen hat. Es liegt jedoch nahe, die Bahngeschwindigkeit der Erde

$$v = 3 \cdot 10^4 \, \frac{\mathrm{m}}{\mathrm{s}}$$

als ein gutes Maß für die Bewegung relativ zum Äther anzusehen. Nehmen wir noch die Wellenlänge des Lichts zu $\lambda = 5000\,\text{Å} = 5 \cdot 10^{-7}\,\mathrm{m}$ an, so erreicht man $\tau_0 = \tau$, also eine Verschiebung des Interferenzmusters um eine volle Streifenbreite, falls

$$1 = (l_1 + l_2)\,\frac{9 \cdot 10^8}{9 \cdot 10^{16} \cdot 5 \cdot 10^{-7}\,\mathrm{m}} \iff (l_1 + l_2) = 50\,\mathrm{m}$$

ist. Michelson stand in seinem ersten Versuch eine Strecke von

$$l_1 = l_2 = 1,2\,\mathrm{m}$$

zur Verfügung. Dies entspricht einer Verschiebung von etwa 0.05 Interferenzstreifen und wäre durchaus meßbar gewesen. In der späteren, zusammen mit Morley aufgebauten Versuchsanordnung wurde durch Vielfach-Reflexionen die optische Weglänge noch um einen Faktor 10 erhöht.

Resultat:

> Es wird **keine** Interferenzverschiebung beobachtet! Die Lichtgeschwindigkeit ist offensichtlich in allen Richtungen gleich und unabhängig von den relativen, gleichförmig geradlinigen Bewegungen des Beobachters, des übertragenden Mediums und der Lichtquelle.

Fazit:

Die Galilei-Transformation kann nicht richtig sein! Sie muß durch eine Transformation ersetzt werden, die konstante Lichtgeschwindigkeit in **allen** Inertialsystemen gewährleistet.

Man beachte: Es wird nicht die physikalische Äquivalenz von Inertialsystemen bezweifelt, sondern lediglich die Art der Transformation zwischen solchen Systemen.

1.3 Einsteins Postulate

Einsteins Deutung des nicht-erwarteten Ausgangs des Michelson-Morley-Experiments war ebenso einfach wie genial. Das Interpretationsproblem des Experiments ist letztlich eine Konsequenz der Gewöhnung an eigentlich plausibel erscheinende Annahmen von allerdings nicht streng bewiesenen Tatsachen. So erweist sich die Annahme einer

absoluten Zeit,

die für die Gültigkeit der Galilei-Transformation unerläßlich ist, als ebenso unhaltbar wie die Annahme eines

absoluten Raums.

Wie mißt man überhaupt Zeiten? Jede Zeitmessung läuft genau genommen über die Feststellung einer Gleichzeitigkeit. So werden z.B. die Zeigerstellung einer Uhr und das Eintreffen eines Zuges miteinander verglichen. Problematisch könnte es werden, wenn man die zeitlichen Beziehungen zwischen zwei Ereignissen zu messen hat, die an verschiedenen Orten stattfinden. In der Mechanik versuchen wir die Bewegung eines Körpers dadurch zu beschreiben, daß wir seine Ortskoordinaten als Funktionen der Zeit angeben. Dazu benötigen wir eben die zeitlichen Beziehungen zwischen Ereignissen an verschiedenen Orten. Das ist sogar bei jeder Geschwindigkeitsmessung notwendig, da

$$\mathbf{v} = \frac{\mathbf{r}_a - \mathbf{r}_b}{t_a - t_b}$$

eine Zeitmessung t_a in $\mathbf{r}_a$ und eine Zeitmessung t_b am Ort $\mathbf{r}_b$ erfordert. Wie hängt nun aber die Gleichzeitigkeit bei $\mathbf{r}_a$ mit der bei $\mathbf{r}_b$ zusammen? Die a-Uhr und die b-Uhr müssen synchronisiert werden. Das wäre überhaupt kein Problem, wenn sich Information von a nach b mit unendlich hoher Geschwindigkeit übertragen ließe. Das geht aber nicht, da auch elektromagnetische Signale sich zwar mit hoher, letztlich aber doch endlicher Geschwindigkeit fortpflanzen. Die

Synchronisation der Uhren

könnte aber nach dem folgenden Rezept realisiert werden. Man sendet ein Lichtsignal von a nach b und läßt dieses an einem Spiegel in b reflektieren. Die Zeit für die Wegstrecke $a \rightarrow b \rightarrow a$ ist dann mit der a-Uhr meßbar. Sinn macht dieses Verfahren jedoch nur unter der ganz entscheidenden Voraussetzung, daß die Lichtgeschwindigkeit von a nach b dieselbe ist wie die von b nach a. Dann gilt nämlich

$$t_{a\rightarrow b} = \frac{1}{2} t_{a\rightarrow b\rightarrow a} = t_{b\rightarrow a},$$

und eine Synchronisation der a- und b-Uhren wäre ohne weiteres möglich.

Einstein hat diese Voraussetzung als Postulat in seine *neue* Physik, die

Spezielle Relativitätstheorie

genannt wird, eingebaut. Die gesamte Theorie basiert auf zwei Postulaten:

Postulat 1 (Äquivalenzpostulat):

> Alle physikalischen Gesetze und Resultate aller Experimente sind in allen gleichförmig geradlinig gegeneinander bewegten Systemen gleich.

Postulat 2:

> Die Lichtgeschwindigkeit hat im Vakuum zu allen Zeiten und an allen Orten den konstanten Wert c und ist insbesondere von der Bewegung der Quelle unabhängig.

Aus Postulat 1 folgt, daß nur relative Bewegungen zweier Systeme meßbar sind. Dies bedeutet eigentlich nichts Neues gegenüber der Newton-Mechanik, nur sind Inertialsysteme jetzt genauer zu definieren. Das eigentlich Neue ist Postulat 2. Heute ist es eindeutig experimentell bestätigt, nicht jedoch zu der Zeit, als Einstein es formulierte. Es bedingt, wie wir sehen werden, ein radikales Umdenken bezüglich vertrauter Begriffe wie Raum, Zeit und Gleichzeitigkeit.

Es bleiben für uns die folgenden Programmpunkte:

1) Wir suchen nach der korrekten Transformation zwischen Inertialsystemen, die die Lichtgeschwindigkeit erhält. Diese sollte für $v \ll c$ in die Galilei-Transformation übergehen.

2) Wir überprüfen die physikalischen Gesetze bezüglich ihrer Transformationseigenschaften gegenüber einer solchen korrekten Transformation.

1.4 Lorentz-Transformation

1.4.1 Transformationsmatrix

Es seien Σ und Σ' gleichförmig gegeneinander bewegte Inertialsysteme, wobei wir z.B. Σ als *ruhend* und Σ' als *bewegt* annehmen können. Die beiden Koordinatensysteme sollen zur Zeit $t = 0$ identisch sein:

$$t = 0 : \qquad \Sigma \equiv \Sigma'.$$

Zu diesem Zeitpunkt $t = 0$ sende eine Lichtquelle im Ursprung von Σ, der dann gerade mit dem von Σ' zusammenfällt, ein Signal aus. Das ergibt im *ruhenden* System Σ eine sich mit Lichtgeschwindigkeit c ausbreitende Kugelwelle:

$$c^2t^2 = x^2 + y^2 + z^2. \tag{1.8}$$

Nach Postulat 2 muß diese Beziehung für die Lichtausbreitung in **jedem** Inertialsystem, also auch in Σ', erfüllt sein!

$$c^2t'^2 = x'^2 + y'^2 + z'^2. \tag{1.9}$$

Die Forderung, daß sich das Signal in beiden Systemen als Kugelwelle fortpflanzt, ist offenbar nur bei Mittransformation der Zeit ($t \Longleftrightarrow t'$) zu befriedigen. Dadurch ergibt sich eine Verknüpfung von Raum- und Zeitkoordinaten. Wie hat nun die Transformation auszusehen, die Σ in Σ' überführt?

Üblich ist die Einführung einer vierten Koordinate:

$$x_4 = ict. \tag{1.10}$$

Das Resultat des Michelson-Morley-Experiments läßt sich dann mit $x_1 = x$, $x_2 = y$, $x_3 = z$ als

Invarianzbedingung

$$\sum_{\mu=1}^{4} x_\mu^2 \stackrel{!}{=} \sum_{\mu'=1}^{4} x_{\mu'}^2 \tag{1.11}$$

formulieren. Wir werden später (s. Kapitel 1.5) die beiden Seiten dieser Gleichung als das **Längenquadrat** eines **Vierer-Vektors** im abstrakten vierdimensionalen

Minkowski-Raum (*Weltraum*)

interpretieren. Dann stellt die gesuchte Transformation, die wir schon jetzt

Lorentz-Transformation

nennen wollen, offenbar eine

Drehung im Minkowski-Raum

dar, wobei sich die *Länge* des gedrehten Vierer-Vektors nicht ändert. Dazu zählen natürlich auch die *normalen* Drehungen im realen dreidimensionalen Anschauungsraum zwischen Systemen, deren Ursprünge relativ zueinander in Ruhe sind. Man kann zeigen:

> **Die Allgemeine Lorentz-Transformation ist gleich der Speziellen Lorentz-Transformation multipliziert mit der Raumdrehung.**

Unter der

Speziellen Lorentz-Transformation

versteht man die Transformation zwischen gleichförmig geradlinig gegeneinander bewegten Systemen mit parallelen Achsen. Die folgenden Betrachtungen beschränken sich auf diese speziellen Lorentz-Transformationen. Wir können dann aber auch ohne weiteres annehmen, daß die Relativgeschwindigkeit **v** zwischen Σ und Σ' parallel zur $x_3 = z$-Achse gerichtet ist.

Der Zusammenhang zwischen den Koordinaten in Σ und denen in Σ' muß notwendig linear sein, da sonst z.B. eine gleichförmige Bewegung in Σ keine solche in Σ' wäre, was dem Äquivalenzpostulat widerspräche. Dies führt zu dem folgenden **Ansatz:**

$$x'_\mu = \sum_{\lambda=1}^{4} L_{\mu\lambda}\, x_\lambda. \tag{1.12}$$

Wegen der speziellen Richtung von **v** werden die 1- und 2-Komponenten in beiden Systemen gleich sein:

$$x'_1 = x_1; \quad x'_2 = x_2. \tag{1.13}$$

Die Komponenten x'_3, x'_4 müssen von x_1 und x_2 unabhängig sein, da kein Punkt der x_1, x_2-Ebene in irgendeiner Weise ausgezeichnet ist. Eine Verschiebung in dieser Ebene darf keine Auswirkungen haben. Damit kennen wir aber bereits die Struktur der **Transformationsmatrix L**:

$$\mathbf{L} \equiv \begin{pmatrix} 1 & 0 & 0 & 0 \\ 0 & 1 & 0 & 0 \\ 0 & 0 & L_{33} & L_{34} \\ 0 & 0 & L_{43} & L_{44} \end{pmatrix}. \tag{1.14}$$

Wir nutzen nun die Invarianzbedingung (1.11) aus:

$$\begin{aligned} x_3'^2 + x_4'^2 &= \left(L_{33}x_3 + L_{34}x_4\right)^2 + \left(L_{43}x_3 + L_{44}x_4\right)^2 = \\ &= \left(L_{33}^2 + L_{43}^2\right)x_3^2 + \left(L_{34}^2 + L_{44}^2\right)x_4^2 + \\ &\quad + 2\left(L_{33}L_{34} + L_{43}L_{44}\right)x_3x_4 \stackrel{!}{=} x_3^2 + x_4^2. \end{aligned}$$

Der Koeffizientenvergleich liefert:

$$\begin{aligned} &L_{33}^2 + L_{43}^2 = 1, \\ &L_{34}^2 + L_{44}^2 = 1, \\ &L_{33}L_{34} + L_{43}L_{44} = 0. \end{aligned}$$

Dieses Gleichungssystem wird gelöst durch den folgenden Ansatz:

$$\begin{aligned} &L_{33} = L_{44} = \cosh\chi, \\ &L_{34} = -L_{43} = i\sinh\chi. \end{aligned}$$

Die Vorzeichenwillkür in der letzten Zeile wird später durch die Forderung aufgehoben, daß für $v \ll c$ die Lorentz- in die Galilei-Transformation übergehen muß! Wir haben damit als Zwischenergebnis:

$$L \equiv \begin{pmatrix} 1 & 0 & 0 & 0 \\ 0 & 1 & 0 & 0 \\ 0 & 0 & \cosh\chi & i\sinh\chi \\ 0 & 0 & -i\sinh\chi & \cosh\chi \end{pmatrix}.$$

Um schließlich auch χ festzulegen, betrachten wir die Bewegung des Ursprungs von Σ'. Von Σ aus gesehen gilt für diese:

$$x_3 = v\,t = -i\,\frac{v}{c}x_4.$$

Dies ergibt den folgenden Zusammenhang:

$$\begin{aligned} 0 = x_3' &= \cosh\chi\, x_3 + i\, \sinh\chi\, x_4 = \\ &= i\, x_4 \left(-\frac{v}{c}\cosh\chi + \sinh\chi\right) \\ &\Longrightarrow\ \tanh\chi = \frac{v}{c}. \end{aligned}$$

Mit

$$\cosh\chi = \frac{1}{\sqrt{1-\tanh^2\chi}} = \frac{1}{\sqrt{1-\frac{v^2}{c^2}}}$$

und

$$\sinh\chi = \cosh\chi\ \tanh\chi = \frac{v/c}{\sqrt{1-\frac{v^2}{c^2}}}$$

sowie den üblichen Abkürzungen,

$$\beta = \frac{v}{c}; \quad \gamma = \gamma(v) = \frac{1}{\sqrt{1-\frac{v^2}{c^2}}}, \tag{1.15}$$

lautet schließlich die

Matrix der Speziellen Lorentz-Transformation

$$L \equiv \begin{pmatrix} 1 & 0 & 0 & 0 \\ 0 & 1 & 0 & 0 \\ 0 & 0 & \gamma & i\beta\gamma \\ 0 & 0 & -i\beta\gamma & \gamma \end{pmatrix}. \tag{1.16}$$

Man erkennt unmittelbar, daß Zeilen und Spalten der Matrix L orthonormal sind. Die Determinante erfüllt

$$\det L = \gamma^2 - \beta^2\gamma^2 = 1. \tag{1.17}$$

L beschreibt also eine Drehung (s. Kapitel 1.4.6.5, Bd. 1). Wegen ihrer Bedeutung wollen wir die

Gleichungen der Speziellen Lorentz-Transformation

noch einmal explizit in der ursprünglichen, kartesischen Form aufschreiben:

$$x' = x, \tag{1.18}$$

$$y' = y, \tag{1.19}$$

$$z' = \frac{z - v\,t}{\sqrt{1 - \frac{v^2}{c^2}}}, \tag{1.20}$$

$$t' = \frac{t - \frac{v}{c^2}z}{\sqrt{1 - \frac{v^2}{c^2}}}. \tag{1.21}$$

Wir schließen noch einige Diskussionsbemerkungen an:

1) Für kleine Relativgeschwindigkeiten $v \ll c$ wird aus der Lorentz-Transformation (1.18) bis (1.21) die Galilei-Transformation (1.1).

2) c ist offensichtlich die maximale Relativgeschwindigkeit, da für $v > c$ z' nicht mehr reell wäre.

3) Die inverse Transformationsmatrix

$$L^{-1} \equiv \begin{pmatrix} 1 & 0 & 0 & 0 \\ 0 & 1 & 0 & 0 \\ 0 & 0 & \gamma & -i\beta\gamma \\ 0 & 0 & i\beta\gamma & \gamma \end{pmatrix} \tag{1.22}$$

ergibt sich offenbar aus (1.16) einfach durch Substitution $v \to -v$, d.h. $\beta \to -\beta$. Das ist auch nicht anders zu erwarten, da sich Σ von Σ' aus gesehen mit der Geschwindigkeit $-v$ bewegt.

4) Man bezeichnet den *Ortsvektor*

$$x_\mu \equiv (x_1, x_2, x_3, x_4) \equiv (x, y, z, i\,c\,t) \equiv (\mathbf{x}, i\,c\,t) \tag{1.23}$$

des Minkowki-Raumes als *Vierer-Vektor*. Jedes System von Zahlen

$$a_\mu \equiv (a_1, a_2, a_3, a_4) \equiv (\mathbf{a}, a_4), \tag{1.24}$$

das sich bei einer Lorentz-Transformation in derselben Weise transformiert wie der Ortsvektor (1.23), wird dann ebenfalls *Vierer-Vektor* genannt. Insbesondere muß gemäß (1.11) die

$$\textbf{Länge } \mathbf{a}_\mu = -\sum_{\mu=1}^{4} a_\mu^2$$

eine Lorentz-Invariante sein. – Wir werden später (Kapitel 2.1) kontra- und kovariante Vierer-Vektoren unterscheiden und diese durch verschiedene Stellungen des Index μ kennzeichnen (a_μ, a^μ).

5) Wir treffen einige Vereinbarungen zur Schreibweise. Mit griechischen Buchstaben μ, λ, $\rho, \dots$ indizieren wir die Komponenten von Vierer-Vektoren, wobei der gesamte Vierer-Vektor durch eine typische Komponente, z.B. x_μ, gekennzeichnet ist. Die *normalen* Dreiervektoren werden fett dargestellt, und die lateinischen Buchstaben $k, l, m, \dots$ bezeichnen die Komponentenindizes.

Über gleiche griechische Indizes nebeneinander stehender Größen wird summiert (*Einsteins Summenkonvention*), das Summenzeichen dabei häufig weggelassen, z.B.:

$$x'_\mu = \sum_{\lambda=1}^{4} L_{\mu\lambda}\, x_\lambda \iff x'_\mu = L_{\mu\lambda}\, x_\lambda . \tag{1.25}$$

Wir wollen nun einige Folgerungen der Lorentz-Transformation diskutieren.

1.4.2 Relativität der Gleichzeitigkeit

Die dem *gesunden Menschenverstand* wohl am meisten widerstrebende Folgerung der Lorentz-Transformation betrifft die Definition der *Gleichzeitigkeit.* Jedes Inertialsystem hat sein eigenes *Gleichzeitigkeitskriterium.* Die absolute Zeit gibt es nicht! Sie ist eine Funktion des verwendeten Bezugssystems und wird mit dem Ablesen einer Uhr definiert. Letzteres stellt kein Problem dar, wenn alle Zeitmessungen in demselben Inertialsystem durchgeführt würden. Wir könnten die Uhren, wie früher beschrieben, durch ein Lichtsignal synchronisieren. Aber wie synchronisieren wir Uhren, die sich in verschiedenen, relativ zueinander bewegten Inertialsystemen befinden? Das erweist sich als problematisch, da der Begriff der *Gleichzeitigkeit* relativ ist, d.h. unterschiedlich in relativ zueinander bewegten Inertialsystemen Σ und Σ', wie man sich leicht wie folgt klarmacht:

Σ : Durch zwei *synchronisierte* Uhren bei z_1 und z_2 sei festgestellt, daß zwei Ereignisse *gleichzeitig* an diesen Orten stattfinden:

$$t_1 = t_2 \iff \Delta t = 0.$$

Σ' : Dieselben beiden Ereignisse erscheinen von diesem Inertialsystem aus **nicht** als *gleichzeitig*:

$$t_1' = \frac{t_1 - \frac{v}{c^2}z_1}{\sqrt{1-\frac{v^2}{c^2}}}; \quad t_2' = \frac{t_1 - \frac{v}{c^2}z_2}{\sqrt{1-\frac{v^2}{c^2}}}$$

$$\Longrightarrow \Delta t' = t_1' - t_2' = \gamma\frac{v}{c^2}(z_2 - z_1) \neq 0. \tag{1.26}$$

Man fragt sich nun natürlich, ob vielleicht sogar die Reihenfolge zweier Ereignisse vom Bewegungszustand des Beobachters abhängen kann. Lassen sich womöglich Ursache und Wirkung eines kausalen Zusammenhangs zweier Ereignisse miteinander vertauschen? Dazu die folgende Überlegung: In Σ sei $t_2 > t_1$, dann bleibt in Σ' die Reihenfolge der Ereignisse sicher erhalten, falls gilt:

$$0 < t_2' - t_1' = \gamma\left[t_2 - t_1 - \frac{v}{c^2}(z_2 - z_1)\right].$$

Es muß also

$$t_2 - t_1 > \frac{v}{c}\frac{z_2 - z_1}{c}$$

sein. Wegen $v < c$ bleibt die Reihenfolge auf jeden Fall für

$$t_2 - t_1 \geq \frac{z_2 - z_1}{c}$$

bestehen. Wenn die beiden Ereignisse in Σ **kausal** miteinander verknüpft sind, so erfolgt der Informationsvorgang, der Ursache und Wirkung miteinander verbindet, mit **endlicher** Geschwindigkeit $\bar{v} \leq c$. Dies bedeutet:

$$t_2 - t_1 = \frac{z_2 - z_1}{\bar{v}} \geq \frac{z_2 - z_1}{c}.$$

Ursache und Wirkung lassen sich also **nicht** vertauschen. Die Reihenfolge von nicht kausal zusammenhängenden Ereignissen kann dagegen sehr wohl, von Σ' aus gesehen, umgekehrt sein.

1.4.3 Zeitdilatation

Im Inertialsystem Σ sende eine Uhr am Ort z zwei Lichtsignale im zeitlichen Abstand

$$\Delta t = t_1 - t_2$$

aus. Im bewegten System Σ' werden diese Lichtsignale zu den Zeiten

$$t_1' = \gamma \left(t_1 - \frac{v\,z}{c^2} \right); \quad t_2' = \gamma \left(t_2 - \frac{v\,z}{c^2} \right)$$

beobachtet, also im Abstand:

$$\Delta t' = \gamma\, \Delta t = \frac{\Delta t}{\sqrt{1 - \frac{v^2}{c^2}}} > \Delta t. \tag{1.27}$$

Das Zeitintervall Δt erscheint dem bewegten Beobachter in Σ' gedehnt. Er wird sagen: *Die stationäre Uhr geht nach!* Dasselbe wird im übrigen auch eine Bezugsperson in Σ behaupten, die eine Uhr in Σ' beobachtet.

Dieses paradox erscheinende Phänomen wirkt etwas weniger mysteriös, wenn man sich den Meßprozeß genauer anschaut. In Σ (*ruhend*) werden zwei Ereignisse (z, t_1) und (z, t_2) mit **einer** Uhr bei z gemessen. In Σ' (*bewegt*) benötigt die Messung dagegen **zwei** Uhren, nämlich eine bei

$$z_1' = \gamma(z - v\,t_1),$$

die andere bei

$$z_2' = \gamma(z - v\,t_2),$$

d.h. im Abstand

$$z_1' - z_2' = \gamma\, v(t_2 - t_1).$$

Die Meßprozesse sind also in den beiden Inertialsystemen gar nicht äquivalent, die Ergebnisse können deshalb auch nicht paradox sein. In Σ' müssen wir die beiden, an verschiedenen Orten angebrachten Uhren synchronisieren. Diese Synchronisation führt letztlich zu dem Zeitdilatationseffekt. Die Zeitspanne, die von ein und derselben Uhr am gleichen Ort festgestellt wird, nennt man die

Eigenzeit $\Delta\tau$.

Sie ist stets geringer als die Differenz der zwei Zeitablesungen im *bewegten* System Σ'.

Das Phänomen der Zeitdilatation ist heute in *fast alltäglichen* Experimenten beobachtbar. Man kann den radioaktiven Zerfall instabiler Teilchen für recht exakte Zeitmessungen ausnutzen. Das Zerfallsgesetz liefert eine genaue Vorhersage, wie viele der zur Zeit $t = 0$ vorhandenen Teilchen zur Zeit $t > 0$ noch nicht zerfallen sind. Die Zahl der noch nicht zerfallenen Teilchen ist somit ein Maß für die abgelaufene Zeit. Dieser Effekt wird zum Beispiel zur Altersbestimmung prähistorischer Funde mit Hilfe instabiler C^{14}-Isotope herangezogen. Nach B. Rossi und D.B. Hall (Phys.Rev. **59**, 223 (1941)) läßt sich die Zeitdilatation sehr eindrucksvoll experimentell wie folgt nachweisen:

1) μ-Mesonen entstehen beim Eindringen der kosmischen Strahlung in die Erdatmosphäre, sind positiv oder negativ geladen und instabil.

$$\begin{aligned} \mu^{\pm} &\longrightarrow e^{\pm} + \nu_1 + \bar{\nu}_2, \\ e^{\pm}: &\quad \text{Elektron (Positron)}, \\ \nu_1: &\quad \text{Neutrino}, \\ \bar{\nu}_2: &\quad \text{Antineutrino}. \end{aligned}$$

2) $\mu^{\pm}$ fällt auf den Detektor, kommt dort zur Ruhe und zerfällt nach einer bestimmten Zeit gemäß 1). Beide Ereignisse, das Auftreffen des $\mu^{\pm}$ sowie das Aussenden des $e^{\pm}$, sind nachweisbar. Damit ist das Zerfallsgesetz bekannt.

3) Zwei Detektoren, einer auf einem Berg der Höhe L, ein anderer auf Meereshöhe, messen die jeweils pro Zeiteinheit einfallenden μ-Mesonen.

4) Die Geschwindigkeit der Mesonen ist nahezu c:

$$v(\mu^{\pm}) \approx 0.994\, c.$$

Damit ist die Wegzeit t_W für die Strecke zwischen den beiden Detektoren berechenbar und über das Zerfallsgesetz dann die Zahl der am zweiten Detektor zu erwartenden, noch nicht zerfallenen Teilchen.

5) Beobachtung: Viel mehr μ-Mesonen als erwartet erreichen den zweiten Detektor.

6) Erklärung: Die Zahl der tatsächlich ankommenden Teilchen ist nicht durch t_W, sondern durch die Eigenzeit τ_W bestimmt. Das Zerfallsge-

setz entspricht der mitbewegten Uhr:

$$\tau_W = \frac{t_W}{\gamma} \approx \frac{1}{9} t_W \qquad (= 0.109\, t_W).$$

Die relativ zu unseren Detektoren sich mit $v \approx 0.994\, c$ bewegenden Mesonen stellen eine um den Faktor $\frac{1}{9}$ zu langsame Uhr dar.

1.4.4 Längenkontraktion

Wie führt man eine **Längenmessung** durch? Man legt einen Maßstab auf die zu messende Strecke und liest **gleichzeitig** die Positionen der Endpunkte ab. Das erscheint trivial, falls Strecke und Bezugssystem Σ in relativer Ruhe zueinander sind:

$$l = z_1 - z_2.$$

Bei der Längenmessung im mit der Geschwindigkeit v relativ zu Σ bewegten Inertialsystem Σ' gilt zunächst für die Positionen der Endpunkte:

$$z_1' = \gamma(z_1 - v\, t_1); \quad z_2' = \gamma(z_2 - v\, t_2).$$

Was ist für t_1, t_2 einzusetzen? Die Ablesung hat auch in Σ' gleichzeitig zu erfolgen, d.h., es muß $t_1' = t_2'$, nicht etwa $t_1 = t_2$, gelten. Dies bedeutet nach (1.21):

$$t_1 - \frac{v}{c^2} z_1 \overset{!}{=} t_2 - \frac{v}{c^2} z_2.$$

Es ist also

$$t_1 - t_2 = \frac{v}{c^2}(z_1 - z_2)$$

und damit

$$l' = z_1' - z_2' = \gamma \left[z_1 - z_2 - \frac{v^2}{c^2}(z_1 - z_2) \right].$$

Dies bedeutet schließlich:

$$l' = l \sqrt{1 - \frac{v^2}{c^2}}. \tag{1.28}$$

Ein in Σ ruhender Stab der Länge l erscheint in Σ' um den Faktor $(1 - \beta^2)^{\frac{1}{2}} < 1$ verkürzt. Entscheidend ist, daß die Längenmessung vorschreibt, die Positionen der Enden **gleichzeitig** abzulesen. Das Gleichzeitigkeitskriterium ist aber für verschiedene Inertialsysteme verschieden. Das überträgt sich auf die Ergebnisse von Längenmessungen.

1.4.5 Additionstheorem für Geschwindigkeiten

Kann man durch eine Folge von Lorentz-Transformationen nicht auch Relativgeschwindigkeiten erreichen, die größer als die Lichtgeschwindigkeit c sind?

$$\Sigma_1 \underset{v_1}{\longrightarrow} \Sigma_2 \underset{v_1}{\longrightarrow} \Sigma_3 .$$
$$\underbrace{\hspace{4cm}}_{v_3}$$

Wenn einfach $v_3 = v_1 + v_2$ zu setzen wäre, so würde z.B. aus $v_1 > c/2$ und $v_2 > c/2$ auch $v_3 > c$ folgen müssen. Dies würde den Einsteinschen Postulaten widersprechen.

Nehmen wir einmal an, daß die Relativgeschwindigkeiten v_1, v_2, v_3 sämtlich in z-Richtung erfolgen:

$$\gamma_i = \left(1 - \beta_i^2\right)^{-\frac{1}{2}}; \quad \beta_i = \frac{v_i}{c}; \quad i = 1, 2, 3. \tag{1.29}$$

Dann gilt zunächst für den direkten Übergang:

$\Sigma_1 \rightarrow \Sigma_3$

$$x_\mu^{(3)} = L_3 x_\mu^{(1)},$$

$$L_3 = \begin{pmatrix} 1 & 0 & 0 & 0 \\ 0 & 1 & 0 & 0 \\ 0 & 0 & \gamma_3 & i\beta_3\gamma_3 \\ 0 & 0 & -i\beta_3\gamma_3 & \gamma_3 \end{pmatrix}. \tag{1.30}$$

Äquivalente Resultate müssen sich ergeben, wenn wir von Σ_1 nach Σ_3 über Σ_2 wechseln:

$\boxed{\Sigma_1 \to \Sigma_2 \to \Sigma_3}$

$$x_\mu^{(3)} = (L_2 L_1) x_\mu^{(1)},$$

$$L_2 L_1 = \begin{pmatrix} 1 & 0 & 0 & 0 \\ 0 & 1 & 0 & 0 \\ 0 & 0 & \gamma_2 & i\beta_2\gamma_2 \\ 0 & 0 & -i\beta_2\gamma_2 & \gamma_2 \end{pmatrix} \begin{pmatrix} 1 & 0 & 0 & 0 \\ 0 & 1 & 0 & 0 \\ 0 & 0 & \gamma_1 & i\beta_1\gamma_1 \\ 0 & 0 & -i\beta_1\gamma_1 & \gamma_1 \end{pmatrix} =$$

$$= \begin{pmatrix} 1 & 0 & 0 & 0 \\ 0 & 1 & 0 & 0 \\ 0 & 0 & \gamma_1\gamma_2(1+\beta_1\beta_2) & i\gamma_1\gamma_2(\beta_1+\beta_2) \\ 0 & 0 & -i\gamma_1\gamma_2(\beta_1+\beta_2) & \gamma_1\gamma_2(1+\beta_1\beta_2) \end{pmatrix}. \tag{1.31}$$

Der Vergleich von (1.30) und (1.31) führt zu

$$\gamma_3 = \gamma_1\gamma_2(1+\beta_1\beta_2),$$
$$\beta_3\gamma_3 = \gamma_1\gamma_2(\beta_1+\beta_2).$$

Daraus folgt das Additionstheorem für die Relativgeschwindigkeiten:

$$\beta_3 = \frac{\beta_1+\beta_2}{1+\beta_1\beta_2}. \tag{1.32}$$

Damit ist auf jeden Fall $\beta_3 = \frac{v_3}{c} < 1$, falls $\beta_1, \beta_2 < 1$ sind. Dies liest man direkt an (1.32) ab:

$$1 - \beta_3 = \frac{(1-\beta_1)(1-\beta_2)}{1+\beta_1\beta_2} > 0. \tag{1.33}$$

Wir diskutieren noch zwei **Spezialfälle**:

1) $\boxed{v_1 = v_2 = \frac{1}{2}c}$

In diesem Fall ist $\beta_1 = \beta_2 = \frac{1}{2}$ und damit $\beta_3 = \frac{4}{5}$:

$$v_3 = \frac{4}{5}c \neq v_1 + v_2.$$

2) $\boxed{v_1 = c;\ v_2 \leq c \text{ beliebig}}$

Es ist nun $\beta_1 = 1$, so daß nach (1.32) β_3 von v_2 unabhängig wird:

$$\beta_3 = \frac{1+\beta_2}{1+\beta_2} = 1.$$

Dies entspricht dem Postulat 2 aus Kapitel 1.3. Von einer Lichtquelle emittiertes Licht bereitet sich im Vakuum mit der Geschwindigkeit c aus, und zwar unabhängig von der Geschwindigkeit v der Lichtquelle.

Wir wollen die Überlegungen dieses Abschnitts zum Abschluß noch etwas verallgemeinern. Σ und Σ' seien zwei Inertialsysteme, für die die Formeln (1.18) bis (1.21) der Lorentz-Transformation gelten. Ein Objekt habe in Σ die Geschwindigkeit

$$\mathbf{u} \equiv (u_x,\, u_y,\, u_z) = \left(\frac{dx}{dt},\, \frac{dy}{dt},\, \frac{dz}{dt}\right). \tag{1.34}$$

Welche Geschwindigkeit hat es dann in Σ'?

$$\mathbf{u}' \equiv \left(u'_x,\, u'_y,\, u'_z\right) = \left(\frac{dx'}{dt'},\, \frac{dy'}{dt'},\, \frac{dz'}{dt'}\right). \tag{1.35}$$

Aus der Lorentz-Transformation folgt:

$$\begin{aligned}
dx' &= dx, \\
dy' &= dy, \\
dz' &= \gamma(dz - v\,dt), \\
dt' &= \gamma\left(dt - \frac{v}{c^2}\,dz\right) = \gamma\left(1 - \frac{v\,u_z}{c^2}\right)\,dt.
\end{aligned}$$

Damit erhalten wir für die Komponenten der Geschwindigkeit in Σ':

$$u'_x = \frac{1}{\gamma}\,\frac{u_x}{1 - \frac{v\,u_z}{c^2}}, \tag{1.36}$$

$$u'_y = \frac{1}{\gamma}\,\frac{u_y}{1 - \frac{v\,u_z}{c^2}}, \tag{1.37}$$

$$u_z' = \frac{u_z - v}{1 - \dfrac{v\,u_z}{c^2}}. \tag{1.38}$$

Analog gilt für ein Objekt in Σ, wenn es in Σ' die Geschwindigkeit $\mathbf{u}'$ besitzt:

$$u_x = \frac{1}{\gamma}\,\frac{u_x'}{1 + \dfrac{v\,u_z'}{c^2}}, \tag{1.39}$$

$$u_y = \frac{1}{\gamma}\,\frac{u_y'}{1 + \dfrac{v\,u_z'}{c^2}}, \tag{1.40}$$

$$u_z = \frac{u_z' + v}{1 + \dfrac{v\,u_z'}{c^2}}. \tag{1.41}$$

Wir überprüfen noch die Lorentz-Invarianz der Lichtgeschwindigkeit, d.h., wir kontrollieren, ob aus $\mathbf{u}^2 = c^2$ auch $\mathbf{u}'^2 = c^2$ folgt, wie von der Speziellen Relativitätstheorie gefordert:

Sei $\mathbf{u}^2 = c^2$:

$$\begin{aligned}
\mathbf{u}'^2 &= \frac{1}{\gamma^2}\,\frac{1}{\left(1 - \frac{v\,u_z}{c^2}\right)^2}\left(u_x^2 + u_y^2\right) + \frac{(u_z - v)^2}{\left(1 - \frac{v\,u_z}{c^2}\right)^2} = \\
&= \left(1 - \frac{v\,u_z}{c^2}\right)^{-2}\left[\left(1 - \frac{v^2}{c^2}\right)\left(u_x^2 + u_y^2\right) + u_z^2 + v^2 - 2v\,u_z\right] = \\
&= \left(1 - \frac{v\,u_z}{c^2}\right)^{-2}\left[c^2 - \frac{v^2}{c^2}\left(c^2 - u_z^2\right) + v^2 - 2v\,u_z\right] = \\
&= \frac{c^2}{\left(1 - \frac{v\,u_z}{c^2}\right)^2}\left[1 + \frac{v^2\,u_z^2}{c^4} - 2\frac{v\,u_z}{c^2}\right] = c^2; \quad \text{q.e.d}
\end{aligned}$$

1.5 Lichtkegel, Minkowski-Diagramme

Wir gehen noch einmal zu den allgemeinen Resultaten des Abschnitts 1.4.1 zurück und leiten eine bisweilen recht nützliche geometrische Veranschaulichung der Speziellen Relativitätstheorie ab.

Wir haben mit Gleichung (1.23) bereits den *Ortsvektor* des Minkowski-Raumes kennengelernt:

$$x_\mu \equiv (x_1, x_2, x_3, x_4) \equiv (x, y, z, ict) \equiv (\mathbf{x}, ict). \tag{1.42}$$

Das *Längenquadrat*

$$s^2 = c^2t^2 - \mathbf{x}^2 = -\sum_{\mu=1}^{4} x_\mu^2 \tag{1.43}$$

ist gemäß Postulat 2 der Speziellen Relativitätstheorie eine Lorentz-Invariante, d.h. eine physikalische Größe, die sich bei einer Lorentz-Transformation nicht ändert.

Wir können den Ortsvektor (1.42) in einem Raum-Zeit-Diagramm, dem sogenannten

Minkowski-Diagramm,

darstellen, dessen Achsen durch x, y, z und ct gegeben sind. Für die Zeitachse verwendet man ct, damit alle Achsen die Dimension einer Strecke haben.

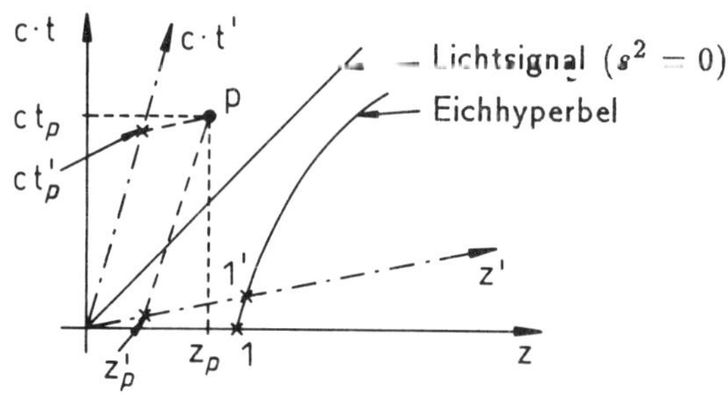

Jeder Punkt P des Minkowski-Raumes stellt ein bestimmtes **Ereignis** dar. Seine Koordinaten sind die Achsenabschnitte, die sich ergeben, wenn man zu den Achsen parallele Geraden durch den Punkt P legt. Als **Lichtsignal** bezeichnet man die durch $s^2 = 0$ definierte Gerade durch den Ursprung. Bei gleicher Skalierung der Raum- und Zeitachse handelt es sich um die Winkelhalbierende.

Die Beschreibung eines Ereignisses im Minkowski-Diagramm kann natürlich, dem jeweiligen Bezugspunkt entsprechend, auf unendlich viele Arten erfolgen. Das Inertialsystem Σ, in dem die Raum- und Zeitachsen senkrecht aufeinander stehen, ist an sich physikalisch durch nichts gegenüber Σ' ausgezeichnet, dessen Achsenrichtungen man wie folgt bestimmen kann: Nehmen wir an, daß die Koordinatenursprünge von Σ und Σ' zur Zeit $t = t' = 0$ übereinstimmen. Dann ist die

Σ'-Zeitachse

durch $z' \equiv 0 \equiv \gamma(z - v\,t)$ definiert. Das bedeutet $z = v\,t$ oder

$$c\,t = \frac{1}{\beta} z. \tag{1.44}$$

Die Σ'-Zeitachse ist also in Σ eine Gerade mit der Steigung $\frac{1}{\beta} > 1$. Sie liegt demnach stets zwischen der Σ-Zeitachse und dem Lichtsignal. Die

Σ'-Raumachse

ist durch $t' \equiv 0 \equiv \gamma\left(t - \frac{v}{c^2} z\right)$ definiert. Das bedeutet in diesem Fall:

$$c\,t = \beta\, z. \tag{1.45}$$

Sie stellt damit in Σ eine Gerade mit der Steigung $\beta < 1$ dar, liegt also stets zwischen der Σ-Raumachse und dem Lichtsignal.

Bei der Lorentz-Transformation $\Sigma \longrightarrow \Sigma'$ ändert sich natürlich auch die Skalierung der Achsen. Die

Eichung der Achsen

geschieht nach dem folgenden Rezept: Da s^2 eine Lorentz-Invariante ist und x und y sich bei der Transformation nicht ändern, ist auch

$$\bar{s}^2 = (c\,t)^2 - z^2$$

eine Lorentz-Invariante. Der geometrische Ort aller Punkte mit

$$\bar{s}^2 = -1 \iff z^2 = (c\,t)^2 + 1$$

stellt in Σ eine gleichseitige Hyperbel dar, die die z-Achse $(t = 0)$ in $z = 1$ schneidet. Dadurch ist die Maßeinheit in Σ festgelegt. – Alle Punkte der Hyperbel entsprechen Ortsvektoren der *Länge* $\bar{s}^2 = -1$. Da diese aber lorentzinvariant ist, haben diese Ortsvektoren auch in Σ' die *Länge* -1. Sie erfüllen also die Beziehung

$$z'^2 = (c\,t')^2 + 1.$$

Damit legt der Schnittpunkt der Eichhyperbel mit der z'-Achse die Maßeinheit $z' = 1$ fest (s. Bild).

Ganz analog liefert der Schnittpunkt der aus

$$\bar{s}^2 = +1 \iff (c\,t)^2 = z^2 + 1$$

folgenden Hyperbel mit der t-Achse ($z = 0$) die Zeiteinheit in Σ, der Schnittpunkt mit der t'-Achse ($z' = 0$) die Zeiteinheit in Σ'. - Damit ist die Eichung der Achsen vollzogen.

Das *Längenquadrat* eines Vierer-Vektors ist, wie bereits mehrfach ausgenutzt, nicht notwendig positiv. Man unterscheidet deshalb:

$$s^2 = (c\,t)^2 - \mathbf{x}^2 \begin{cases} > 0: & \textit{zeitartiger}\text{ Vierer-Vektor,} \\ = 0: & \textit{lichtartiger}\text{ Vierer-Vektor,} \\ < 0: & \textit{raumartiger}\text{ Vierer-Vektor.} \end{cases} \qquad (1.46)$$

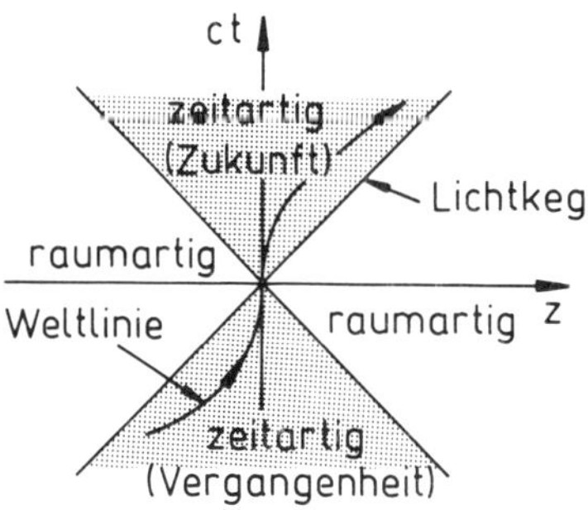

Der Minkowski-Raum läßt sich entsprechend zerlegen. Alle zeitartigen Vierer-Vektoren liegen innerhalb des sogenannten

Lichtkegels,

dessen Oberfläche durch $s^2 = 0$ definiert ist. Wegen $v \leq c$ liegen die Bahnen materieller Teilchen im Minkowski-Raum, die man

Weltlinien

nennt, samt und sonders im Innern des Lichtkegels, falls sie bei $t = 0$ im Ursprung gestartet sind. Die Weltlinien der Photonen liegen auf dem Lichtkegel. Alle **raumartigen** Vierer-Vektoren liegen außerhalb des Lichtkegels. Da s^2 eine Lorentz-Invariante ist, behält jeder Vierer-Vektor in **allen** Inertialsystemen den Charakter bei, raumartig bzw. zeitartig zu sein.

Betrachten wir zum Schluß einmal den Abstand zweier Weltereignisse $P_1(c\,t_1, x_1)$, $P_2(c\,t_2, x_2)$ etwas genauer:

$$s_{12}^2 = c^2(t_1 - t_2)^2 - |\mathbf{x}_1 - \mathbf{x}_2|^2. \tag{1.47}$$

Mit den Vierer-Vektoren $x_\mu^{(1)} = (\mathbf{x}_1, ict_1)$, $x_\mu^{(2)} = (\mathbf{x}_2, ict_2)$ ist natürlich auch der Differenzenvektor $x_\mu^{(1)} - x_\mu^{(2)}$ ein Vierer-Vektor, das Längenquadrat s_{12}^2 (*Raum-Zeit-Intervall*) somit eine Lorentz-Invariante. Ohne Beschränkung der Allgemeingültigkeit der folgenden Aussagen können wir annehmen, daß $(\mathbf{x}_1 - \mathbf{x}_2)$ die Richtung der z-Achse hat. Es ist deshalb $|\mathbf{x}_1 - \mathbf{x}_2| = z_1 - z_2$, falls $z_1 > z_2$ ist.

1) Raumartiger Abstand $(s_{12}^2 < 0)$

Aus $s_{12}^2 < 0$ folgt $z_1 - z_2 > c(t_1 - t_2)$. Dies bedeutet, daß die beiden Ereignisse P_1 und P_2 nicht durch ein Lichtsignal verbindbar sind. Es kann zwischen ihnen deshalb

keine kausale Korrelation

bestehen! Es läßt sich stets eine Lorentz-Transformation in ein Inertialsystem Σ' finden, in dem die beiden Ereignisse P_1 und P_2 gleichzeitig erscheinen:

$$c(t_1' - t_2') = \gamma\big(c(t_1 - t_2) - \beta(z_1 - z_2)\big) \stackrel{!}{=} 0.$$

Wegen $z_1 - z_2 > c(t_1 - t_2)$ gibt es natürlich immer ein $\beta < 1$ mit

$$\beta(z_1 - z_2) \stackrel{!}{=} c(t_1 - t_2),$$

so daß $t_1' = t_2'$ wird. – Die Reihenfolge von Weltereignissen mit raumartigen Abständen läßt sich stets durch passende Lorentz-Transformationen vertauschen.

2) Zeitartiger Abstand $(s_{12}^2 > 0)$

$s_{12}^2 > 0$ bedeutet $c(t_1 - t_2) > z_1 - z_2$. Damit sind die Weltereignisse P_1 und P_2 durch ein Lichtsignal überbrückbar. Eine

kausale Korrelation ist möglich!

Wegen $c(t_1 - t_2) > z_1 - z_2$ und damit erst recht

$$c(t_1 - t_2) > \beta(z_1 - z_2)$$

ist allerdings durch **keine** Lorentz-Transformation Gleichzeitigkeit erreichbar. Ursache und Wirkung lassen sich also **nicht** miteinander vertauschen.

Wegen

$$z'_1 - z'_2 = \gamma\big[(z_1 - z_2) - v(t_1 - t_2)\big]$$

kann man allerdings in ein Inertialsystem transformieren, in dem $z'_1 = z'_2$ wird, die Ereignisse also an demselben Ort stattfinden.

Den Spezialfall $s^2_{12} = 0$ bezeichnet man als *lichtartigen* Abstand.

1.6 Aufgaben

Aufgabe 1.6.1

Ein Raumschiff bewegt sich mit der Geschwindigkeit $v = 0.8\,c$. Sobald dieses einen Abstand von $d = 6.66 \cdot 10^8\,\mathrm{km}$ von der Erde hat, wird von der Erdstation ein Radiosignal zum Schiff gesendet. Wie lange benötigt das Signal

1) gemäß einer Uhr auf der Erdstation,

2) gemäß einer Uhr im Raumschiff.

Aufgabe 1.6.2

Σ und Σ' seien zwei Inertialsysteme. Σ' bewege sich relativ zu Σ mit der Geschwindigkeit $v = \frac{3}{5}\,c$ in z-Richtung. Zur Zeit $t = t' = 0$ sei $\Sigma = \Sigma'$. Ein Ereignis habe in Σ' die Koordinaten:

$$x' = 10\,\mathrm{m}; \quad y' = 15\,\mathrm{m}; \quad z' = 20\,\mathrm{m}; \quad t' = 4 \cdot 10^{-8}\,\mathrm{s}.$$

Bestimmen Sie die Koordinaten des Ereignisses in Σ!

Aufgabe 1.6.3

Σ und Σ' seien zwei Inertialsysteme. Σ' bewege sich relativ zu Σ mit der Geschwindigkeit v in z-Richtung. Zwei Ereignisse finden in Σ zu den Zeiten $t_1 = z_0/c$ und $t_2 = z_0/2c$ an den Orten $(x_1 = 0, y_1 = 0, z_1 = z_0)$ und $(x_2 = 0, y_2 = y_0, z_2 = 2z_0)$ statt. Wie groß muß die Relativgeschwindigkeit v sein, damit die Ereignisse in Σ' gleichzeitig stattfinden? Zu welcher Zeit t' werden die Ereignisse dann in Σ' beobachtet?

Aufgabe 1.6.4

In einem Inertialsystem Σ finden zwei Ereignisse am gleichen Ort im zeitlichen Abstand von 4 s statt. Berechnen Sie den räumlichen Abstand der beiden Ereignisse in einem Inertialsystem Σ', in dem die Ereignisse in einem zeitlichen Abstand von 5 s erfolgen!

Aufgabe 1.6.5

In einem Inertialsystem Σ haben zwei gleichzeitige Ereignisse einen Abstand von 3 km auf der z-Achse. Dieser Abstand beträgt in Σ' 5 km. Berechnen Sie die konstante Geschwindigkeit v, mit der sich Σ' relativ zu Σ in z-Richtung bewegt. Welchen zeitlichen Abstand haben die Ereignisse in Σ'?

Aufgabe 1.6.6

Σ und Σ' seien zwei mit $\mathbf{v} = v\,\mathbf{e}_z =$ const. relativ zueinander bewegte Inertialsysteme.

1) Ein in Σ ruhender Stab schließt mit der z-Achse einen Winkel von 45° ein. Unter welchem Winkel erscheint er in Σ'?

2) Ein Teilchen habe in Σ die Geschwindigkeit $\mathbf{u} = (v, 0, 2v)$. Welche Winkel bildet seine Bahn mit den z-Achsen in Σ und Σ'?

3) Ein Photon verläßt den Ursprung von Σ zur Zeit $t = 0$ in einer Richtung, die mit der z-Achse einen Winkel von 45° bildet. Welcher Winkel ergibt sich in Σ'?

Aufgabe 1.6.7

Eine Rakete der Eigenlänge L_0 fliegt mit konstanter Geschwindigkeit v relativ zu einem Bezugssystem Σ in z-Richtung. Zur Zeit $t = t' = 0$ passiert die Spitze der Rakete den Punkt P_0 in Σ. In diesem Moment wird ein Lichtsignal von der Raketenspitze zum Raketenende gesendet.

1) Nach welcher Zeit erreicht im Ruhesystem der Rakete der Lichtblitz das Ende der Rakete?

2) Zu welchem Zeitpunkt erreicht das Signal das Raketenende im Ruhesystem Σ des Beobachters?

3) Wann registriert der Beobachter, daß das Raketenende den Punkt P_0 passiert?

Aufgabe 1.6.8

1) Kann es zwischen den folgenden Ereignissen

$$\begin{array}{lllll} a) & x_1 = 1\,\mathrm{m}; & y_1 = 2\,\mathrm{m}; & z_1 = 3\,\mathrm{m}; & t_1 = 3 \cdot 10^{-8}\,\mathrm{s}, \\ & x_2 = 4\,\mathrm{m}; & y_2 = 2\,\mathrm{m}; & z_2 = 7\,\mathrm{m}; & t_2 = 6 \cdot 10^{-8}\,\mathrm{s}, \\ b) & x_1 = 7\,\mathrm{m}; & y_1 = 0; & z_1 = -2\,\mathrm{m}; & t_1 = 1.1 \cdot 10^{-7}\,\mathrm{s}, \\ & x_2 = 4\,\mathrm{m}; & y_2 = 5\,\mathrm{m}; & z_2 = +3\,\mathrm{m}; & t_2 = 0.9 \cdot 10^{-7}\,\mathrm{s} \end{array}$$

einen kausalen Zusammenhang geben?

2) Ist es möglich, ein Inertialsystem zu finden, in dem diese Ereignisse gleichzeitig erscheinen? Mit welcher Geschwindigkeit und in welcher Richtung würde sich dieses relativ zu dem in Teil 1) bewegen?

1.7 Kontrollfragen

1) Welche Vorstellung verbindet man mit dem Begriff *Relativitätstheorie*?

2) Was bezeichnet man als die *Newtonsche Fiktion*?

3) Was ist ein Inertialsystem?

4) Definieren Sie die Galilei-Transformation. Was besagt diese über die Zeiten t und t' in den Inertialsystemen Σ und Σ'?

5) Beschreiben Sie das Michelson-Morley-Experiment.

6) Was ist das Resultat des Michelson-Morley-Experimentes?

7) Formulieren Sie die Einsteinschen Postulate.

8) Wie lautet die Matrix L der speziellen Lorentz-Transformation? Skizzieren Sie ihre Ableitung.

9) Welcher Zusammenhang besteht zwischen den Zeiten t und t' in gleichförmig geradlinig gegeneinander bewegten Inertialsystemen Σ und Σ'?

10) Wie erkennt man an der Transformationsmatrix, daß c die maximale Relativgeschwindigkeit von Inertialsystemen ist?

11) Welcher Zusammenhang besteht zwischen der Lorentz- und der Galilei-Transformation?

12) Zeigen Sie, daß L die Bedingungen einer Drehmatrix erfüllt.

13) Erläutern Sie die Relativität der Gleichzeitigkeit.

14) Lassen sich durch Wechsel des Inertialsystems Ursache und Wirkung eines kausalen Zusammenhanges vertauschen?

15) Beschreiben Sie das Phänomen der Zeitdilatation.

16) Was bezeichnet man als *Eigenzeit*?

17) Wie kann man die Zeitdilatation experimentell nachweisen?

18) Wie führt man eine Längenmessung durch?

19) Ein in Σ ruhender Stab habe dort die Länge l. Was ergibt eine entsprechende Längenmessung im Inertialsystem Σ', das sich gegenüber Σ mit $v = \text{const.}$ bewegt?

20) Wie lautet das Additionstheorem für Relativgeschwindigkeiten?

21) Σ_1, Σ_2, Σ_3 seien Inertialsysteme. Σ_2 bewege sich relativ zu Σ_1 in z-Richtung mit der Geschwindigkeit $v_1 = c$, Σ_3 relativ zu Σ_2 mit $v_2 = \frac{c}{2}$. Mit welcher Geschwindigkeit v_3 bewegt sich Σ_3 relativ zu Σ_1?

22) Was versteht man unter einem Minkowski-Diagramm?

23) Wodurch ist das Lichtsignal definiert?

24) Σ und Σ' seien zwei sich mit $v = \text{const.}$ in z-Richtung bewegende Inertialsysteme, deren Koordinatenursprünge zur Zeit $t = t' = 0$ zusammenfallen. Raum- und Zeitachse von Σ mögen senkrecht aufeinanderstehen. Wie bestimmt man die Raum- und Zeitachsen in Σ'?

25) Wie werden die Achsen des Minkowski-Diagramms skaliert?

26) Was sind zeitartige, lichtartige, raumartige Vierer-Vektoren?

27) Definieren Sie den Lichtkegel.

28) Kann man durch Wechsel des Inertialsystems einen zeitartigen in einen raumartigen Vierer-Vektor verwandeln?

29) Was versteht man unter einem raumartigen (zeitartigen) Abstand zweier Weltereignisse?

30) Warum kann zwischen Weltereignissen mit raumartigem Abstand keine kausale Korrelation bestehen?

31) Wann kann durch eine passende Lorentz-Transformation die Reihenfolge zweier Weltereignisse vertauscht werden, bei raum- oder bei zeitartigem Abstand?

2 KOVARIANTE VIERDIMENSIONALE FORMULIERUNGEN

2.1 Ko- und kontravariante Tensoren

2.1.1 Definitionen

Wir haben in Kapitel 1.4 die korrekte Transformation zwischen Inertialsystemen kennengelernt, die Postulat 2 aus Kapitel 1.3 erfüllt. Es muß nun darum gehen, sämtliche physikalischen Gesetz in

kovarianter Form

aufzuschreiben, d.h. so zu formulieren, daß sie bei Lorentz-Transformationen **forminvariant** bleiben. Das entspricht der Äquivalenz aller Inertialsysteme gemäß Postulat 1.

Die Newtonschen Gesetze der Klassischen Mechanik sind lediglich forminvariant gegenüber Galilei-Transformationen, die, wie wir nun wissen, nur in der Grenze $v \ll c$ korrekt sind. Folglich werden die Grundgesetze der Mechanik und auch der Elektrodynamik im relativistischen Bereich nicht mehr die vertrauten Formen haben. Unsere nächste Aufgabe muß also darin bestehen, die Forminvarianz der physikalischen Gesetze gegenüber Lorentz-Transformationen zu überprüfen. Diese Kontrolle findet zweckmäßig im vierdimensionalen Minkowski-Raum statt. Dort stellt die Lorentz-Transformation eine *Drehung* der Vierer-Vektoren dar, die deren *Längenquadrate* (1.11) invariant läßt.

Forminvarianz der physikalischen Gesetze gegenüber normalen räumlichen Drehungen im dreidimensionalen Raum mußte bereits für die nichtrelativistische Physik gefordert werden, ist dort in der Regel jedoch trivialerweise erfüllt. Ein physikalisches Gesetz ist eine mathematische Gleichung. Ein

skalares Gesetz: $a = b$

ist natürlich invariant gegenüber Drehungen, da sich weder a noch b dabei ändern. Ein

vektorielles Gesetz : $\mathbf{a} = \mathbf{b} \iff a_j = b_j; \quad j = 1, 2, 3$

ist kovariant gegenüber Drehungen, d.h., die Komponenten ändern sich zwar, aber so, daß $a'_j = b'_j$ für alle j gilt und damit $\mathbf{a}' = \mathbf{b}'$. Analoge Aussagen gelten für Tensoren beliebiger Stufe.

Damit ist das Rezept klar: **Forminvarianz** gegenüber Lorentz-Transformationen ist für ein physikalisches Gesetz genau dann gegeben, wenn das Gesetz in kovarianter vierdimensionaler Form vorliegt, d.h., wenn alle Terme der Gleichung

Welt-Tensoren gleicher Stufe

sind. Unter diesem Gesichtspunkt werden wir in Kapitel 2.2 die Grundgesetze der Mechanik und in Kapitel 2.3 die der Elektrodynamik aufarbeiten.

Zunächst müssen wir aber das obige *Rezept* noch etwas genauer erläutern. Dazu stellen wir einige formale Betrachtungen über das Rechnen im vierdimensionalen Minkowski-Raum an, wobei wir uns insbesondere den in Kapitel 4.4.3, Bd. 1 eingeführten Tensorbegriff in Erinnerung rufen müssen. Es handelt sich dabei eigentlich um nichts anderes als eine Erweiterung des Vektorbegriffs. Ein n^k-Tupel von Zahlen in einem n-dimensionalen Raum stellt einen Tensor k-ter Stufe dar, falls sich diese Zahlen beim Wechsel des Koordinatensystems ($\Sigma \to \Sigma'$) nach bestimmten Gesetzen transformieren. Der hier interessierende Raum ist der Minkowski-Raum mit $n = 4$. Der Koordinatenwechsel erfolgt durch eine Lorentz-Transformation, die wir letztlich aus der Invarianz des *Längenquadrats*

$$s^2 = -\sum_{\mu=1}^{4} x_\mu^2$$

des Vierer-Vektors (1.42),

$$x_\mu \equiv (\mathbf{x}, ict),$$

abgeleitet haben. Die Transformation ist linear

$$x'_\mu = L_{\mu\lambda}\, x_\lambda,$$

wobei die Matrixelemente $L_{\mu\lambda}$ durch (1.16) definiert sind. Man beachte die Summenkonvention (1.25). – Ein mit dem Raum-Zeit-Punkt x_μ verknüpfter

Tensor k-ter Stufe

wird nun durch sein Transformationsverhalten beim Übergang $x_\mu \longrightarrow x'_\mu$ definiert. Für den Minkowski-Raum handelt es sich also um ein 4^k-Tupel von Zahlen, die sich bei der Koordinatentransformation

$$x_\mu \longrightarrow x'_\mu = L_{\mu\lambda}\, x_\lambda$$

nach bestimmten Gesetzen transformieren. Die Zahlen heißen

Komponenten des Tensors.

Sie haben k Indizes, von denen jeder von 1 bis $n = 4$ läuft. Für uns sind $k = 0, 1$ und 2 interessant.

1) Tensor nullter Stufe = Vierer-Skalar

Dieser Tensor hat $4^0 = 1$ Komponente (*Welt-Skalar*). Es handelt sich um eine einzelne Größe, die bei einer Lorentz-Transformation invariant bleibt. Ein Beispiel dafür ist das Längenquadrat s^2.

2) Tensor erster Stufe = Vierer-Vektor

Dieser Tensor besitzt $4^1 = 4$ Komponenten. Man unterscheidet zwei Typen von Vektoren (*Welt-Vektoren*):

2a) Kontravarianter Vierer-Vektor

Wir kennzeichnen diesen Typ durch hoch-gestellte Indizes:

$$a^\mu \equiv (a^1, a^2, a^3, a^4). \tag{2.1}$$

Die Komponenten transformieren sich beim Wechsel des Inertialsystems $(x^\mu \longrightarrow x^{\mu'})$ wie folgt:

$$a^{\mu'} = \frac{\partial x^{\mu'}}{\partial x^\lambda} a^\lambda, \tag{2.2}$$

wobei wir ab jetzt die Komponenten des Ortsvektors im Minkowski-Raum ebenfalls mit hoch-gestellten Indizes versehen, da es sich bei diesem um einen speziellen kontravarianten Vierer-Vektor handelt. Da der Koordinatenwechsel durch eine Lorentz-Transformation bewirkt werden soll, gilt insbesondere:

$$a^{\mu'} = L_{\mu\lambda}\, a^\lambda. \tag{2.3}$$

Beispiele sind:

α) der *Ortsvektor* $x^\mu \equiv (x, y, z, i\,c\,t)$,

β) das Differential dx^μ; denn für dieses gilt nach der Kettenregel:

$$dx^{\mu'} = \sum_{\lambda=1}^{4} \frac{\partial x^{\mu'}}{\partial x^\lambda} dx^\lambda.$$

2b) Kovarianter Vierer-Vektor

Dieser Typ Vierer-Vektor ist durch tief-gestellte Indizes gekennzeichnet:

$$b_\mu = (b_1, b_2, b_3, b_4). \tag{2.4}$$

Die Komponenten transformieren sich wie folgt:

$$b'_\mu = \frac{\partial x^\lambda}{\partial x^{\mu'}} b_\lambda. \tag{2.5}$$

Dies bedeutet im Spezialfall der Lorentz-Transformation:

$$b'_\mu = \left(L^{-1}\right)_{\mu\lambda} b_\lambda. \tag{2.6}$$

Ein wichtiges Beispiel ist der Gradient einer skalaren Funktion φ:

$$\begin{aligned} b_\mu &= \left(\frac{\partial \varphi}{\partial x^1}, \dots, \frac{\partial \varphi}{x^4}\right), \\ b'_\mu &= \left(\frac{\partial \varphi}{x^{1\prime}}, \dots, \frac{\partial \varphi}{\partial x^{4\prime}}\right), \\ x^\nu &= x^\nu(x^{\mu'}). \end{aligned} \tag{2.7}$$

Es gilt offenbar:

$$b'_\mu = \frac{\partial \varphi}{\partial x^{\mu'}} = \frac{\partial \varphi}{\partial x^\nu} \frac{\partial x^\nu}{\partial x^{\mu'}} = \frac{\partial x^\nu}{\partial x^{\mu'}} b_\nu.$$

Dies entspricht der Definitionsgleichung (2.5).

3) Tensor zweiter Stufe

Dieser Tensortyp besitzt $4^2 = 16$ Komponenten. Man unterscheidet nun drei Arten von sogenannten *Welt-Tensoren*:

3a) Kontravarianter Tensor

Die Komponenten $F^{\alpha\beta}$ ändern sich bei einer Lorentz-Transformation wie folgt:

$$F^{\mu\nu'} = \frac{\partial x^{\mu'}}{\partial x^{\alpha}} \frac{\partial x^{\nu'}}{\partial x^{\beta}} F^{\alpha\beta}, \tag{2.8}$$

$$F^{\mu\nu'} = L_{\mu\alpha} L_{\nu\beta} F^{\alpha\beta}. \tag{2.9}$$

Ein Beispiel ist das **Tensorprodukt** aus zwei kontravarianten Vierer-Vektoren a^μ und b^μ, das aus insgesamt 16 Zahlen (Komponenten) besteht:

$$F^{\mu\nu} = a^\mu b^\nu; \quad \mu, \nu = 1, \ldots, 4. \tag{2.10}$$

Für dieses gilt nämlich:

$$F^{\mu\nu'} = a^{\mu'} b^{\nu'} = \frac{\partial x^{\mu'}}{\partial x^{\alpha}} \frac{\partial x^{\nu'}}{\partial x^{\beta}} a^\alpha b^\beta = L_{\mu\alpha} L_{\nu\beta} F^{\alpha\beta}.$$

3b) Kovarianter Tensor

Das ist nun ein System von 16 Komponenten $F_{\alpha\beta}$, die sich gemäß

$$F'_{\mu\nu} = \frac{\partial x^{\alpha}}{\partial x^{\mu'}} \frac{\partial x^{\beta}}{\partial x^{\nu'}} F_{\alpha\beta}, \tag{2.11}$$

$$F'_{\mu\nu} = (L^{-1})_{\alpha\mu} (L^{-1})_{\beta\nu} F_{\alpha\beta} \tag{2.12}$$

transformieren. Das Tensorprodukt aus zwei kovarianten Vierer-Vektoren wäre ein naheliegendes Beispiel.

3c) Gemischter Tensor

Die 16 Komponenten F_α^β transformieren sich in diesem Fall wie

$$F^{\nu'}_{\mu} = \frac{\partial x^{\alpha}}{\partial x'_{\mu}} \frac{\partial x^{\nu'}}{\partial x^{\beta}} F^{\beta}_{\alpha}, \qquad (2.13)$$

$$F^{\nu'}_{\mu} = (L^{-1})_{\alpha\mu} L_{\nu\beta} F^{\beta}_{\alpha}. \qquad (2.14)$$

Man beachte, daß sich Tensoren zweiter Stufe stets in Matrizenform schreiben lassen. Allerdings transformieren sich die Elemente einer normalen Matrix nicht notwendig wie die Komponenten eines Tensors. Die Formel (2.14) entspricht dagegen der Relation

$$\bar{F} = S^{-1} F S$$

der linearen Algebra, die angibt, wie sich eine Abbildungsmatrix F bei einer Koordinatentransformation S zu einer Matrix $\bar{F}$ ändert. Der **gemischte** Tensor zweiter Stufe ist deshalb wirklich in strengem Sinne eine Matrix, die kovarianten und kontravarianten Tensoren dagegen nicht.

Ein Beispiel für einen gemischten Tensor zweiter Stufe stellt das Tensorprodukt aus einem ko- und einem kontravarianten Vierer-Vektor dar.

Ganz analog werden Tensoren noch höherer Stufe definiert. So ist z.B. durch

$$F^{\mu'}_{\nu\rho\sigma} = \frac{\partial x^{\mu'}}{\partial x^{\alpha}} \frac{\partial x^{\beta}}{\partial x^{\nu'}} \frac{\partial x^{\gamma}}{\partial x^{\rho'}} \frac{\partial x^{\delta}}{\partial x^{\sigma'}} F^{\alpha}_{\beta\gamma\delta}$$

das Transformationsverhalten eines gemsichten Tensors vierter Stufe festgelegt. In der Physik sind allerdings nur $k = 0, 1, 2$-Tensoren relevant.

2.1.2 Rechenregeln

Welchen mathematischen Gesetzmäßigkeiten unterliegen die soeben eingeführten Tensoren?

1) Man multipliziert einen Tensor mit einer Zahl, indem man jede Komponente mit dieser Zahl multipliziert.

2) Tensoren werden komponentenweise addiert!

3) Unter der

Verjüngung eines Tensors

versteht man das Gleichsetzen eines oberen und eines unteren Index, womit automatisch eine Summation verknüpft ist. Die Tensorstufe nimmt dabei von k auf $k-2$ ab.

Beispiele:

a) Wir setzen in dem obigen gemischten Tensor vierter Stufe $\nu = \mu$:

$$F^{\nu'}_{\nu\rho\sigma} = \frac{\partial x^{\nu'}}{\partial x^{\alpha}} \frac{\partial x^{\beta}}{\partial x^{\nu'}} \frac{\partial x^{\gamma}}{\partial x^{\rho'}} \frac{\partial x^{\delta}}{\partial x^{\sigma'}} F^{\alpha}_{\beta\gamma\delta} = \frac{\partial x^{\beta}}{\partial x^{\alpha}} \frac{\partial x^{\gamma}}{\partial x^{\rho'}} \frac{\partial x^{\delta}}{\partial x^{\sigma'}} F^{\alpha}_{\beta\gamma\delta} =$$

$$= \frac{\partial x^{\gamma}}{\partial x^{\rho'}} \frac{\partial x^{\delta}}{\partial x^{\sigma'}} F^{\alpha}_{\alpha\gamma\delta}.$$

Dieser Ausdruck transformiert sich wie ein kovarianter Tensor zweiter Stufe, wie der Vergleich mit (2.11) zeigt.

b) Die **Spur** einer Matrix F^{μ}_{ν} ist definiert als die Summe ihrer Diagonalelemente:

$$F^{\mu}_{\nu} \longrightarrow F^{\nu}_{\nu}.$$

Das Resultat ist ein Tensor nullter Stufe, also ein Skalar. Die Spur einer Matrix ist somit invariant gegenüber Koordinatentransformationen.

c) Die Verjüngung eines **Tensorprodukts**

$$a^{\mu} b_{\nu} \longrightarrow a^{\nu} b_{\nu}$$

ergibt natürlich einen Skalar ($k = 2 \rightarrow k = 0$). Sie ist dem Skalarprodukt in rechtwinkligen Koordinaten äquivalent. Man definiert deshalb für Vierer-Vektoren:

Skalarprodukt

$$(b, a) \equiv b_{\alpha}\, a^{\alpha}. \tag{2.15}$$

Als Skalar ist diese Größe lorentzinvariant. Das läßt sich leicht überprüfen:

$$(b', a') = b'_{\alpha}\, a^{\alpha'} = \frac{\partial x^{\lambda}}{\partial x^{\alpha'}} \frac{\partial x^{\alpha'}}{\partial x^{\rho}}\, b_{\lambda}\, a^{\rho} =$$

$$= \frac{\partial x^{\lambda}}{\partial x^{\rho}}\, b_{\lambda}\, a^{\rho} = b_{\lambda}\, a^{\lambda} = (b, a).$$

d) Als Beispiel β) unter 2a) hatten wir das Differential dx^μ des Ortsvektors im Minkowski-Raum als speziellen kontravarianten Vierer-Vektor kennengelernt:

$$dx^\mu \equiv (dx^1, dx^2, dx^3, dx^4) = (dx, dy, dz, i\,c\,dt). \tag{2.16}$$

Damit bilden wir das lorentzinvariante *Längenquadrat*,

$$(ds)^2 = -(dx^1)^2 - (dx^2)^2 - (dx^3)^2 - (dx^4)^2, \tag{2.17}$$

und schreiben:

$$(ds)^2 = \mu_{\alpha\beta}\, dx^\alpha\, dx^\beta. \tag{2.18}$$

Die Koeffizienten $\mu_{\alpha\beta}$ sind die Komponenten des metrischen Tensors (s. (2.86), Bd. 2), der in der Speziellen Relativitätstheorie symmetrisch ($\mu_{\alpha\beta} = \mu_{\beta\alpha}$) und diagonal ist:

Kovarianter metrischer Tensor

$$\mu_{\alpha\beta} \equiv \begin{pmatrix} -1 & & & 0 \\ & -1 & & \\ & & -1 & \\ 0 & & & -1 \end{pmatrix}. \tag{2.19}$$

Will man das invariante Längenquadrat $(ds)^2$ als Skalarprodukt schreiben,

$$(ds)^2 = (dx,\, dx) = dx_\alpha\, dx^\alpha, \tag{2.20}$$

so muß offensichtlich gelten:

$$dx_\alpha = \mu_{\alpha\beta}\, dx^\beta. \tag{2.21}$$

Der **kontravariante metrische Tensor** ist dann durch den folgenden Ansatz definiert:

$$dx^\alpha = \mu^{\alpha\beta}\, dx_\beta. \tag{2.22}$$

Dies bedeutet:

$$dx^\gamma = \mu^{\gamma\alpha}\, dx_\alpha = \mu^{\gamma\alpha}\, \mu_{\alpha\beta}\, dx^\beta.$$

Dieses kann nur richtig sein, wenn

$$\mu^{\gamma\alpha}\,\mu_{\alpha\beta} = \delta^{\gamma}_{\beta} = \begin{cases} 1, & \text{falls } \gamma = \beta, \\ 0 & \text{sonst.} \end{cases} \tag{2.23}$$

gilt. An (2.19) lesen wir ab, daß in der Speziellen Relativitätstheorie kovarianter und kontravarianter metrischer Tensor offenbar identisch sind:

$$\mu^{\alpha\beta} = \mu_{\beta\alpha} = \mu_{\alpha\beta}. \tag{2.24}$$

4) Ohne Beweis verallgemeinern wir (2.21) bzw. (2.22) zu einer **Übersetzungsvorschrift**, um kovariante in kontravariante Tensoren zu transformieren und umgekehrt. Man spricht vom

Herauf- bzw. Herunterziehen eines Index

$$D^{\cdots\alpha\cdots}_{\cdots} = \mu^{\alpha\beta}\, D^{\cdots}_{\cdots\beta\cdots}, \tag{2.25}$$

$$D^{\cdots}_{\cdots\alpha\cdots} = \mu_{\alpha\beta}\, D^{\cdots\beta\cdots}_{\cdots}. \tag{2.26}$$

Auf diese Weise kann man mit den Positionen der Indizes ziemlich beliebig *spielen*. Wir machen die Probe:

$$\begin{aligned} D^{\cdots}_{\cdots\alpha\cdots} &= \mu_{\alpha\beta}\, D^{\cdots\beta\cdots}_{\cdots} = \mu_{\alpha\beta}\,\mu^{\beta\gamma}\, D^{\cdots}_{\cdots\gamma\cdots} = \\ &= \delta^{\gamma}_{\alpha}\, D^{\cdots}_{\cdots\gamma\cdots} = D^{\cdots}_{\cdots\alpha\cdots}. \end{aligned}$$

Insbesondere können wir mit der obigen Übersetzungsvorschrift nun jeden kontravarianten Vierer-Vektor

$$a^{\mu} \equiv (a^1, a^2, a^3, a^4) = (\mathbf{a},\, a^4). \tag{2.27}$$

in den entsprechenden kovarianten Vierer-Vektor umwandeln:

$$a_{\mu} \equiv (a_1, a_2, a_3, a_4) = (-\mathbf{a},\, -a^4). \tag{2.28}$$

Dies bedeutet für das Skalarprodukt (2.15):

$$(b, a) = b_{\alpha}\, a^{\alpha} = \mu_{\alpha\beta}\, b^{\beta}\, a^{\alpha} = -b^4\, a^4 - \mathbf{b}\cdot\mathbf{a}. \tag{2.29}$$

Der letzte Summand stellt das normale dreidimensionale Skalarprodukt zwischen den Raumkomponenten dar. Man beachte, daß das skalare Produkt nur dann als Summe der Produkte der entsprechenden Komponenten geschrieben werden kann, wenn man die kovarianten Komponenten des einen und die kontravarianten Komponenten des anderen Vierer-Vektors miteinander kombiniert.

Beispiele:

$$s^2 = (x, x) = -(i\,ct)^2 - \mathbf{x}^2 = c^2t^2 - \mathbf{x}^2,$$
$$(ds)^2 = (dx,\, dx) = -(i\,c\,dt)^2 - (\mathbf{dx})^2 = (c\,dt)^2 - (\mathbf{dx})^2.$$

2.1.3 Differentialoperatoren

Die Transformationseigenschaft der für die Theoretische Physik so wichtigen Differentialoperatoren erhalten wir durch direktes Anwenden der Kettenregel:

$$\frac{\partial}{\partial x^{\mu'}} = \frac{\partial x^{\alpha}}{\partial x^{\mu'}}\,\frac{\partial}{\partial x^{\alpha}}; \qquad x^{\alpha} = x^{\alpha}(x^{\mu'}).$$

Die Differentiation nach der Komponente eines kontravarianten Vektors transformiert sich also so wie die Komponenten eines kovarianten Vierer-Vektors. Das überträgt sich direkt auf den Nabla-Operator:

Gradient:

$$\partial_{\mu} \equiv \frac{\partial}{\partial x^{\mu}} \equiv \left(\nabla,\, -\frac{i}{c}\,\frac{\partial}{\partial t}\right). \tag{2.30}$$

∇ ist der *normale*, dreidimensionale Gradient (s. (1.140), Bd. 1). Mit Hilfe der allgemeinen Übersetzungsvorschrift (2.26) finden wir für die Ableitung nach einer kovarianten Komponente

$$\partial^{\mu} \equiv \frac{\partial}{\partial x_{\mu}} \equiv \left(-\nabla,\, \frac{i}{c}\,\frac{\partial}{\partial t}\right). \tag{2.31}$$

Die **Divergenz** (s. (1.150), Bd. 1) ist als Skalarprodukt aus einem kovarianten Gradienten und einem kontravarianten Vierer-Vektor bzw. einem kontravarianten Gradienten und einem kovarianten Vierer-Vektor natürlich lorentzinvariant:

Divergenz:

$$\partial_{\mu}a^{\mu} \equiv \partial^{\mu}a_{\mu} = \nabla\cdot\mathbf{a} - \frac{i}{c}\,\frac{\partial}{\partial t}\,a^4 = \operatorname{div}\mathbf{a} - \frac{i}{c}\,\frac{\partial}{\partial t}\,a^4. \tag{2.32}$$

Insbesondere für die Elektrodynamik ist schließlich noch der

d'Alembert-Operator □

wichtig (s. (4.30), Bd. 3):

$$-\Box \equiv \partial_\mu \partial^\mu \equiv \partial^\mu \partial_\mu = \frac{1}{c^2}\frac{\partial^2}{\partial t^2} - \Delta. \tag{2.33}$$

$\Delta = \nabla^2$ ist der Laplace-Operator (s. (1.154), Bd. 1). Als Skalarprodukt ist auch der d'Alembert-Operator lorentzinvariant.

2.2 Kovariante Formulierung der Klassischen Mechanik

Wir wollen nun die Grundgesetze der Klassischen Mechanik so umschreiben, daß sie forminvariant gegenüber Lorentz-Transformationen werden. Dazu müssen wir sie in kovarianter vierdimensionaler Form angeben, d.h., alle Terme in einer solchen Gleichung müssen Vierer-Tensoren gleicher Stufe sein.

2.2.1 Eigenzeit, Welt-Geschwindigkeit

Als **Weltlinie** haben wir in Kapitel 1.5 die Bahn eines materiellen Teilchens im Minkowski-Raum bezeichnet. Es handelt sich also um die Menge aller **Ereignisse**

$$x^\mu = (x, y, z, i\,c\,t),$$

die das Objekt in diesem Raum im Laufe der Zeit durchläuft. Dann ist dx^μ die differentielle Änderung längs der Weltlinie. Das differentielle Längenquadrat

$$(ds)^2 = dx^\mu\, dx_\mu = c^2 (dt)^2 - (\mathbf{dx})^2 \tag{2.34}$$

ist, wie bereits festgestellt, als Skalarprodukt ein *Welt-Skalar*, d.h. eine Lorentz-Invariante. Das gilt dann aber auch für die Größe

$$(d\tau)^2 = \frac{1}{c^2}(ds)^2, \tag{2.35}$$

die die Dimension einer Zeit besitzt, da die Lichtgeschwindigkeit c nach dem grundlegenden Postulat 2 aus Kapitel 1.3 in allen Inertialsystemen denselben Wert hat. Die physikalische Bedeutung von $d\tau$ machen wir uns wie folgt klar. Da $(d\tau)^2$ invariant ist, können wir zur Interpretation ein besonders *zweckmäßiges* Bezugssystem wählen. Das wäre z.B. das *mitbewegte* Inertialsystem, in dem das Teilchen im Koordinatenursprung *ruht*:

$$dx^{\mu'} \equiv (0, 0, 0, i\,c\,dt'). \tag{2.36}$$

Dann folgt für $d\tau$:

$$(d\tau)^2 = \frac{1}{c^2}\,dx^{\mu'}\,dx'_{\mu} = (dt')^2. \tag{2.37}$$

$d\tau$ entspricht also einem Zeitintervall auf einer mitgeführten Uhr, d.h. dem Intervall der in Kapitel 1.4.3 besprochenen **Eigenzeit**. Da $d\tau$ als Welt-Skalar lorentzinvariant ist, ändert sich das Eigenzeitintervall natürlich auch nicht, wenn wir es auf ein gegenüber dem Teilchen bewegtes System Σ transformieren:

$$\begin{aligned} c^2(d\tau)^2 = dx^{\mu}\,dx_{\mu} &= c^2(dt)^2 - (dx)^2 - (dy)^2 - (dz)^2 = \\ &= c^2(dt)^2\left(1 - \frac{v^2}{c^2}\right). \end{aligned}$$

Das Resultat entspricht der Feststellung aus Kapitel 1.4.3, daß die *Eigenzeit stets nachgeht*:

$$dt = \frac{d\tau}{\sqrt{1 - \frac{v^2}{c^2}}}. \tag{2.38}$$

v ist die Relativgeschwindigkeit des Teilchens im System Σ.

Wir kommen nun zum Begriff der

Welt-Geschwindigkeit u^{μ},

die man sinnvollerweise über die Verschiebung dx^{μ} des Teilchens im Minkowski-Raum innerhalb der Eigenzeit $d\tau$ definiert:

$$u^{\mu} \equiv \frac{dx^{\mu}}{d\tau}. \tag{2.39}$$

Es handelt sich um einen kontravarianten Vierer-Vektor, für den wir auch schreiben können:

$$u^\mu = \frac{dx^\mu}{dt}\,\frac{dt}{d\tau} = \frac{1}{\sqrt{1-\frac{v^2}{c^2}}}\,\frac{dx^\mu}{dt}$$

$$\Longrightarrow\; u^\mu = \frac{1}{\sqrt{1-\beta^2}}(v_x, v_y, v_z, i\,c) = \gamma(v)\,(\mathbf{v}, i\,c). \tag{2.40}$$

Die *Norm* von u^μ ist als Skalarprodukt lorentzinvariant und besitzt eine einfache physikalische Bedeutung:

$$u^\mu\,u_\mu = \gamma^2(c^2 - v^2) = c^2. \tag{2.41}$$

2.2.2 Kraft, Impuls, Energie

Das Newtonsche Trägheitsgesetz (s. (2.42), Bd. 1),

$$F_i = m\frac{d}{dt}v_i\,; \quad i = x, y, z, \tag{2.42}$$

behält bei einem Wechsel des Inertialsystems, wie wir jetzt wissen, nur dann seine Gültigkeit, wenn für die Relativgeschwindigkeit $v \ll c$ gilt. Es ist damit forminvariant gegenüber einer Galilei-Transformation. Wir suchen nun die relativistische Verallgemeinerung dieses Gesetzes für den vierdimensionalen Minkowski-Raum. Dabei haben wir natürlich als Randbedingung zu fordern, daß sich für $v \ll c$ die Beziehungen für die Raumkomponenten auf die Form (2.42) reduzieren.

Nun können aber die Raumkomponenten der zu suchenden Vierer-Kraft nicht einfach mit den F_i identifiziert werden. Diese haben nicht das richtige Transformationsverhalten. So sind ja auch die Raumkomponenten der Vierer-Geschwindigkeit u^μ in (2.40) nicht die v_i, die vielmehr mit dem Faktor $\gamma(v)$ zu multiplizieren sind. Allerdings ist zu fordern, daß sich die Raumkomponenten eines jeden Vierer-Vektors bei gewöhnlichen dreidimensionalen Drehungen wie übliche Raumvektoren transformieren. Nun wissen wir, daß sich das Transformationsverhalten eines gewöhnlichen dreidimensionalen Raumvektors bezüglich Drehungen nicht ändert, wenn man den Vektor mit einem Skalar multipliziert. Die Raumkomponenten der gesuchten Vierer-Kraft werden deshalb Produkte aus den F_i mit passenden skalaren Funktionen von $\beta = \frac{v}{c}$ sein, die sich für $v \ll c$ auf 1 reduzieren.

Um nun zu der relativistischen Verallgemeinerung des Newton-Gesetzes (2.42) zu kommen, werden wir zunächst die Geschwindigkeit **v** durch die Vierer-Geschwindigkeit u^μ ersetzen,

$$\mathbf{v} \longrightarrow u^\mu,$$

da nur die Raumkomponenten von u^μ für $\beta \ll 1$ in die v_i übergehen. Ferner werden wir auf der rechten Seite von (2.42) die Zeit t durch die Eigenzeit τ ersetzen,

$$t \longrightarrow \tau,$$

da nur die Eigenzeit lorentzinvariant ist. Damit hat

$$\frac{d}{d\tau} u^\mu$$

die Dimension einer Beschleunigung und ist ein kontravarianter Vierer-Vektor, der sich wie x^μ transformiert. Wir betrachten schließlich noch die träge Masse m des Teilchens als Lorentz-Invariante,

m – **Ruhemasse**,

und kommen dann zu dem folgenden **Ansatz** für die relativistische Verallgemeinerung der Kraftgleichung (2.42):

$$m \frac{d}{d\tau} u^\mu = K^\mu. \tag{2.43}$$

Der kontravariante Vierer-Vektor K^μ heißt

Minkowski-Kraft.

Beide Seiten der Kraftgleichung sind Welt-Tensoren erster Stufe, so daß die Kovarianz bezüglich Lorentz-Transformationen gewährleistet ist. Wir müssen allerdings die Komponenten der Minkowski-Kraft K^μ erst noch bestimmen.

Zu deren Festlegung erinnern wir uns an die andere Form des nicht-relativistischen Trägheitsgesetzes:

$$F_i = \frac{d}{dt} p_i\,; \quad i = x, y, z. \tag{2.44}$$

Dieses fordert Impulserhaltung, falls keine äußeren Kräfte auf das Teilchen wirken. Diese *Newtonsche Form* der Impulserhaltung ist nicht lorentzinvariant. Wir können den Raumanteil des relativistischen Impulses deshalb durch die Forderung nach einer lorentzinvarianten Impulserhaltung für ein kräftefreies Teilchen festlegen. Dazu bringen wir die Kraftgleichung für die Raumkomponenten in eine Form, die äußerlich dem Trägheitsgesetz (2.44) besonders ähnlich ist:

$$K_i = \frac{d}{d\tau}(m\, u_i) = \frac{1}{\sqrt{1-\beta^2}}\,\frac{d}{dt}\left(m\frac{v_i}{\sqrt{1-\beta^2}}\right); \quad i = x, y, z. \tag{2.45}$$

Der Impulserhaltungssatz ist sicher dann lorentzinvariant, wenn wir durch Vergleich Impulse und Kräfte wie folgt festlegen:

$$p_{ri} = \frac{m\, v_i}{\sqrt{1-\beta^2}}, \tag{2.46}$$

$$K_i = \frac{F_i}{\sqrt{1-\beta^2}}, \tag{2.47}$$

$$i = x, y, z.$$

Wie gefordert reduzieren sich die Ausdrücke für $v \ll c$ auf die bekannten, nicht-relativistischen Terme. Durch Diskussion von Stoßprozessen werden wir in Kapitel 2.2.3 einsehen, daß (2.46) wohl die einzige schlüssige, relativistische Verallgemeinerung des mechanischen Impulses ist.

Es fehlt noch die vierte Komponente der Minkowski-Kraft. Dazu berechnen wir

$$K^\mu\, u_\mu = -K^4\, u_4^4 - \mathbf{K}\cdot\mathbf{u} = -\left(m\frac{d}{d\tau}u^4\right)u^4 - \left(m\frac{d}{d\tau}\mathbf{u}\right)\cdot\mathbf{u} =$$
$$= -\frac{1}{2}\,m\,\frac{d}{d\tau}(u^4\,u^4 + \mathbf{u}^2) = \frac{1}{2}\,m\,\frac{d}{d\tau}(u^\mu\,u_\mu) = \frac{1}{2}\,m\,\frac{d}{d\tau}c^2.$$

Hier haben wir (2.29) und (2.41) ausgenutzt. Es ist also

$$K^\mu\, u_\mu = 0. \tag{2.48}$$

Andererseits gilt aber auch mit (2.40) und (2.47):

$$K^\mu\, u_\mu = -\frac{K^4 i\, c}{\sqrt{1-\beta^2}} - \frac{\mathbf{F}\cdot\mathbf{v}}{1-\beta^2}. \tag{2.49}$$

Der Vergleich mit (2.48) liefert die vierte Kraftkomponente:

$$K^4 = i\gamma \frac{\mathbf{F} \cdot \mathbf{v}}{c}. \tag{2.50}$$

(2.47) und (2.50) ergeben die vollständige

Minkowski-Kraft

$$K^\mu = \frac{1}{\sqrt{1-\beta^2}} \left(F_x, F_y, F_z, i\frac{\mathbf{F} \cdot \mathbf{v}}{c} \right). \tag{2.51}$$

Damit ist das Newtonsche Trägheitsgesetz in der Form (2.43) vollständig relativistisch verallgemeinert.

Als nächstes untersuchen wir die physikalische Bedeutung der Zeitkomponente der Minkowski-Kraft:

$$\begin{aligned} i\gamma \frac{\mathbf{F} \cdot \mathbf{v}}{c} &= m \frac{d}{d\tau} u^4 = m\gamma \frac{d}{dt}(\gamma\, i\, c) \\ \Longrightarrow \quad \mathbf{F} \cdot \mathbf{v} &= \frac{d}{dt} \frac{m c^2}{\sqrt{1-\beta^2}}. \end{aligned} \tag{2.52}$$

Das Skalarprodukt $\mathbf{F} \cdot \mathbf{v}$ entspricht der Arbeit, die die Kraft $\mathbf{F}$ pro Zeiteinheit an dem Teilchen der Masse m leistet. In der nicht-relativistischen Mechanik ist diese mit der zeitlichen Änderung der kinetischen Energie T identisch (s. (2.227), Bd. 1). Wir machen deshalb den Ansatz

$$\mathbf{F} \cdot \mathbf{v} = \frac{d}{dt} T_r, \tag{2.53}$$

wobei der Index "r" für *relativistisch* steht, und erhalten durch Vergleich mit (2.52) die

relativistische kinetische Energie

$$T_r = \frac{m c^2}{\sqrt{1 - \frac{v^2}{c^2}}}. \tag{2.54}$$

Auch für diese Größe erwarten wir, daß sie in der Grenze kleiner Geschwindigkeiten ($v \ll c$) in den bekannten nicht-relativistischen Ausdruck

$T = \frac{m}{2}v^2$ übergeht. Nun gilt aber:

$$T_r = m\,c^2 \left(1 - \frac{v^2}{c^2}\right)^{-\frac{1}{2}} = m\,c^2 + \frac{1}{2} m\,v^2 + \frac{3}{8}\,m\,\frac{v^4}{c^2} + \dots$$

Für kleine v reduziert sich also T_r in dieser Weise noch nicht auf die nichtrelativistische kinetische Energie:

$$T_r \underset{\frac{v}{c} \ll 1}{\longrightarrow} m\,c^2 + \frac{1}{2} m\,v^2 . \tag{2.55}$$

Der *störende* Zusatzterm $m\,c^2$ ist eine Konstante, die für die Kinematik des Massenpunktes eigentlich unbedeutend ist. Man könnte sie z.B. in der Definitionsgleichung (2.54) für T_r auf der rechten Seite abziehen, da der Analogieschluß von (2.53) auf (2.54) ohnehin nur bis auf eine additive Konstante bestimmt sein kann. Wir werden jedoch später sehen, daß dieser additiven Konstanten eine tiefergehende physikalische Bedeutung zukommt:

$m\,c^2 \Longleftrightarrow$ **Ruheenergie des Massenpunktes.**

Wir behalten sie deshalb bei.

Durch Multiplikation der Vierer-Geschwindigkeit u^μ (2.40) mit der Masse m des Teilchens können wir einen neuen kontravarianten Vierer-Vektor definieren, der als

Vierer-Impuls (Welt-Impuls)

$$p^\mu = m\,u^\mu \tag{2.56}$$

zu interpretieren sein wird. Setzen wir (2.40) ein, so folgt:

$$p^\mu = \left(\gamma\,m\,v_x,\ \gamma\,m\,v_y,\ \gamma\,m\,v_z,\ i\,\frac{T_r}{c}\right) \equiv \left(\mathbf{p}_r,\ i\,\frac{T_r}{c}\right). \tag{2.57}$$

Die Raumkomponenten entsprechen also der relativistischen Verallgemeinerung (2.46) des mechanischen Impulsvektors $\mathbf{p} = m\,\mathbf{v}$,

$$\mathbf{p}_r = \gamma\,\mathbf{p} = \frac{m}{\sqrt{1 - \frac{v^2}{c^2}}}\,\mathbf{v}, \tag{2.58}$$

während die Zeitkomponente im wesentlichen mit der kinetischen Energie identisch ist.

In der bisherigen Schlußfolge ist die Masse m eine skalare, invariante Teilcheneigenschaft. In den wichtigen Formeln taucht m aber stets in der Kombination

$$m(v) = \gamma\,(v)\,m = \frac{m}{\sqrt{1-\frac{v^2}{c^2}}} \tag{2.59}$$

auf, die man deshalb als geschwindigkeitsabhängige

relativistische Masse

definiert. Die Raumkomponenten des Welt-Impulses,

$$\mathbf{p}_r = m(v)\,\mathbf{v}, \tag{2.60}$$

haben dann formal dieselbe Gestalt wie in der nicht-relativistischen Mechanik. An sich ist das der einzige Grund für die Einführung von $m(v)$. Das Symbol m ohne Argument steht für $m(0)$ und meint die **Ruhemasse** des Teilchens. Die relativistische kinetische Energie T_r (2.54) schreibt sich mit $m(v)$ einfacher:

$$T_r = m(v)\,c^2. \tag{2.61}$$

Da $m(v)$ lediglich eine abkürzende Schreibweise darstellt, werden wir nicht allzu häufig von der Definition (2.59) Gebrauch machen.

Die Norm des Vierer-Impulses,

$$p^\mu p_\mu = \frac{T_r^2}{c^2} - \mathbf{p}_r^2 = m^2 u^\mu u_\mu = m^2 c^2, \tag{2.62}$$

ist als Skalarprodukt natürlich lorentzinvariant. Damit haben wir für die

relativistische Energie eines freien Teilchens

eine zu (2.54) alternative Darstellung gefunden:

$$T_r = E_0 = \sqrt{c^2 \mathbf{p}_r^2 + m^2 c^4}. \tag{2.63}$$

Aus dem Äquivalenzpostulat (Kapitel 1.3) müssen wir folgern, daß die

$$\textbf{Impulserhaltung:} \quad \mathbf{p}_r = \gamma\, m\, \mathbf{v} = \textbf{const.} \tag{2.64}$$

bei kräftefreier Bewegung in allen Inertialsystemen Gültigkeit hat, d.h. nicht von der Wahl des Bezugssystems abhängt. $\mathbf{p}_r$ besteht aber aus den drei Raumkomponenten des Vierer-Impulses p^μ. Daraus müssen wir schließen:

$$\mathbf{p}_r = \mathbf{const.} \Longrightarrow T_r = \text{const.} \tag{2.65}$$

Wenn man nämlich den kontravarianten Vierer-Vektor p^μ gemäß (2.2) auf ein anderes Inertialsystem Σ' transformiert, so ergeben sich *neue* Raumkomponenten $\mathbf{p}_r$, die auch von T_r abhängen. Wäre $T_r \neq$ const., so würde demnach die Impulserhaltung in Σ' **nicht** mehr gelten:

Impulserhaltung $\Longleftrightarrow$ Energieerhaltung.

In der Speziellen Relativitätstheorie besteht über den Welt-Impuls p^μ eine sehr enge Verknüpfung dieser beiden Erhaltungssätze.

Wir ziehen hieraus eine sehr wichtige Schlußfolgerung. Nicht-relativistisch ist ja bekanntlich $\mathbf{p} = \mathbf{const.}$ auch bei $T \neq$ const. möglich. Man denke an eine explodierende Granate. Die Impulse der Bruchstücke addieren sich vektoriell zu **der** Konstanten, die den Impuls **vor** der Explosion ausmachte, wohingegen sich die kinetische Energie, wie man weiß, *verheerend* geändert hat. – Die **relativististische** kinetische Energie kann sich dagegen **nicht** geändert haben. Das ist aber wegen $T_r \approx mc^2 + T$ (s. (2.55)) nur dann möglich, wenn die Änderung der Ruheenerige mc^2 bei dem Prozeß die Änderung von T kompensiert. Da die Lichtgeschwindigkeit c eine universelle Konstante ist, führt dies zu

Einsteins Äquivalenz von Masse und Energie:

$$\Delta E = \Delta m c^2. \tag{2.66}$$

Die Bedeutung dieser Beziehung wollen wir an einigen Beispielen illustrieren:

1) Massenzuwachs, wenn man 100 kg um 1 km in die Höhe hebt:

$$\Delta m = 10^{-12}\,\text{kg}.$$

2) *Paarerzeugung*: Der Zerfall eines masselosen Photons ν in ein Elektron (e^-) und ein Positron (e^+) ist möglich, falls

$$E_\nu \geq 2\, m_e\, c^2 = 1.022\,\text{MeV}.$$

Die Energiedifferenz,

$$E_\nu - 2\,m_e\,c^2 = T(e^-) + T(e^+),$$

erscheint als Summe der kinetischen Energien von Elektron und Positron. Die Umkehrung (*Paarvernichtung*),

$$e^+ + e^- \;\longrightarrow\; \nu,$$

ist natürlich ebenfalls möglich.

3) Masseverlust der Sonne durch Energieabstrahlung:

$$\frac{\Delta m}{\Delta t} \approx 4 \cdot 10^{12}\,\frac{\mathrm{kg}}{\mathrm{s}}.$$

4) *Atombombe*: Der Gesamtimpuls bleibt nach der Explosion unverändert. Es ergibt sich aber eine *grausam hohe* kinetische Energie der Bruchstücke durch einen Masseverlust von etwa 0.1%.

5) Kernspaltung, Kernfusion.

2.2.3 Der elastische Stoß

Im letzten Abschnitt wurde die relativistische Form $\mathbf{p}_r$ des mechanischen Impulses mehr oder weniger über Analogiebetrachtungen eingeführt. Das galt auch für die relativistische kinetische Energie T_r. Wir versuchen jetzt eine direktere Ableitung dieser Größen unter der **Annahme** von

> Impuls- und Energieerhaltung in abgeschlossenen Inertialsystemen!

Gemeint sind hier natürlich die noch zu findenden **relativistischen** Energien und Impulse. Der vertraute nicht-relativistische Impulssatz zum Beispiel ist ja **nicht** lorentzinvariant. Wir starten mit den folgenden **Ansätzen**,

$$\mathbf{p}_r = m(v)\mathbf{v}; \quad T_r = \epsilon(v), \tag{2.67}$$

die die **Randbedingungen**

$$m(0) = m; \quad \frac{d\epsilon}{dv^2}(0) = \frac{m}{2} \tag{2.68}$$

erfüllen müssen. Die unbekannten Größen $m(v)$ und $\epsilon(v)$ wollen wir aus dem

elastischen Stoß zweier identischer Teilchen

ableiten. Wir können sicher davon ausgehen, daß ϵ eine monotone Funktion von v ist. Wir betrachten den Stoß zunächst im

Schwerpunktsystem Σ'

der beiden Teilchen. Es seien

$\mathbf{v}'_a$, $\mathbf{v}'_b$: Geschwindigkeiten **vor** dem Stoß,
$\mathbf{v}'_c$, $\mathbf{v}'_d$: Geschwindigkeiten **nach** dem Stoß .

Dabei muß in dem Schwerpunktsystem natürlich

$$\mathbf{v}'_a = \mathbf{u}; \quad \mathbf{v}'_b = -\mathbf{u}$$

gelten, wobei wir ohne Beschränkung der Allgemeingültigkeit annehmen können, daß $\mathbf{u}$ die Richtung der z-Achse in Σ' definiert. Aus dem **Energiesatz** in Σ',

$$2\,\epsilon(u) = \epsilon(v'_c) + \epsilon(v'_d),$$

muß $\epsilon(v'_c) = \epsilon(v'_d)$ folgen, da es sich um identische Teilchen handelt. Wegen der Monotonie von $\epsilon(v)$ bedeutet dies aber auch $v'_c = v'_d = u$. Alle vier Geschwindigkeiten haben also dieselben Beträge. An dem **Impulssatz** in Σ',

$$m(u)\mathbf{u} - m(u)\mathbf{u} = m(u)(\mathbf{v}'_c + \mathbf{v}'_d),$$

lesen wir noch

$$\mathbf{v}'_c = -\mathbf{v}'_d$$

ab. Dies ergibt mit den in der Abbildung benutzten Bezeichnungen:

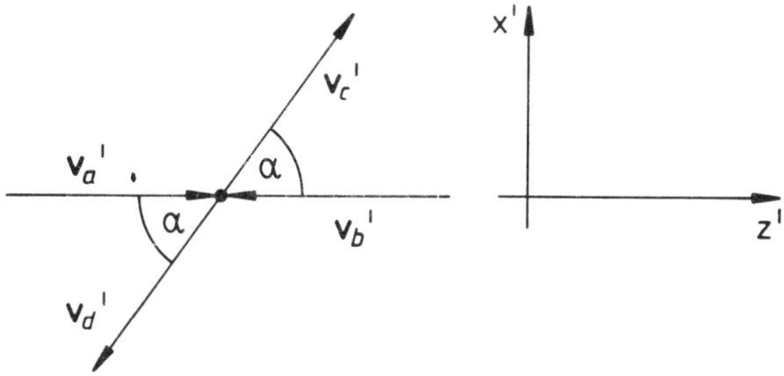

$$\mathbf{v}'_a = (0, 0, u); \quad \mathbf{v}'_b = (0, 0, -u),$$
$$\mathbf{v}'_c = (u \sin\alpha, 0, u\cos\alpha); \quad \mathbf{v}'_d = (-u\sin\alpha, 0, -u\cos\alpha).$$

Der Winkel α bleibt unbestimmt.

Wir stellen jetzt die analogen Überlegungen für das Inertialsystem Σ an, das sich gegenüber Σ' mit der Geschwindigkeit $(-\mathbf{u})$ bewegt. Für die Teilchengeschwindigkeiten in Σ benutzen wir die Transformationsformeln (1.39) bis (1.41):

$$\mathbf{v}_a = \left(0, 0, \frac{2u}{1+\frac{u^2}{c^2}}\right),$$
$$\mathbf{v}_b = (0, 0, 0),$$
$$\mathbf{v}_c = \left(\frac{1}{\gamma}\,\frac{u\sin\alpha}{1+\frac{u^2}{c^2}\cos\alpha}, 0, \frac{u(1+\cos\alpha)}{1+\frac{u^2}{c^2}\cos\alpha}\right),$$
$$\mathbf{v}_d = \left(\frac{1}{\gamma}\,\frac{-u\sin\alpha}{1-\frac{u^2}{c^2}\cos\alpha}, 0, \frac{u(1-\cos\alpha)}{1-\frac{u^2}{c^2}\cos\alpha}\right),$$
$$\gamma = \left(1-\frac{u^2}{c^2}\right)^{-\frac{1}{2}}.$$

Der Impulssatz, den wir für Σ' bereits ausgenutzt haben und der ja nach Voraussetzung in allen Inertialsystemen gültig ist,

$$m(v_a)\mathbf{v}_a + m(v_b)\mathbf{v}_b = m(v_c)\mathbf{v}_c + m(v_d)\mathbf{v}_d,$$

muß für jede Komponente erfüllt sein, also insbesondere für die x-Komponente:

$$0 = \frac{u}{\gamma}\left(m(v_c)\frac{\sin\alpha}{1+\frac{u^2}{c^2}\cos\alpha} - m(v_d)\frac{\sin\alpha}{1-\frac{u^2}{c^2}\cos\alpha}\right).$$

Daraus folgt:

$$m(v_c) = \frac{1+\frac{u^2}{c^2}\cos\alpha}{1-\frac{u^2}{c^2}\cos\alpha}\,m(v_d). \tag{2.69}$$

Diese Formel muß für **alle** Streuwinkel α richtig sein, also auch für $\alpha \to 0$. In diesem Spezialfall sind aber

$$\mathbf{v}_c \approx \mathbf{v}_a \quad \text{und} \quad \mathbf{v}_d \approx 0,$$

so daß aus (2.69)

$$m(v_a) = \frac{1+\frac{u^2}{c^2}}{1-\frac{u^2}{c^2}}m(0) \tag{2.70}$$

wird. Den Vorfaktor formen wir noch etwas um:

$$\left(\frac{1-\frac{u^2}{c^2}}{1+\frac{u^2}{c^2}}\right)^2 = \frac{\left(1+\frac{u^2}{c^2}\right)^2 - 4\frac{u^2}{c^2}}{\left(1+\frac{u^2}{c^2}\right)^2} = 1 - \frac{1}{c^2}\,\frac{4\,u^2}{\left(1+\frac{u^2}{c^2}\right)^2} =$$
$$= 1 - \frac{v_a^2}{c^2} = \frac{1}{\gamma_a^2}.$$

Dies ergibt in (2.70) $m(v_a) = \gamma_a\, m(0)$. Wir können nun den Index a weglassen und $m(0) = m$ setzen, der Randbedingung (2.68) entsprechend:

$$m(v) = \frac{m}{\sqrt{1-\frac{v^2}{c^2}}}. \tag{2.71}$$

Das ist exakt das frühere Ergebnis (2.59). Durch Einsetzen dieser Beziehung in den Ansatz (2.67) erhalten wir den gesuchten relativistischen Impuls eines Teilchens der Masse m und der Geschwindigkeit $\mathbf{v}$:

$$\mathbf{p}_r = \frac{m}{\sqrt{1-\frac{v^2}{c^2}}}\mathbf{v}. \tag{2.72}$$

Das ist in der Tat der vorher durch Analogieschlüsse gewonnene Ausdruck (2.58).

Wir wollen nun noch über die Theorie des elastischen Stoßes der beiden identischen Teilchen die kinetische Energie $T_r = \epsilon(v)$ bestimmen. Im Inertialsystem Σ gilt, da das Teilchen b vor dem Stoß *ruht*:

$$\epsilon(v_a) + \epsilon(0) = \epsilon(v_c) + \epsilon(v_d).$$

Wir untersuchen wiederum den Fall $\alpha \to 0$ und entwickeln deshalb den Energiesatz nach Potenzen von α^2:

$$\epsilon(v_a) + \epsilon(0) = \epsilon(v_c)|_{\alpha=0} + \alpha^2 \left(\frac{d\epsilon(v_c)}{dv_c^2} \frac{dv_c^2}{d\alpha^2} \right)\Bigg|_{\alpha=0} + \\ + \epsilon(v_d)|_{\alpha=0} + \alpha^2 \left(\frac{d\epsilon(v_d)}{dv_d^2} \frac{dv_d^2}{d\alpha^2} \right)_{\alpha=0} + 0(\alpha^4).$$

Wegen

$$\mathbf{v}_c^2(\alpha = 0) = \mathbf{v}_a^2; \quad \mathbf{v}_d^2(\alpha = 0) = \mathbf{v}_b^2 = 0$$

bleibt zu analysieren:

$$0 \stackrel{!}{=} \left(\frac{d\epsilon(v_c)}{dv_c^2} \frac{dv_c^2}{d\alpha^2} \right)_{\alpha=0} + \left(\frac{d\epsilon(v_d)}{dv_d^2} \frac{dv_d^2}{d\alpha^2} \right)_{\alpha=0}.$$

Wir können schließlich noch die Randbedingung (2.68) ausnutzen:

$$0 = \frac{d\epsilon(v_a)}{dv_a^2} \left(\frac{dv_c^2}{d\alpha^2} \right)_{\alpha=0} + \frac{m}{2} \left(\frac{dv_d^2}{d\alpha^2} \right)_{\alpha=0}. \tag{2.73}$$

Um weiter zu kommen, müssen wir nun die Geschwindigkeitsquadrate v_c^2 und v_d^2 nach Potenzen von α^2 entwickeln:

$$v_d^2 = \left(1 - \frac{u^2}{c^2} \cos\alpha\right)^{-2} \left[\frac{u^2}{\gamma^2} \sin^2\alpha + u^2(1-\cos\alpha)^2\right] = \\ = \left(1 - \frac{u^2}{c^2} + \frac{1}{2}\frac{u^2}{c^2}\alpha^2 + 0(\alpha^4)\right)^{-2} \left(\frac{u^2}{\gamma^2}\alpha^2 + 0(\alpha^4)\right) = \\ = \gamma^4 \left(1 + \frac{1}{2}\frac{u^2}{c^2}\alpha^2\gamma^2 + 0(\alpha^4)\right)^{-2} \left(\frac{u^2}{\gamma^2}\alpha^2 + 0(\alpha^4)\right) = \\ = \gamma^4 \left(1 - \frac{u^2}{c^2}\alpha^2\gamma^2 + 0(\alpha^4)\right) \left(\frac{u^2}{\gamma^2}\alpha^2 + 0(\alpha^4)\right) = \\ = \gamma^2 u^2 \alpha^2 + 0(\alpha^4).$$

Daraus folgt:

$$\left(\frac{dv_d^2}{d\alpha^2}\right)_{\alpha=0} = \gamma^2 u^2 = \frac{u^2}{1-\frac{u^2}{c^2}}. \tag{2.74}$$

Wir haben für die obige Entwicklung

$$(1+x)^{\frac{n}{m}} = 1 + \frac{n}{m}x + 0(x^2) \tag{2.75}$$

benutzt. Diese Formel hilft uns auch bei der Entwicklung von v_c^2:

$$\begin{aligned}
v_c^2 &= \left(1+\frac{u^2}{c^2}\cos\alpha\right)^{-2}\left[\frac{u^2}{\gamma^2}\sin^2\alpha + u^2(1+\cos\alpha)^2\right] = \\
&= \left(1+\frac{u^2}{c^2} - \frac{1}{2}\frac{u^2}{c^2}\alpha^2 + 0(\alpha^4)\right)^{-2}\left[\frac{u^2}{\gamma^2}\alpha^2 + u^2\left(2-\frac{1}{2}\alpha^2\right)^2 + 0(\alpha^4)\right] = \\
&= \left(1+\frac{u^2}{c^2}\right)^{-2}\left(1-\frac{1}{2}\frac{u^2}{c^2}\frac{\alpha^2}{1+\frac{u^2}{c^2}} + 0(\alpha^4)\right)^{-2} * \\
&\quad * \left(\frac{u^2}{\gamma^2}\alpha^2 + 4u^2 - 2\alpha^2u^2 + 0(\alpha^4)\right) = \\
&= \frac{v_a^2}{4u^2}\left(1+\frac{u^2}{c^2}\frac{\alpha^2 v_a^2}{4u^2} + 0(\alpha^4)\right)\left[4u^2 + u^2\alpha^2\left(\frac{1}{\gamma^2}-2\right) + 0(\alpha^4)\right] = \\
&= \frac{v_a^2}{4u^2}\left\{4u^2 + \alpha^2\left[\frac{u^2}{c^2}v_a^2 + u^2\left(\frac{1}{\gamma^2}-2\right)\right] + 0(\alpha^4)\right\}.
\end{aligned}$$

Dies führt zu:

$$\begin{aligned}
\left(\frac{dv_c^2}{d\alpha^2}\right)_{\alpha=0} &= \frac{1}{4}v_a^2\left(\frac{v_a^2}{c^2} + \frac{1}{\gamma^2} - 2\right) = \frac{1}{4}v_a^2\left(\frac{4\frac{u^2}{c^2}}{1+\frac{u^2}{c^2}} - \frac{u^2}{c^2} - 1\right) = \\
&= -\frac{1}{4}v_a^2\frac{\left(1-\frac{u^2}{c^2}\right)^2}{1+\frac{u^2}{c^2}} = -\frac{1}{4}v_a^2\left(1+\frac{u^2}{c^2}\right)\left(\frac{1-\frac{u^2}{c^2}}{1+\frac{u^2}{c^2}}\right)^2.
\end{aligned}$$

Den letzten Faktor haben wir bereits im Zusammenhang mit (2.70) ausgewertet:

$$\left(\frac{dv_c^2}{d\alpha^2}\right)_{\alpha=0} = -\frac{1}{4}\frac{v_a^2}{\gamma_a^2}\left(1+\frac{u^2}{c^2}\right). \tag{2.76}$$

Wir setzen (2.76) und (2.74) in (2.73) ein:

$$\frac{d\epsilon(v_a)}{dv_a^2} = \frac{m}{2}\,\frac{u^2}{1-\frac{u^2}{c^2}}\,\frac{4\gamma_a^2}{v_a^2\left(1+\frac{u^2}{c^2}\right)} = \frac{m}{2}\gamma_a^2\,\frac{1+\frac{u^2}{c^2}}{1-\frac{u^2}{c^2}} =$$

$$= \frac{m}{2}\gamma_a^3 = m c^2\,\frac{d}{dv_a^2}\left(1-\frac{v_a^2}{c^2}\right)^{-\frac{1}{2}} .$$

Wenn wir diesen Ausdruck integrieren und fortan den Index a weglassen, so bleibt:

$$T_r = \epsilon(v) = \frac{m c^2}{\sqrt{1-\frac{v^2}{c^2}}} + d. \tag{2.77}$$

Bis auf die Konstante d,

$$d = \epsilon(0) - m c^2, \tag{2.78}$$

haben wir durch die Analyse des elastischen Stoßes zweier identischer Teilchen die im letzten Abschnitt mehr oder weniger durch Analogieschlüsse gewonnene relativistische Energie des freien Teilchens (2.54) reproduzieren können. Wir werden am Ende dieses Kapitels explizit beweisen, daß $d = 0$ ist, so daß

$$\epsilon(0) = m c^2 \quad (\textit{Ruheenergie}) \tag{2.79}$$

sein muß. Um unnötige Schreibarbeit zu sparen, wollen wir aber bereits jetzt für die folgenden Betrachtungen $d = 0$ setzen.

Gemäß der Beweisführung in diesem Abschnitt wissen wir an dieser Stelle noch nichts von einem Vierer-Vektor p^μ. Es ist also die Frage interessant: Wie verhalten sich Energie T_r und Impuls $\mathbf{p}_r$ bei einer Lorentz-Transformation?

$$\Sigma \xrightarrow{v} \Sigma'; \qquad \gamma_v = \left(1-\frac{v^2}{c^2}\right)^{-\frac{1}{2}} .$$

In Σ habe das Teilchen die Geschwindigkeit

$$\mathbf{u} = (u_x, u_y, u_z),$$

den relativistischen Impuls

$$\mathbf{p}_r = (p_{rx}, p_{ry}, p_{rz}) = m\gamma_u(u_x, u_y, u_z), \qquad \gamma_u = \left(1-\frac{u^2}{c^2}\right)^{-\frac{1}{2}}$$

und die relativistische Energie:

$$T_r = m c^2 \gamma_u.$$

Die entsprechenden *gestrichenen* Größen $\mathbf{u}'$, $\mathbf{p}'_r$, T'_r kennzeichnen die Eigenschaften des Teilchens im System Σ'. Für den Übergang $\mathbf{u} \to \mathbf{u}'$, $\mathbf{p}_r \to \mathbf{p}'_r$ und $T_r \to T'_r$ benutzen wir wieder die Transformationsformeln (1.39) bis (1.41):

$$u'_{x,y} = \frac{1}{\gamma_v} \frac{u_{x,y}}{1 - \frac{v\,u_z}{c^2}}; \quad u'_z = \frac{u_z - v}{1 - \frac{v\,u_z}{c^2}}.$$

Damit berechnen wir zunächst γ'_u:

$$\begin{aligned}
u'^2 &= \left(1 - \frac{v\,u_z}{c^2}\right)^{-2} \left[\frac{1}{\gamma_v^2}(u_x^2 + u_y^2) + (u_z - v)^2\right] = \\
&= \left(1 - \frac{v\,u_z}{c^2}\right)^{-2} \left[\left(1 - \frac{v^2}{c^2}\right)(u^2 - u_z^2) + u_z^2 + v^2 - 2v\,u_z\right] = \\
&= \frac{c^2}{\left(c - \frac{v\,u_z}{c}\right)^2} \left(u^2 - \frac{v^2 u^2}{c^2} + \frac{v^2 u_z^2}{c^2} + v^2 - 2v\,u_z\right) = \\
&= \frac{c^2}{\left(c - \frac{v\,u_z}{c}\right)^2} \left[\frac{u^2}{\gamma_v^2} + \left(c - \frac{v\,u_z}{c}\right)^2 - \frac{c^2}{\gamma_v^2}\right] = \\
&= c^2 + \frac{1}{\left(1 - \frac{v\,u_z}{c^2}\right)^2} \frac{1}{\gamma_v^2}(u^2 - c^2).
\end{aligned}$$

Daraus folgt über

$$1 - \frac{u'^2}{c^2} = \frac{1}{\left(1 - \frac{v\,u_z}{c^2}\right)^2} \frac{1}{\gamma_v^2} \frac{1}{\gamma_u^2}$$

der gewünschte Ausdruck für γ'_u:

$$\gamma'_u = \gamma_u \gamma_v \left(1 - \frac{v\,u_z}{c^2}\right). \tag{2.80}$$

Damit sind nun die transformierten Impulse leicht bestimmbar:

$$\begin{aligned}
p'_{rx,y} &= m\,\gamma'_u u'_{x,y} = m\,\gamma_u \gamma_v \left(1 - \frac{v\,u_z}{c^2}\right) \frac{1}{\gamma_v} \frac{u_{x,y}}{1 - \frac{v\,u_z}{c^2}} = \\
&= m\,\gamma_u u_{x,y} = p_{rx,y}, \\
p'_{rz} &= m\,\gamma'_u u'_z = m\,\gamma_u \gamma_v \left(1 - \frac{v\,u_z}{c^2}\right) \frac{u_z - v}{1 - \frac{v\,u_z}{c^2}} =
\end{aligned}$$

$$= \gamma_v \left(m \gamma_u u_z - m \gamma_u v \right) = \gamma_v \left(p_{rz} - v \frac{T_r}{c^2} \right).$$

Ebenso leicht finden wir mit (2.80) die transformierte Energie:

$$T_r' = m c^2 \gamma_u' = m c^2 \gamma_u \gamma_v \left(1 - \frac{v\, u_z}{c^2} \right) =$$
$$= \gamma_v \left(m c^2 \gamma_u - m \gamma_u u_z v \right) = \gamma_v (T_r - v\, p_{rz}).$$

Wir stellen die Ergebnisse zusammen:

$$\begin{aligned} p_{rx}' &= p_{rx}, \\ p_{ry}' &= p_{ry}, \\ p_{rz}' &= \gamma_v \left(p_{rz} - \beta \frac{T_r}{c} \right), \\ i \frac{T_r'}{c} &= \gamma_v \left(i \frac{T_r}{c} - i \beta\, p_{rz} \right). \end{aligned} \tag{2.81}$$

Fassen wir diese vier Größen als Komponenten des Vektors p^μ auf, so erkennen wir, daß sie sich wie die Komponenten eines kontravarianten Vierer-Vektors transformieren:

$$p^\mu = (p^1, p^2, p^3, p^4) = \left(p_{rx}, p_{ry}, p_{rz}, i \frac{T_r}{c} \right) =$$
$$= \gamma_u m (u_x, u_y, u_z, i\,c) = m\, u^\mu. \tag{2.82}$$

Für die Komponenten des transformierten Vierer-Vektors $p^{\mu'}$ gilt nämlich mit (2.16) und (2.81):

$$p^{\mu'} = L_{\mu\lambda}\, p^\lambda. \tag{2.83}$$

Dies ist aber die Definitionsgleichung (2.3) für einen kontravarianten Vierer-Vektor. – Wir haben damit den Vierer-Vektor *Welt-Impuls*, den wir bereits in (2.57) über Analogieschlüsse eingeführt hatten, nun explizit abgeleitet.

Der nächste Programmpunkt betrifft die **Transformation der Kräfte**. Für die Raumkomponenten benötigen wir die zeitliche Ableitung der relativistischen Impulse:

$$\mathbf{F} = \frac{d}{dt} \mathbf{p}_r; \quad \mathbf{F}' = \frac{d}{dt'} \mathbf{p}_r'.$$

$\mathbf{u}$ und $\mathbf{u}'$ seien weiterhin die Teilchengeschwindigkeiten in Σ bzw. Σ', wobei sich Σ' relativ zu Σ mit der Geschwindigkeit v parallel zur z-Achse bewegt. Die Zeit transformiert sich gemäß (1.21):

$$t' = \gamma_v \left(t - \frac{v}{c^2} z \right) .$$

Dies bedeutet für das Zeitdifferential dt', wenn wir noch (2.80) ausnutzen:

$$dt' = \gamma_v \, dt \left(1 - \frac{v \, u_z}{c^2} \right) = \frac{\gamma_{u'}}{\gamma_u} dt.$$

Daran lesen wir

$$\frac{d}{dt'} \equiv \frac{\gamma_u}{\gamma'_u} \frac{d}{dt} \tag{2.84}$$

ab, was uns unmittelbar auf die transformierten Kräfte führt:

$$F'_x = \frac{d}{dt'} p'_{rx} = \frac{\gamma_u}{\gamma_{u'}} \frac{d}{dt} p_{rx} = \frac{\gamma_u}{\gamma_{u'}} F_x .$$

Dabei haben wir aus (2.81) $p'_{rx} = p_{rx}$ übernommen. Ganz analog ergibt sich die y-Komponente der Kraft:

$$\gamma'_u F'_x = \gamma_u F_x ; \quad \gamma'_u F'_y = \gamma_u F_y . \tag{2.85}$$

Für die z-Komponente gilt:

$$F'_z = \frac{d}{dt'} p'_{rz} = \frac{\gamma_u}{\gamma_{u'}} \frac{d}{dt} \left[\gamma_v \left(p_{rz} - \beta \frac{T_r}{c} \right) \right] .$$

Daraus folgt mit (2.53):

$$\gamma'_u F'_z = \gamma_v \left(\gamma_u F_z - \beta \, \gamma_u \frac{\mathbf{F} \cdot \mathbf{u}}{c} \right) . \tag{2.86}$$

Schließlich bleibt noch:

$$\left(\frac{\mathbf{F} \cdot \mathbf{u}}{c} \right)' = \frac{d}{dt'} \frac{T'_r}{c} = \frac{\gamma_u}{\gamma'_u} \frac{d}{dt} \left[\gamma_v \left(\frac{T_r}{c} - \beta \, p_{rz} \right) \right] .$$

Daran lesen wir ab:

$$\gamma_u' \left(\frac{\mathbf{F} \cdot \mathbf{u}}{c}\right)' = \gamma_v \left[\gamma_u \left(\frac{\mathbf{F} \cdot \mathbf{u}}{c}\right) - \beta\, \gamma_u\, F_z\right]. \tag{2.87}$$

Wenn wir nun definieren,

$$\begin{aligned} K^1 &= \gamma_u\, F_x, \\ K^2 &= \gamma_u\, F_y, \\ K^3 &= \gamma_u\, F_z, \\ K^4 &= \gamma_u\, i \frac{\mathbf{F} \cdot \mathbf{u}}{c}, \end{aligned} \tag{2.88}$$

dann gilt nach (2.85) bis (2.87):

$$K^{1'} = K^1; \quad K^{2'} = K^2; \quad K^{3'} = \gamma_v(K^3 + i\beta\, K^4);$$
$$K^{4'} = \gamma_v(K^4 - i\beta\, K^3). \tag{2.89}$$

Das sind aber wieder die Transformationsformeln,

$$K^{\mu'} = L_{\mu\lambda}\, K^\lambda, \tag{2.90}$$

eines kontravarianten Vierer-Vektors:

$$\textbf{Minkowski-Kraft:}\ K^\mu \equiv (K^1,\, K^2,\, K^3,\, K^4). \tag{2.91}$$

Mit (2.38),

$$\frac{d}{d\tau} = \gamma_\mu \frac{d}{dt} \qquad (\tau = \text{ Eigenzeit}), \tag{2.92}$$

folgt unmittelbar die Kraftgleichung (2.43):

$$K^\mu \equiv \frac{d}{d\tau}\, p^\mu = m\, \frac{d}{d\tau}\, u^\mu. \tag{2.93}$$

Damit sind sämtliche Beziehungen des Abschnitts (2.2.2) durch Diskussion des Stoßprozesses explizit verifiziert.

Ein letzter Programmpunkt bleibt noch abzuarbeiten. Wir haben noch zu beweisen, daß die Integrationskonstante d in (2.77) tatsächlich, wie in (2.78) behauptet, verschwindet. In allen anschließend abgeleiteten Beziehungen ist nämlich eigentlich T_r durch $T_r - d$ zu ersetzen.

Wir definieren über den Stoßprozeß einen neuen Vierer-Vektor

$$\Delta p^{\mu} = (\Delta \mathbf{p}_r, \Delta p^4), \tag{2.94}$$

wobei

$$\Delta \mathbf{p}_r = \sum_i \mathbf{p}_r^{(i)} - \sum_f \mathbf{p}_r^{(f)} \tag{2.95}$$

die Differenz der Summe der relativistischen Anfangsimpulse (i für *initial*) und der Summe der Endimpulse (f für *final*) darstellt. Δp^4 ist der entsprechende Ausdruck für die Zeitkomponenten:

$$\Delta p^4 = \sum_i (p^4)^{(i)} - \sum_f (p^4)^{(f)}. \tag{2.96}$$

Δp^{μ} ist deshalb ein kontravarianter Vierer-Vektor, weil alle beteiligten p^{μ} kontravariante Vierer-Vektoren sind. (2.95) nimmt als in allen Inertialsystemen gültiger Impulssatz eine sehr einfache Gestalt an:

$$\Delta \mathbf{p}_r = 0. \tag{2.97}$$

Das hat unmittelbar auch

$$\Delta p^4 = 0 \tag{2.98}$$

für alle Inertialsysteme zur Folge. Aus $\Delta p^{3\prime} = \gamma(\Delta p^3 + i\beta\,\Delta p^4)$ ergibt sich wegen (2.97) $0 = i\gamma\beta\,\Delta p^4$ und damit (2.98). – Δp^{μ} ist also der Vierer-Nullvektor:

$$0 \overset{!}{=} -i\,c\,\Delta p^4 = \sum_i (T_r)^{(i)} - \sum_f (T_r)^{(f)} - \sum_i \left(\epsilon(0) - m\,c^2\right)^{(i)} + \\ + \sum_f \left(\epsilon(0) - m\,c^2\right)^{(f)}.$$

Die ersten beiden Summanden heben sich auf, da auch der Energiesatz nach Voraussetzung in allen Inertialsystemen gültig sein soll. Es bleibt damit:

$$\sum_f \left(\epsilon(0) - m\,c^2\right)^{(f)} \overset{!}{=} \sum_i \left(\epsilon(0) - m\,c^2\right)^{(i)}. \tag{2.99}$$

Diese Beziehung sollte für beliebige Stoßprozesse, z.B. mit unterschiedlichen Teilchenzahlen und Teilchentypen (Teilchenumwandlung) vorher und nachher, erfüllt sein. Das ist aber nur möglich, wenn generell

$$\epsilon(0) = mc^2$$

angenommen wird. Dies bedeutet, daß die Konstante d wirklich Null ist. Die relativistische kinetische Energie T_r hat also in der Tat die Gestalt (2.54).

2.3 Kovariante Formulierung der Elektrodynamik

Wir haben im vorigen Kapitel erkennen können, daß die Abweichungen der relativistischen Mechanik von der *vertrauten* Newton-Mechanik besonders drastisch werden, wenn die Geschwindigkeiten mit der Lichtgeschwindigkeit vergleichbar werden. Es ist deshalb durchaus als Überraschung zu werten, daß die

> **Maxwell-Gleichungen** der Elektrodynamik auch bei hohen Geschwindigkeiten **unverändert** gültig bleiben!

Sie sind nämlich bereits forminvariant gegenüber Lorentz-Transformationen, was wir in diesem Kapitel durch Umschreiben auf Vierer-Tensoren explizit demonstrieren werden. Für die Newton-Mechanik war dieses Umschreiben nur durch Neudefinieren einiger physikalischer Begriffe wie Impuls, Energie und Kraft möglich, die lediglich in der Grenze $v \ll c$ die aus Band 1 bekannten nicht-relativistischen Gestalten annehmen. Ein solches Neudefinieren ist in der Elektrodynamik nicht notwendig. In der vierdimensionalen Formulierung sind die Maxwell-Gleichungen besonders einfach und symmetrisch. Sie zeigen dann insbesondere die enge Korrelation zwischen elektrischen und magnetischen Feldern, die für ein vertieftes Verständnis elektromagnetischer Vorgänge von besonderer Bedeutung ist. Was in dem einen Inertialsystem als Magnetfeld erscheint, manifestiert sich in einem anderen Inertialsystem als elektrisches Feld und umgekehrt.

2.3.1 Kontinuitätsgleichung

Die experimentelle Beobachtung lehrt uns, daß die

elektrische Ladung q eine Lorentz-Invariante

ist. Es gibt keinerlei Hinweise darauf, daß die Ladung eines Teilchens von dessen Geschwindigkeit abhängt. Dies gilt jedoch nicht für Größen wie die

Ladungsdichte ρ

oder die

Stromdichte $\mathbf{j} = \rho \mathbf{v}$.

Der Grund ist einleuchtend und hängt letztlich mit der Längenkontraktion zusammen.

Σ_0 sei ein (mitbewegtes) Inertialsystem, in dem die betrachtete Ladung ruht:

$$dq = \rho_0 \, dV_0.$$

ρ_0 ist also die mitbewegte Ladungsdichte.

Σ sei ein anderes Inertialsystem, das sich relativ zu Σ_0 mit der Geschwindigkeit $\mathbf{v}$ parallel zur z-Achse bewegt. Da sich die Ladungsmenge im vorgegebenen Volumenelement nicht geändert haben kann, können wir ansetzen:

$$dq = \rho \, dV.$$

Für das Volumenelement dV gilt mit der Längenkontraktion (1.28):

$$dV = dx\,dy\,dz = dx_0\,dy_0\,dz_0\sqrt{1-\frac{v^2}{c^2}} - \frac{1}{\gamma}dV_0.$$

Aus $\rho\, dV = \rho_0\, dV_0$ folgt dann für die Ladungsdichte, wie sie von Σ aus gesehen wird:

$$\rho = \rho_0\,\gamma. \tag{2.100}$$

In ihrer Bedeutung als *Ruheladungsdichte* ist ρ_0 eine Lorentz-Invariante. Die Ladungsdichte ρ bewirkt in Σ eine Stromdichte $\mathbf{j}$:

$$\mathbf{j} = \gamma\,\rho_0\,\mathbf{v}. \tag{2.101}$$

An den Gleichungen (2.100) und (2.101) erkennt man einen kontravarianten Vierer-Vektor, die sogenannte

Vierer-Stromdichte

$$j^\mu = (j_x, j_y, j_z, i\,c\,\rho) \equiv (\mathbf{j}, i\,c\,\rho) = \gamma\,\rho_0(\mathbf{v}, i\,c) = \rho_0\,u^\mu. \tag{2.102}$$

Daß es sich um einen kontravarianten Vierer-Vektor handelt, folgt aus der

Tatsache, daß $\bar{\rho}_0$ ein Vierer-Skalar ist. j^μ transformiert sich also wie die Welt-Geschwindigkeit u^μ, von der wir bereits wissen, daß sie ein solcher kontravarianter Vierer-Vektor ist. Wir machen trotzdem die Probe.

Im Ruhesystem Σ_0 der Ladung gilt:

$$\mathbf{j}_0 = \rho_0 \mathbf{v}_0 = \mathbf{0}; \quad j_0^4 = i\,c\,\rho_0.$$

Die Lorentz-Transformation (1.16) liefert dann für die Komponenten der Vierer-Stromdichte in Σ:

$$\begin{aligned} j^1 &= j_x = j_{0x} = 0, \\ j^2 &= j_y = j_{0y} = 0, \\ j^3 &= j_z = \gamma\big(j_{0z} + i\beta\, j_0^4\big) = -\gamma\,\rho_0\, v = -\rho\, v, \\ j^4 &= i\,c\,\rho = \gamma\big(-i\beta\, j_{0z} + j_0^4\big) = i\,c\,\gamma\,\rho_0. \end{aligned}$$

Das ist offensichtlich das korrekte Ergebnis.

Wir betrachten nun die **Kontinuitätsgleichung** (s. (2.10), Bd. 3):

$$\frac{\partial \rho}{\partial t} + \operatorname{div} \mathbf{j} = 0.$$

Wir erkennen in der linken Seite die Divergenz des Vierer-Vektors. Nach (2.32) gilt nämlich:

$$\partial_\mu j^\mu = \operatorname{div} \mathbf{j} - \frac{i}{c}\frac{\partial}{\partial t} j^4 = \operatorname{div} \mathbf{j} + \frac{\partial}{\partial t}\rho.$$

Die Kontinuitätsgleichung schreibt sich also kurz:

$$\partial_\mu j^\mu = 0. \tag{2.103}$$

Beide Seiten der Gleichung sind Vierer-Skalare. Die Kontinuitätsgleichung ist demnach lorentzinvariant.

2.3.2 Elektromagnetische Potentiale

Wir diskutieren nun die Wellengleichungen der elektromagnetischen Potentiale,

$$\varphi(\mathbf{r},t) : \text{skalares Potential}; \quad \mathbf{A}(\mathbf{r},t) : \text{Vektorpotential},$$

und wiederholen dazu einige Überlegungen aus Kapitel 4.1.3, Bd. 3. Wir wollen auch hier das Maßsystem SI verwenden, obwohl das Gaußsche System der Speziellen Relativitätstheorie eigentlich besser angepaßt ist. Die **Maxwell-Gleichungen** lassen sich bekanntlich in zwei homogene und zwei inhomogene Differentialgleichungen gruppieren:

$$\begin{aligned} \text{homogen:} \quad & \operatorname{div}\mathbf{B} &&= \mathbf{0}, \\ & \operatorname{rot}\mathbf{E} + \dot{\mathbf{B}} &&= \mathbf{0}, \\ \text{inhomogen:} \quad & \operatorname{div}\mathbf{D} &&= \rho, \\ & \operatorname{rot}\mathbf{H} - \dot{\mathbf{D}} &&= \mathbf{j}. \end{aligned}$$

Wir beschränken unsere Betrachtungen auf das Vakuum, in dem

$$\mathbf{D} = \epsilon_0 \mathbf{E}; \quad \mathbf{B} = \mu_0 \mathbf{H}$$

gesetzt werden muß. Das Vektorpotential ist durch den Ansatz ((3.34), Bd. 3),

$$\mathbf{B} = \operatorname{rot}\mathbf{A},$$

definiert. Aus der zweiten homogenen Maxwell-Gleichung folgt dann $\operatorname{rot}(\mathbf{E} + \dot{\mathbf{A}}) = \mathbf{0}$, was zu dem folgenden Ansatz für das elektrische Feld $\mathbf{E}$ führt:

$$\mathbf{E} = -\operatorname{grad}\varphi - \dot{\mathbf{A}} \qquad ((4.21), \text{Bd. } 3).$$

φ und $\mathbf{A}$ sind dadurch nicht eindeutig bestimmt. Man hat noch eine Funktion $\chi(\mathbf{r},t)$ frei, falls diese so gewählt wird, daß

$$\varphi \to \varphi - \dot{\chi}; \quad \mathbf{A} \to \mathbf{A} + \operatorname{grad}\chi$$

gewährleistet ist ((4.22) und (4.23), Bd. 3). Wegen $\operatorname{rot}\operatorname{grad}\chi = 0$ ändert diese **Eichtransformation** die Felder $\mathbf{E}$ und $\mathbf{B}$ nicht. Man kann sie also nach Zweckmäßigkeitsgesichtspunkten festlegen. Durch Einführung der elektromagnetischen Potentiale φ und $\mathbf{A}$ sind die homogenen Maxwell-Gleichungen automatisch erfüllt. Die beiden inhomogenen Gleichungen werden zu Differentialgleichungen zweiter Ordnung für die Potentiale φ und $\mathbf{A}$. Diese wiederum nehmen eine besonders symmetrische Gestalt an, wenn man die Eichfunktion $\chi(\mathbf{r},t)$ so wählt, daß die

Lorentz-Bedingung

$$\operatorname{div}\mathbf{A} + \frac{1}{c^2}\dot{\varphi} = \operatorname{div}\mathbf{A} - \frac{i}{c}\frac{\partial}{\partial t}\left(\frac{i}{c}\varphi\right) = 0 \tag{2.104}$$

erfüllt ist (s. (4.37), Bd. 3). Mit $c = (\mu_0\epsilon_0)^{-1/2}$ bestimmen sich φ und **A** aus den folgenden

Wellengleichungen:

$$\Box\,\mathbf{A} \equiv \left(\Delta - \frac{1}{c^2}\frac{\partial^2}{\partial t^2}\right)\mathbf{A} = -\mu_0\,\mathbf{j}, \tag{2.105}$$

$$\Box\left(\frac{i}{c}\varphi\right) = \left(\Delta - \frac{1}{c^2}\frac{\partial^2}{\partial t^2}\right)\left(\frac{i}{c}\varphi\right) = -\mu_0\,i\,c\,\rho \tag{2.106}$$

(s. (4.38) und (4.39), Bd. 3). Auf den rechten Seiten dieser Wellengleichungen erkennen wir die Raum- und Zeitkomponenten der Vierer-Stromdichte j^μ. Da der d'Alembert-Operator $\Box$ (2.33) ein skalarer Operator ist, legen die Gleichungen (2.105) und (2.106) die Einführung eines weiteren Vierer-Vektors nahe:

Vierer-Potential

$$A^\mu \equiv \left(A_x, A_y, A_x, \frac{i}{c}\varphi\right) \equiv \left(\mathbf{A}, \frac{i}{c}\varphi\right). \tag{2.107}$$

Damit lassen sich die Wellengleichungen für φ und **A** zu der

Vierer-Wellengleichung

$$\Box\,A^\mu = -\mu_0 j^\mu \tag{2.108}$$

zusammenfassen, die kovariant ist, da beide Seiten Vierer-Tensoren derselben, nämlich der ersten Stufe sind.

Die Lorentz-Bedingung (2.104) läßt sich schließlich noch als Vierer-Divergenz (2.32) des Potentials A^μ schreiben. Die Beziehung

$$\partial_\mu A^\mu = \operatorname{div}\mathbf{A} - \frac{i}{c}\frac{\partial}{\partial t}A^4$$

ist offenbar mit der linken Seite von (2.104) identisch. Die

Lorentz-Eichung

$$\partial_\mu A^\mu \equiv 0 \tag{2.109}$$

ist als Welt-Skalar lorentzinvariant.

2.3.3 Feldstärke-Tensor

Die Feldstärken **E** und **B** lassen sich in der relativistischen Elektrodynamik nicht als Vierer-Vektoren schreiben. Wir werden statt dessen für sie einen Vierer-Tensor zweiter Stufe einführen, der die Felder **E** und **B** gleichermaßen erfaßt. Ausgangspunkt sind wiederum die Zusammenhänge zwischen Feldern und Potentialen:

$$\mathbf{B} = \text{rot}\,\mathbf{A}; \quad \mathbf{E} = -\text{grad}\,\varphi - \dot{\mathbf{A}}.$$

Den Vierer-Gradienten haben wir in Kapitel 2.1.3 eingeführt:

$$\partial_\mu = \left(\nabla, -\frac{i}{c}\frac{\partial}{\partial t}\right) = (\partial_1, \partial_2, \partial_3, \partial_4), \tag{2.110}$$

$$\partial^\mu = \left(-\nabla, \frac{i}{c}\frac{\partial}{\partial t}\right) = (\partial^1, \partial^2, \partial^3, \partial^4). \tag{2.111}$$

Es gilt offensichtlich:

$$\partial^{1,2,3,4} = -\partial_{1,2,3,4}. \tag{2.112}$$

Damit schreiben wir zunächst das **B**-Feld um:

$$B_x = \frac{\partial}{\partial y}A_z - \frac{\partial}{\partial z}A_y = \partial_2 A^3 - \partial_3 A^2 = -(\partial^2 A^3 - \partial^3 A^2).$$

Analog ergibt sich für die anderen beiden kartesischen Komponenten:

$$B_y = -(\partial^3 A^1 - \partial^1 A^3); \quad B_z = -(\partial^1 A^2 - \partial^2 A^1).$$

Das **E**-Feld läßt sich ganz ähnlich schreiben:

$$E_x = -\frac{\partial}{\partial x}\varphi - \frac{\partial}{\partial t}A_x = i\,c\left[\frac{\partial}{\partial x}\left(\frac{i}{c}\varphi\right) + \frac{i}{c}\frac{\partial}{\partial t}A_x\right] =$$
$$= -i\,c(\partial^1 A^4 - \partial^4 A^1).$$

Entsprechende Ausdrücke ergeben sich für E_y und E_z:

$$E_y = -i\,c(\partial^2 A^4 - \partial^4 A^2); \quad E_z = -i\,c(\partial^3 A^4 - \partial^4 A^3).$$

Wir führen durch

$$F^{\mu\nu} \equiv \partial^\mu A^\nu - \partial^\nu A^\mu \tag{2.113}$$

einen neuen **Vierer-Tensor zweiter Stufe** ein. Er ist als Tensorprodukt zweier kontravarianter Vierer-Vektoren ebenfalls **kontravariant** und offensichtlich antisymmetrisch:

$$F^{\mu\nu} = -F^{\nu\mu}. \tag{2.114}$$

Man kann diesen Tensor als vierdimensionale Verallgemeinerung der Rotation (des Vektors A^μ) auffassen:

Feldstärke-Tensor

$$F^{\mu\nu} \equiv \begin{pmatrix} 0 & -B_z & B_y & \frac{i}{c}E_x \\ B_z & 0 & -B_x & \frac{i}{c}E_y \\ -B_y & B_x & 0 & \frac{i}{c}E_z \\ -\frac{i}{c}E_x & -\frac{i}{c}E_y & -\frac{i}{c}E_z & 0 \end{pmatrix}. \tag{2.115}$$

Das elektromagnetische Feld wird im Minkowski-Raum also nicht mehr durch **zwei** Felder, sondern durch **einen** Tensor zweiter Stufe beschrieben. Wir werden im nächsten Kapitel den Feldstärke-Tensor zur kovarianten Formulierung der Maxwell-Gleichungen benutzen.

Der *kovariante Feldstärke-Tensor* ergibt sich leicht mit Hilfe der allgemeinen Übersetungsvorschrift (2.26) aus Kapitel 2.1.2:

$$F_{\mu\nu} = \mu_{\mu\alpha}\mu_{\nu\beta}\, F^{\alpha\beta}. \tag{2.116}$$

Da der metrische Tensor $\mu_{\alpha\beta}$ in der Speziellen Relativitätstheorie diagonal ist (2.19), folgt einfach:

$$F_{\mu\nu} \equiv F^{\mu\nu}. \tag{2.117}$$

Wir erkennen an (2.115) eine wichtige

Invariante des Feldes

$$F_{\mu\nu}\, F^{\mu\nu} = 2\left(\mathbf{B}^2 - \frac{1}{c^2}\mathbf{E}^2\right), \tag{2.118}$$

die als Vierer-Skalar von Lorentz-Transformationen unbeeinflußt bleibt. Man kann offensichtlich nie ein **reines B**-Feld auf ein **reines E**-Feld transformieren. Wir werden auf diese Tatsache später noch einmal zurückkommen.

2.3.4 Maxwell-Gleichungen

Wir wollen jetzt mit Hilfe des Feldstärke-Tensors (2.115) die Maxwell-Gleichungen in explizit kovarianter Form ableiten. Beginnen werden wir mit den **inhomogenen** Gleichungen, die mit $c = (\epsilon_0\mu_0)^{-\frac{1}{2}}$ wie folgt geschrieben werden können:

$$\operatorname{div}\left(\frac{i}{c}\mathbf{E}\right) = \mu_0\, i\, c\, \rho = \mu_0 j^4, \tag{2.119}$$

$$\operatorname{rot}\mathbf{B} + \frac{i}{c}\frac{\partial}{\partial t}\left(\frac{i}{c}\mathbf{E}\right) = \mu_0\mathbf{j}. \tag{2.120}$$

Auf der rechten Seite dieser Gleichungen erkennen wir die Komponenten des Vierer-Stroms j^μ (2.102). Die linken Seiten sollten deshalb ebenfalls Komponenten eines Vierer-Vektors sein, wenn, wie eingangs behauptet, das System der Maxwell-Gleichungen tatsächlich kovariant ist. Wir versuchen, die linken Seiten durch den Feldstärke-Tensor auszudrücken:

$\boxed{\mu = 1}$

$$\mu_0 j^1 = \mu_0 j_x = \frac{\partial}{\partial y}B_z - \frac{\partial}{\partial z}B_y - \frac{i}{c}\frac{\partial}{\partial t}\left(-\frac{i}{c}E_x\right) =$$
$$= \partial_2 F^{21} + \partial_3 F^{31} + \partial_4 F^{41} = \partial_\alpha F^{\alpha 1}.$$

$\boxed{\mu = 2}$

$$\mu_0 j^2 = \mu_0 j_y = \frac{\partial}{\partial z}B_x - \frac{\partial}{\partial x}B_z - \frac{i}{c}\frac{\partial}{\partial t}\left(-\frac{i}{c}E_y\right) =$$
$$= \partial_3 F^{32} + \partial_1 F^{12} + \partial_4 F^{42} = \partial_\alpha F^{\alpha 2}.$$

$\boxed{\mu = 3}$

$$\mu_0 j^3 = \mu_0 j_z = \frac{\partial}{\partial x}B_y - \frac{\partial}{\partial y}B_x - \frac{i}{c}\frac{\partial}{\partial t}\left(-\frac{i}{c}E_z\right) =$$
$$= \partial_1 F^{13} + \partial_2 F^{23} + \partial_4 F^{43} = \partial_\alpha F^{\alpha 3}.$$

$\boxed{\mu = 4}$

$$\mu_0 j^4 = \operatorname{div}\left(\frac{i}{c}\mathbf{E}\right) = \frac{i}{c}\left(\frac{\partial}{\partial x}E_x + \frac{\partial}{\partial y}E_y + \frac{\partial}{\partial z}E_z\right) =$$
$$= \partial_1 F^{14} + \partial_2 F^{24} + \partial_3 F^{34} = \partial_\alpha F^{\alpha 4}.$$

Diese Beziehungen lassen sich zu einem kompakten Ausdruck zusammenfassen:

$$\partial_\alpha F^{\alpha\beta} = \mu_0 j^\beta; \quad \beta = 1,2,3,4 \tag{2.121}$$

inhomogene Maxwell-Gleichungen.

Links steht ein *verjüngter* Tensor dritter Stufe, demnach ein Vierer-Vektor wie auf der rechten Seite. Kovarianz ist damit gewährleistet. In dieser Form gelten die inhomogenen Maxwell-Gleichungen in allen Inertialsystemen.

Wir kommen nun zu den **homogenen** Maxwell-Gleichungen:

$$\operatorname{div} \mathbf{B} = 0, \tag{2.122}$$

$$\operatorname{rot}\left(\frac{i}{c}\mathbf{E}\right) + \frac{i}{c}\frac{\partial}{\partial t}\mathbf{B} = 0. \tag{2.123}$$

Für (2.122) können wir auch schreiben:

$$\begin{aligned} 0 = \operatorname{div} \mathbf{B} &= \frac{\partial}{\partial x}B_x + \frac{\partial}{\partial y}B_y + \frac{\partial}{\partial z}B_z = \\ &= \partial^1 F^{23} + \partial^2 F^{31} + \partial^3 F^{12}. \end{aligned}$$

Die drei Komponenten der Vektorgleichung (2.123) lassen sich wie folgt umformen:

$$\begin{aligned} 0 &= \left(\operatorname{rot}\frac{i}{c}\mathbf{E}\right)_x + \frac{i}{c}\frac{\partial}{\partial t}B_x = \\ &= \frac{\partial}{\partial y}\left(\frac{i}{c}E_z\right) - \frac{\partial}{\partial z}\left(\frac{i}{c}E_y\right) + \frac{i}{c}\frac{\partial}{\partial t}B_x = \\ &= -\partial^2 F^{34} - \partial^3 F^{42} - \partial^4 F^{23}, \end{aligned}$$

$$\begin{aligned} 0 &= \left(\operatorname{rot}\frac{i}{c}\mathbf{E}\right)_y + \frac{i}{c}\frac{\partial}{\partial t}B_y = \\ &= \frac{\partial}{\partial z}\left(\frac{i}{c}E_x\right) - \frac{\partial}{\partial x}\left(\frac{i}{c}E_z\right) + \frac{i}{c}\frac{\partial}{\partial t}B_y = \\ &= \partial^3 F^{41} + \partial^1 F^{34} + \partial^4 F^{13}, \end{aligned}$$

$$0 = \left(\operatorname{rot}\frac{i}{c}\mathbf{E}\right)_z + \frac{i}{c}\frac{\partial}{\partial t}B_z =$$

$$= \frac{\partial}{\partial x}\left(\frac{i}{c}E_y\right) - \frac{\partial}{\partial y}\left(\frac{i}{c}E_x\right) + \frac{i}{c}\frac{\partial}{\partial t}B_z =$$
$$= -\partial^1 F^{24} - \partial^2 F^{41} - \partial^4 F^{12}.$$

Auch diese Gleichungen lassen sich in einem kompakten Ausdruck zusammenfassen, wobei wir noch (2.112) ausnutzen:

$$\partial_\alpha F^{\beta\gamma} + \partial_\beta F^{\gamma\alpha} + \partial_\gamma F^{\alpha\beta} = 0, \quad \alpha, \beta, \gamma \text{ beliebig aus } (1,2,3,4), \tag{2.124}$$

homogene Maxwell-Gleichungen.

Alle additiven Terme dieses Ausdrucks, die sich durch zyklische Vertauschung der Indizes α, β, γ voneinander unterscheiden, sind Vierer-Tensoren gleicher Stufe. Die Kovarianz ist somit evident. Sind zwei Indizes in (2.124) gleich, so wird die linke Seite identisch Null. Es folgt zum Beispiel aus $\alpha = \beta$ (2.114):

$$\partial_\alpha F^{\alpha\gamma} + \partial_\alpha F^{\gamma\alpha} + \partial_\gamma F^{\alpha\alpha} = \partial_\alpha (F^{\alpha\gamma} - F^{\alpha\gamma}) = 0.$$

Interessant sind also nur die Kombinationen (2,3,4), (1,3,4), (1,2,4), (1,2,3). Dies sind aber gerade die oben diskutierten vier homogenen Maxwell-Gleichungen.

Das System der Maxwell-Gleichungen läßt sich also in Form von (2.121) und (2.124) durch Vierer-Tensoren sehr knapp und symmetrisch ausdrücken, wobei die Kovarianz bezüglich Lorentz-Transformationen unmittelbar deutlich wird.

Eine noch kompaktere Darstellung der homogenen Maxwell-Gleichungen als (2.124) erreicht man durch Einführung des sogenannten **dualen Feldstärke-Tensors**:

$$\bar{F}^{\mu\nu} = \frac{1}{2}\epsilon^{\mu\nu\rho\sigma} F_{\rho\sigma}. \tag{2.125}$$

Dabei ist

$$\epsilon^{\mu\nu\rho\sigma} = \begin{cases} +1, & \text{falls } (\mu, \nu, \rho, \sigma) \text{ gerade Permutation von } (1,2,3,4), \\ -1, & \text{falls ungerade Permutation}, \\ 0, & \text{falls zwei oder mehrere Indizes gleich} \end{cases} \tag{2.126}$$

der total antisymmetrische Einheitstensor vierter Stufe. Die Elemente $F_{\mu\nu}$ des kovarianten Feldstärke-Tensors sind nach (2.117) mit denen des kontravarianten Tensors (2.115) identisch. - An der Definition (2.125) liest man zunächst unmittelbar

$$\bar{F}^{\mu\nu} = -\bar{F}^{\nu\mu} \tag{2.127}$$

ab. Wir berechnen als Beispiel:

$$\begin{aligned}\bar{F}^{12} &= \frac{1}{2}\epsilon^{12\rho\sigma}F_{\rho\sigma} = \frac{1}{2}(\epsilon^{1234}F^{34} + \epsilon^{1243}F^{43}) = \\ &= \frac{1}{2}(F^{34} - F^{43}) = F^{34}.\end{aligned}$$

Ganz analog findet man (s. Aufgabe 2.5.3):

$$\bar{F}^{13} = F^{42}; \quad \bar{F}^{14} = F^{23}; \quad \bar{F}^{23} = F^{14}; \quad \bar{F}^{24} = F^{31}; \quad \bar{F}^{34} = F^{12}.$$

Man erhält demnach die Komponenten des dualen Feldstärke-Tensors $\bar{F}^{\mu\nu}$ aus denen des kontravarianten Tensors $F^{\mu\nu}$ durch die Ersetzung:

$$\mathbf{B} \longleftrightarrow -\frac{i}{c}\mathbf{E}. \tag{2.128}$$

Dies ergibt mit (2.115):

$$\bar{F}^{\mu\nu} \equiv \begin{pmatrix} 0 & \frac{i}{c}E_z & -\frac{i}{c}E_y & -B_x \\ -\frac{i}{c}E_z & 0 & \frac{i}{c}E_x & -B_y \\ \frac{i}{c}E_y & -\frac{i}{c}E_x & 0 & -B_z \\ B_x & B_y & B_z & 0 \end{pmatrix}. \tag{2.129}$$

Man rechnet nun leicht die folgenden Beziehungen nach:

$$\begin{aligned}\partial_\alpha \bar{F}^{\alpha 1} &= \partial_1 \bar{F}^{11} + \partial_2 \bar{F}^{21} + \partial_3 \bar{F}^{31} + \partial_4 \bar{F}^{41} = \\ &= \partial_2 F^{43} + \partial_3 F^{24} + \partial_4 F^{32}, \\ \partial_\alpha \bar{F}^{\alpha 2} &= \partial_1 F^{34} + \partial_3 F^{41} + \partial_4 F^{13}, \\ \partial_\alpha \bar{F}^{\alpha 3} &= \partial_1 F^{42} + \partial_2 F^{14} + \partial_4 F^{21}, \\ \partial_\alpha \bar{F}^{\alpha 4} &= \partial_1 F^{23} + \partial_2 F^{31} + \partial_3 F^{12}.\end{aligned}$$

Wir können anstelle von (2.124) also auch schreiben:

$$\partial_\alpha \bar{F}^{\alpha\beta} = 0; \quad \beta = 1, 2, 3, 4 \tag{2.130}$$

homogene Maxwell-Gleichungen.

Man erkennt schließlich noch an (2.115) und (2.129) eine

Invariante des elektromagnetischen Feldes

$$F_{\alpha\beta}\bar{F}^{\alpha\beta} = F^{\alpha\beta}\bar{F}^{\alpha\beta} = -2\frac{i}{c}\,\mathbf{E}\cdot\mathbf{B}. \tag{2.131}$$

Links steht ein Vierer-Tensor nullter Stufe, also ein Welt-Skalar. Das Skalarprodukt aus elektrischem und magnetischem Feld $\mathbf{E} \cdot \mathbf{B}$ ändert sich bei einer Lorentz-Transformation demnach nicht, ist somit in allen Inertialsystemen gleich.

2.3.5 Transformation der elektromagnetischen Felder

Mit den im letzten Kapitel abgeleiteten Beziehungen können wir nun leicht berechnen, wie sich die elektrischen und magnetischen Felder bei einer Lorentz-Transformation im einzelnen verhalten.

Das Transformationsverhalten eines kontravarianten Tensors zweiter Stufe kennen wir aus Kapitel 2.1. Die Gleichungen (2.8) und (2.9),

$$F^{\mu\nu'} = \frac{\partial x^{\mu'}}{\partial x^\alpha}\frac{\partial x^{\nu'}}{\partial x^\beta}F^{\alpha\beta} = L_{\mu\alpha}L_{\nu\beta}F^{\alpha\beta},$$

führen mit (1.16) zu dem transformierten Feldstärke-Tensor. Wegen $F^{\alpha\beta} = -F^{\beta\alpha}$ folgt unmittelbar auch

$$F^{\mu\nu'} = -F^{\nu\mu'}.$$

Dies bedeutet insbesondere, daß die Diagonalelemente des transformierten Tensors verschwinden. Es bleiben deshalb sechs Elemente explizit zu berechnen:

$$F^{12'} = L_{11}L_{22}F^{12} = -B_z \stackrel{!}{=} -B'_z,$$

$$F^{13'} = L_{11}(L_{33}F^{13} + L_{34}F^{14}) = \gamma\left(B_y - \frac{\beta}{c}E_x\right) \stackrel{!}{=} B'_y,$$

$$F^{14'} = L_{11}(L_{43}F^{13} + L_{44}F^{14}) = \gamma\left(-i\beta\, B_y + \frac{i}{c}E_x\right) \stackrel{!}{=} \frac{i}{c}E'_x,$$

$$F^{23'} = L_{22}(L_{33}F^{23} + L_{34}F^{24}) = \gamma\left(-B_x - \frac{\beta}{c}E_y\right) \stackrel{!}{=} -B'_x,$$

$$F^{24'} = L_{22}(L_{43}F^{23} + L_{44}F^{24}) = \gamma\left(+i\beta\, B_x + \frac{i}{c}E_y\right) \stackrel{!}{=} \frac{i}{c}E'_y,$$

$$\begin{aligned} F^{34'} &= L_{33}(L_{43}F^{33} + L_{44}F^{34}) + L_{34}(L_{43}F^{43} + L_{44}F^{44}) = \\ &= \gamma^2\frac{i}{c}E_z - \beta^2\gamma^2\frac{i}{c}E_z = \frac{i}{c}E_z \stackrel{!}{=} \frac{i}{c}E'_z. \end{aligned}$$

Damit transformieren sich die Komponenten des magnetischen Feldes nach den folgenden Formeln:

$$B'_x = \gamma\left(B_x + \frac{\beta}{c}E_y\right), \tag{2.132}$$

$$B'_y = \gamma\left(B_y - \frac{\beta}{c}E_x\right), \tag{2.133}$$

$$B'_z = B_z. \tag{2.134}$$

Für die Komponenten des elektrischen Feldes gilt:

$$E'_x = \gamma(E_x - \beta c\, B_y), \tag{2.135}$$

$$E'_y = \gamma(E_y + \beta c\, B_x), \tag{2.136}$$

$$E'_z = E_z. \tag{2.137}$$

Diese Formeln machen die enge Verknüpfung zwischen elektrischen und magnetischen Feldern deutlich. Was in einem System als reines **E**- oder **B**-Feld erscheint, ist in einem anderen Inertialsystem eine Mischung aus beiden. Bei allen Lorentz-Transformationen bleiben jedoch die

Invarianten des elektromagnetischen Feldes

$$\left(\mathbf{B}^2 - \frac{1}{c^2}\mathbf{E}^2\right) \quad \text{und} \quad \mathbf{E}\cdot\mathbf{B}$$

unverändert. Daraus folgt, wie bereits früher festgestellt, daß man ein reines **B**-Feld nie auf ein reines **E**-Feld transformieren kann und umgekehrt.

Für manche Zwecke erscheint es sinnvoll, die Felder auf Komponenten parallel und senkrecht zur Relativgeschwindigkeit $\mathbf{v}$ der beiden Inertialsysteme Σ und Σ' umzuschreiben. Die Parallelkomponente des elektrischen Feldes ist natürlich mit der z-Komponente identisch:

$$\mathbf{E}'_{\|} = E'_z \mathbf{e}_z = E_z \mathbf{e}_z = \mathbf{E}_{\|}. \tag{2.138}$$

Die orthogonale Komponente bestimmt sich etwas komplizierter:

$$\begin{aligned} \mathbf{E}'_{\perp} &= E'_x \mathbf{e}_x + E'_y \mathbf{e}_y = \\ &= \gamma \left[E_x \mathbf{e}_x + E_y \mathbf{e}_y + \beta\, c (B_x \mathbf{e}_y - B_y \mathbf{e}_x) \right]. \end{aligned}$$

Mit

$$\boldsymbol{\beta} = \frac{\mathbf{v}}{c} \equiv \left(0, 0, \frac{v}{c}\right) \tag{2.139}$$

läßt sich der letzte Summand als Vektorprodukt schreiben:

$$\mathbf{E}'_{\perp} = \gamma \left[\mathbf{E}_{\perp} + c(\boldsymbol{\beta} \times \mathbf{B}) \right]. \tag{2.140}$$

Analog findet man für die magnetische Induktion:

$$\mathbf{B}'_{\|} = \mathbf{B}_{\|}; \quad \mathbf{B}'_{\perp} = \gamma \left[\mathbf{B}_{\perp} - \frac{1}{c}(\boldsymbol{\beta} \times \mathbf{E}) \right]. \tag{2.141}$$

Diese Ergebnisse lassen sich für die elektromagnetischen Felder wie folgt zusammenfassen:

$$\mathbf{E}' = \gamma \left[\mathbf{E} + c(\boldsymbol{\beta} \times \mathbf{B}) \right] - \frac{\gamma^2}{\gamma + 1} \boldsymbol{\beta} (\boldsymbol{\beta} \cdot \mathbf{E}), \tag{2.142}$$

$$\mathbf{B}' = \gamma \left(\mathbf{B} - \frac{1}{c}(\boldsymbol{\beta} \times \mathbf{E}) \right) - \frac{\gamma^2}{\gamma + 1} \boldsymbol{\beta} (\boldsymbol{\beta} \cdot \mathbf{B}). \tag{2.143}$$

In dieser Form gelten die Transformationsformeln für beliebige Geschwindigkeiten $\mathbf{v}$. Es muß also nicht notwendig $\mathbf{v}$ parallel zur z-Achse gerichtet sein. Wir machen die Probe:

$$\mathbf{E}'_{\|} \equiv \frac{\boldsymbol{\beta}}{\beta} \left(\mathbf{E}' \cdot \frac{\boldsymbol{\beta}}{\beta} \right) = \frac{\boldsymbol{\beta}}{\beta^2} \left(\gamma\, \mathbf{E} \cdot \boldsymbol{\beta} - \frac{\gamma^2}{\gamma + 1} \beta^2 (\boldsymbol{\beta} \cdot \mathbf{E}) \right) =$$

$$= \mathbf{E}_{\|}\left(\gamma - \frac{\gamma^2}{\gamma+1}\beta^2\right) = \mathbf{E}_{\|}\frac{\gamma^2+\gamma-\gamma^2\beta^2}{\gamma+1} = \mathbf{E}_{\|},$$

$$\mathbf{E}'_{\perp} = \mathbf{E}' - \frac{\boldsymbol{\beta}}{\beta}\left(\mathbf{E}' \cdot \frac{\boldsymbol{\beta}}{\beta}\right) = \mathbf{E}' - \mathbf{E}_{\|} = \mathbf{E}' - \mathbf{E}_{\|}\left(\gamma - \frac{\gamma^2}{\gamma+1}\beta^2\right) =$$

$$= \gamma\left[\mathbf{E}_{\perp} + c(\boldsymbol{\beta} \times \mathbf{B})\right].$$

Dies sind für das **E**-Feld die korrekten Ausdrücke (2.138) und (2.140). Die Probe für das **B**-Feld gelingt auf die gleiche Weise.

Wir diskutieren als **Anwendungsbeispiel** die

Felder einer bewegten Punktladung q.

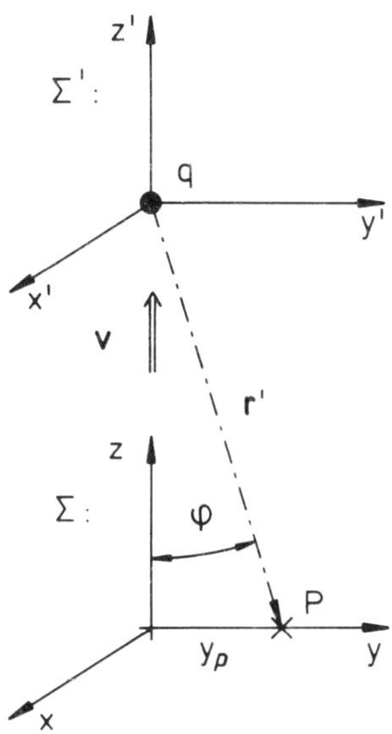

Wir nehmen an, daß sich die Ladung q im Ursprung von Σ' befindet. Σ' sei das Ruhesystem der Ladung.

Σ sei dagegen das Ruhesystem eines Beobachters P, wobei wir o.B.d.A. annehmen können, daß sich dessen Position auf der y-Achse in Σ befindet.

Σ' bewege sich relativ zu Σ mit der konstanten Geschwindigkeit $\mathbf{v}$ in z-Richtung, wobei für $t = t' = 0$ die beiden Koordinatenursprünge zusammenfallen sollen.

Die Position von P ist in Σ durch

$$\mathbf{r}_P = (0, y_P, 0)$$

gegeben und in Σ' durch

$$\mathbf{r}' = (0, y_P, -v\,t'). \tag{2.144}$$

Der Abstand des Beobachters von der Punktladung

$$r' = \sqrt{y_P^2 + v^2 t'^2}$$

beträgt wegen

$$t' = \gamma\left(t - \frac{v}{c^2} z_P\right) = \gamma t$$

in Σ-Koordinaten:

$$r' = \sqrt{y_P^2 + v^2 \gamma^2 t^2}. \tag{2.145}$$

Welche Felder sieht nun der Beobachter P, wenn sich die Punktladung q mit $v =$ const. längs der z-Achse bewegt?

Die Felder in Σ' sind die einer **ruhenden** Ladung, damit also aus der nichtrelativistischen Elektrodynamik (s. Bd. 3) bekannt:

$$\mathbf{B}' \equiv 0, \tag{2.146}$$

$$\mathbf{E}'(t') = \frac{q}{4\pi\epsilon_0} \frac{\mathbf{r}'}{r'^3} = \frac{q}{4\pi\epsilon_0 r'^3}(0, y_P, -v\,t'). \tag{2.147}$$

Das $\mathbf{E}$-Feld ist zeitabhängig, da sich die Beobachterposition P in Σ' zeitlich ändert, d.h., es wird zu verschiedenen Zeiten t' an verschiedenen Orten $\mathbf{r}'$ in Σ' das Feld gemessen.

Zur Berechnung des $\mathbf{E}$-Feldes in Σ benutzen wir die Transformationsformeln (2.135) bis (2.137), wobei zu beachten ist, daß sich Σ relativ zu Σ' mit der Geschwindigkeit $-\mathbf{v}$ bewegt:

$$E_x = \gamma(E'_x + \beta\, c\, B'_y) = 0, \tag{2.148}$$

$$E_y = \gamma(E'_y - \beta\, c\, B'_x) = \gamma\, E'_y = \frac{q}{4\pi\epsilon_0} \frac{\gamma\, y_P}{\left(y_P^2 + \gamma^2 v^2 t^2\right)^{3/2}}, \tag{2.149}$$

$$E_z = E'_z = \frac{q}{4\pi\epsilon_0} \frac{-\gamma\, v\, t}{\left(y_P^2 + \gamma^2 v^2 t^2\right)^{3/2}}. \tag{2.150}$$

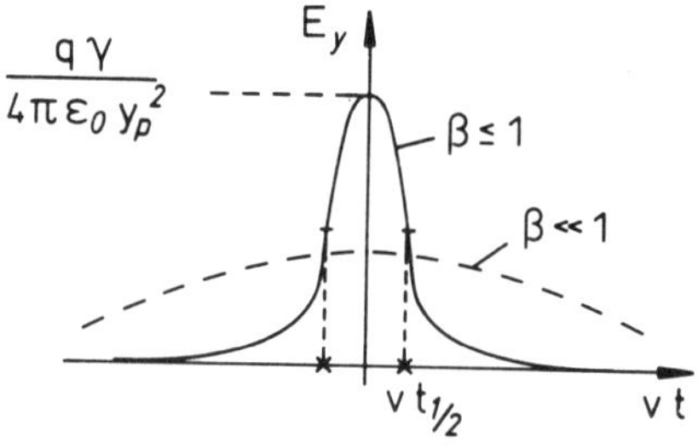

Die **transversale** Komponente E_y ist offensichtlich nur im Zeitintervall

$$-t_{1/2} \leq t \leq +t_{1/2}$$

merklich von Null verschieden, wobei die **Halbwertsbreite** $t_{1/2}$ durch

$$\frac{E_y(t=t_{1/2})}{E_y(t=0)} \stackrel{!}{=} \frac{1}{2}$$

definiert ist. Sie bestimmt sich damit über

$$\frac{1}{2} \stackrel{!}{=} \frac{y_P^3}{(y_P^2+\gamma^2 v^2 t_{1/2}^2)^{3/2}}$$

zu

$$t_{1/2} = \frac{y_P}{\gamma v}(2^{2/3}-1)^{1/2}.$$

Das Maximum der E_y-Spitze liegt bei $t=0$, also im Moment des kürzesten Abstandes der Ladung q von P. Im relativistischen Bereich $v \lesssim c$ wird die Spitze sehr scharf, da $t_{1/2}$ sehr klein wird.

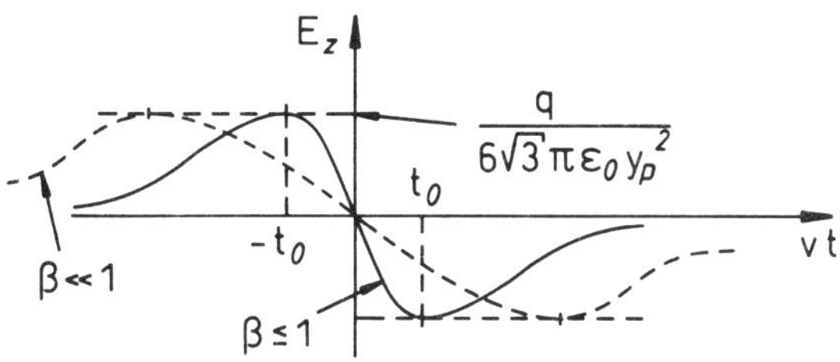

Die **longitudinale** Komponente E_z des elektrischen Feldes (2.150) wechselt bei $t=0$ das Vorzeichen und besitzt Extrema bei

$$\pm t_0 = \frac{y_P}{\gamma v}\frac{1}{\sqrt{2}},$$

wie man leicht nachrechnet, wenn man die erste zeitliche Ableitung gleich Null setzt. Die Extremwerte

$$E_z(t=\pm t_0) = \mp\frac{q}{6\sqrt{3}\pi\epsilon_0 y_P^2}$$

sind dabei v-unabhängig.

Wie sieht nun im Beobachtersystem Σ für eine feste Zeit t die räumliche Verteilung des elektrischen Feldes **E** relativ zur Punktladung aus? Das Bild zu (2.144) verdeutlicht

$$y_P = r \sin\varphi; \quad v\,t = r\cos\varphi,$$

wobei r der Abstand zwischen Ladung und Beobachter in Σ ist. Mit

$$\left(y_P^2 + \gamma^2 v^2 t^2\right)^{3/2} = r^3\left(\sin^2\varphi + \gamma^2\cos^2\varphi\right)^{3/2} = \\ = r^3\gamma^3\left(1 - \beta^2\sin^2\varphi\right)^{3/2}$$

folgt für die Feldverteilung in Σ um die Punktladung q:

$$\mathbf{E} = \frac{q\,\mathbf{r}}{4\pi\epsilon_0 r^3\gamma^2(1-\beta^2\sin^2\varphi)^{3/2}}. \qquad (2.151)$$

$\mathbf{r}$ ist der Ortsvektor von der Punktladung zum Beobachter. Das $\mathbf{E}$-Feld ist zwar wie bei einer ruhenden Ladung radial, aber für $\beta \neq 0$ nicht mehr isotrop. **In** Bewegungsrichtung ($\varphi = 0$ oder π) gilt:

$$\frac{E(\beta)}{E(0)} = \frac{1}{\gamma^2},$$

dagegen **senkrecht** zur Bewegungsrichtung $\left(\varphi = \frac{\pi}{2}\right)$:

$$\frac{E(\beta)}{E(0)} = \gamma.$$

Wir müssen schließlich noch das $\mathbf{B}$-Feld der bewegten Punktladung diskutieren. Mit den Transformationsformeln (2.132) bis (2.134) finden wir für die kartesischen Komponenten in Σ:

$$B_x = \gamma\left(B'_x - \frac{\beta}{c}E'_y\right) = -\gamma\frac{\beta}{c}E'_y = -\frac{\beta}{c}E_y, \qquad (2.152)$$

$$B_y = \gamma\left(B'_y + \frac{\beta}{c}E'_x\right) = 0, \qquad (2.153)$$

$$B_z = B'_z = 0. \qquad (2.154)$$

Bei dieser Auswertung haben wir (2.146) und (2.147) ausgenutzt. – Die bewegte Punktladung ruft also in x-Richtung eine magnetische Induktion hervor. Deren Zeitabhängigkeit entspricht der von E_y, die wir ausführlich diskutiert haben. – Etwas allgemeiner gilt nach (2.143) mit $\mathbf{B}' \equiv 0$ für die magnetische Induktion:

$$\mathbf{B} = \frac{\gamma}{c}(\boldsymbol{\beta}\times\mathbf{E}') = \frac{\mu_0}{4\pi}\frac{q\,\gamma}{r'^3}(\mathbf{v}\times\mathbf{r}'). \qquad (2.155)$$

Für $\gamma = 1$ ist dies das **Biot-Savartsche Gesetz** (s. (3.20), Bd. 3) für das durch eine bewegte Ladung hervorgerufene Magnetfeld. – In unserem speziellen Fall ($\mathbf{v} = v\,\mathbf{e}_z$) ist

$$\mathbf{v} \times \mathbf{r}' = -v\,y_P\,\mathbf{e}_x. \tag{2.156}$$

2.3.6 Lorentz-Kraft

Wir wollen schließlich noch die Lorentz-Kraft

$$\mathbf{F} = q(\mathbf{E} + \mathbf{v} \times \mathbf{B})$$

((4.40), Bd. 3) in unseren vierdimensionalen Formalismus einbauen. Zunächst interpretieren wir $\mathbf{F}$ als die zeitliche Ableitung der Raumkomponenten ($\mathbf{p}_r$, (2.58)) des Vierer-Impulses (2.57):

$$p^\mu = \left(\mathbf{p}_r, i\frac{T_r}{c}\right) = m\,u^\mu.$$

$\frac{d}{dt}\mathbf{p}_r$ sind dann aber ihrerseits noch nicht die Raumkomponenten eines Vierer-Vektors, da sich die Zeit t nicht entsprechend transformiert. Wir führen deshalb wieder die Eigenzeit τ ($t = \gamma\,\tau$) ein und versuchen, die Lorentz-Kraft so zu verallgemeinern, daß wie in der Mechanik ein kovariantes Kraftgesetz der Form

$$K^\mu \equiv \frac{d}{d\tau}p^\mu \equiv m\frac{d}{d\tau}u^\mu \tag{2.157}$$

gilt. Auf der linken Seite sollte natürlich die

Minkowski-Kraft (2.51)

$$K^\mu \equiv \gamma\left(F_x, F_y, F_z, i\frac{\mathbf{F}\cdot\mathbf{v}}{c}\right) \tag{2.158}$$

stehen, die wir in Kapitel 2.2.2 für die Klassische Mechanik diskutiert haben. Mit (2.92) folgt zunächst für die Raumkomponenten

$$\mathbf{K} \equiv \frac{d}{d\tau}\mathbf{p}_r = q(\gamma\,\mathbf{E} + \gamma\,\mathbf{v} \times \mathbf{B}).$$

Auf der rechten Seite führen wir die kontravariante Vierer-Geschwindigkeit u^μ (2.39) ein:

$$u^\mu \equiv \gamma(\mathbf{v}, i\,c) \equiv (\mathbf{u}, i\,\gamma\,c).$$

Dann gilt:

$$\mathbf{K} = q\left[u^4\left(-\frac{i}{c}\mathbf{E}\right) + \mathbf{u}\times\mathbf{B}\right].$$

Wir drücken die rechte Seite durch den kontravarianten Feldstärke-Tensor (2.115) aus:

$$\begin{aligned}
K_x &= q\left[u^4\left(-\frac{i}{c}E_x\right) + u_y B_z - u_z B_y\right] = \\
&= q(u^4 F^{41} + u^2 F^{21} + u^3 F^{31}) = K^1, \\
K_y &= q\left[u^4\left(-\frac{i}{c}E_y\right) + u_z B_x - u_x B_z\right] = \\
&= q(u^4 F^{42} + u^3 F^{32} + u^1 F^{12}) = K^2, \\
K_z &= q\left[u^4\left(-\frac{i}{c}E_z\right) + u_x B_y - u_y B_x\right] = \\
&= q(u^4 F^{43} + u^1 F^{13} + u^2 F^{23}) = K^3
\end{aligned}$$

Ersetzen wir nach (2.114) in diesen Ausdrücken $F^{\alpha\beta}$ durch $-F^{\beta\alpha}$ und die kontravariante durch die kovariante Vierer-Geschwindigkeit ($u^\alpha \to -u_\alpha$), dann gilt offenbar, da $F^{\mu\mu} = 0$:

$$K^1 = K_x = q\,F^{1\alpha}u_\alpha, \tag{2.159}$$

$$K^2 = K_y = q\,F^{2\alpha}u_\alpha, \tag{2.160}$$

$$K^3 = K_z = q\,F^{3\alpha}u_\alpha. \tag{2.161}$$

Die rechten Seiten transformieren sich sicher wie die Raumkomponenten eines kontravarianten Vierer-Vektors. Es liegt deshalb nahe, das System durch eine entsprechende Zeitkomponente zu ergänzen:

$$\begin{aligned}
K^4 &= q\,F^{4\alpha}u_\alpha = \\
&= q\left[\left(-\frac{i}{c}E_x\right)(-u_x) + \left(-\frac{i}{c}E_y\right)(-u_y) + \left(-\frac{i}{c}E_z\right)(-u_z)\right] = \\
&= q\left(\frac{i}{c}\mathbf{E}\right)\cdot(\gamma\,\mathbf{v}).
\end{aligned}$$

Dieser Ausdruck ist wegen

$$q\,\mathbf{v}\cdot\mathbf{E} = \mathbf{v}\cdot\mathbf{F}$$

leicht interpretierbar. Mit (2.53) gilt nämlich:

$$K^4 = \gamma\left(i\,\frac{\mathbf{F}\cdot\mathbf{v}}{c}\right) = \gamma\frac{d}{dt}\left(\frac{i}{c}T_r\right) = \frac{d}{d\tau}p^4. \tag{2.162}$$

Dieses Ergebnis paßt zu (2.157) und (2.158). Wir haben damit die

kovariante Formulierung der Lorentz-Kraft

gefunden:

$$K^\mu \equiv \frac{d}{d\tau}p^\mu = q\,F^{\mu\alpha}u_\alpha. \tag{2.163}$$

K^μ ist die in Kapitel 2.2.2 zur kovarianten Darstellung der Klassischen Mechanik eingeführte Minkowski-Kraft. (2.163) dokumentiert noch einmal die Schlüssigkeit der Überlegungen aus Kapitel 2.2.2.

Untersuchen wir zum Schluß, ähnlich wie in Kapitel 2.2.3, noch einmal das explizite Transformationsverhalten der Lorentz-Kraft $\mathbf{F}$. Wie üblich betrachten wir dazu zwei Inertialsysteme Σ und Σ', von denen sich Σ' relativ zu Σ mit der Geschwindigkeit $\mathbf{v}$ parallel zur z-Achse bewegen soll. Ein Teilchen der Ladung q mit der Geschwindigkeit $\mathbf{u}$ in Σ erfährt die Lorentz-Kraft:

$$\mathbf{F} = q(\mathbf{E} + \mathbf{u}\times\mathbf{B}) \quad \text{in } \Sigma. \tag{2.164}$$

Unter welcher Kraft $\mathbf{F}'$ bewegt es sich für einen Beobachter aus Σ'? Wir bestimmen $\mathbf{F}'$ aus dem Transformationsverhalten der Raumkomponenten der kontravarianten Minkowski-Kraft (2.158):

$$K^{1'} = K^1; \quad K^{2'} = K^2,$$
$$K^{3'} = \gamma_v(K^3 + i\beta\,K^4); \quad \beta = \frac{v}{c}; \quad \gamma_v = (1-\beta^2)^{-\frac{1}{2}}.$$

Wenn $\mathbf{u}'$ die Teilchengeschwindigkeit in Σ' bedeutet, dann folgt aus diesen Gleichungen:

$$\gamma_{u'}F'_x = \gamma_u F_x; \quad \gamma_{u'}F'_y = \gamma_u F_y;$$
$$\gamma_{u'}F'_z = \gamma_v\left(\gamma_u F_z - \beta\,\gamma_u\frac{\mathbf{F}\cdot\mathbf{u}}{c}\right).$$

Mit denselben Überlegungen, die in Kapitel 2.2.3 zu Gleichung (2.80) führten, findet man auch hier:

$$\gamma_{u'} = \gamma_u \gamma_v \left(1 - \frac{v\,u_z}{c^2}\right).$$

Damit lauten die Komponenten der Lorentz-Kraft in Σ':

$$F'_x = \frac{1}{\gamma_v} \frac{F_x}{1 - \frac{v\,u_z}{c^2}}, \tag{2.165}$$

$$F'_y = \frac{1}{\gamma_v} \frac{F_y}{1 - \frac{v\,u_z}{c^2}}, \tag{2.166}$$

$$F'_z = \frac{F_z - \frac{v}{c^2}(\mathbf{F} \cdot \mathbf{u})}{1 - \frac{v\,u_z}{c^2}}. \tag{2.167}$$

Identische Formeln hatten wir in Kapitel 2.2.3 für die mechanischen Kräfte gefunden, was wegen (2.163) nicht weiter verwundert.

2.3.7 Formeln der relativistischen Elektrodynamik

Wir haben mit dem letzten Abschnitt die kovariante Formulierung der Elektrodynamik abgeschlossen. Zur besseren Übersicht wollen wir die wichtigsten Formeln noch einmal zusammenstellen:

Elektrische Ladung:

$$q: \text{ Lorentz-Invariante.}$$

Vierer-Stromdichte:

$$j^\mu = (\mathbf{j}, i\,c\,\rho) = \gamma\,\rho_0(\mathbf{v}, i\,c) = \rho_0 u^\mu,$$
$$\rho_0: \text{ Ruheladungsdichte,}$$
$$u^\mu \equiv (\mathbf{v}, i\,c): \text{ Welt-Geschwindigkeit.}$$

Kontinuitätsgleichung:

$$\partial_\mu j^\mu = 0; \quad \partial_\mu \equiv \left(\nabla, -\frac{i}{c}\frac{\partial}{\partial t}\right).$$

Vierer-Potential:

$$A^{\mu} \equiv \left(\mathbf{A}, \frac{i}{c}\varphi\right).$$

Vierer-Wellengleichung:

$$\Box A^{\mu} = -\mu_0 j^{\mu}; \quad \Box = \Delta - \frac{1}{c^2}\frac{\partial^2}{\partial t^2}.$$

Lorentz-Eichung:

$$\partial_{\mu} A^{\mu} = 0$$

Kontravarianter Feldstärke-Tensor:

$$F^{\mu\nu} \equiv \partial^{\mu} A^{\nu} - \partial^{\nu} A^{\mu}; \quad \partial^{\mu} \equiv \left(-\nabla, \frac{i}{c}\frac{\partial}{\partial t}\right),$$

$$F^{\mu\nu} \equiv \begin{pmatrix} 0 & -B_z & B_y & \frac{i}{c}E_x \\ B_z & 0 & -B_x & \frac{i}{c}E_y \\ -B_y & B_x & 0 & \frac{i}{c}E_z \\ -\frac{i}{c}E_x & -\frac{i}{c}E_y & -\frac{i}{c}E_z & 0 \end{pmatrix}.$$

Kovarianter Feldstärke-Tensor:

$$F_{\mu\nu} = \mu_{\mu\alpha}\mu_{\nu\beta}F^{\alpha\beta} = F^{\mu\nu}.$$

Dualer Feldstärke-Tensor:

$$\bar{F}^{\mu\nu} = \frac{1}{2}\epsilon^{\mu\nu\rho\sigma}F_{\rho\sigma}$$

aus $F^{\mu\nu}$ durch Substitution: $\mathbf{B} \longleftrightarrow -\frac{i}{c}\mathbf{E}$.

Maxwell-Gleichungen:

Homogen:

$$\partial_{\alpha}\bar{F}^{\alpha\beta} = 0; \quad \beta = 1, 2, 3, 4$$

oder

$$\partial_{\alpha}F^{\beta\gamma} + \partial_{\beta}F^{\gamma\alpha} + \partial_{\gamma}F^{\alpha\beta} = 0,$$

$\alpha\beta$, γ beliebig aus (1,2,3,4).

Inhomogen:

$$\partial_\alpha F^{\alpha\beta} = \mu_0 j^\beta; \quad \beta = 1,2,3,4.$$

Transformation der Felder:

$$\boldsymbol{\beta} = \frac{\mathbf{v}}{c}:$$

$$\mathbf{E}' = \gamma\left[\mathbf{E} + c\,(\boldsymbol{\beta}\times\mathbf{B})\right] - \frac{\gamma^2}{\gamma+1}\boldsymbol{\beta}(\boldsymbol{\beta}\cdot\mathbf{E}),$$

$$\mathbf{B}' = \gamma\left[\mathbf{B} - \frac{1}{c}\,(\boldsymbol{\beta}\times\mathbf{E})\right] - \frac{\gamma^2}{\gamma+1}\boldsymbol{\beta}\,(\boldsymbol{\beta}\cdot\mathbf{E}).$$

Speziell für $\mathbf{v} = v\,\mathbf{e}_z$:

$$B_x' = \gamma\left(B_x + \tfrac{\beta}{c}E_y\right); \quad E_x' = \gamma(E_x - \beta\,c\,B_y),$$
$$B_y' = \gamma\left(B_y - \tfrac{\beta}{c}E_x\right); \quad E_y' = \gamma(E_y + \beta\,c\,B_x),$$
$$B_z' = B_z; \quad E_z' = E_z.$$

Invarianten des elektromagnetischen Feldes:

$$\left(\mathbf{B}^2 - \frac{1}{c^2}\mathbf{E}^2\right) \quad \text{und} \quad \mathbf{E}\cdot\mathbf{B}.$$

Minkowski-Kraft:

$$K^\mu \equiv \gamma\left(F_x, F_y, F_z, i\frac{\mathbf{F}\cdot\mathbf{v}}{c}\right),$$

$$\mathbf{F} = q(\mathbf{E} + \mathbf{v}\times\mathbf{B}):\ \text{Lorentz-Kraft},$$
$$\mathbf{v}:\ \text{Teilchengeschwindigkeit}.$$

Kovariante Kraftgleichung:

$$K^\mu = m\frac{d}{d\tau}u^\mu = q\,F^{\mu\alpha}u^\alpha.$$

2.4 Kovariante Lagrange-Formulierung

Nachdem wir in Kapitel 2.2 die relativistische Verallgemeinerung der Newton-Mechanik vollzogen haben, soll nun noch, zumindest in Ansätzen, eine relativistische Lagrange-Mechanik (s. Kapitel 1, Bd.2) diskutiert werden. Insbesondere geht es darum, Lagrange-Funktionen zu finden, mit denen sich die Bewegungsgleichungen in einer korrekten kovarianten Form angeben lassen.

Der einfachste Zugang gelingt mit Hilfe des **Hamiltonschen Prinzips** (Kapitel 1.3, Bd.2):

Das *Wirkungsfunktional* ((1.112), Bd. 2)

$$S = \int_{t_1}^{t_2} L\big(\mathbf{q}(t), \dot{\mathbf{q}}(t), t\big) dt$$

über die *Lagrange-Funktion* $L(\mathbf{q}, \dot{\mathbf{q}}, t)$ nimmt auf der Menge M der zugelassenen Bahnen ((1.110), Bd. 2)

$$M = \big\{\mathbf{q}(t) : \; \mathbf{q}(t_1) = \mathbf{q}_a, \; \mathbf{q}(t_2) = \mathbf{q}_e\big\}$$

für die *tatsächliche* Bahn ein Extremum an:

$$\delta S = 0.$$

Zu M gehören alle Bahnen mit gleichen Anfangs- und Endkonfigurationen $\mathbf{q}_a$ und $\mathbf{q}_e$, die jeweils zu bestimmten Zeiten t_1 und t_2 angenommen werden, wobei die einzelnen Bahnen durch virtuelle Verrückungen auseinander hervorgehen. Eine Konsequenz dieses Hamiltonschen Prinzips sind die *Lagrangeschen Bewegungsgleichungen*:

$$\frac{d}{dt}\frac{\partial L}{\partial \dot{q}_j} - \frac{\partial L}{\partial q_j} = 0; \quad j = 1, \dots, s.$$

Das *Äquivalenz-Postulat* (Kapitel 1.3) kann nun dahingehend interpretiert werden, daß das Wirkungsfunktional S, aus dem die fundamentalen Bewegungsgleichungen folgen, **lorentzinvariant** sein sollte. Ferner sollte insbesondere auch die Lagrange-Funktion L ein Vierer-Skalar sein und anstelle von $\mathbf{q}$, $\dot{\mathbf{q}}$ und t von den kontravarianten Vierer-Vektoren x^μ und u^μ sowie dem Vierer-Skalar τ abhängen. Wir formulieren deshalb über die Substitution

$$L \longrightarrow \bar{L}(x^\mu, u^\mu, \tau) \tag{2.168}$$

ein

kovariantes Hamiltonsches Prinzip

$$\delta S = \delta \int_{\tau_1}^{\tau_2} d\tau \, \bar{L}(x^\mu, u^\mu, \tau) \stackrel{!}{=} 0, \tag{2.169}$$

aus dem kovariante Lagrangesche Bewegungsgleichungen,

$$\frac{d}{d\tau} \frac{\partial \bar{L}}{\partial u^\mu} - \frac{\partial \bar{L}}{\partial x^\mu} = 0, \tag{2.170}$$

folgen. Die Frage ist nur: Wie findet man die relativistische Lagrange-Funktion $\bar{L}$? In der Regel wird man Analogiebetrachtungen zur nicht-relativistischen Mechanik ausnutzen müssen. So sollten zum Beispiel für $v \ll c$ die *vertrauten* Relationen reproduziert werden. Das Hauptproblem liegt darin, daß wegen $L = T - V$ Aussagen über das Potential V und damit über Kräfte in kovarianter Vierer-Darstellung möglich sein müssen. Elektromagnetische Kräfte sind, wie wir im letzten Kapitel gesehen haben, unproblematisch, wohingegen über Kernkräfte zum Beispiel kaum nennenswerte Theorien vorliegen. Wir wollen uns hier mit zwei wichtigen Beispielen zufriedengeben, die sich wie auch (2.168) bis (2.170) auf ein einzelnes Teilchen beziehen.

1) Kräftefreies Teilchen

Wir suchen eine Lagrange-Funktion $\bar{L}_0$, aus der die Bewegungsgleichung

$$m \frac{d}{d\tau} u^\mu = 0 \tag{2.171}$$

folgt. Nicht-relativistisch würde man dazu

$$S = \int_{t_1}^{t_2} L_0\big(\mathbf{x}(t), \mathbf{v}(t), t\big) dt$$

untersuchen, wobei dann für den Teilchenimpuls

$$p_i = \frac{\partial L_0}{\partial v_i}; \qquad i = x, y, z$$

gelten muß. Wenn wir in dieser Beziehung unter p_i gleich den relativistisch korrekten Ausdruck verstehen,

$$\frac{\partial L_0}{\partial v_i} = \frac{m\,v_i}{\sqrt{1-\frac{v^2}{c^2}}},$$

so folgt durch Integration:

$$L_0 = -m\,c^2\sqrt{1-\frac{v^2}{c^2}}. \tag{2.172}$$

Dies ist die relativistisch korrekte Form. Man beachte jedoch, daß L_0 nicht mehr mit der kinetischen Energie identisch ist, sich also von T_r aus (2.54) unterscheidet. Für die zugehörige Hamilton-Funktion gilt allerdings ((2.8), Bd. 2):

$$H_0 = \sum_i p_i v_i - L_0 = \frac{m\,v^2}{\sqrt{1-\frac{v^2}{c^2}}} + m\,c^2\sqrt{1-\frac{v^2}{c^2}} = \gamma\,m\,c^2$$

$$\Longrightarrow\quad H_0 = \frac{m\,c^2}{\sqrt{1-\frac{v^2}{c^2}}} = T_r. \tag{2.173}$$

Wir substituieren schließlich noch im Wirkungsfunktional S die Zeit t durch die Eigenzeit τ:

$$S = \int_{\tau_1}^{\tau_2} d\tau\,\gamma\,L_0.$$

Der Vergleich mit (2.169) ergibt:

$$\bar{L}_0 = \gamma\,L_0 = -m\,c^2. \tag{2.174}$$

Nun gilt nach (2.41)

$$c^2 = u^\mu\,u_\mu,$$

so daß die korrekte funktionale Abhängigkeit der Lagrange-Funktion $\bar{L}_0$ von u^μ durch

$$\bar{L}_0 = \bar{L}_0(u^\mu) = -m\,c\sqrt{u^\mu\,u_\mu} \tag{2.175}$$

gegeben sein könnte. Wir wollen diesen Ansatz überprüfen. Da u^μ

kontravariant ist,

$$u^{\mu'} = \frac{\partial x^{\mu'}}{\partial x^{\alpha}} u^{\alpha} = L_{\mu\alpha} u^{\alpha},$$

transformiert sich der *Geschwindigkeitsgradient*

$$\frac{\partial}{\partial u^{\mu'}} = \frac{\partial x^{\alpha}}{\partial x^{\mu'}} \frac{\partial}{\partial u^{\alpha}} = (L^{-1})_{\mu\alpha} \frac{\partial}{\partial u^{\alpha}} \tag{2.176}$$

wie ein kovarianter Vierer-Vektor. Wir definieren den **kanonischen Impuls**

$$p_{\mu} = -\frac{\partial \bar{L}}{\partial u^{\mu}} \tag{2.177}$$

mit einem Minuszeichen, damit die Raumkomponenten mit der nicht-relativistischen Definition für $v \ll c$ übereinstimmen. Für den kontravarianten Impuls gilt dann mit (2.25), (2.24) und (2.19):

$$p^{\mu} = \mu^{\mu\alpha} p_{\alpha} = -p_{\mu} = \frac{\partial \bar{L}}{\partial u^{\mu}}. \tag{2.178}$$

Wegen

$$u_{\mu} u^{\mu} = -\sum_{\mu=1}^{4} (u^{\mu})^2$$

folgt für das hier diskutierte freie Teilchen:

$$\begin{aligned} \frac{\partial \bar{L}_0}{\partial u^{\mu}} &= -\frac{m\,c}{\sqrt{u_{\mu} u^{\mu}}} \left(-u^1, -u^2, -u^3, -u^4\right) = \\ &= \frac{m\,c}{\sqrt{c^2}} \left(u^1, u^2, u^3, u^4\right). \end{aligned}$$

Dies bedeutet:

$$p_{\mu}^{(0)} = -\frac{\partial \bar{L}_0}{\partial u^{\mu}} = -m\,u^{\mu} \iff p_{(0)}^{\mu} = m\,u^{\mu}. \tag{2.179}$$

Mit der Lagrangeschen Bewegungsgleichung (2.170) folgt also:

$$\frac{d}{d\tau} p_{\mu}^{(0)} = m \frac{d}{d\tau} u_{\mu} = 0, \tag{2.180}$$

$$\frac{d}{d\tau} p_{(0)}^{\mu} = m \frac{d}{d\tau} u^{\mu} = 0. \tag{2.181}$$

Der Ansatz (2.175) für $\bar{L}_0$ ist offensichtlich korrekt.

2) Geladenes Teilchen im elektromagnetischen Feld

Wir suchen in diesem Beispiel, das in Kapitel 1.2.3, Bd. 2 unter dem Stichwort *verallgemeinerte Potentiale* ausführlich besprochen wurde, nach der kovarianten Lagrange-Funktion $\bar{L}$, aus der sich die Lorentz-Kraftgleichung,

$$\mathbf{F} = q(\mathbf{E} + \mathbf{v} \times \mathbf{B}),$$

ableitet. Nicht-relativistisch gilt (s. (1.79), Bd. 2):

$$L(\mathbf{x}, \mathbf{v}, t) = \frac{m}{2}v^2 + q(\mathbf{v} \cdot \mathbf{A}) - q\,\varphi. \tag{2.182}$$

$\varphi(\mathbf{x}, t)$ ist das skalare Potential und $\mathbf{A}(\mathbf{x}, t)$ das Vektorpotential. Der kinetische Anteil sollte mit L_0 aus Beispiel 1) identisch sein, während sich die beiden elektromagnetischen Anteile vermutlich bereits relativistisch korrekt verhalten. Mit (2.172) für L_0 verwenden wir im Wirkungsfunktional

$$L = L_0 + q(\mathbf{v} \cdot \mathbf{A}) - q\,\varphi$$

und ersetzen wie in Beispiel 1) die Zeit t durch die Eigenzeit τ. Der Vergleich mit (2.169) führt dann zu dem folgenden Ansatz:

$$\begin{aligned}\bar{L} = \gamma\,L = \gamma\,L_0 + q(\gamma\mathbf{v} \cdot \mathbf{A}) - q\,\gamma\,\varphi &= \\ = \bar{L}_0 + q\left[\gamma\;\mathbf{v} \cdot \mathbf{A} + (\gamma\,i\,c)\left(\frac{i}{c}\varphi\right)\right]&.\end{aligned}$$

Mit (2.29), (2.40) und (2.129) erkennen wir auf der rechten Seite das Skalarprodukt aus Vierer-Geschwindigkeit u^μ und Vierer-Potential A^μ :

$$\begin{aligned}\bar{L}(x^\mu, u^\mu, \tau) = \bar{L}_0(u^\mu) - q\left(u^\mu A_\mu\right) &= \\ = -m\,c\sqrt{u^\mu u_\mu} - q\,u^\mu A_\mu&.\end{aligned} \tag{2.183}$$

Wir überprüfen, ob aus diesem mehr oder weniger *erratenen* Ansatz für $\bar{L}$ die bekannte Bewegungsgleichung folgt. Dazu setzen wir $\bar{L}$ in die kovariante Lagrange-Gleichung (2.170) ein:

$$\begin{aligned}\frac{d}{d\tau}\frac{\partial\bar{L}}{\partial u^\mu} = -m\frac{d}{d\tau}u_\mu - q\frac{d}{d\tau}A_\mu &\overset{!}{=} \\ \overset{!}{=} \frac{\partial\bar{L}}{\partial x^\mu} = -q\frac{\partial}{\partial x^\mu}\left(u^\mu A_\mu\right)&.\end{aligned}$$

Es sollte also gelten:

$$m\frac{d}{d\tau}u_\mu = q\left[\partial_\mu(u^\mu A_\mu) - \frac{d}{d\tau}A_\mu\right] \stackrel{!}{=} K_\mu. \tag{2.184}$$

Wenn unser Ansatz (2.183) sich tatsächlich als richtig erweist, dann haben wir, gewissermaßen als Nebenprodukt, mit (2.184) eine neue Darstellung für die Minkowski-Kraft eines geladenen Teilchens im elektromagnetischen Feld gefunden.

Wir kontrollieren zunächst die **Raumkomponenten**, von denen wir annehmen, daß sie auf die bekannte Lorentz-Kraft führen. Wie üblich wollen wir die **kontravariante** Version des Vierer-Vektors (2.184),

$$K^\mu = q\left[\partial^\mu(u^\mu A_\mu) - \frac{d}{d\tau}A^\mu\right], \tag{2.185}$$

diskutieren. Mit (2.31) und (2.38) gilt dann

$$K_i = q\left[-\frac{\partial}{\partial x_i}(-\gamma\ \mathbf{v}\cdot\mathbf{A} + \gamma\,\varphi) - \gamma\frac{d}{dt}A_i\right] \qquad i \in (x, y, z).$$

Nach (2.158) sollte somit für die kartesischen Komponenten der Lorentz-Kraft

$$F_i = \frac{1}{\gamma}K_i = q\left[\frac{\partial}{\partial x_i}(\mathbf{v}\cdot\mathbf{A}) - \frac{\partial\varphi}{\partial x_i} - \frac{d}{dt}A_i\right]$$

folgen. Benutzt man

$$\frac{d}{dt}A_i = \mathbf{v}\cdot\nabla A_i + \frac{\partial A_i}{\partial t},$$

so kann man folgende Umformung vornehmen:

$$\begin{aligned}
(\mathbf{v}\times\operatorname{rot}\mathbf{A})_x &= v_y(\operatorname{rot}\mathbf{A})_z - v_z(\operatorname{rot}\mathbf{A})_y = \\
&= v_y\left(\frac{\partial}{\partial x}A_y - \frac{\partial}{\partial y}A_x\right) - v_z\left(\frac{\partial}{\partial z}A_x - \frac{\partial}{\partial x}A_z\right) = \\
&= \frac{\partial}{\partial x}(\mathbf{v}\cdot\mathbf{A}) - v_x\frac{\partial}{\partial x}A_x - v_y\frac{\partial}{\partial y}A_x - v_z\frac{\partial}{\partial z}A_x = \\
&= \frac{\partial}{\partial x}(\mathbf{v}\cdot\mathbf{A}) - \mathbf{v}\cdot\nabla\ A_x = \\
&= \frac{\partial}{\partial x}(\mathbf{v}\cdot\mathbf{A}) - \frac{d}{dt}A_x + \frac{\partial}{\partial t}A_x.
\end{aligned}$$

Ganz analog berechnen sich die beiden anderen Komponenten:

$$\frac{\partial}{\partial x_i}(\mathbf{v}\cdot\mathbf{A}) - \frac{d}{dt}A_i = (\mathbf{v}\times\operatorname{rot}\mathbf{A})_i - \frac{\partial}{\partial t}A_i .$$

Dies ergibt für die Kraftkomponenten F_i:

$$F_i = q\left[-\frac{\partial\varphi}{\partial x_i} - \frac{\partial A_i}{\partial t} + (\mathbf{v}\times\operatorname{rot}\mathbf{A})_i\right].$$

Die ersten beiden Summanden stellen gerade die i-te Komponente des elektrischen Feldes $\mathbf{E}$ dar ((4.21), Bd. 3), so daß die Raumkomponenten der Vierer-Kraft (2.185) in der Tat auf die korrekte Lorentz-Kraft,

$$\mathbf{F} = q(-\nabla\varphi - \dot{\mathbf{A}} + \mathbf{v}\times\operatorname{rot}\mathbf{A}) = q(\mathbf{E} + \mathbf{v}\times\mathbf{B}), \qquad (2.186)$$

führen. – Zu überprüfen bleibt noch die **Zeitkomponente:**

$$K^4 = q\left[\frac{i}{c}\frac{\partial}{\partial t}(-\gamma\,\mathbf{A}\cdot\mathbf{v} + \gamma\,\varphi) - \gamma\frac{d}{dt}\left(\frac{i}{c}\varphi\right)\right].$$

Wir setzen

$$\frac{d}{dt}\varphi = \nabla\varphi\cdot\mathbf{v} + \frac{\partial}{\partial t}\varphi$$

ein und erhalten:

$$K^4 = \frac{i}{c}q\,\gamma\left(-\mathbf{v}\cdot\frac{\partial\mathbf{A}}{\partial t} - \nabla\varphi\cdot\mathbf{v}\right) = \frac{i}{c}q\;\gamma(\mathbf{E}\cdot\mathbf{v}).$$

Dies läßt sich mit (2.186) als

$$K^4 = i\,\gamma\frac{\mathbf{F}\cdot\mathbf{v}}{c} \qquad (2.187)$$

schreiben. Wir haben damit aus unserem Ansatz (2.183) für $\bar{L}$ die nach (2.157) und (2.158) korrekte Bewegungsgleichung abgeleitet:

$$m\frac{d}{d\tau}u^\mu = \gamma\left(F_x, F_y, F_z, i\,\frac{\mathbf{F}\cdot\mathbf{v}}{c}\right). \qquad (2.188)$$

Unser Ansatz ist damit gerechtfertigt. – Wir können deshalb weiter folgern:

Kanonischer Impuls

$$p_\mu = -\frac{\partial \bar{L}}{\partial u^\mu} = m\,u_\mu + q\,A_\mu. \tag{2.189}$$

Dies ist die kovariante Version; die kontravariante ergibt sich einfach durch Umstellen der Indizes:

$$p^\mu = m\,u^\mu + q\,A^\mu. \tag{2.190}$$

Die **Raumkomponenten** $\big(i \in (x, y, z)\big)$,

$$p_i = m\gamma\,v_i + q\,A_i, \tag{2.191}$$

enthalten neben dem relativistischen, mechanischen Impuls $p_r^{(i)} = m\gamma\,v_i$ noch einen Zusatzterm $q\,A_i$, der allerdings **keinen** relativistischen Effekt darstellt, sondern bereits in dem entsprechenden nicht-relativistischen Ausdruck ((1.80), Bd. 2) erscheint. Man hat also auch hier den kanonischen von dem mechanischen Impuls zu unterscheiden. – Betrachten wir schließlich noch die **Zeitkomponente** des kanonischen Impulses:

$$p^4 = m\gamma\,i\,c + q\frac{i}{c}\varphi = \frac{i}{c}(m\gamma\,c^2 + q\,\varphi).$$

Der erste Summand auf der rechten Seite ist gerade die relativistische kinetische Energie T_r, die wir in (2.54) eingeführt haben. Die Klammer stellt also die **Gesamtenergie des Teilchens** dar:

$$E_g = T_r + q\,\varphi = m\gamma\,c^2 + q\,\varphi. \tag{2.192}$$

Für den **kanonischen Impuls** gilt somit:

$$p^\mu = \left(m\gamma\,\mathbf{v} + q\,\mathbf{A}, \frac{i}{c}E_g\right) \tag{2.193}$$

$$\equiv \left(\mathbf{p}, \frac{i}{c}E_g\right). \tag{2.194}$$

Davon zu unterscheiden ist der **mechanische Impuls**,

$$p_m^\mu = \left(m\gamma\,\mathbf{v}, i\frac{T_r}{c}\right) = \left(\mathbf{p}_r, i\frac{T_r}{c}\right) =$$
$$= \left[\mathbf{p} - q\,\mathbf{A}, \frac{i}{c}(E_g - q\,\varphi)\right], \tag{2.195}$$

wie wir ihn in (2.57) eingeführt haben. Nun bleibt noch (2.62),

$$p_m^\mu p_{m\mu} = m^2 c^2,$$

auszunutzen,

$$m^2 c^2 = -(\mathbf{p} - q\,\mathbf{A})^2 + \frac{1}{c^2}(E_g - q\,\varphi)^2,$$

um wie folgt die

relativistische Energie eines geladenen Teilchens im elektromagnetischen Feld

darzustellen:

$$E_g = \sqrt{(\mathbf{p} - q\,\mathbf{A})^2\,c^2 + m^2 c^4} + q\,\varphi. \tag{2.196}$$

Dieser Ausdruck ist mit (2.63) zu vergleichen.

2.5 AUFGABEN

Aufgabe 2.5.1

Ein Teilchen mit der Ladung q bewege sich in einem Inertialsystem Σ mit der Geschwindigkeit

$$\mathbf{u} = (a, a, a)$$

in einem homogenen Magnetfeld $\mathbf{B} = (B, 0, 0)$. Σ' sei ein Inertialsystem, das sich relativ zu Σ mit der Geschwindigkeit $\mathbf{v} = v\,\mathbf{e}_z =$ const. bewegt. Welche Kräfte wirken auf das Teilchen in Σ und Σ'?

Aufgabe 2.5.2

Zeigen Sie mit Hilfe der Transformationsformeln des elektromagnetischen Feldes, daß

$$\left(\mathbf{B} + \frac{i}{c}\mathbf{E}\right)^2$$

eine Lorentz-Variante ist.

Aufgabe 2.5.3

Zeigen Sie durch explizite Berechnung, daß sich die Komponenten des dualen Feldstärke-Tensors $\tilde{F}^{\mu\nu}$ aus denen des kontravarianten Tensors $F^{\mu\nu}$ durch die Substitution

$$\mathbf{B} \longleftrightarrow -\frac{i}{c}\mathbf{E}$$

ergeben.

Aufgabe 2.5.4

1) Ein magnetischer Dipol (ruhend in Σ) sei parallel zur z-Achse ausgerichtet (*magnetisches Moment* $\mathbf{m} = m\,\mathbf{e}_z, m > 0$). Wie lauten die kartesischen Komponenten des $\mathbf{B}$-Feldes?

2) Berechnen Sie nun das $\mathbf{E}$- und $\mathbf{B}$-Feld eines gleichförmig in z-Richtung bewegten magnetischen Dipols, dessen Moment parallel zur z-Richtung orientiert ist. Zur Zeit $t = 0$ soll sich der Dipol im Nullpunkt von Σ befinden.

3) Schreiben Sie die Felder des bewegten magnetischen Dipols auf Zylinderkoordinaten um.

4) Welche Gestalt haben die elektrischen Feldlinien in der xy-Ebene? Wie ändert sich das elektrische Feld mit der Zeit?

5) Die $\mathbf{E}$-Linien beginnen oder enden **nicht** an elektrischen Ladungen. Unter welchen Bedingungen kann es solche elektrischen Felder geben?

Aufgabe 2.5.5

Σ und Σ' seien zwei Inertialsysteme, die sich relativ zueinander mit $\mathbf{v} = \text{const.}$ bewegen. Geben Sie qualitative Argumente, warum in Σ ein elektrisches Feld erscheint, wenn in Σ' nur ein $\mathbf{B}'$-Feld vorhanden ist, bzw. warum in Σ ein magnetisches Feld erscheint, wenn in Σ' nur ein elektrisches Feld vorhanden ist.

Aufgabe 2.5.6

Ein Teilchen der Masse m und der Ladung q bewege sich in einem homogenen Magnetfeld

$$\mathbf{B} = (0, 0, B).$$

1) Zeigen Sie, daß seine relativistische Energie zeitlich konstant ist.

2) Berechnen Sie die Zeitabhängigkeit des relativistischen Impulses mit der Anfangsbedingung $\mathbf{v}_0 = (v_0, 0, 0)$.

3) Berechnen Sie die Bahn $\mathbf{r}(t)$ des Teilchens mit $\mathbf{r}(t = 0) = (0, y_0, 0)$, wobei $y_0 = \gamma^2 \frac{m v_0}{q B}$ gelten soll.

Aufgabe 2.5.7

Ein geladenes Teilchen (Ladung q, Ruhemasse m) bewege sich in einem homogenen elektrischen Feld

$$\mathbf{E} = (E, 0, 0)$$

mit den Anfangsbedingungen

$$\mathbf{r}(t = 0) = (0, 0, z_0); \quad \mathbf{v}(t = 0) = (0, v_0, 0).$$

1) Berechnen Sie die Zeitabhängigkeit der relativistischen kinetischen Energie $T_r = T_r(t)$.

2) Bestimmen Sie die Teilchengeschwindigkeit $\mathbf{v} = \mathbf{v}(t)$.

3) Wie sieht die Bahn $\mathbf{r}(t)$ des Teilchens aus?

Aufgabe 2.5.8

Die Ruhemasse $m(0)$ eines Elektrons, ausgedrückt in MeV, beträgt 0.511 MeV. Das Elektron werde durch eine Potentialdifferenz von 200 kV beschleunigt.

1) Berechnen Sie die *Massenzunahme* $m(v)/m(0)$.

2) Drücken Sie die Geschwindigkeit v in Einheiten von c aus.

3) Berechnen Sie den prozentualen Fehler, der sich bei der Berechnung von v ergibt, wenn man für die kinetische Energie den nicht-relativistischen Ausdruck $T = \frac{1}{2} m(0) v^2$ verwendet.

Aufgabe 2.5.9

Ein *ruhendes* π^+-Meson zerfällt innerhalb $2.5 \cdot 10^{-8}$ s in ein μ^+-Meson und ein Neutrino. Das π^+-Meson habe eine kinetische Energie, die gleich seiner Ruheenergie ist.

1) Was ist die Geschwindigkeit des π^+-Mesons?

2) Welche Strecke legt das Meson vor seinem Zerfall zurück, gemessen von einem *ruhenden* Beobachter?

Aufgabe 2.5.10

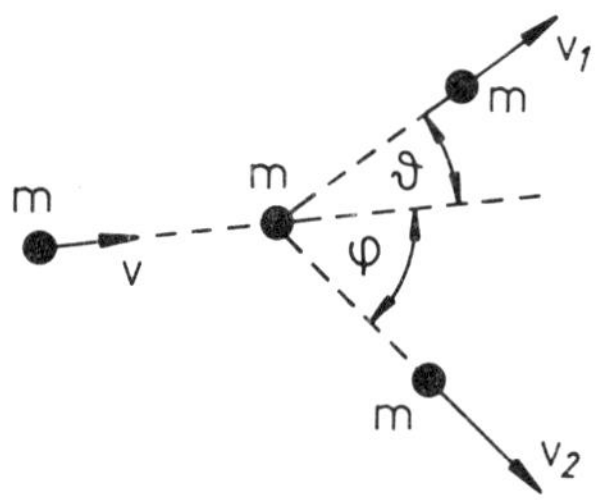

Bei einem nicht-relativistischen Stoß zweier Teilchen gleicher Masse bilden die Bahnen nach dem Stoß einen Winkel $\frac{\pi}{2}$. Zeigen Sie, daß für den relativistischen Stoß

$$\tan\varphi \tan\vartheta = \frac{2}{\gamma+1}$$

gilt $\left(\gamma = \left(1 - v^2/c^2\right)^{-1/2}\right)$. Demonstrieren Sie $\vartheta + \varphi \leq \frac{\pi}{2}$, wobei das Gleichheitszeichen in der nicht-relativistischen Grenze ($\gamma \to 1$) gültig wird.

Aufgabe 2.5.11

Ein Photon (Ruhemasse $m = 0$) habe denselben Impuls wie ein 1 MeV-Elektron. Welche Energie hat das Photon?

2.6 KONTROLLFRAGEN

Zu Kapitel 2.1

1) Was versteht man unter der kovarianten Formulierung eines physikalischen Gesetzes?

2) Sind die Newtonschen Gesetze forminvariant gegenüber Lorentz-Transformationen?

3) Wie viele Komponenten besitzt ein Tensor nullter (erster, zweiter) Stufe?

4) Wie verhält sich ein kontravarianter (kovarianter) Vierer-Vektor bei einer Lorentz-Transformation?

5) Definieren Sie die drei verschiedenen Typen von Tensoren zweiter Stufe.

6) Welcher Tensortyp zweiter Stufe stellt im strengen Sinne eine Matrix dar?

7) Was bedeutet die *Verjüngung* eines Tensors? Wie ändert sich die *Tensorstufe* bei einer *Verjüngung*?

8) Wie ist das Skalarprodukt für Vierer-Vektoren definiert?

9) Wie *übersetzt* man einen kovarianten in einen kontravarianten Tensor?

10) Wie werden Gradient, Divergenz und d'Alembert-Operator in vierdimensionaler Formulierung geschrieben?

Zu Kapitel 2.2

1) Wie hängt das Differential $(d\tau)^2$ der Eigenzeit mit dem differentiellen Längenquadrat $(ds)^2$ zusammen?

2) Wie ist die Welt-(Vierer-)Geschwindigkeit u^μ definiert?

3) Welche Bedeutung hat die *Norm* der Welt-Geschwindigkeit?

4) Welche Überlegungen führen zu welchem *Ansatz* für die relativistische Verallgemeinerung des Newtonschen Trägheitsgesetzes?

5) Durch welche Analogiebetrachtung legt man die Raumkomponenten des Vierer-Impulses und der Minkowski-Kraft fest?

6) Wie lautet die Minkowski-Kraft K^μ?

7) Berechnen Sie das Skalarprodukt $K^\mu u^\mu$ von Minkowski-Kraft und Welt-Geschwindigkeit.

8) Welche physikalische Bedeutung besitzt die Zeitkomponente der Minkowski-Kraft?

9) Erläutern Sie den relativistischen Ausdruck für die kinetische Energie T_r. Wie sieht dieser für $v \ll c$ aus?

10) Was versteht man unter der Ruheenergie des Massenpunktes?

11) Welche Bedeutung hat die Zeitkomponente des Vierer-Impulses?

12) Welche einfache Beziehung besteht zwischen der Ruheenergie eines Teilchens und der Norm $p^\mu p_\mu$ des Vierer-Impulses?

13) Welcher Zusammenhang besteht in der Speziellen Relatvitätstheorie zwischen Impuls- und Energieerhaltungssatz?

14) Erläutern Sie die Äquivalenz von Masse und Energie.

15) Welcher physikalische Prozeß gestattet eine direkte Ableitung des relativistischen Impulses $\mathbf{p}_r$ und der relativistischen kinetischen Energie T_r?

16) Wie verhalten sich $\mathbf{p}_r$ und T_r bei einer Lorentz-Transformation?

Zu Kapitel 2.3

1) Was ist der Grund, warum Ladungsdichte ρ und Stromdichte $\mathbf{j}$ im Gegensatz zur Ladung q selbst keine Lorentz-Invarianten sind?

2) Wie ändern sich Ladungs- und Stromdichte beim Wechsel des Inertialsystems $\Sigma_0 \xrightarrow{v} \Sigma$?

3) Wie ist die Vierer-Stromdichte j^μ definiert?

4) Welche Bedeutung hat die Divergenz $\partial_\mu j^\mu$ der Vierer-Stromdichte?

5) Wie lautet die Kontinuitätsgleichung in kovarianter, vierdimensionaler Formulierung?

6) Aus welchen Komponenten besteht das elektromagnetische Vierer-Potential A^μ?

7) Formulieren Sie die kovariante Wellengleichung für die elektromagnetischen Potentiale. Welcher Bezug besteht zu den Maxwell Gleichungen?

8) Wie schreibt sich die Lorentz-Eichung in kovarianter Form?

9) Welche Beziehung besteht im Minkowski-Raum zwischen dem elektrischen Feld $\mathbf{E}$ und der magnetischen Induktion $\mathbf{B}$?

10) Warum kann man den Feldstärke-Tensor als vierdimensionale Verallgemeinerung der Rotation von A^μ auffassen?

11) Wie unterscheiden sich kovarianter und kontravarianter Feldstärke-Tensor?

12) Nennen Sie eine Lorentz-Invariante des elektromagnetischen Feldes.

13) Ist es mit Hilfe einer Lorentz-Transformation möglich, ein reines $\mathbf{B}$-Feld in ein reines $\mathbf{E}$-Feld zu überführen?

14) Wie lassen sich die Maxwell-Gleichungen durch den Feldstärke-Tensor ausdrücken? Demonstrieren Sie die Kovarianz.

15) Was versteht man unter dem dualen Feldstärke-Tensor?

16) Durch welche Substitution der Felder erhält man aus dem kontravarianten den dualen Feldstärke-Tensor?

17) Wie kann man die homogenen Maxwell-Gleichungen durch den dualen Feldstärke-Tensor darstellen?

18) Wie ändert sich das Skalarprodukt aus **E** und **B** beim Wechsel des Inertialsystems?

19) Ist das elektrische Feld einer bewegten Punktladung im Ruhesystem des Beobachters radial? Ist es auch isotrop?

20) Was gilt für die Amplitude $E(\beta)/E(0)$ des elektrischen Feldes einer Punktladung in Bewegungsrichtung $(\varphi = 0, \pi)$ und senkrecht dazu $(\varphi = \pi/2)$?

21) Wie gelingt mit Hilfe des Feldstärke-Tensors die kovariante Formulierung der Lorentz-Kraft?

Zu Kapitel 2.4

1) Was besagt das Äquivalenzpostulat bezüglich des Wirkungsfunktionals S?

2) Formulieren Sie das kovariante Hamiltonsche Prinzip.

3) Wie lauten die kovarianten Lagrangeschen Bewegungsgleichungen?

4) Wie lautet die relativistisch korrekte Form der Lagrange-Funktion $\bar{L}_0$ eines kräftefreien Teilchens?

5) Wie berechnet sich der kanonische Impuls aus der relativistischen Lagrange-Funktion?

6) Begründen Sie die kovariante Lagrange-Funktion $\bar{L}$ eines Teilchens im elektromagnetischen Feld.

7) Drücken Sie die Minkowski-Kraft K^μ eines Teilchens im elektromagnetischen Feld durch die Welt-Geschwindigkeit u^μ und das Vierer-Potential A^μ aus.

8) Wie lautet die Zeitkomponente der auf ein Teilchen im elektromagnetischen Feld wirkenden Minkowski-Kraft?

9) Diskutieren Sie den Unterschied zwischen dem kanonischen und dem mechanischen Impuls eines Teilchens im elektromagnetischen Feld.

10) Wie hängt die Zeitkomponente des kanonischen Impulses eines Teilchens im elektromagnetischen Feld mit dessen Gesamtenergie E_g zusammen?

11) Formulieren Sie die relativistische Gesamtenergie eines geladenen Teilchens im elektromagnetischen Feld.

ANHANG: LÖSUNGEN DER ÜBUNGSAUFGABEN

Kapitel 1.6

Lösung zu Aufgabe 1.6.1

Σ und Σ' seien zwei Inertialsysteme, die sich mit der Geschwindigkeit $v = 0,8\,c$ in z-Richtung relativ zueinander bewegen. Σ sei das Ruhesystem der Erde, Σ' das des Raumschiffs:

$$\Sigma \xrightarrow{v} \Sigma'.$$

Die Koordinatenursprünge sollen genau dann zusammenfallen, wenn das Raumschiff den Abstand d von der Erde hat. (Das Raumschiff befinde sich im Ursprung von Σ'.) Nach (1.20) und (1.21) gilt:

$$z' = \gamma(z - v\,t); \quad t' = \gamma\left(t - \frac{v}{c^2}z\right).$$

In Σ wird das Signal im Raum-Zeit-Punkt

$$z_0 = -d; \quad t_0 = 0$$

ausgesendet, in Σ' dagegen bei:

$$z_0' = -\gamma\,d; \quad t_0' = \gamma\frac{v}{c^2}d.$$

Das Signal hat in Σ' die Geschwindigkeit c und erreicht das Schiff nach der Zeitspanne:

$$\Delta t' = \frac{\gamma\,d}{c} \quad \text{(Lösung für 2)).}$$

Die *Signalankunft* hat in Σ die Koordinaten:

$$\begin{aligned} z_1 &= \text{Schiffsposition zur Zeit } t_1, \\ z_1 &= v\,t_1. \end{aligned}$$

Wir suchen t_1. In Σ' gilt für den Punkt (z_1, t_1):

$$\begin{aligned} z_1' &= \gamma(z_1 - v\,t_1) \;= 0, \\ t_1' &= \gamma\left(t_1 - \tfrac{v}{c^2}z_1\right) = \gamma\,t_1\left(1 - \tfrac{v^2}{c^2}\right) = \tfrac{t_1}{\gamma}. \end{aligned}$$

Die Laufzeit beträgt also vom Schiff aus gesehen:

$$\Delta t' = t'_1 - t'_0 = \frac{t_1}{\gamma} - \frac{\gamma d}{c^2} v .$$

Wir setzen die beiden Ausdrücke für $\Delta t'$ gleich und lösen nach t_1 auf:

$$t_1 = \frac{\gamma^2 d}{c}\left(1 + \frac{v}{c}\right) = \frac{d}{c - v} .$$

Da $t_0 = 0$ ist, folgt für die Laufzeit, gemessen auf der Erdstation:

$$\Delta t = t_1 - t_0 = \frac{d}{c - v} \quad \text{(Lösung für 1))}.$$

Zahlenwerte:

$$\begin{aligned} \gamma = (1 - (0.8)^2)^{-\frac{1}{2}} &= \frac{5}{3} = 1.667 \\ \Longrightarrow \quad \Delta t &= 3700\,\mathrm{s}, \\ \Delta t' &= 11\,100\,\mathrm{s}. \end{aligned}$$

Von Σ' aus gesehen erreicht das Signal das Raumschiff in einem Erdabstand von

$$\begin{aligned} \Delta z' &= d + v\,\Delta t' = \\ &= (6.66 \cdot 10^8 + 26.64 \cdot 10^8)\,\mathrm{km} = \\ &= 3.33 \cdot 10^9\,\mathrm{km} \end{aligned}$$

Lösung zu Aufgabe 1.6.2

$$v = \frac{3}{5} c \Longrightarrow \gamma = \frac{5}{4},$$

$$\begin{aligned} x &= x' = 10\,\mathrm{m}; \quad y = y' = 15\,\mathrm{m}, \\ z &= \gamma(z' + v\,t') = \frac{5}{4}\left(20 + \frac{9}{5}4\right)\mathrm{m} = 34\,\mathrm{m}, \\ t &= \gamma\left(t' + \frac{v}{c^2} z'\right) = \frac{5}{4}\left(4 + \frac{1}{5}20\right) 10^{-8}\,\mathrm{s} = 1 \cdot 10^{-7}\,\mathrm{s}. \end{aligned}$$

Lösung zu Aufgabe 1.6.3

$$\begin{aligned}
t_1' = t_2' &\iff \gamma\left(t_1 - \frac{v}{c^2}z_1\right) = \gamma\left(t_2 - \frac{v}{c^2}z_2\right) \\
&\iff \frac{v}{c^2}(z_2 - z_1) = t_2 - t_1 \\
&\iff v = c^2\,\frac{t_2 - t_1}{z_2 - z_1} = c^2\,\frac{-\frac{1}{2}\frac{z_0}{c}}{z_0} \\
&\iff v = -\frac{1}{2}c.
\end{aligned}$$

Die Zeit in Σ' bestimmt sich aus:

$$t' = \gamma\left(t_1 - \frac{v}{c^2}z_1\right) = \frac{1}{\sqrt{1-\frac{1}{4}}}\left(\frac{z_0}{c} + \frac{1}{2}\frac{z_0}{c}\right)$$

$$\Longrightarrow\ t' = \sqrt{3}\,\frac{z_0}{c}.$$

Lösung zu Aufgabe 1.6.4

In Σ gilt:

$$z_1 = z_2; \quad t_2 - t_1 = 4\,\text{s}.$$

Σ' bewegt sich mit der Geschwindigkeit v gegenüber Σ. v bestimmen wir aus:

$$\begin{aligned}
t_2' - t_1' &= \gamma\left[t_2 - t_1 - \frac{v}{c^2}(z_2 - z_1)\right] = \gamma\,4\,\text{s} \overset{!}{=} 5\,\text{s} \\
\Longrightarrow\ \gamma &= \frac{5}{4} \Longrightarrow \gamma^{-2} = \frac{16}{25} = \left(1 - \frac{v^2}{c^2}\right) \\
\Longrightarrow\ v &= \frac{3}{5}c.
\end{aligned}$$

Dies ergibt den räumlichen Abstand in Σ':

$$\begin{aligned}
z_2' - z_1' &= \gamma[z_2 - z_1 - v(t_2 - t_1)] = \\
&= \gamma\,v(t_1 - t_2) = (-4\,\text{s})\frac{5}{4}\,\frac{3}{5}\,3\cdot 10^8\,\frac{\text{m}}{\text{s}} = \\
&= -0{,}9\cdot 10^9\,\text{m}.
\end{aligned}$$

Lösung zu Aufgabe 1.6.5

In Σ wird gemessen:

$$t_1 = t_2; \quad z_2 - z_1 = 3\,\text{km}.$$

In Σ' gilt dagegen:

$$z_2' - z_1' = 5\,\text{km}.$$

Dies bedeutet:

$$5\,\text{km} = [z_2 - z_1 - v(t_2 - t_1)]\,\gamma = \gamma\,3\,\text{km}$$
$$\Longrightarrow \gamma = \frac{5}{3} \Longrightarrow v = \frac{4}{5}c.$$

Für den zeitlichen Abstand ergibt sich damit:

$$t_2' - t_1' = -\gamma \frac{v}{c^2}(z_2 - z_1) =$$
$$= -\frac{5}{3}\,\frac{4}{5}\,\frac{1}{3} \cdot 10^{-5}\,\frac{\text{s}}{\text{km}}\,3\,\text{km} = -\frac{4}{3} \cdot 10^{-5}\,\text{s}.$$

Lösung zu Aufgabe 1.6.6

1)

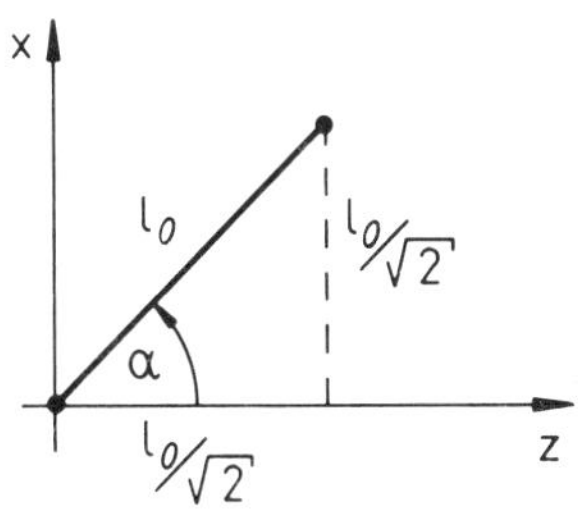

In Σ' tritt in z-Richtung die Längenkontraktion (1.28) auf:

$$\Sigma: \quad \mathbf{l}_0 = \left(\frac{1}{\sqrt{2}}l_0, \frac{1}{\sqrt{2}}l_0\right),$$
$$\Sigma': \quad \mathbf{l}_0' = \left(\frac{1}{\sqrt{2}}l_0, \frac{1}{\gamma}\frac{1}{\sqrt{2}}l_0\right)$$

Dies bedeutet:

$$\tan\alpha' = \frac{l_{0x}'}{l_{0z}'} = \frac{\frac{1}{\sqrt{2}}l_0}{\frac{1}{\gamma}\frac{1}{\sqrt{2}}l_0} = \gamma$$
$$\Longrightarrow \alpha' = \arctan\gamma; \quad \gamma = \left(1 - \frac{v^2}{c^2}\right)^{-\frac{1}{2}}.$$

2) $\mathbf{u} \neq \mathbf{u}(t)$

$$\Longrightarrow \tan\alpha = \frac{u_x}{u_z} = \frac{v}{2v} = \frac{1}{2} \Longrightarrow \alpha = \arctan\frac{1}{2}.$$

In Σ' gilt:

$$u_x' = \frac{1}{\gamma}\frac{u_x}{1-\frac{v\,u_z}{c^2}}; \quad u_z' = \frac{u_z - v}{1-\frac{v\,u_z}{c^2}}$$

$$\Longrightarrow \tan\alpha' = \frac{u_x'}{u_z'} = \frac{1}{\gamma}\frac{u_x}{u_z - v} = \frac{1}{\gamma}\frac{v}{2v - v} = \frac{1}{\gamma}$$

$$\Longrightarrow \alpha' = \arctan\frac{1}{\gamma}.$$

3) Das Photon bewegt sich mit Lichtgeschwindigkeit:

$$\Longrightarrow u_x = \frac{1}{\sqrt{2}}c; \quad u_z = \frac{1}{\sqrt{2}}c$$

$$\Longrightarrow \tan\alpha' = \frac{1}{\gamma}\frac{u_x}{u_z - v} = \frac{c}{\gamma(c - \sqrt{2}v)}$$

$$\Longrightarrow \alpha' = \arctan\left[\frac{c\sqrt{1-\frac{v^2}{c^2}}}{c-\sqrt{2}\,v}\right].$$

Lösung zu Aufgabe 1.6.7

Σ : Ruhesystem des Beobachters,
Σ' : Ruhesystem der Rakete.

Koordinatensystem so wählen, daß die beiden Ursprünge zur Zeit $t = t' = 0$ mit P_0 zusammenfallen.

1) $t_a' = 0$; $\quad t_e' = \frac{L_0}{c}$.

2) Σ bewegt sich relativ zu Σ' mit $(-v)$:

$$z = \gamma(z' + v\,t'); \quad t = \gamma\left(t' + \frac{v}{c^2}z'\right),$$

$$t_a = 0,$$

$$t_e = \gamma\left(t_e' + \frac{v}{c^2}z_e'\right) = \gamma\left[\frac{L_0}{c} + \frac{v}{c^2}(-L_0)\right] =$$

$$= \gamma\frac{L_0}{c}(1-\beta) = \frac{L_0}{c}\sqrt{\frac{(1-\beta)^2}{1-\beta^2}}$$

$$\Longrightarrow t_e = \frac{L_0}{c}\sqrt{\frac{1-\beta}{1+\beta}}.$$

3) $z_0 = 0 \implies z_0' + v\,t_0' = 0$

z_0': Position des Raketenendes in Σ', d.h.:

$$z_0' = -L_0 \implies t_0' = \frac{L_0}{v}.$$

Gesucht ist t_0:

$$t_0 = \gamma\left(t_0' + \frac{v}{c^2}z_0'\right) = \gamma\frac{L_0}{v}(1-\beta^2) = \frac{L_0}{\gamma\,v}.$$

Lösung zu Aufgabe 1.6.8

a) $\mathbf{x}_1 - \mathbf{x}_2 = (-3\,\mathrm{m}, 0, -4\,\mathrm{m})$

$$\implies |\mathbf{x}_1 - \mathbf{x}_2|^2 = 25\,\mathrm{m}^2,$$
$$c^2(t_1-t_2)^2 = 9\cdot 10^{16}\,\frac{\mathrm{m}^2}{\mathrm{s}^2}9\cdot 10^{-16}\,\mathrm{s}^2 = 81\,\mathrm{m}^2$$

$\implies$ Das Raum-Zeit-Intervall

$$s_{12}^2 = c^2(t_1-t_2)^2 - |\mathbf{x}_1 - \mathbf{x}_2|^2 = 56\,\mathrm{m}^2 > 0$$

ist *zeitartig*. Es ist damit eine kausale Korrelation möglich! Allerdings ist durch keine Lorentz-Transformation Gleichzeitigkeit erreichbar.

b)

$$\mathbf{x}_1 - \mathbf{x}_2 = (3\,\mathrm{m}, -5\,\mathrm{m}, -5\,\mathrm{m})$$
$$\implies |\mathbf{x}_1 - \mathbf{x}_2|^2 = 59\,\mathrm{m}^2,$$
$$c^2(t_1-t_2)^2 = 9\cdot 10^{16}\,\frac{\mathrm{m}^2}{\mathrm{s}^2}\;4\cdot 10^{-16}\,\mathrm{s}^2 = 36\,\mathrm{m}^2.$$

Das Raum-Zeit-Intervall

$$s_{12}^2 = 36\,\mathrm{m}^2 - 59\,\mathrm{m}^2 = -23\,\mathrm{m}^2 < 0$$

ist *raumartig*. Es ist also **keine** kausale Korrelation möglich. Dafür ist Gleichzeitigkeit erreichbar.

$$\beta^2 = \frac{c^2(t_1 - t_2)^2}{|\mathbf{x}_1 - \mathbf{x}_2|^2} = \frac{36}{59} = 0,61.$$

Das Inertialsystem Σ' muß sich mit der Geschwindigkeit

$$v = 0.781\,c = 2.343 \cdot 10^8\,\frac{\mathrm{m}}{\mathrm{s}}$$

in Richtung $(\mathbf{x}_1 - \mathbf{x}_2)$ bewegen, um die Ereignisse in Σ' gleichzeitig erscheinen zu lassen.

Kapitel 2.5

Lösung zu Aufgabe 2.5.1

In Σ gilt:

$$\mathbf{F} = q\,\mathbf{u} \times \mathbf{B} = q(0, a\,B, -a\,B) = q\,a\,B(0, 1, -1).$$

In Σ' gilt:

$$F'_x = \frac{1}{\gamma}\frac{F_x}{1 - \frac{v\,u_x}{c^2}} = 0, \quad \gamma = \left(1 - \frac{v^2}{c^2}\right)^{-\frac{1}{2}},$$

$$F'_y = \frac{1}{\gamma}\frac{F_y}{1 - \frac{v\,u_x}{c^2}} = \frac{1}{\gamma}\frac{q\,a\,B}{1 - \frac{v\,a}{c^2}}.$$

$\mathbf{F} \cdot \mathbf{u} = q\,a^2\,B(1 - 1) = 0$:

$$F'_z = \frac{F_z - \frac{v}{c^2}(\mathbf{F} \cdot \mathbf{u})}{1 - \frac{v\,u_x}{c^2}} = \frac{-q\,a\,B}{1 - \frac{v\,a}{c^2}}$$

$$\Longrightarrow \mathbf{F}' = \frac{q\,a\,B}{1 - \frac{v\,a}{c^2}}\left(0, \frac{1}{\gamma}, -1\right).$$

Lösung zu Aufgabe 2.5.2

Σ und Σ' seien zwei beliebige Inertialsysteme mit

$$\Sigma \xrightarrow{v} \Sigma' \quad (\mathbf{v} = v\,\mathbf{e}_z).$$

Wir zeigen, daß

$$\left(\mathbf{B}' + \frac{i}{c}\mathbf{E}'\right)^2 \stackrel{!}{=} \left(\mathbf{B} + \frac{i}{c}\mathbf{E}\right)^2$$

gilt. Die Transformationsformeln (2.132) bis (2.137) ergeben:

$$\begin{aligned}
B'_x + \frac{i}{c}E'_x &= \gamma\left(B_x + \frac{i}{c}E_x\right) - i\gamma\beta\left(B_y + \frac{i}{c}E_y\right), \\
B'_y + \frac{i}{c}E'_y &= \gamma\left(B_y + \frac{i}{c}E_y\right) + i\gamma\beta\left(B_x + \frac{i}{c}E_x\right), \\
B'_z + \frac{i}{c}E'_z &= B_z + \frac{i}{c}E_z.
\end{aligned}$$

Daraus folgt:

$$\begin{aligned}
\left(\mathbf{B}' + \frac{i}{c}\mathbf{E}'\right)^2 &= \left(B_x + \frac{i}{c}E_x\right)^2 \gamma^2(1-\beta^2) + \\
&\quad + \left(B_y + \frac{i}{c}E_y\right)^2 \gamma^2(1-\beta^2) + \left(B_z + \frac{i}{c}E_z\right)^2 = \\
&= \left(\mathbf{B} + \frac{i}{c}\mathbf{E}\right)^2.
\end{aligned}$$

Lösung zu Aufgabe 2.5.3

Wegen $\bar{F}^{\mu\nu} = -\bar{F}^{\nu\mu}$ sind die Diagonalelemente Null,

$$\bar{F}^{\mu\mu} = F^{\mu\mu} = 0 \qquad \mu = 1,2,3,4,$$

und wir brauchen nur die Elemente $\bar{F}^{\mu\nu}$ mit $\mu < \nu$ zu berechnen:

$$\begin{aligned}
\bar{F}^{12} &= \frac{1}{2}\epsilon^{12\rho\sigma}F_{\rho\sigma} = \frac{1}{2}\left(\epsilon^{1234}F^{34} + \epsilon^{1243}F^{43}\right) = \\
&= \frac{1}{2}(F^{34} - F^{43}) = \frac{i}{c}E_z, \\
&\quad \text{zum Vergleich: } F^{12} = -B_z, \\
\bar{F}^{13} &= \frac{1}{2}\epsilon^{13\rho\sigma}F_{\rho\sigma} = \frac{1}{2}\left(\epsilon^{1324}F^{24} + \epsilon^{1342}F^{42}\right) = \\
&= \frac{1}{2}\left(F^{42} - F^{24}\right) = -\frac{i}{c}E_y, \\
&\quad \text{zum Vergleich: } F^{13} = B_y,
\end{aligned}$$

$$\begin{aligned}
\bar{F}^{14} &= \frac{1}{2}\epsilon^{14\rho\sigma}F_{\rho\sigma} = \frac{1}{2}\left(\epsilon^{1423}F^{23} + \epsilon^{1432}F^{32}\right) = \\
&= \frac{1}{2}\left(F^{23} - F^{32}\right) = -B_x, \\
&\qquad \text{zum Vergleich: } F^{14} = \frac{i}{c}E_x, \\
\bar{F}^{23} &= \frac{1}{2}\epsilon^{23\rho\sigma}F_{\rho\sigma} = \frac{1}{2}\left(\epsilon^{2314}F^{14} + \epsilon^{2341}F^{41}\right) = \\
&= \frac{1}{2}\left(F^{14} - F^{41}\right) = \frac{i}{c}E_x, \\
&\qquad \text{zum Vergleich: } F^{23} = -B_x, \\
\bar{F}^{24} &= \frac{1}{2}\epsilon^{24\rho\sigma}F_{\rho\sigma} = \frac{1}{2}\left(\epsilon^{2413}F^{13} + \epsilon^{2431}F^{31}\right) = \\
&= \frac{1}{2}\left(F^{31} - F^{13}\right) = -B_y, \\
&\qquad \text{zum Vergleich: } F^{24} = \frac{i}{c}E_y, \\
\bar{F}^{34} &= \frac{1}{2}\epsilon^{34\rho\sigma}F_{\rho\sigma} = \frac{1}{2}\left(\epsilon^{3412}F^{12} + \epsilon^{3421}F^{21}\right) = \\
&= \frac{1}{2}\left(F^{12} - F^{21}\right) = -B_z, \\
&\qquad \text{zum Vergleich: } F^{34} = \frac{i}{c}E_z.
\end{aligned}$$

Die Richtigkeit der Behauptung ist evident.

Lösung zu Aufgabe 2.5.4

1) Nach Gleichung (3.45), Bd. 3 gilt:

$$\mathbf{B} = \frac{\mu_0}{4\pi}\left(\frac{3(\mathbf{r}\cdot\mathbf{m})\mathbf{r}}{r^5} - \frac{\mathbf{m}}{r^3}\right),$$

$$B_x = \frac{\mu_0}{4\pi}\,\frac{3\,m\,z\,x}{r^5}; \quad B_y = \frac{\mu_0}{4\pi}\,\frac{3\,m\,z\,y}{r^5},$$

$$B_z = \frac{\mu_0}{4\pi}\,\frac{m}{r^5}(2\,z^2 - x^2 - y^2).$$

2) Σ' sei das Ruhesystem des Dipols. Nach Teil 1) herrschen dort die Felder:

$$B'_x = \frac{\mu_0}{4\pi}\,\frac{3\,m\,z'\,x'}{r'^5}; \quad B'_y = \frac{\mu_0}{4\pi}\,\frac{3\,m\,z'\,y'}{r'^5},$$

$$B_z' = \frac{\mu_0}{4\pi}\frac{m}{r'^5}(2z'^2 - x'^2 - y'^2),$$

$$\mathbf{E}' \equiv 0; \qquad r' = \sqrt{x'^2 + y'^2 + z'^2}.$$

In Σ gilt nach (2.132) bis (2.137):

$$B_x = \gamma\, B_x' = \gamma \frac{\mu_0}{4\pi}\, 3m\, \frac{z'x'}{r'^5},$$

$$x' = x;\; y' = y;\; z' = \gamma(z - v\,t)$$

$$\Longrightarrow\; r' = \sqrt{x^2 + y^2 + \gamma^2(z - v\,t)^2}$$

$$\Longrightarrow\; B_x = \gamma^2 \frac{\mu_0}{4\pi}\, 3m\, \frac{x(z - v\,t)}{[x^2 + y^2 + \gamma^2(z - v\,t)^2]^{5/2}},$$

$$B_y = \gamma\, B_y' = \gamma^2 \frac{\mu_0}{4\pi}\, 3m\, \frac{y(z - v\,t)}{[x^2 + y^2 + \gamma^2(z - v\,t)^2]^{5/2}},$$

$$B_z = B_z' = \frac{\mu_0}{4\pi}\, m\, \frac{2\gamma^2(z - v\,t)^2 - x^2 - y^2}{[x^2 + y^2 + \gamma^2(z - v\,t)^2]^{5/2}},$$

$$E_x = +\gamma\,\beta\, c\, B_y' = v\, B_y,$$

$$E_y = -\gamma\,\beta\, c\, B_x' = -v\, B_x,$$

$$E_z = E_z' = 0.$$

3)

$$\mathbf{e}_\rho = (\cos\varphi, \sin\varphi, 0); \quad \mathbf{e}_\varphi = (-\sin\varphi, \cos\varphi, 0); \quad \mathbf{e}_z = (0, 0, 1).$$

Elektrisches Feld:

$$E_\rho = \mathbf{E}\cdot\mathbf{e}_\rho = E_x\cos\varphi + E_y\sin\varphi = v(B_y\cos\varphi - B_x\sin\varphi) =$$

$$= \ldots(y\cos\varphi - x\sin\varphi) = \ldots(\rho\sin\varphi\cos\varphi - \rho\cos\varphi\sin\varphi) = 0,$$

$$E_\varphi = \mathbf{E}\cdot\mathbf{e}_\varphi = -E_x\sin\varphi + E_y\cos\varphi = -v(B_y\sin\varphi + B_x\cos\varphi) =$$

$$= \gamma^2\frac{\mu_0}{4\pi}\, 3m\, \frac{(z - v\,t)}{(x^2 + y^2 + \gamma^2(z - v\,t)^2)^{\frac{5}{2}}}(-v\,y\sin\varphi - v\,x\cos\varphi) =$$

$$= \ldots - v\,\rho(\sin^2\varphi + \cos^2\varphi) = \gamma^2\frac{\mu_0}{4\pi}\, 3m\, \frac{-v(z - v\,t)\rho}{[\rho^2 + \gamma^2(z - v\,t)^2]^{5/2}},$$

$$E_z = 0,$$

$$B_\rho = B_x\cos\varphi + B_y\sin\varphi = \frac{1}{v}(E_x\sin\varphi - E_y\cos\varphi) = -\frac{1}{v}E_\varphi,$$

$$B_\varphi = -B_x\sin\varphi + B_y\cos\varphi = \frac{1}{v}(E_y\sin\varphi + E_x\cos\varphi) = \frac{1}{v}E_\rho = 0,$$

$$B_z = \frac{\mu_0}{4\pi}\, m\, \frac{2\gamma^2(z - v\,t)^2 - \rho^2}{[\rho^2 + \gamma^2(z - v\,t)^2]^{5/2}}.$$

4) Die **E**-Linien sind in der xy-Ebene Kreise mit Mittelpunkt im Koordinatenursprung:

$$\mathbf{E} = E_\varphi(t)\,\mathbf{e}_\varphi ,$$

$$E_\varphi(t;\, z=0) = \gamma^2 \frac{\mu_0}{4\pi}\, 3m\, \frac{v^2 t}{(\rho^2 + \gamma^2 v^2 t^2)^{5/2}} .$$

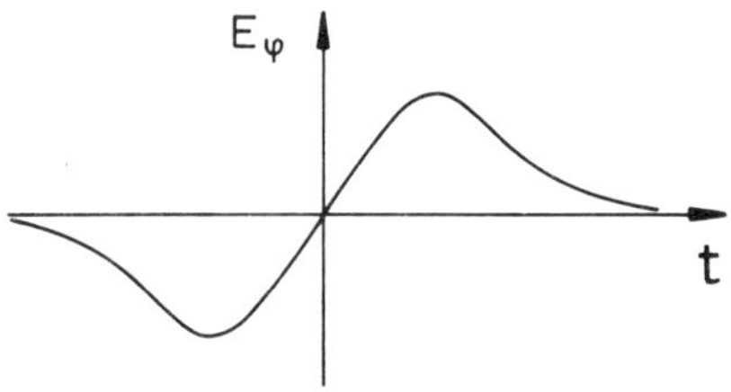

5) Geschlossene **E**-Linien können wegen rot $\mathbf{E} = -\dot{\mathbf{B}}$ dann auftreten, wenn ein zeitlich veränderliches Magnetfeld vorliegt.

Lösung zu Aufgabe 2.5.5

1) Eine in Σ zunächst ruhende Ladung erfährt in Σ' als dort bewegte Ladung von dem reinen $\mathbf{B}'$-Feld eine Beschleunigung. In Σ muß diese Beschleunigung aber von einem **E**-Feld stammen, da die Ladung ja anfänglich ruht.

2) Das $\mathbf{E}'$-Feld in Σ' werde von in Σ' ruhenden Ladungen erzeugt, z.B. auf Kondensatorplatten. In Σ bewegen sich diese Ladungen und erzeugen damit ein **B**-Feld.

Lösung zu Aufgabe 2.5.6

1) Für die Raumkomponenten der Minkowski-Kraft gilt:

$$\frac{d}{d\tau}\mathbf{p}_r = \gamma \frac{d}{dt} p_r = \gamma\, \mathbf{F} = \gamma\, q(\mathbf{v}\times\mathbf{B}),$$

$$\mathbf{p}_r = \gamma\, m\, \mathbf{v}$$

$$\Longrightarrow\ \mathbf{p}_r \cdot \frac{d}{dt}\mathbf{p}_r = \gamma\, m\, q\ \mathbf{v}\cdot(\mathbf{v}\times\mathbf{B}) = 0 = \frac{d}{dt}\mathbf{p}_r^2$$

$$\Longrightarrow\ \mathbf{p}_r^2 = \text{const.}\ \Longrightarrow\ v^2 = \text{const.}\ \Longleftrightarrow\ \gamma(v) = \left(1 - \frac{v^2}{c^2}\right)^{-\frac{1}{2}} = \text{const.}$$

Für die relativistische Energie gilt (2.63):

$$T_r = \sqrt{c^2\mathbf{p}_r^2 + m^2c^4} = \text{const.}$$

2) Anfangsbedingung: $p_r(t=0) = m\,\gamma\, v(1,0,0)$

$$\dot{\mathbf{p}}_r = q(\mathbf{v}\times\mathbf{B}) = q(v_y\,B, -v_x\,B, 0) = \\ = \frac{1}{\gamma}\frac{q\,B}{m}(p_{ry}, -p_{rx}, 0).$$

Erstes Teilergebnis: $p_{rz} = \text{const.}$

$$\omega \equiv \frac{q\,B}{m}\frac{1}{\gamma} \equiv \omega_0\frac{1}{\gamma} \qquad (\gamma = \text{const.}).$$

$$\frac{d}{dt}(p_{rx} + i\,p_{ry}) = \omega(p_{ry} - i\,p_{rx}) = -i\,\omega(p_{rx} + i\,p_{ry})$$

$$\Longrightarrow (p_{rx} + i\,p_{ry})(t) = (p_{rx} + i\,p_{ry})(0)\,e^{-i\omega t}$$

$$\Longrightarrow p_{rx}(t) = p_{rx}(0)\cos\omega t + p_{ry}(0)\sin\omega t,$$

$$p_{ry}(t) = -p_{rx}(0)\sin\omega t + p_{ry}(0)\cos\omega t.$$

Anfangsbedingungen:

$$\mathbf{p}_r(0) = m\,\gamma(v_0, 0, 0).$$

Dies ergibt:

$$\mathbf{p}_r(t) = m\,\gamma\,v_0(\cos\omega t, -\sin\omega t, 0).$$

$\mathbf{p}_r^2(t)$=const. ist offensichtlich gewährleistet.

3) Die Bahn erhalten wir aus

$$\mathbf{r}(t) - \mathbf{r}(t=0) = \frac{1}{m}\int_0^t dt'\,\mathbf{p}_r(t') = \\ = \frac{\gamma\,v_0}{\omega}(\sin\omega t', \cos\omega t', 0)\Big|_0^t$$

$$\Longrightarrow \mathbf{r}(t) = (x_0, 0, 0) + \gamma^2\frac{m\,v_0}{q\,B}\{(\sin\omega t, \cos\omega t, 0) - (0,1,0)\}$$

$$\Longrightarrow \mathbf{r}(t) = \gamma^2\frac{m\,v_0}{q\,B}(\sin\omega t, \cos\omega t, 0).$$

Lösung zu Aufgabe 2.5.7

1) Raumkomponenten des relativistischen Impulses:

$$\mathbf{p}_r = \gamma(v)m\,\mathbf{v}; \qquad \gamma(v) = \left(1 - \frac{v^2}{c^2}\right)^{-\frac{1}{2}},$$

$$\dot{\mathbf{p}}_r = q\,\mathbf{E}$$

$$\Longrightarrow \dot{p}_{rx} = q\,E; \quad \dot{p}_{ry} = \dot{p}_{rz} = 0.$$

Mit den gegebenen Anfangsbedingungen folgt nach Integration:

$$\mathbf{p}_r(t) = (q\,E\,t,\ \gamma_0\, m\, v_0, 0); \qquad \gamma_0 = \left(1 - \frac{v_0^2}{c^2}\right)^{-\frac{1}{2}}.$$

Für die relativistische kinetische Energie gilt dann nach (2.63):

$$T_r(t) = \sqrt{m^2c^4 + c^2 p_r^2(t)} = \sqrt{m^2c^4 + c^2(q^2E^2t^2 + \gamma_0^2 m^2 v_0^2)}.$$

2) Man beachte, daß anders als im homogenen Magnetfeld (Aufgabe 2.5.6) im homogenen elektrischen Feld $v^2 = v^2(t)$. $\gamma(v)$ ist also keine Konstante. Nach (2.61) ist aber:

$$T_r = m\,\gamma(v)c^2$$
$$\Longrightarrow\ \mathbf{p}_r = \frac{T_r}{c^2}\mathbf{v} \iff \mathbf{v} = \frac{c^2}{T_r}\mathbf{p}_r.$$

Dies bedeutet im einzelnen:

$$\dot{x}\,(t) = \frac{c^2\,q\,E\,t}{\sqrt{m^2c^4 + c^2(q^2E^2t^2 + \gamma_0^2 m^2 v_0^2)}} = \frac{1}{q\,E}\,\frac{d}{dt}\,T_r(t),$$

$$\dot{y}\,(t) = \frac{c^2\gamma_0 m\, v_0}{\sqrt{m^2c^4 + c^2(q^2E^2t^2 + \gamma_0^2 m^2 v_0^2)}} =$$
$$= \frac{c\,\gamma_0 m\, v_0}{q\,E}\,\frac{d}{dt}\ln[c\,q\,E\,t + T_r(t)] =$$
$$= \frac{c\,\gamma_0 m\, v_0}{q\,E}\,\frac{d}{dt}\ \mathrm{arcsinh}\left(\frac{c\,q\,E\,t}{T_r(0)}\right),$$

$$\dot{z}\,(t) = 0.$$

3) Man beachte die Anfangsbedingungen:

$$z(t) \equiv z_0,$$
$$y(t) = \frac{c\,\gamma_0 m\, v_0}{q\,E}\mathrm{arcsinh}\left[\frac{c\,q\,E\,t}{T_r(0)}\right],$$
$$x(t) = \frac{1}{q\,E}(T_r(t) - T_r(0)),$$
$$T_r(0) = \sqrt{m^2c^4 + c^2\gamma_0^2 m^2 v_0^2}.$$

Das Teilchen durchläuft die Raumkurve $x = x(y)$:

$$c\,q\,E\,t = T_r(0)\sinh\left(\frac{y\,q\,E}{c\,\gamma_0 m\, v_0}\right),$$

$$T_r(t) = \sqrt{T_r^2(0) + c^2 q^2 E^2 t^2} = T_r(0)\sqrt{1 + \sinh^2\left(\frac{q\,E}{c\,\gamma_0 m\,v_0}y\right)} =$$

$$= T_r(0)\cosh\left(\frac{q\,E}{c\,\gamma_0 m\,v_0}y\right).$$

Daraus folgt:

$$x = \frac{T_r(0)}{q\,E}\left[\cosh\left(\frac{q\,E}{c\,\gamma_0 m\,v_0}y\right) - 1\right] = x(y).$$

Lösung zu Aufgabe 2.5.8

1) Es gilt nach (2.59) und (2.54):

$$\frac{m(v)}{m(0)} = \frac{T_r(v)}{T_r(0)} = \gamma(v) = \frac{0.711}{0.511} = 1.391$$

$$\Longrightarrow\; m(v) = 1.391\,m(0).$$

2)

$$\gamma = \left(1 - \beta^2\right)^{-\frac{1}{2}} \iff \beta = \sqrt{\frac{\gamma^2 - 1}{\gamma^2}} = 0.695$$

$$\Longrightarrow\; v = 0.695\,c.$$

3)

$$v_{nr}^2 = \frac{2\,T}{m(0)} \Longrightarrow \frac{v_{nr}^2}{c^2} = \frac{2\,T}{m\,c^2} = \frac{0.4}{0.511}$$

$$\Longrightarrow\; v_{nr} = 0.885\,c.$$

Relativer Fehler:

$$\epsilon = \frac{v_{nr} - v}{v}\,100 = 27.30\%\,.$$

Lösung zu Aufgabe 2.5.9

1)

$$T_r = T + T_r(0) = 2\,T_r(0) = \gamma\,T_r(0) \Longrightarrow \gamma = 2.$$

Dies bedeutet:

$$\beta = \left(\frac{\gamma^2 - 1}{\gamma^2}\right)^{\frac{1}{2}} = \sqrt{\frac{3}{4}} = 0.866.$$

Die Geschwindigkeit des π^+-Mesons beträgt somit:

$$v(\pi^+) = 0.866\, c = 2.598 \cdot 10^8\, \frac{\mathrm{m}}{\mathrm{s}}.$$

2) Zerfallszeit im Ruhesystem des Mesons:

$$\tau = 2.5 \cdot 10^{-8}\, \mathrm{s}.$$

Zerfallszeit im Ruhesystem des Beobachters:

$$\tau' = \gamma\, \tau = 5 \cdot 10^{-8}\, \mathrm{s}.$$

Zerfallsstrecke:

$$d = v\, \tau' = 12.990\, \mathrm{m}.$$

Lösung zu Aufgabe 2.5.10

Energiesatz:

$$\begin{aligned} T_r(v) + T_r(0) &= T_r(v_1) + T_r(v_2) \\ \Longrightarrow\ \gamma(v) + 1 &= \gamma(v_1) + \gamma(v_2). \end{aligned}$$

Impulssatz:

$$\begin{aligned} m\, \gamma\, \mathbf{v} &= m\, \gamma(v_1)\mathbf{v}_1 + m\, \gamma(v_2)\mathbf{v}_2 \\ \Longrightarrow\ \gamma(v)\, \boldsymbol{\beta} &= \gamma(v_1)\, \boldsymbol{\beta}_1 + \gamma(v_2)\, \boldsymbol{\beta}_2. \end{aligned}$$

Die letzte Gleichung in Komponenten zerlegt:

$$\begin{aligned} \gamma(v)\beta &= \gamma(v_1)\beta_1 \cos\vartheta + \gamma(v_2)\beta_2 \cos\varphi, \\ 0 &= \gamma(v_1)\beta_1 \sin\vartheta - \gamma(v_2)\beta_2 \sin\varphi, \\ \gamma^2(v_2)\beta_2^2(\cos^2\varphi + \sin^2\varphi) &= \gamma^2(v_1)\beta_1^2 \sin^2\vartheta + (\gamma(v)\beta - \gamma(v_1)\beta_1 \cos\vartheta)^2 \\ \Longrightarrow\ \gamma^2(v_2)\beta_2^2 &= \gamma^2(v_1)\beta_1^2 + \gamma^2(v)\beta^2 - 2\gamma(v)\gamma(v_1)\beta\beta_1 \cos\vartheta. \end{aligned}$$

Die $\boldsymbol{\beta}$'s eliminieren wir durch die Beziehung:

$$\gamma(v_i)\beta_i = \sqrt{\gamma^2(v_i) - 1}$$
$$\Longrightarrow \gamma^2(v_2) - 1 = \gamma^2(v_1) - 1 + \gamma^2(v) - 1 - 2\sqrt{\gamma^2(v) - 1}\,\sqrt{\gamma^2(v_1) - 1}\cos\vartheta.$$

Diese Gleichung kombinieren wir mit dem Energiesatz, um $\gamma(v_2)$ zu eliminieren:

$$\gamma(v_2) = \gamma(v) + 1 - \gamma(v_1)$$
$$\Longrightarrow \gamma^2(v_2) = \gamma^2(v) + 1 + \gamma^2(v_1) + 2\gamma(v) - 2\gamma(v_1) - 2\gamma(v)\gamma(v_1).$$

Dies setzen wir oben ein:

$$2\gamma(v) - 2\gamma(v_1) - 2\gamma(v)\gamma(v_1) = -2 - 2\sqrt{\gamma^2(v) - 1}\sqrt{\gamma^2(v_1) - 1}\cos\vartheta$$
$$\Longrightarrow -2(\gamma(v_1) - 1)(\gamma(v) + 1) = -2\sqrt{\gamma^2(v) - 1}\,\sqrt{\gamma^2(v_1) - 1}\cos\vartheta$$
$$\Longrightarrow (\gamma(v_1) - 1)(\gamma(v) + 1) = (\gamma(v) - 1)(\gamma(v_1) + 1)\cos^2\vartheta.$$

Das können wir nach $\gamma(v_1)$ auflösen:

$$\gamma(v_1) = \frac{(\gamma(v) + 1) + (\gamma(v) - 1)\cos^2\vartheta}{(\gamma(v) + 1) - (\gamma(v) - 1)\cos^2\vartheta}.$$

Mit der Abkürzung

$$\alpha^2 = \frac{\gamma(v) - 1}{\gamma(v) + 1}$$

bleibt dann zu lösen:

$$\gamma(v_1) = \frac{1 + \alpha^2\cos^2\vartheta}{1 - \alpha^2\cos^2\vartheta}.$$

Wir gehen nun zurück zum Impulssatz und dividieren die beiden Komponentengleichungen durcheinander:

$$\tan\varphi = \frac{\gamma(v_1)\beta_1\sin\vartheta}{\gamma(v)\beta(v) - \gamma(v_1)\beta_1\cos\vartheta}.$$

Nun ist

$$\gamma(v_1)\beta_1 = \sqrt{\gamma^2(v_1) - 1} = \sqrt{\frac{(1 + \alpha^2\cos^2\vartheta)^2}{(1 - \alpha^2\cos^2\vartheta)^2} - 1} =$$
$$= \frac{2\alpha\cos\vartheta}{1 - \alpha^2\cos^2\vartheta}.$$

Andererseits gilt:

$$\gamma(v)\beta = \sqrt{\gamma^2(v) - 1} = \sqrt{(\gamma(v) + 1)(\gamma(v) - 1)} = \alpha(\gamma(v) + 1).$$

Dies setzen wir in den Ausdruck für $\tan\varphi$ ein:

$$\begin{aligned}\tan\varphi &= \frac{\frac{2\alpha\cos\vartheta\sin\vartheta}{1-\alpha^2\cos^2\vartheta}}{\alpha(\gamma(v)+1)-\frac{2\alpha\cos^2\vartheta}{1-\alpha^2\cos^2\vartheta}} = \\ &= \frac{2\cos\vartheta\sin\vartheta}{(\gamma(v)+1)-(\gamma(v)+1)\,\alpha^2\cos^2\vartheta-2\cos^2\vartheta} = \\ &= \frac{2\cos\vartheta\sin\vartheta}{\gamma(v)(1-\cos^2\vartheta)+(1-\cos^2\vartheta)} = \\ &= \frac{2}{\gamma(v)+1}\,\frac{\cos\vartheta\sin\vartheta}{1-\cos^2\vartheta}.\end{aligned}$$

Daraus folgt schließlich die Behauptung:

$$\tan\varphi\,\tan\vartheta = \frac{2}{\gamma(v)+1}.$$

Im nicht-relativistischen Grenzfall $\gamma \to 1$ gilt:

$$\tan\varphi\,\tan\vartheta \to 1.$$

Wegen

$$\tan(\varphi+\vartheta) = \frac{\tan\vartheta+\tan\varphi}{1-\tan\varphi\tan\vartheta}$$

bedeutet dies

$$\tan(\varphi+\vartheta) \to \infty$$

und damit:

$$\varphi+\vartheta \to \frac{\pi}{2}.$$

Lösung zu Aufgabe 2.5.11

Energie des Elektrons:

$$T_r^2 = c^2p_r^2 + m^2c^4 = c^2p_r^2 + T_r^2(0).$$

Andererseits:

$$T_r = T + T_r(0).$$

Kombiniert man diese beiden Gleichungen, so folgt:

$$T^2 + 2\,T\,T_r(0) = c^2p_r^2,$$

$$T \longleftrightarrow 1\,\mathrm{MeV},$$
$$T_r(0) \longleftrightarrow 0.511\,\mathrm{MeV}$$
$$\Longrightarrow\; c^2 p_r^2 = 2.022\,(\mathrm{MeV})^2 \;\Longrightarrow\; c\,p_r = 1.422\,\mathrm{MeV}.$$

Das Photon hat keine Ruhemasse:

$$T_r(\gamma) = c\,p_r = 1.422\,\mathrm{MeV}.$$

THERMODYNAMIK

Die **Thermodynamik** ist eine klassische, phänomenologische Theorie (**Wärmelehre**), die als solche ihre Begriffe direkt aus dem Experiment entnimmt. Sie behandelt Phänomene, zu deren Charakterisierung die physikalischen Größen

Temperatur und **Wärme**

herangezogen werden müssen. Diese Begriffe findet man weder in der Klassischen Mechanik noch in der Quantenmechanik. Sie sind sinnvoll definierbar nur für Systeme, die aus sehr vielen *Untereinheiten* bestehen, dagegen völlig sinnlos für Einzelobjekte, wie z.B. für den Massenpunkt der Klassischen Mechanik. Typisch für die Thermodynamik ist deshalb die Beschäftigung mit **makroskopischen** physikalischen Systemen.

Das war in der Klassischen Mechanik und in der Elektrodynamik anders. Die fundamentalen Newtonschen Axiome bzw. die Maxwell-Gleichungen haben wir zunächst an besonders einfachen mikroskopischen Modellsystemen (Massenpunkt, Punktladung) diskutiert und ausgewertet, um sie erst anschließend auf makroskopische, also realistische Objekte auszudehnen. Die Thermodynamik ist dagegen von vorneherein nur für makroskopische *Viel-Teilchen-Systeme* konzipiert, wobei sie die an sich verblüffende Tatsache ausnutzt, daß sich solche Systeme trotz ihrer vielen Freiheitsgrade phänomenologisch ausreichend durch wenige makroskopische Observable wie Druck, Volumen, Temperatur, Magnetisierung, ... beschreiben lassen.

Die gesamte Theorie basiert auf sogenannten **Hauptsätzen**, aus denen sich alle anderen Aussagen ableiten. Der

Nullte Hauptsatz

postuliert die Existenz einer **Temperatur**. Der

Erste Hauptsatz

erklärt **Wärme** zu einer Energieform und fordert unter ihrer Einbeziehung die Gültigkeit des Energiesatzes. Der

Zweite Hauptsatz

handelt von der Unmöglichkeit, Wärme **vollständig** in andere Energieformen, wie z.B. mechanische Bewegungsenergie, umzuformen. Der

Dritte Hauptsatz

betrifft die Unerreichbarkeit des absoluten Nullpunktes.

Zentrale Aussagen stecken in dem Ersten und dem Zweiten Hauptsatz.

Die zur Thermodynamik komplementäre Theorie ist die

Statistische Mechanik,

die in Band 6 des **Grundkurs: Theoretische Physik** angeboten wird. Sie begründet die Begriffe und Gesetzmäßigkeiten der phänomenologischen Thermodynamik über die mikroskopische Struktur der Systeme, und das mit Hilfe der Konzepte der Klassischen Mechanik bzw. der Quantenmechanik. Ihre prinzipiellen Probleme liegen auf der Hand: Makroskopische Systeme *mikroskopisch korrekt* beschreiben zu wollen, hieße, 10^{23} gekoppelte Bewegungsgleichungen mit komplizierten Wechselwirkungstermen zu lösen. Dies ist unmöglich, aber auch unnötig, da ein Meßprozeß ja immer eine Mittelung bedeutet (s. (2.179, Bd. 3)). Also besteht die entscheidende Aufgabe der Statistischen Mechanik darin, die relevanten makroskopischen Observablen mit statistischen Methoden (Häufigkeitsverteilungen, Mittelwerte, Wahrscheinlichkeiten, ...) aus mikroskopischen Daten festzulegen. – Eine weitere wichtige Aufgabe der Statistischen Mechanik liegt in der Begründung von Größen wie *Temperatur* und *Wärme*, die, wie erwähnt, für die Thermodynamik typisch und direkt mit der *großen Teilchenzahl* korreliert sind.

In diesem Abschnitt soll es jedoch ausschließlich um die phänomenologische Thermodynamik gehen. Wir werden uns deshalb zunächst damit abfinden müssen, das tiefere, sozusagen *mikroskopische* Verständnis einiger wichtiger Begriffe und Konzepte auf einen späteren Zeitpunkt zu verschieben.

1 GRUNDBEGRIFFE

1.1 Thermodynamische Systeme

Als *thermodynamisches System* bezeichnen wir jedes makroskopische System, das aus sehr vielen *Elementargebilden* (Atomen, Elektronen, Photonen, Feldmoden, ...) aufgebaut ist. Thermodynamische Systeme sind also Systeme mit sehr vielen Freiheitsgraden, deren Mikrozustände uns jedoch hier nicht interessieren.

Beispiele:

> Ein Liter Hörsaalluft, galvanisches Element, Dampfmaschine, ferromagnetisches Eisen, strahlungserfüllter Hohlraum, *Kasten mit Inhalt*, ...

Ein wichtiger Aspekt der thermodynamischen Systeme besteht in der Möglichkeit ihrer

Abgrenzung gegen die Umgebung durch **Wände**,

wodurch Wechselwirkungen zwischen System und Umgebung ganz oder teilweise ausgeschlossen werden.

Um diesen Aspekt genauer zu verstehen, müssen wir im folgenden bereits einige Begriffe verwenden, die zwar aus dem täglichen Sprachgebrauch vertraut sind, genau genommen aber erst in späteren Abschnitten für die Thermodynamik definiert werden:

Isoliertes (abgeschlossenes) System

> Keinerlei Austausch von *Eigenschaften* und *Inhalten* mit der Umgebung; d.h. kein Teilchen- oder Energieaustausch, keine Wechselwirkung mit äußeren Feldern usw.

Geschlossenes System

Kein Materie- (Teilchen-) Austausch mit der Umgebung.

Ein solches System kann durchaus noch Kontakt mit der Umgebung haben. Beispiele:

1) Wärmeaustauschkontakt (thermischer Kontakt)

Dieser führt zum Temperaturausgleich zwischen System und Umgebung durch Austausch von Energie in Form von Wärme. Kann man die Umgebung als *sehr großes* System auffassen, dessen Temperatur sich bei Entnahme einer endlichen Wärmemenge praktisch nicht ändert, so sagt man, das System befinde sich in einem

Wärmebad.

Ein System ohne den Kontakt 1) heißt **thermisch isoliert.**

2) Arbeitsaustauschkontakt

Durch Arbeitsleistung vom System an der Umgebung oder umgekehrt werden gewisse Systemeigenschaften geändert. Es kann sich dabei um mechanische, elektromagnetische, chemische oder eventuell andere Formen von Arbeit handeln:

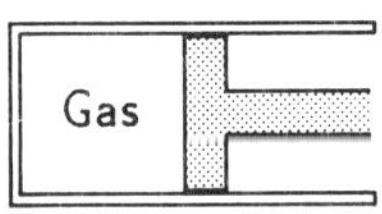

Beispiel: Kolbenbewegung ändert das Volumen V des Gases.

Offenes System

Keinerlei Einschränkungen, d.h. auch Teilchen-(Stoffmengen-) Austausch mit der Umgebung.

1.2 Zustand, Gleichgewicht

Zur Beschreibung eines thermodynamischen Systems benutzen wir die Resultate von repräsentativen Messungen an charakteristischen makroskopischen Observablen, den sogenannten

Zustandsgrößen (Zustandsvariablen).

Welche Größen letztlich in Betracht kommen, ist nicht eindeutig vorgegeben, sondern richtet sich weitgehend nach Interesse und Zweckmäßigkeit. Gesichtspunkte bei der Auswahl können dabei sein:

einfache Messungen,

unabhängige Observable,

ausreichend detaillierte (**vollständige**) Beschreibung, ...

Von einem *vollständigen* Satz unabhängiger Zustandsgrößen spricht man genau dann, wenn sich alle anderen thermodynamischen Größen des Systems als Funktionen dieser Variablen darstellen lassen. Typisch für die Thermodynamik ist, daß bereits wenige Zustandsgrößen trotz vieler Freiheitsgrade zur Beschreibung ausreichen, weil der atomare (mikroskopische) Aufbau des Systems nicht interessiert.

Beispiele:

Gas-Flüssigkeit: Druck p, Volumen V, Temperatur T, Teilchenzahl N, Entropie S, innere Energie $U \ldots$,

Magnet: Magnetfeld $\mathbf{H}$, magnetisches Moment $\mathbf{m}$, Magnetisierung $\mathbf{M}(\mathbf{r})$, Temperatur $T, \ldots$

Nicht alle Zustandsgrößen sind unabhängig; es gibt Relationen zwischen ihnen. Man unterscheidet deshalb zwischen abhängigen und unabhängigen Zustandsvariablen. Die abhängigen nennt man

Zustandsfunktionen.

Man unterscheidet:

1) Extensive Zustandsgrößen (*Quantitätsgrößen*)

Diese sind **mengenproportional**, d.h., sie verhalten sich additiv bei der Zusammensetzung von Systemen, z.B.

$$V,\ \mathbf{m},\ \text{Masse } M,\ U, \ldots$$

2) Intensive Zustandsgrößen (*Qualitätsgrößen*)

Diese sind **mengenunabhängig**, z.B. T, p, $\mathbf{M}, \rho = N/V, \ldots$

In der Thermodynamik hat man es praktisch ausschließlich mit extensiven oder mit intensiven Zustandsgrößen zu tun. Wir listen weitere wichtige Begriffe auf:

Zustandsraum: Raum, der von einem **vollständigen** Satz unabhängiger Zustandsgrößen aufgespannt wird.

Zustand: Werte eines **vollständigen** Satzes von unabhängigen Zustandsgrößen; Punkt im Zustandsraum.

Gleichgewicht: Zustand, in dem sich die Werte der Basis-Zustandsgrößen zeitlich nicht mehr ändern.

Erfahrungsgemäß geht jedes isolierte System *von allein* in einen Zustand, der sich mit der Zeit nicht mehr ändert. Dieses ist dann der Gleichgewichtszustand. Die Zeit, die das System benötigt, um diesen zu erreichen, wird **Relaxationszeit** genannt. Diese kann von System zu System um Größenordungen variieren. In der Thermodynamik versteht man unter einem Zustand, wenn nicht ausdrücklich anders angegeben, stets einen Gleichgewichtszustand.

Zustandsänderung, Prozeß: Folge von Zuständen, die das System durchläuft. War der Ausgangszustand ein Gleichgewichtszustand, so kann eine Zustandsänderung nur durch Änderung der äußeren Bedingungen veranlaßt werden.

Die Zustandsänderung wird

quasistatisch

genannt, wenn sie so langsam gegenüber den Relaxationszeiten verläuft, daß sie praktisch aus einer Folge von Gleichgewichtszuständen besteht. Sie beschreibt eine Kurve im Zustandsraum.

Die Zustandsänderung wird

reversibel

genannt, wenn es sich um eine umkehrbare Folge von Gleichgewichtszuständen handelt, d.h., wenn einer zeitlichen Umkehr der Änderung der äußeren Bedingungen eine zeitliche Umkehr der vom System durchlaufenen Zustände entspricht.

Eine **irreversible** Zustandsänderung ist demzufolge **nicht** umkehrbar. Paradebeispiel ist die Durchmischung zweier Gase. (S. Bild Seite 129.)

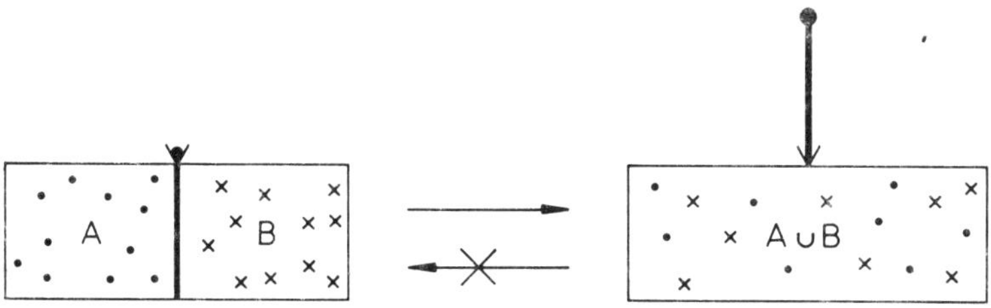

Das Hineinschieben der Trennwand nach der Durchmischung führt nicht wieder zum Ausgangszustand. Reale Prozesse sind in der Regel weder quasistatisch noch reversibel.

Eine wichtige Rolle wird im folgenden der

Kreisprozeß

spielen, bei dem Anfangs- und Endzustand gleich sind. Dabei gilt, daß **alle** Zustandsgrößen, nicht nur die unabhängigen, zu denselben Werten zurückkehren.

Dieser Band des **Grundkurs: Theoretische Physik** beschäftigt sich ausschließlich mit der Gleichgewichts-Thermodynamik (besser eigentlich: "Thermo**statik**"). Die Nicht-Gleichgewichts-Thermodynamik ist außerordentlich kompliziert.

1.3 Der Temperaturbegriff

Wenn wir nun beginnen, thermodynamische Zustände und ihre Prozesse zu diskutieren, so können wir Bedeutung und Meßvorschrift der meisten Observablen von anderen Disziplinen der Physik, wie z.B. der Mechanik $(p, V, \rho, \ldots)$ oder der Elektrodynamik $(\mathbf{H}, \mathbf{M}, \ldots)$, übernehmen. Begriff und Meßvorschrift der Temperatur müssen wir jedoch neu einführen. Dieses soll in mehreren, immer präziser werdenden Schritten erfolgen.

Der Temperaturbegriff ist uns natürlich im Zusammenhang mit gefühlsmäßigen Wahrnehmungen von *warm* und *kalt* gewissermaßen seit unserer Geburt vertraut. Es handelt sich also einerseits um einen recht elementaren Begriff. Andererseits wissen wir aber auch, daß Empfindungen von *warm* und *kalt* höchst subjektiv und damit nicht reproduzierbar sind. Es ist deshalb keinesfalls selbstverständlich, daß die *Temperatur* auch als eine **physikalische** Meßgröße aufgefaßt werden kann. Wir **postulieren** ihre Existenz!

Nullter Hauptsatz

1) Jedes makroskopische System besitzt eine

   Temperatur T.

   Es handelt sich dabei um eine **intensive** Zustandsgröße, die in einem sich selbst überlassenen, **isolierten** System überall denselben Wert annimmt, d.h. einem homogenen Gleichgewichtswert zustrebt.

2) T ist durch **eine** Zahl gekennzeichnet, ist also eine skalare Meßgröße.

3) Von zwei, sich in ihrem Gleichgewicht befindlichen Systemen A und B kann stets gesagt werden:

   $T_A > T_B$ oder $T_A < T_B$ oder $T_A = T_B$ (**Anordnungsaxiom.**)

4) A, B, C seien thermodynamische Systeme. Dann folgt aus $T_A > T_B$ und $T_B > T_C$ stets

   $T_A > T_C$ (**Transitivität**).

5) Systeme A und B seien in *thermischem Kontakt*, das Gesamtsystem $A \cup B$ sei isoliert, dann gilt im Gleichgewicht:

   $$T_A = T_B = T_{A \cup B}.$$

6) Sei für zwei zunächst getrennte Systeme

   $$T_A^{(a)} < T_B^{(a)},$$

   dann gilt nach Herstellung des thermischen Kontakts im Gleichgewicht:

   $$T_A^{(a)} < T_{A \cup B} < T_B^{(a)}.$$

Als vorläufige Meßvorschrift benutzt man die Auswirkung der Temperatur auf andere Observable. Jede physikalische Eigenschaft, die sich monoton und eindeutig mit T ändert, kann zur Konstruktion eines **Thermometers** verwendet werden:

Quecksilberthermometer	(Volumen),
Gasthermometer	(Druck),
Widerstandsthermometer	(elektrischer Widerstand).

Einzelheiten zur Wirkungsweise entnehme man Büchern zur Experimentalphysik.

Man beachte, daß jede Temperaturmessung ganz entscheidend die Eigenschaft 5) des *thermischen Gleichgewichts* benutzt. Jedes Thermometer mißt ja eigentlich seine eigene Temperatur, die erst im thermischen Gleichgewicht mit der des zu untersuchenden Systems übereinstimmt. Bei unterschiedlichen Ausgangstemperaturen tritt wegen 5) stets eine gewisse Verfälschung der Systemtemperatur ein.

1.4 Zustandsgleichungen

Unter *Zustandsgleichungen* verstehen wir Relationen zwischen gewissen extensiven und intensiven Zustandsvariablen Z_i des Systems:

$$f(Z_1, Z_2, \ldots, Z_n) = 0. \tag{1.1}$$

Sie müssen eindeutig umkehrbar, d.h. nach allen Variablen Z_i auflösbar sein. Man kann mit ihrer Hilfe abhängige in unabhängige Zustandsvariable verwandeln und umgekehrt.

Die in der Thermodynamik verwendeten Zustandsgleichungen werden ohne Ableitung als experimentell verifizierte Tatsachen hingenommen. Sie folgen in der Regel aus einfachen theoretischen Modellvorstellungen über das zugrundeliegende physikalische System. Die drei wichtigsten Beispiele wollen wir kurz andiskutieren:

1.4.1 Ideales Gas

Wir beginnen mit dem einfachsten System, einem Gas aus N Molekülen, das die folgenden zwei idealisierenden **Annahmen** erfüllen möge:

1) keine Eigenvolumina der Moleküle (Massenpunkte),

2) keine Wechselwirkungen der Teilchen untereinander.

Diese Voraussetzungen sind in einem realen Gas strenggenommen nur bei unendlicher Verdünnung erfüllt.

Eine Menge Gas aus N Teilchen sei in einem Volumen V eingeschlossen. Es befinde sich in thermischem Kontakt mit einem Wärmebad einer bestimmten Temperatur. Nach dem Nullten Hauptsatz nimmt das Gas im Gleichgewicht dieselbe Temperatur an. Im Gas herrscht ein homogener Druck p. Bei Änderung des Volumens V ändert sich auch der Druck p.

Experimentelle Beobachtung:

Bei hinreichender Verdünnung $\rho = N/V \to 0$ verhalten sich alle Gase gleich und befolgen das

Boyle-Mariottesche Gesetz

$$\frac{pV}{N} = K = \text{const.} \tag{1.2}$$

Man kann (1.2) als Definitionsgleichung für das **ideale Gas** auffassen. Die Konstante K nimmt für Wärmebäder unterschiedlicher Temperatur verschiedene Werte an und kann deshalb benutzt werden, eine Meßvorschrift für die Temperatur festzulegen.

Ansatz:

$$K(\vartheta) = K_0(1 + \alpha\vartheta). \tag{1.3}$$

Celsius-Skala:

$\vartheta = 0\,^0\mathrm{C}$: Gefrierpunkt des Wassers,
$\vartheta = 100\,^0\mathrm{C}$: Siedepunkt des Wassers bei $p = 101325$ Pa .

Aus den Meßwerten für $K_0 = K(0^0)$ und $K(100^0)$ folgt:

$$\alpha = \frac{K(100^0) - K(0^0)}{100^0\,K(0^0)} = \frac{1}{273.2}. \tag{1.4}$$

Dieses Ergebnis ist unabhängig von der Art des Gases, falls nur (1.2) gilt. Mit (1.2) bis (1.4) läßt sich die Temperatur eines jeden Wärmebades bzw. Gases bestimmen.

Kelvin-Skala (absolute Temperatur):

$$T = \alpha^{-1} + \vartheta = 273,2^0 + \vartheta. \tag{1.5}$$

Die Konstante

$$k_B = K_0\,\alpha$$

ist universell, heißt **Boltzmann-Konstante** und hat den Wert

$$k_B = 1.3805 \cdot 10^{-23}\,\text{J/K}. \tag{1.6}$$

Damit lautet die

Zustandsgleichung des idealen Gases

$$p\,V = N\,k_B\,T. \tag{1.7}$$

Dies kann man noch etwas anders formulieren, wenn man

$$N_A = 6.02252 \cdot 10^{23}\,\text{mol}^{-1}, \tag{1.8}$$

die **Avogadro-Konstante** (früher: Loschmidt-Zahl), oder

$$R = k_B\,N_A = 8.3166\,\frac{\text{J}}{\text{mol K}}, \tag{1.9}$$

die **allgemeine Gaskonstante**, benutzt. Bezeichnet man mit $n = \frac{N}{N_A}$ die Zahl der Mole, dann gilt auch

$$p\,V = n\,R\,T. \tag{1.10}$$

Die so definierte Temperaturskala hat einen universellen Charakter, da (1.2) unabhängig von der Art des idealen Gases ist. p, V, N sind positive Größen, somit auch die absolute Temperatur T. Ein Nachteil dieser Temperaturdefinition besteht darin, daß sie an Gase gebunden ist, die die ideale Gasgleichung erfüllen, benötigt also die beiden Voraussetzungen 1) und 2). Sie wird sicher für $T \to 0$ und/oder große p wegen der dann einsetzenden Verflüssigung unbrauchbar. Dieses Manko wird im Zusammenhang mit dem Zweiten Hauptsatz durch Einführung einer universellen (thermodynamischen) Temperatur behoben. Der in diesem Abschnitt formulierte Temperaturbegriff wird also nur einen vorläufigen Charakter haben.

1.4.2 Van der Waals-Gas

Die Zustandsgleichung des idealen Gases (1.7) kann wegen der beiden Einschränkungen 1) und 2) nur in der Grenze sehr kleiner Teilchendichte für reale Gase verwendbar sein. Insbesondere ist sie nicht in der Lage, den Phasenübergang "Gas $\leftrightarrow$ Flüssigkeit" zu beschreiben. Durch den folgenden **Ansatz**

$$p_{\text{eff}} V_{\text{eff}} = n\, R T \tag{1.11}$$

wollen wir die ideale Gasgleichung (1.10) so verallgemeinern, daß die beiden Bedingungen 1) und 2) wegfallen, andererseits aber in der Grenze starker Verdünnung wieder (1.10) resultiert:

Zu 1):

Für $p \to \infty$ gilt bei $T = \text{const.}$ in der idealen Gasgleichung $V \to 0$ unter Mißachtung der *Eigenvolumina* der Gasmoleküle. Für das reale Gas werden wir ein minimales Volumen zu berücksichtigen haben:

$$V_{\min} \approx N \; \textit{Teilchenvolumen} \equiv \frac{b}{N_A} N$$

$$\Longrightarrow \quad V_{\text{eff}} = V - V_{\min} = V - n\, b. \tag{1.12}$$

Eigenvolumen (bezogen auf b)

Zu 2):

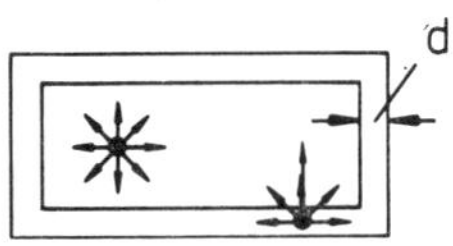

Die Teilchen des realen Gases wechselwirken miteinander. Wegen der homogenen Verteilung heben sich die Wechselwirkungskräfte auf ein Teilchen im Gefäßinnern im Mittel heraus. Für ein Teilchen am Rand bleibt allerdings eine resultierende Kraftkomponente nach innen. Das vermindert den Druck des Gases auf die Gefäßwände, wo er andererseits gemessen wird:

$$p_{\text{eff}} > \text{"}\textit{Wanddruck}\text{"}\ p.$$

Der Differenzdruck ist proportional zur Zahl der Teilchen-Wechselwirkungen in der Randschicht, deren Dichte d etwa durch die mittlere Reichweite dieser Wechselwirkungen gegeben ist:

Zahl der Wechselwirkungen in der Randschicht:

$$N'(N'-1) \sim (d \cdot S)^2 \left(\frac{N}{V}\right)^2 \sim \left(\frac{N}{V}\right)^2 .$$

(S: Gefäßoberfläche.)

Dem entspricht:

$$p_{\text{eff}} = p + a\,\frac{n^2}{V^2}. \qquad (1.13)$$

↑ Binnendruck (bezogen auf $a\,\frac{n^2}{V^2}$)

(1.12) und (1.13) in (1.11) eingesetzt ergibt die

van der Waals-Zustandsgleichung

$$\left(p + a\,\frac{n^2}{V^2}\right)(V - n\,b) = n\,R\,T. \qquad (1.14)$$

a und b sind phänomenologische Materialkonstanten, wobei a sehr stark, b weniger stark von Substanz zu Substanz varriiert. – Wir wollen die Zustandsgleichung (1.14) noch etwas genauer untersuchen:

1) Kritischer Punkt

Man kann (1.14) auf die folgende Gestalt bringen:

$$V^3 - V^2\left(n\,b + \frac{n\,R\,T}{p}\right) + V\,\frac{a\,n^2}{p} - a\,b\,\frac{n^3}{p} = 0. \qquad (1.15)$$

Dies ist eine Gleichung dritten Grades für das Volumen V, die bei gegebenem p, T für $p < p_c$, $T < T_c$ drei reelle Lösungen, sonst eine reelle und zwei komplexe Lösungen

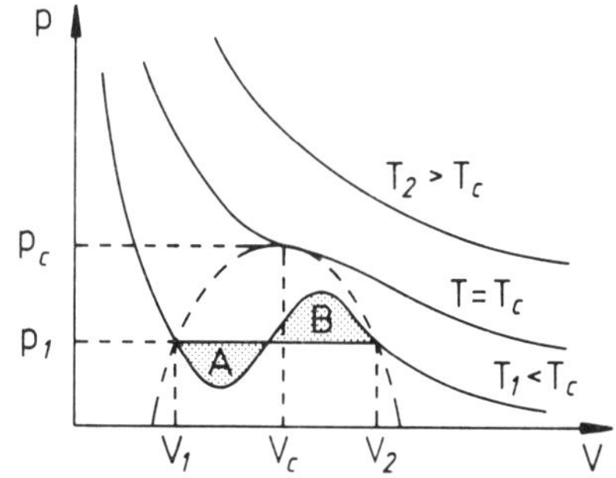

aufweist. Es gibt also einen **kritischen Punkt**

$$(p_c, V_c, T_c),$$

bei dem die drei Lösungen gerade zusammenfallen. In diesem speziellen Punkt muß demnach gelten:

$$0 \stackrel{!}{=} (V - V_c)^3 = V^3 - 3V^2 V_c + 3V\, V_c^2 - V_c^3 .$$

Der Koeffizientenvergleich mit (1.15) liefert die kritischen Daten des realen Gases, die sämtlich durch die beiden phänomenologischen Parameter a, b bestimmt sind:

$$V_c = 3\, b\, n; \quad p_c = \frac{a}{27\, b^2}; \quad R\, T_c = \frac{8\, a}{27\, b}. \tag{1.16}$$

Man kann aus diesen Gleichungen natürlich a und b eliminieren und erhält dann:

$$Z_c = \frac{p_c\, V_c}{n\, R\, T_c} = \frac{3}{8}. \tag{1.17}$$

Experimentell findet man für praktisch alle realen Gase $Z_c < 3/8$, während für das ideale Gas nach (1.10) $Z_c = 1$ ist. In dieser Hinsicht liefert das van der Waals-Modell eine deutliche Verbesserung.

2) Gesetz von den korrespondierenden Zuständen

Führt man die *reduzierten* Größen

$$\pi = \frac{p}{p_c}; \quad v = \frac{V}{V_c}; \quad t = \frac{T}{T_c} \tag{1.18}$$

ein, so läßt sich die van der Waals-Gleichung (1.14) in eine Form bringen, die keine Materialkonstanten mehr enthält, deshalb für **alle** Substanzen Gültigkeit haben sollte:

$$\left(\pi + \frac{3}{v^2}\right)(3\, v - 1) = 8\, t. \tag{1.19}$$

Man sagt, daß zwei Substanzen mit denselben (π, v, t)-Werten sich in **korrespondierenden Zuständen** befinden. Diese universelle Gleichung ist im allgemeinen weit besser erfüllt als die urprüngliche van der Waals-Gleichung (1.14), aus der sie abgeleitet wurde.

3) Maxwell-Konstruktion

Die pV-Isothermen zeigen für $T < T_c$ eine unphysikalische Besonderheit. Es gibt einen Bereich, in dem

$$\left(\frac{\partial p}{\partial V}\right)_T > 0$$

ist. Dieses kann nicht realistisch sein, da eine Volumenabnahme $dV < 0$ dann auch eine Druckabnahme $dp < 0$ zur Folge hätte. Das System würde kollabieren. Die Ursache dieser unphysikalischen Besonderheit liegt darin, daß wir implizit bei der Ableitung der van der Waals-Zustandsgleichung davon ausgegangen sind, daß das System aus genau **einer** homogenen Phase besteht. Wir bezeichnen eine Phase als **homogen**, wenn in ihr die intensiven Zustandsgrößen, wie z.B. $\rho, T, p, \ldots$, überall denselben Wert haben. Diese Annahme ist für $T < T_c$ falsch. In dem gestrichelten Bereich des Bildes auf S. 135 liegt vielmehr ein Zwei-Phasen-Gebiet vor. Flüssigkeit und Gas stehen miteinander im Gleichgewicht. Man hat hier die van der Waals-Isotherme durch eine Parallele zur V-Achse zu ersetzen, und zwar so, daß die in der Skizze angedeuteten Flächen A und B gleich sind. Man nennt dies die **Maxwell-Konstruktion**, deren physikalische Rechtfertigung wir später nachliefern werden.

Bei der Temperatur T_1, dem Druck p_1 und dem Volumen V_1 besteht das System aus einer homogenen Phase Flüssigkeit. Wird bei konstanter Temperatur das Volumen vergrößert, so bleibt der Druck konstant. Ein Teil der Flüssigkeit verdampft zu Gas. Bei V_2 ist das gesamte System gasförmig, weitere Volumenvergrößerung führt dann zu einer Druckabnahme.

4) Virialentwicklung

Phasenübergänge sind offensichtlich von unstetiger Natur, wie wir am Übergang Flüssigkeit $\Longleftrightarrow$ Gas gerade gesehen haben. Man kann deshalb nicht erwarten, daß **exakte** Zustandsgleichungen realer Gase einfache analytische Ausdrücke darstellen. Wir mußten ja für eine erste angenäherte Beschreibung zu der van der Waals-Gleichung bereits die Maxwell-Konstruktion hinzuziehen. Man benutzt deshalb bisweilen Reihenentwicklungen nach der Teilchendichte:

$$p = \frac{N\,k_B\,T}{V}\left\{1 + B_1\left(\frac{N}{V}\right) + B_2\left(\frac{N}{V}\right)^2 + \ldots\right\}. \qquad (1.20)$$

Die sogenannten **Virialkoeffizienten** B_i drücken die Abweichung vom Verhalten des idealen Gases aus. Sie werden in der Statistischen Mechanik theoretisch begründet. Für das *van der Waals-Gas* findet man:

$$B_1 = \frac{b}{N_A} - \frac{a}{N_A^2 \, k_B \, T}; \quad B_\nu = \left(\frac{b}{N_A}\right)^\nu, \text{ für } \nu \geq 2. \tag{1.21}$$

1.4.3 Idealer Paramagnet

Wir betrachten einen Festkörper, dessen streng periodisch angeordnete Ionen ein permanentes magnetisches Moment $\mathbf{m}_i$ aufweisen. Der Index i $(i = 1, 2, \ldots, N)$ numeriert die einzelnen Momente durch.

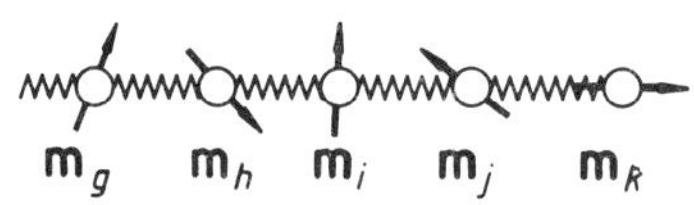

Ein Ion besteht aus einem positiv geladenen Kern und einigen, um diesen kreisenden, negativ geladenen Elektronen. Diese stellen Mikro-Kreisströme dar, mit denen nach ((3.43), Bd. 3) ein magnetisches Moment verknüpft ist. Da es sich hierbei um Vektoren mit unterschiedlichen Richtungen handelt, kompensieren sie sich in den meisten Fällen in ihren Wirkungen. In einigen Festkörpern bleibt jedoch pro Ion ein resultierendes Moment, das in der obigen Abbildung durch einen Vektorpfeil angedeutet ist. Eine mögliche Wechselwirkung zwischen den lokalisierten Momenten wird durch kleine Federn symbolisiert. – Physikalische Einzelheiten über magnetische Festkörper entnehme man Kapitel 3.4, Bd. 3. – Wir werden in der Thermodynamik sehr einfache Modelle des Para- und des Ferromagneten benutzen.

Beim *idealen Paramagneten* geht man wie beim idealen Gas davon aus, daß zwischen den Momenten **keine** Wechselwirkung vorliegt. Die Richtungen der einzelnen Momente sind dann statistisch verteilt, so daß das resultierende Gesamtmoment Null ist. Schaltet man nun ein homogenes Magnetfeld,

$$\mathbf{H} = H \, \mathbf{e}_z,$$

auf, so versuchen die elementaren Dipole sich wegen ((3.52), Bd. 3) parallel zum Feld einzustellen. Durch diesen Ausrichtungseffekt entsteht ein makroskopisches Gesamtmoment, das noch von der Temperatur abhängen wird. Wir werden später sehen, daß die mit T anwachsende thermische Energie der Elementarmagnete dem Ausrichtungseffekt entgegengerichtet ist. Wir kommen zur Zustandsgleichung des idealen Paramagneten über die Definitionen:

Gesamtmoment: $\mathbf{m}_{\text{tot}} = \sum_i \mathbf{m}_i; \quad |\mathbf{m}_i| = m \quad \forall i,$

Magnetisierung: $\mathbf{M} = \frac{1}{V}\mathbf{m}_{\text{tot}} = M(T, \mathbf{H})\,\mathbf{e}_z.$

Da **H** und **M** im allgemeinen parallel sein werden, können wir die Vektornotation unterdrücken. Die **Zustandsgleichung** des idealen Paramagneten lautet dann:

$$M = M_0\, L\left(m \frac{B_0}{k_B T}\right), \tag{1.22}$$

$$L(x) = \coth x - \frac{1}{x} : \textbf{Langevin-Funktion}, \tag{1.23}$$

$$M_0 = \frac{N}{V} m : \textbf{Sättigungsmagnetisierung}, \tag{1.24}$$

$$B_0 = \mu_0 H.$$

(1.22) läßt sich in der Statistischen Mechanik einfach ableiten. Wir begnügen uns hier mit dem Resultat.

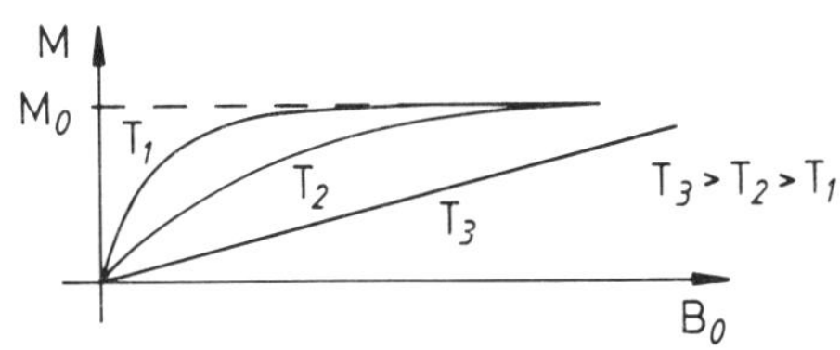

Die *Sättigung* ist erreicht, sobald alle Momente parallel ausgerichtet sind. Dann bringt eine weitere Feldsteigerung keinen Zugewinn an Magnetisierung. Typisch für den Paramagneten ist

$$M(H, T) \xrightarrow[H \to 0]{} 0.$$

Für hohe Temperaturen wird das Argument der Langevin-Funktion sehr klein. Dann können wir wegen $L(x) \xrightarrow[x \to 0]{} \frac{x}{3}$ (1.22) weiter vereinfachen:

$$M = \frac{C}{T} H \quad \textbf{Curie-Gesetz}. \tag{1.25}$$

C ist die sogenannte *Curie-Konstante*,

$$C = \mu_0 \frac{N}{V} \frac{m^2}{3\,k_B}. \tag{1.26}$$

In der Regel benutzt man die Zustandsgleichung des idealen Paramagneten in der vereinfachten Form (1.25).

1.4.4 Weiß-Ferromagnet

Das *magnetische Analogon* zum realen Gas ist der Ferromagnet. Eine sogenannte **Austauschwechselwirkung** zwischen den lokalisierten Momenten sorgt für die Existenz einer kritischen Temperatur T_c, die man *Curie-Temperatur* nennt:

$\boxed{T \leq T_c}$: *spontane* Magnetisierung
$M(T,H) \underset{H\to 0}{\longrightarrow} M_S(T) \neq 0,$

$\boxed{T > T_c}$: Eigenschaften wie beim Paramagneten.

Die immer noch weitgehend unverstandene Austauschwechselwirkung kann man in guter Näherung in ihren Auswirkungen durch ein effektives magnetisches Feld simulieren,

$$B_{\text{eff}} = \mu_0\,\lambda\,M, \tag{1.27}$$

das man als proportional zur Magnetisierung ansetzt. λ ist die sogenannte **Austauschkonstante**. Man ersetzt also die wechselwirkenden Momente durch nichtwechselwirkende in einem effektiven Feld der Form B_{eff}. Dieses addiert sich zum äußeren Feld B_0. Ansonsten haben wir in diesem Modell dieselbe Situation wie beim Paramagneten, können also (1.22) in passend modifizierter Form übernehmen:

$$M(T,B_0) = M_0\,L\left[m\frac{B_0 + B_{\text{eff}}}{k_B\,T}\right]. \tag{1.28}$$

Das ist die **Zustandsgleichung des Ferromagneten**, die eine implizite Bestimmungsgleichung für die Magnetisierung darstellt.

Die **spontane** Magnetisierung $M_S(T)$ ergibt sich aus (1.28) für $B_0 = 0$:

$$M_S(T) = M_0\,L\left[\mu_0\,m\,\frac{\lambda\,M_S(T)}{k_B\,T}\right]. \tag{1.29}$$

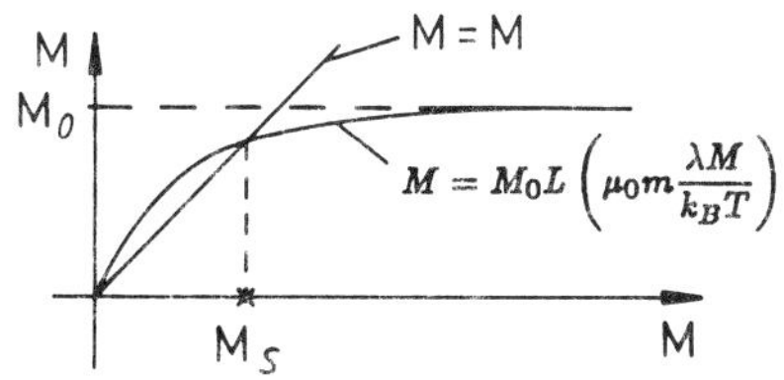

Man erkennt, daß $M_S(T) \equiv 0$ (Paramagnetismus!) stets Lösung ist. Unter gewissen Umständen gibt es jedoch noch weitere Lösungen. Da $L(x)$ in (1.29) als Funktion von M für große M bei 1 sättigt, gibt es genau dann eine Lösung $M_S \neq 0$, wenn die rechte Seite von (1.29) eine Anfangssteigerung größer als 1 hat:

$$1 \overset{!}{\leq} \frac{d}{dM} \left(M_0 \, L \left[\mu_0 \, m \, \frac{\lambda \, M(T)}{k_B \, T} \right] \right) \bigg|_{M=0} =$$

$$= \frac{d}{dM} \left(M_0 \mu_0 m \, \frac{\lambda \, M}{3 \, k_B \, T} \right) \bigg|_{M=0} = \frac{N}{V} \mu_0 m^2 \frac{\lambda}{3 k_B \, T} = \frac{\lambda \, C}{T}.$$

Damit ist die **Curie-Temperatur** T_c festgelegt:

$$T_c = \lambda \, C. \tag{1.30}$$

$\boxed{T < T_c} \iff \frac{\lambda \, C}{T} > 1 \iff M_S \neq 0$ existiert

$\iff$ **Ferromagnetismus,**

$\boxed{T > T_c} \iff \frac{\lambda \, C}{T} < 1 \iff$ nur $M_S = 0$ ist Lösung

$\iff$ **Paramagnetismus.**

Existiert eine Lösung $M_S > 0$, dann ist auch $-M_S$ Lösung, wie man sich wegen $\tanh(-x) = -\tanh x$ leicht an (1.29) klarmacht.

Die genauere Analyse von (1.28) liefert qualitativ das folgende Verhalten:

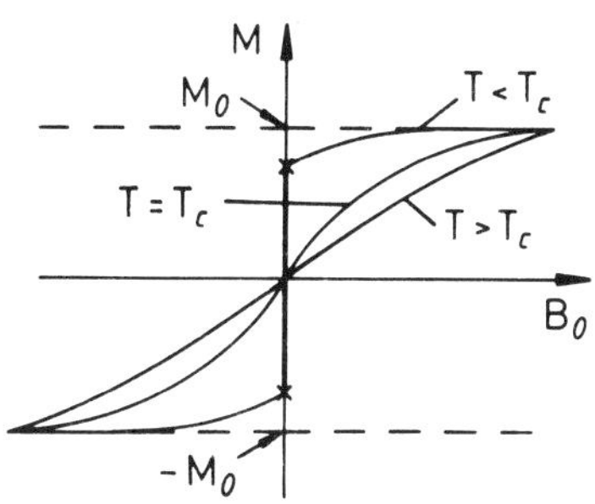

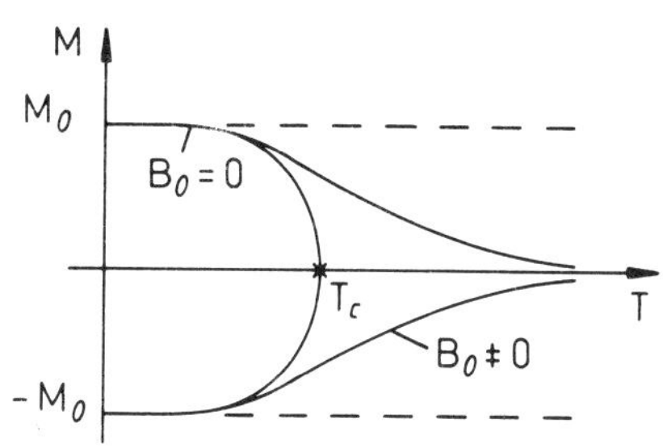

Weitere Einzelheiten zum Para- und Ferromagnetismus entnehme man der Spezialliteratur.

Man kann die Zustandsgleichung (1.28) wie beim Paramagneten noch weiter vereinfachen, wenn man sich auf *hohe Temperaturen* und **kleine Felder** beschränkt:

$$M \approx M_0 m \frac{B_0 + B_{\text{eff}}}{3 k_B T} = \frac{C}{T}(H + \lambda M) = \frac{C}{T}H + \frac{T_c}{T}M .$$

Daraus folgt das

Curie-Weiß-Gesetz

$$M(H,T) \approx \frac{C}{T - T_c} H . \tag{1.31}$$

Für die Thermodynamik werden wir uns in der Regel mit dieser vereinfachten Version der Zustandsgleichung eines Ferromagneten zufrieden geben.

Diskutiert man magnetische Systeme, so werden im allgemeinen Druck- und Volumeneffekte außer acht gelassen.

1.5 Arbeit

Zustandsänderungen eines thermodynamischen Systems sind im allgemeinen mit Energieänderungen verknüpft. In der Thermodynamik unterscheidet man nun typischerweise Energieänderungen, die durch am oder vom System geleistete Arbeit (ΔW) hervorgerufen werden, und solche, bei denen sich der Wärmeinhalt (ΔQ) des Systems ändert.

Vorzeichenkonvention:

$\Delta W > 0$, wenn am (vom) System Arbeit geleistet wird,
$(<)$

$\Delta Q > 0$, wenn Wärme in das (aus dem) System
$(<)$ hinein(heraus)gepumpt wird.

Der Begriff der Arbeit wird der Klassischen Mechanik bzw. der Elektrodynamik entnommen:

$q_1, \ldots, q_m$: generalisierte Koordinaten,
$F_1, \ldots, F_m$: (zugeordnete) generalisierte Kraftkomponenten.

Die q_i müssen nicht notwendig die Dimension *Länge* haben, und die *Kräfte* F_i müssen nicht unbedingt Kräfte im eigentlichen Sinne sein. Das Produkt $q\,F$ hat aber in jedem Fall die Dimension einer Energie.

(differentielle, quasistatische) Arbeit

$$\delta W = \sum_{i=1}^{m} F_i \, dq_i . \qquad (1.32)$$

Beispiele:

	F_i	dq_i	δW
Druck	$-p$	dV	$-p\,dV$
Oberflächenspannung	σ	dS	$\sigma\,dS$
Magnetfeld	$\mathbf{B}_0$	$d\mathbf{m}$	$\mathbf{B}_0 \cdot d\mathbf{m}$
elektrisches Feld	$\mathbf{E}$	$d\mathbf{P}$	$\mathbf{E} \cdot d\mathbf{P}$
chemisches Potential	μ	dN	$\mu\,dN$

Wir haben für die differentielle Arbeitsleistung bewußt den Buchstaben "δ" statt des üblichen "d" gewählt, um anzudeuten, daß es sich bei δW **nicht** um ein totales Differential handelt. Das bedeutet, daß Linienintegrale $\int_C \delta W$ im allgemeinen wegabhängig sind.

Zwischenbemerkung:

Eine Differentialform

$$\delta A = \sum_{j=1}^{m} a_j(x_1, x_2, \ldots, x_m) dx_j$$

ist genau dann ein **totales Differential (integrabel)**, wenn die folgenden **Integrabilitätsbedingungen** erfüllt sind (vgl. (2.235), Bd. 1)):

$$\left(\frac{\partial a_j}{\partial x_i}\right)_{x_{m,m} \neq i} = \left(\frac{\partial a_i}{\partial x_j}\right)_{x_{m,m} \neq j} \qquad \forall i, j. \qquad (1.33)$$

Dann gilt für **jeden** geschlossenen Weg:

$$\oint \delta A = \oint dA = 0.$$

Sei $m = 2$, wie häufig in der Thermodynamik, und

$$\delta A = a_1\,dx_1 + a_2\,dx_2$$

kein totales Differential, dann gibt es **immer** einen **integrierenden Faktor** $\mu(x_1, x_2)$, so daß

$$df = \mu\,\delta A = (\mu\,a_1)\,dx_1 + (\mu\,a_2)\,dx_2$$

ein totales Differential wird. Dazu muß μ so festgelegt werden, daß

$$\left(\frac{\partial(\mu\,a_1)}{\partial x_2}\right)_{x_1} = \left(\frac{\partial(\mu\,a_2)}{\partial x_1}\right)_{x_2} \tag{1.34}$$

gilt. Die Wahl von $\mu = \mu(x_1, x_2)$ ist nicht eindeutig. (Man betrachte dazu Kapitel 2.4.2, Bd. 1.)

Die Zustandsgrößen (Zustandsfunktionen) der Thermodynamik müssen eindeutig sein. Durchläuft das System im Zustandsraum einen geschlossenen Weg, so müssen alle abhängigen wie unabhängigen Zustandsgrößen wieder ihre Ausgangswerte angenommen haben. Von einer Zustandsgröße η fordern wir also, daß

$$\oint d\eta = 0$$

für alle geschlossenen Wege im Zustandsraum gilt. Dies bedeutet aber, daß $d\eta$ ein totales Differential darstellt.

In diesem Sinne ist die Energieform *Arbeit* **keine** Zustandsgröße. Die generalisierten Kräfte F_i hängen im allgemeinen auch von der Zustandsvariablen *Temperatur* ab. Das gilt dann auch für δW, so daß wir statt (1.32) eigentlich schreiben sollten:

$$\delta W = \sum_{i=1}^{m} F_i(q_1, \ldots, q_m, T)dq_i + 0\,dT.$$

Die Integrabilitätsbedingungen (1.33) lassen sich dann nicht erfüllen:

$$\left(\frac{\partial F_i}{\partial T}\right)_{\dots} \neq \left(\frac{\partial 0}{\partial q_i}\right)_{\dots} = 0.$$

Wir wollen die wichtigsten Typen von Arbeiten noch etwas genauer untersuchen.

1) Volumenarbeit

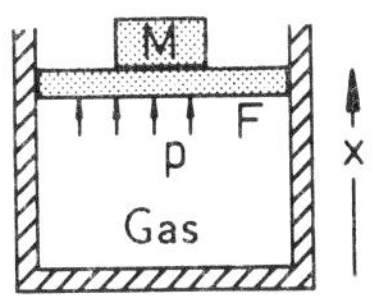

In einem zylindrischen Gefäß vom Querschnitt F befinde sich ein Gas. Nach oben sei das Gefäß durch einen reibungslos laufenden Kolben begrenzt, auf dem sich ein Gewicht der Masse M befindet. Gleichgewicht liegt dann vor, wenn der Gasdruck p das Gewicht in der Schwebe hält:

$$p\,F = M\,g.$$

Durch eine infinitesimale Verschiebung des Gewichtes nach oben erhöht sich dessen potentielle Energie um

$$dE_{\text{pot}} = M\,g\,dx = p\,F\,dx = p\,dV.$$

Die vom Gas am Gewicht geleistete, also nach außen abgegebene Arbeit ist demnach:

$$\delta W = -p\,dV. \tag{1.35}$$

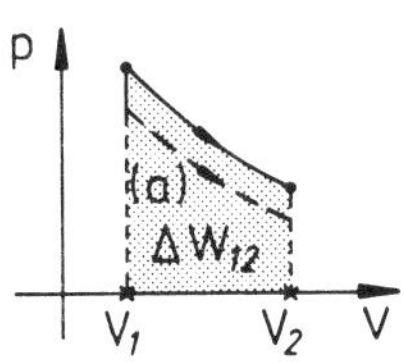

Für eine endliche Volumenänderung $V_1 \to V_2 > V_1$ gilt dann:

$$\Delta W_{12} = -\int_{V_1}^{V_2} p(V)\,dV. \tag{1.36}$$

Wie würde man ein entsprechendes Experiment durchführen? Der Druck p wird über die Masse M auf dem Kolben gemessen. Damit das Gas aber überhaupt expandieren kann ($V_2 > V_1$), muß der Kolbendruck etwas kleiner sein als der Gasdruck. Im Experiment bewegt sich das System also längs der Kurve a). Ist der Differenzdruck groß, so erfolgt eine rasche Expansion des Gases; dieses gewinnt Strömungsenergie, die sich letztlich in die noch zu besprechende *Wärmeenergie* umwandelt. Die Volumenarbeitsleistung ist dann kleiner als das Integral in (1.36). Nur wenn man einen hinreichend langsamen Verlauf der Volumenänderung in Kauf nimmt, den Versuch also **quasistatisch** durchführt, kann der Differenzdruck beliebig klein gemacht werden, so daß a) mit der tatsächlichen $p(V)$-Kurve zusammenfällt. Das entspricht dann offensichtlich einer maximalen Arbeitsleistung.

2) Magnetisierungsarbeit

Wir wollen den Ausdruck

$$\delta W = \mathbf{B}_0 \cdot d\mathbf{m} \tag{1.37}$$

begründen. **m** ist das magnetische Gesamtmoment des Systems, das hier als Zustandsvariable angesehen wird. Das erscheint nicht unproblematisch, da zur Herstellung eines endlichen Moments, z.B. in einem Paramagneten, ein äußeres Magnetfeld vonnöten ist, durch das selbst im Vakuum eine Feldenergie ins Spiel kommt. Dieser Energiebeitrag soll **nicht** mitgezählt werden, da **H** ja nur Hilfsmittel zur Erzeugung des Moments **m** ist. Es geht uns nur um **den** Beitrag, der allein von der Magnetisierung bewirkt wird. Das wollen wir an einem **Beispiel** erläutern:

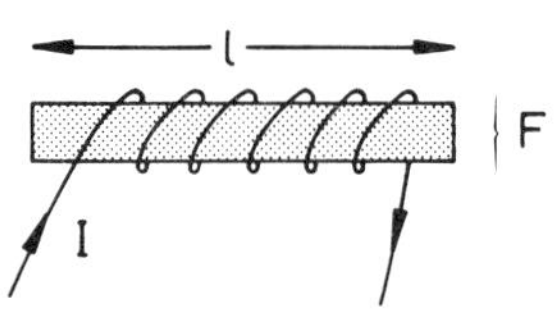

Das System befinde sich im Innern einer langen, dünnen, stromdurchflossenen Spule aus N Windungen. **H**, **B**, **M**, **m** sind in diesem Fall in Achsenrichtung orientiert, wobei für die Felder nach ((4.68), Bd. 3) gilt:

$$B = \mu_r \mu_0 \frac{N}{l} I; \quad H = \frac{N}{l} I.$$

Der magnetische Fluß durch den Querschnitt F beträgt $\Phi = B\,F$. Nach dem Induktionsgesetz wird in der Spule die Spannung

$$U = -N\,\dot{\Phi} = -N\,F\,\dot{B}$$

induziert. Die an den durch die Spulenwindungen transportierten Ladungen bewirkte Leistung ist dann:

$$\begin{aligned} P = U\,I = &-N\,F\,I\,\dot{B} = -l\,H\,F\,\dot{B} = -V\,H\,\dot{B} \\ &= -V\,H\,\mu_0\,(\dot{H} + \dot{M}) \\ &= -\frac{\mu_0}{2}\,V\,\frac{d}{dt}\,H^2 - \mu_0\,V\,H\,\frac{d}{dt}\,M. \end{aligned}$$

In der Zeit dt verrichtet also das System an den Ladungsträgern die Arbeit:

$$-\delta\,W^* = -\frac{\mu_0}{2}\,V\,dH^2 - V\,B_0\,dM. \tag{1.38}$$

Der erste Term stellt die erwähnte magnetische Feldenergie im Vakuum dar, die uns nicht interessiert. In einem Gedankenexperiment *klemmen* wir die durch H partiell ausgerichteten Elementarmagnete *fest*, so daß die Magnetisierung sich nicht mehr ändert, wenn wir anschließend das Hilfsfeld H ausschalten. Dabei gewinnen wir die Feldenergie des Vakuums zurück. Als reine **Magnetisierungsarbeit** bleibt:

$$\delta W = \delta W^* - \frac{\mu_0}{2}\,V\,dH^2 = V\,B_0\,dM = B_0\,dm.$$

Das erklärt (1.37). Man beachte, daß in diesen Ausdruck die magnetische Induktion des Vakuums $B_0 = \mu_0\,H$ eingeht und **nicht** die der Materie ($B = \mu_r\mu_0\,H$)!

1.6 Aufgaben

Aufgabe 1.6.1

Untersuchen Sie, ob df ein totales Differential darstellt:

1) $df = \cos x \sin y\,dx - \sin x \cos y\,dy$.

2) $df = \sin x \cos y\,dx + \cos x \sin y\,dy$.

3) $df = x^3 y^2 dx - y^3 x^2 dy$.

Aufgabe 1.6.2

x, y, z seien Größen, die eine Funktionalrelation der Form

$$f(x, y, z) = 0$$

erfüllen. Verifizieren Sie die folgenden Beziehungen:

1) $\left(\frac{\partial x}{\partial y}\right)_z = \frac{1}{\left(\frac{\partial y}{\partial x}\right)_z}.$

2) $\left(\frac{\partial x}{\partial y}\right)_z \left(\frac{\partial y}{\partial z}\right)_x \left(\frac{\partial z}{\partial x}\right)_y = -1.$

Aufgabe 1.6.3

Die Zustandsgleichung eines Gases,

$$p = p(V,T),$$

sei vorgegeben. Drücken Sie die isobare, thermische Volumenausdehnung,

$$\beta = \frac{1}{V}\left(\frac{\partial V}{\partial T}\right)_p,$$

und die isotherme Kompressibilität,

$$\kappa_T = -\frac{1}{V}\left(\frac{\partial V}{\partial p}\right)_T,$$

durch die partiellen Ableitungen von p nach V und T aus.

Aufgabe 1.6.4

Für eine homogene Substanz mit der Molzahl n seien folgende Beziehungen gefunden worden:

$$\beta = \frac{nR}{pV}; \quad \kappa_T = \frac{1}{p} + \frac{a}{V}.$$

β und κ_T sind wie in Aufgabe 1.6.3 definiert, R ist die allgemeine Gaskonstante und a eine Konstante.

Wie lautet die Zustandsgleichung

$$f(T,p,V) = 0?$$

Aufgabe 1.6.5

Die van der Waals-Gleichung beschreibt qualitativ den Übergang Gas→Flüssigkeit.

1) Drücken Sie die Konstanten a und b in der van der Waals-Gleichung durch V_c und T_c aus.

2) Formulieren Sie die van der Waals-Gleichung in den *reduzierten* Größen:

$$\pi = \frac{p}{p_c}; \quad v = \frac{V}{V_c}; \quad t = \frac{T}{T_c}.$$

3) Berechnen Sie die isotherme Kompressibilität

$$\kappa_T = -\frac{1}{V}\left(\frac{\partial V}{\partial p}\right)_T$$

für $V = V_c$. Welches Verhalten zeigt κ_T, wenn die Temperatur von oben her gegen T_c geht? Wie läßt sich dieses Verhalten physikalisch deuten?

4) Untersuchen Sie wie unter 3) den isobaren Volumenausdehnungskoeffizienten

$$\beta = \frac{1}{V}\left(\frac{\partial V}{\partial T}\right)_p .$$

Aufgabe 1.6.6

Die thermische Zustandsgleichung eines realen Gases sei gegeben durch

$$p = n\,R\,T(V - n\,b)^{-1}\,e^{-\frac{n\,a}{R\,T\,V}}.$$

$n = N/N_A$ sei die Zahl der Mole, R die allgemeine Gaskonstante, und a, b seien Materialkonstanten (*Dieterici-Gas*).

1) Bestimmen Sie aus der Virialentwicklung nach der Teilchendichte $\rho = N/V$,

$$p = k_B\,T\,\rho\left(1 + \sum_{\nu=1}^{\infty} B_\nu\,\rho^\nu\right),$$

den ersten Koeffizienten B_1. Drücken Sie die *Boyle-Temperatur* T_B, für die $B_1 = 0$ gilt, durch die Konstanten a und b aus.

2) Vergleichen Sie den Ausdruck für B_1 mit dem entsprechenden Virialkoeffizienten der van der Waals-Gleichung. Welche Bedeutung haben die Größen a und b?

3) Wie hängt die Größe $\left(\frac{\partial p}{\partial \rho}\right)_T$ mit der isothermen Kompressibilität κ_T zusammen? Welches Vorzeichen muß aufgrund physikalischer Argumente für $\left(\frac{\partial p}{\partial \rho}\right)_T$ erwartet werden?

4) Berechnen Sie $\left(\frac{\partial p}{\partial \rho}\right)_T$ für das Dieterici-Gas und bestimmen Sie die Temperatur $T_0(\rho)$, für die dieser Differentialquotient Null wird. Skizzieren Sie $T_0(\rho)$. Ermitteln Sie die *kritische* Temperatur T_c als das Maximum von $T_0(\rho)$. Drücken Sie die Größen a und b durch T_c und die *kritische* Dichte ρ_c aus. Welcher Zusammenhang besteht zwischen T_c und T_B?

5) Zeichnen Sie qualitativ die durch die Dieterici-Gleichung bestimmten Isothermen im p-ρ-Diagramm. In welchem Bereich sind die Kurven unphysikalisch? Für welche Temperaturen kann das Gas durch Druckerhöhung verflüssigt werden?

Aufgabe 1.6.7

Die Abweichungen im Verhalten realer Gase von dem eines idealen Gases berücksichtigt man näherungsweise z.B. durch folgende Zustandsgleichungen:

1) Berücksichtigung des Eigenvolumens:

$$p(V - n\,b) = n\,R\,T.$$

2) Virialentwicklung nach dem Druck:

$$p\,V = n\,R\,T(1 + A_1\,p); \quad A_1 = A_1(T).$$

3) Virialentwicklung nach dem Volumen:

$$p\,V = n\,R\,T\left(1 + \frac{B_1}{V}\right); \quad B_1 = B_1(T).$$

Berechnen Sie in den drei Fällen die isotherme Kompressibilität κ_T und die isobare thermische Volumenausdehnung β (s.Aufgabe 1.6.3) und vergleichen Sie mit den Resultaten für das ideale Gas.

Aufgabe 1.6.8

Berechnen Sie die an einem idealen Paramagneten geleistete Arbeit, wenn das Magnetfeld H isotherm ($T = \text{const.}$) von H_1 auf H_2 gesteigert wird.

Aufgabe 1.6.9

Die Platten eines Plattenkondensators der Kapazität C tragen die Ladungen Q und $-Q$. Wenn man die Platten einander etwas annähert, wächst die Kapazität um dC an.

1) Welche mechanische Arbeit muß dabei geleistet werden?

2) Wie ändert sich die Feldenergie im Kondensator?

3) Ist die Zustandsänderung reversibel?

1.7 Kontrollfragen

Zu Kapitel 1.1

1) Was versteht man unter einem *thermodynamischen System*?

2) Wann nennt man ein System *isoliert*, *geschlossen* oder *offen*?

3) Erläutern Sie die Begriffe *Wärmeaustauschkontakt*, *Arbeitsaustauschkontakt* und *Wärmebad*.

Zu Kapitel 1.2

1) Wann spricht man von einem *vollständigen Satz* unabhängiger Zustandsgrößen?

2) Was versteht man unter extensiven, was unter intensiven Zustandsgrößen?

3) Wann befindet sich ein thermodynamisches System im Gleichgewicht?

4) Wie ist der Begriff *Zustand* in der phänomenologischen Thermodynamik gemeint?

5) Was ist ein Prozeß? Wann ist dieser *quasistatisch*, *reversibel*, *irreversibel*?

6) Was versteht man unter einem *Kreisprozeß*?

Zu Kapitel 1.3

1) Was besagt der Nullte Hauptsatz?

2) Charakterisieren Sie die Zustandsgröße *Temperatur*.

3) Was versteht man unter der Transitivität der Temperatur?

4) Welche Eigenschaft der Temperatur ist für die Wirkungsweise des Thermometers entscheidend?

Zu Kapitel 1.4

1) Was versteht man unter einer *Zustandsgleichung*?

2) Welche Annahmen definieren das *ideale Gas*?

3) Wie kann man über das Boyle-Mariottesche Gesetz eine Meßvorschrift für die Temperatur festlegen?

4) Wie sind Celsius- und Kelvin-Skalen definiert?

5) Wie lautet die Zustandsgleichung des *idealen Gases*?

6) Welcher Zusammenhang besteht zwischen der Boltzmann- und der allgemeinen Gas-Konstanten?

7) Mit welchem Ansatz versucht man die ideale Gasgleichung auf reale Gase zu verallgemeinern?

8) Was versteht man im Zusammenhang mit dem realen Gas unter den Begriffen *Eigenvolumen* und *Binnendruck*?

9) Begründen Sie die van der Waals-Zustandsgleichung.

10) Wie kann man die Daten p_c, V_c, T_c des kritischen Punktes durch die van der Waals-Konstanten a und b festlegen?

11) Wann befinden sich zwei verschiedene reale Gase in *korrespondierenden Zuständen*?

12) Welches unphysikalische Resultat des van der Waals-Modells wird durch die *Maxwell-Konstruktion* korrigiert?

13) Was versteht man unter *Virialentwicklungen*?

14) Beschreiben Sie den *idealen Paramagneten*.

15) Wie lautet die Zustandsgleichung des idealen Paramagneten?

16) Welchen Zusammenhang zwischen M, T und H liefert das Curie-Gesetz?

17) Wie lautet die Zustandsgleichung des Weiß-Ferromagneten?

18) Formulieren Sie das Curie-Weiß-Gesetz.

Zu Kapitel 1.5

1) Nennen Sie mögliche Formen von Energieänderungen in einem thermodynamischen System.

2) Nennen Sie Beispiele für die differentielle Arbeit δW.

3) Wann ist eine Differentialform δA ein totales Differential?

4) Was versteht man unter einem *integrierenden Faktor*?

5) Warum ist die Energieform *Arbeit* keine Zustandsgröße?

6) Begründen Sie die Ausdrücke $\delta W = -p dV$ und $\delta W = \mathbf{B}_0 \cdot d\mathbf{m}$.

7) Was versteht man unter *Magnetisierungsarbeit*?

2 HAUPTSÄTZE

2.1 Erster Hauptsatz, innere Energie

Es ist ungeheuer schwierig, den Begriff der **Wärme** im Rahmen der phänomenologischen Thermodynamik mit einem hinreichenden Maß an logischer Exaktheit einzuführen. Das wird uns in der Statistischen Mechanik wesentlich glatter gelingen. In der Thermodynamik bleibt es gewissermaßen bei einem **gefühlsmäßigen Selbstverständnis** dieses Begriffs.

Der Erste Hauptsatz, den wir in diesem Abschnitt formulieren wollen, macht eine Aussage über das Wesen der Wärme. Die Erfahrung zeigt, daß man die Temperatur eines Systems ändern kann, ohne an diesem im oben definierten Sinn Arbeit zu leisten. Ein wesentlicher Bestandteil des **Ersten Hauptsatzes** ist deshalb die Aussage:

"Wärme" = Energieform.

Diese Energieform nimmt das System auf bzw. gibt es ab, wenn es seine Temperatur ändert, ohne daß an ihm oder von ihm Arbeit geleistet wird.

Die kinetische Gastheorie interpretiert *Wärme* als Bewegungsenergie der Gasmoleküle, wobei der Unterschied zur kinetischen Energie makroskopischer Körper in der *Unordnung* besteht. Ein Beispiel möge dies erläutern. Bewegt sich ein gasgefüllter Luftballon, so interpretieren wir die Bewegungsenergie des Schwerpunktes als kinetische Energie des makroskopischen Systems. Hinzu kommt dann aber noch die ungeordnete Bewegung der Gasmoleküle innerhalb des Ballons, die als Wärme gedeutet wird. Ein Wesensmerkmal dieser Energieform ist also die Unordnung. Sie ist deshalb sinnvoll auch nur für Viel-Teilchen-Systeme definierbar.

Wenn wir also, ausgehend von Erfahrungstatsachen, postulieren, daß es eine unabhängige Energieform *Wärme* gibt, und weiter annehmen, daß diese wie jede andere Energieform eine extensive Variable ist, dann können wir ansetzen:

$$dE_W = T\,dS.$$

T ist eine intensive und S eine extensive Größe. E_W sei die *Wärmeenergie*. Die Mengenvariable S werden wir später *Entropie* nennen. Sie definiert letztlich die Energieform *Wärme*.

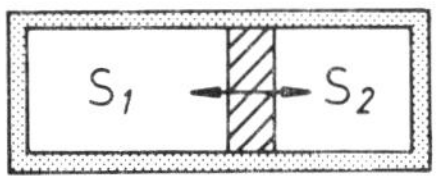

Wir betrachten ein isoliertes System, das aus zwei Teilsystemen besteht, zwischen denen ein Austausch von S und E_W möglich ist. Die Gesamtentropie $S = S_1 + S_2$ verteilt sich dann so auf die beiden Systeme, daß die Energie des Gesamtsystems minimal wird (Erfahrungstatsache!). Im Gleichgewicht ist $E_W = E_W^{(1)} + E_W^{(2)}$ minimal bei $S = S_1 + S_2 = \text{const.}$:

$$0 \stackrel{!}{=} \frac{dE_W}{dS_1} = \frac{dE_W^{(1)}}{dS_1} + \frac{dE_W^{(2)}}{dS_1} = \frac{dE_W^{(1)}}{dS_1} + \frac{dE_W^{(2)}}{dS_2}\frac{dS_2}{dS_1} =$$
$$= \frac{dE_W^{(1)}}{dS_1} - \frac{dE_W^{(2)}}{dS_2} = T_1 - T_2.$$

Im Gleichgewicht haben dann die beiden Systeme dasselbe T. Der Vorfaktor im obigen Ansatz hat also genau die Eigenschaft, die wir nach dem Nullten Hauptsatz dem Temperaturbegriff zuordnen.

Der Erste Hauptsatz, der also Wärme als Energieform postuliert, muß nun noch in eine mathematische Form gebracht werden. Zu diesem Zweck führen wir eine neue Zustandsvariable,

U: **innere Energie,**

ein, die den gesamten Energieinhalt des Systems darstellt. Es muß sich dabei um eine eindeutige Funktion der unabhängigen Zustandsvariablen, z.B. T und V, handeln. Könnte man nämlich auf zwei Wegen vom Zustand A in den Zustand B gelangen, wobei die Energieänderungen $\Delta U_{AB}^{(1)}$, $\Delta U_{AB}^{(2)}$ unterschiedlich sind, z.B. $\Delta U_{AB}^{(1)} < \Delta U_{AB}^{(2)}$, so würde man auf dem Weg (1) von A nach B unter Aufwendung von $\Delta U_{AB}^{(1)}$ gehen und auf dem Rückweg (2) mehr Energie zurückgewinnen, als man auf dem Hinweg hineingesteckt hat. Man hätte damit Energie aus dem Nichts geschaffen (**perpetuum mobile 1. Art**). – Für einen Kreisprozeß muß vielmehr gelten:

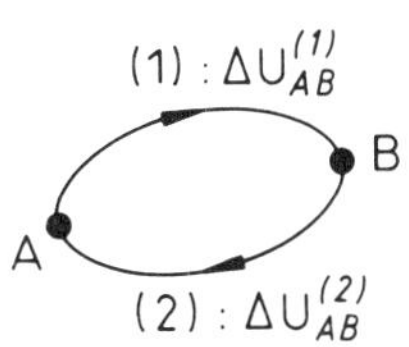

$$\oint dU = 0. \tag{2.1}$$

dU ist also ein totales Differential!

Nach diesen Vorbereitungen können wir nun den Ersten Hauptsatz mathematisch formulieren. Es ist nichts anderes als der Energiesatz:

Erster Hauptsatz

1) Isolierte Systeme

$$dU = 0. \tag{2.2}$$

2) Geschlossene Systeme

$$dU = \delta Q + \delta W. \tag{2.3}$$

Wir benutzen für die Wärme den üblichen Buchstaben Q. δQ ist wie δW **kein** totales Differential.

δQ : Wärmeaustauschkontakt,

δW : Arbeitsaustauschkontakt.

3) Offene Systeme

$$dU = \delta Q + \delta W + \delta E_C. \tag{2.4}$$

Dabei gilt:

$$\delta E_C = \sum_{i=1}^{\alpha} \mu_i \, dN_i, \tag{2.5}$$

δE_C : Teilchenaustauschkontakt,

$N_{i,i=1,\dots,\alpha}$: Zahl der Teilchen der Sorte i,

μ_i : **chemisches Potential.**
Das ist die Energie, die bei $\delta A = \delta Q = 0$ benötigt wird, um dem System ein zusätzliches Teilchen der Sorte i hinzuzufügen.

Wir können die Zustandsgröße U als unabhängige Variable auffassen oder aber als Zustandsfunktion anderer unabhängiger Variabler, z.B.:

$U = U(T, V, N)$ **kalorische** Zustandsgleichung

oder

$$U = U(T, p, N), \; U = U(V, p, N), \dots$$

Man nennt die Relation

$$p = p(T, V, N)$$

zum Unterschied zu $U = U(T, V, N)$ die **thermische** Zustandsgleichung.

Es ist nicht die Aufgabe der Thermodynamik, für spezielle physikalische Systeme die konkrete Form der inneren Energie abzuleiten. Wir übernehmen deshalb die entsprechenden Ausdrücke jeweils ohne Beweis. Drei Beispiele seien hier aufgelistet:

1) Ideales Gas

$$U = U(T), \quad \text{unabhängig von } V. \tag{2.6}$$

Dies ist das Ergebnis des Versuchs von Gay-Lussac.

$$\begin{aligned} U &= \tfrac{3}{2} N k_B T: && \text{ein-atomige Gasmoleküle,} \\ U &= \tfrac{5}{2} N k_B T: && \text{zwei-atomige Gasmoleküle,} \\ U &= 3 N k_B T: && \text{räumliche Gasmoleküle.} \end{aligned}$$

2) Festkörper

Bei sehr hohen Temperaturen reicht für viele Zwecke der folgende, stark vereinfachte Ausdruck:

$$\begin{aligned} U &= U_V(T) + U_{\text{el}}(V), \\ U_V(T) &= 3 N k_B T, \\ U_{\text{el}}(V) &= \frac{1}{2\kappa} \frac{(V - V_0)^2}{V_0}. \end{aligned} \tag{2.7}$$

κ ist die *Kompressibilität*.

3) Schwarzer Strahler (Photonengas)

$$U = V \epsilon(T); \quad p = \frac{1}{3} \epsilon(T). \tag{2.8}$$

Die Energiedichte $\epsilon(T)$ ist lediglich eine Funktion der Temperatur.

2.2 Wärmekapazitäten

Wärmekapazitäten geben an, mit welcher Temperaturänderung dT das System auf eine differentielle Wärmezufuhr δQ reagiert. Da es neben der Temperatur T noch andere unabhängige Zustandsvariable gibt, müssen wir zusätzlich angeben, wie sich diese bei der Zustandsänderung verhalten sollen.

Definition:

Wärmekapazität

$$C_x = \left(\frac{\delta Q}{dT}\right)_x . \tag{2.9}$$

x: Eine oder mehrere Zustandsgrößen, die bei der Wärmezufuhr δQ konstant gehalten werden.

Definition:

Spezifische Wärme

$$\bar{c}_x = \left(\frac{\delta Q}{M\, dT}\right)_x ; \quad M : \text{ Masse des Systems.} \tag{2.10}$$

Definition:

Molwärme (auch **Molare Wärmekapazität**)

$$C_x^{\text{mol}} = \left(\frac{\delta Q}{n\, dT}\right)_x ; \quad n : \text{ Zahl der Mole.} \tag{2.11}$$

Wir setzen ein geschlossenes System (N_i = const.) voraus, dessen innere Energie U im allgemeinen von der Temperatur T und den generalisierten Koordinaten q_i abhängen wird:

$$U = U(T, q_1, \dots, q_m).$$

Wir lösen den Ersten Hauptsatz in der Form (2.3) nach δQ auf:

$$\begin{aligned}\delta Q &= dU - \sum_{i=1}^{m} F_i\, dq_i = \\ &= \left(\frac{\partial U}{\partial T}\right)_{\mathbf{q}} dT + \sum_{i=1}^{m} \left[\left(\frac{\partial U}{\partial q_i}\right)_{T, q_{j,j \neq i}} - F_i\right] dq_i .\end{aligned} \tag{2.12}$$

Daran lesen wir die folgenden Spezialfälle ab:

1) $\{q_i\} = \mathbf{q}$ = const.

Es sind dann alle dq_i gleich Null, so daß bleibt:

$$C_{\mathbf{q}} = \left(\frac{\delta Q}{dT}\right)_{\mathbf{q}} = \left(\frac{\partial U}{\partial T}\right)_{\mathbf{q}}. \tag{2.13}$$

2) $\{F_i\} = \mathbf{F} = \text{const.}$

Es müssen zunächst die Zustandsgleichungen

$$F_j = F_j(q_1, \ldots, q_m, T); \quad j = 1, \ldots, m$$

nach q_i aufgelöst werden:

$$q_i = q_i(F_1, \ldots, F_m, T)$$

$$\Longrightarrow \; dq_i = \sum_{j=1}^{m} \left(\frac{\partial q_i}{\partial F_j}\right)_{T, F_{k,k} \neq j} dF_j + \left(\frac{\partial q_i}{\partial T}\right)_{\mathbf{F}} dT.$$

Dies ergibt die Wärmekapazität:

$$C_{\mathbf{F}} = \left(\frac{\delta Q}{dT}\right)_{\mathbf{F}} = \left(\frac{\partial U}{\partial T}\right)_{\mathbf{q}} + \sum_{i=1}^{m} \left[\left(\frac{\partial U}{\partial q_i}\right)_{T, q_{j,j} \neq i} - F_i\right] \left(\frac{\partial q_i}{\partial T}\right)_{\mathbf{F}}. \tag{2.14}$$

Wir diskutieren einige wichtige **Beispiele**:

1) Gas

$$q = V; \quad F = -p.$$

Nach (2.13) gilt dann:

$$C_V = \left(\frac{\delta Q}{dT}\right)_V = \left(\frac{\partial U}{\partial T}\right)_V. \tag{2.15}$$

(2.14) hingegen liefert:

$$C_p = \left(\frac{\delta Q}{dT}\right)_p = \left(\frac{\partial U}{\partial T}\right)_V + \left[\left(\frac{\partial U}{\partial V}\right)_T + p\right] \left(\frac{\partial V}{\partial T}\right)_p. \tag{2.16}$$

Dies ergibt:

$$C_p - C_V = \left[\left(\frac{\partial U}{\partial V}\right)_T + p\right] \left(\frac{\partial V}{\partial T}\right)_p. \tag{2.17}$$

Spezialfall: ideales Gas

$$\left(\frac{\partial U}{\partial V}\right)_T \overset{(2.6)}{=} 0; \quad \left(\frac{\partial V}{\partial T}\right)_p = \frac{n\,R}{p}$$

$$\Longrightarrow \; C_p - C_V = n\,R = N\,k_B. \tag{2.18}$$

Es muß also $C_p > C_V$ sein.

2) Magnet

$$q = m; \quad F = B_0 = \mu_0 H.$$

(2.13) ergibt dann:

$$C_m = \left(\frac{\delta Q}{dT}\right)_m = \left(\frac{\partial U}{\partial T}\right)_m. \tag{2.19}$$

Aus (2.14) leiten wir ab:

$$C_H - C_m = \left[\left(\frac{\partial U}{\partial m}\right)_T - \mu_0 H\right]\left(\frac{\partial m}{\partial T}\right)_H. \tag{2.20}$$

2.3 Adiabaten, Isothermen

Wir wollen spezielle Arten von Zustandsänderungen mit Hilfe des Ersten Hauptsatzes diskutieren. Diese sind dadurch charakterisiert, daß bei ihrer Durchführung gewisse unabhängige oder abhängige Zustandsgrößen konstant gehalten werden.

Adiabatische Zustandsänderungen sind definiert durch

$$\delta Q = 0.$$

Wir kennzeichnen sie durch den Index "ad". Die Zustandsfunktion, die bei diesen Prozessen konstant bleibt, ist die Entropie S, die wir später kennenlernen werden.

Ausgangspunkt ist der Erste Hauptsatz in der Form (2.12):

$$\left(\frac{\partial U}{\partial T}\right)_{\mathbf{q}} (dT)_{\text{ad}} = \sum_{i=1}^{m}\left[F_i - \left(\frac{\partial U}{\partial q_i}\right)_{T, q_{j,j} \neq i}\right](dq_i)_{\text{ad}}. \tag{2.21}$$

Dies untersuchen wir genauer an einigen Standardbeispielen:

1) Gas

$$q = V, \; F = -p$$

$$\Longrightarrow \left(\frac{\partial U}{\partial T}\right)_V (dT)_{\,\mathrm{ad}} = -\left[p + \left(\frac{\partial U}{\partial V}\right)_T\right] (dV)_{\mathrm{ad}}.$$

Dies ergibt:

$$\left(\frac{dT}{dV}\right)_{\mathrm{ad}} = -\frac{p + \left(\frac{\partial U}{\partial V}\right)_T}{C_V}. \tag{2.22}$$

Spezialfall: ideales Gas

$$\left(\frac{\partial U}{\partial V}\right)_T = 0 \Longrightarrow \left(\frac{dT}{dV}\right)_{\mathrm{ad}} = -\frac{p}{C_V} = -\frac{n\,R}{C_V}\,\frac{T}{V}.$$

Mit (2.18) folgt weiter:

$$\left(\frac{dT}{T}\right)_{\mathrm{ad}} = -\frac{C_p - C_V}{C_V}\left(\frac{dV}{V}\right)_{\mathrm{ad}}.$$

Man definiert:

$$\gamma = \frac{C_p}{C_V} \tag{2.23}$$

und erhält damit:

$$(d\ln T)_{\mathrm{ad}} = -(\gamma - 1)\,(d\,\ln V)_{\mathrm{ad}} \Longrightarrow d\big(\ln T\,V^{\gamma-1}\big)_{\mathrm{ad}} = 0.$$

Dies bedeutet schließlich:

$$T\,V^{\gamma-1} = \mathrm{const.}_1. \tag{2.24}$$

Durch Einsetzen der Zustandsgleichung des idealen Gases erhalten wir noch zwei weitere **Adiabatengleichungen**:

$$p\,V^{\gamma} = \mathrm{const.}_2; \quad T^{\gamma}\,p^{1-\gamma} = \mathrm{const.}_3. \tag{2.25}$$

2) Schwarzer Strahler

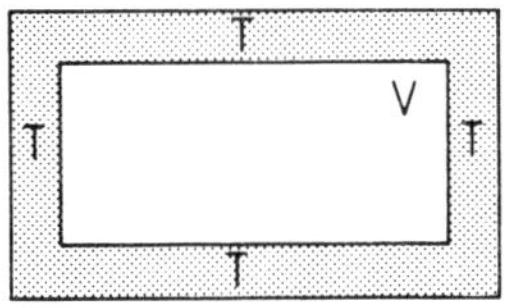

Unter einem *Schwarzen Strahler* versteht man das elektromagnetische Strahlungsfeld, das sich im thermischen Gleichgewicht in einem Hohlraum des Volumens V einstellt, der von einem Wärmebad der Temperatur T eingeschlossen ist. Die elektromagnetische Strahlung wird dabei von den Hohlraumwänden emittiert (*Wärmestrahlung*). Man kann zeigen, daß ihre Energiedichte $\epsilon(T)$ lediglich eine Funktion der Temperatur ist, so daß für die innere Energie U (2.8) gilt:

$$U(T, V) = V\,\epsilon(T).$$

Der Zusammenhang zwischen Strahlungsdruck p und Energiedichte $\epsilon(T)$ im isotropen Strahlungsfeld,

$$p = \frac{1}{3}\,\epsilon(T),$$

läßt sich im Rahmen der klassischen Elektrodynamik zeigen (s. Aufgabe 4.3.2, Bd. 3).

Die Atomphysik lehrt, daß Strahlung bestimmter Frequenz ν nur in diskreten Energien

$$\epsilon_\nu = h\,\nu$$

auftritt. Das führt zum Begriff des **Photons**, das man sich anschaulich als **Quasiteilchen** mit der Energie $h\,\nu$, dem Impuls $\frac{h\,\nu}{c}$, der Geschwindigkeit c und der Masse $m = 0$ vorstellen kann. Das Strahlungsfeld in V läßt sich deshalb auch als **Photonengas** interpretieren, das den Gesetzmäßigkeiten der kinetischen Gastheorie genügt. So ist die obige Beziehung für den Strahlungsdruck leicht ableitbar als Impulsübertrag der Photonen auf die Hohlraumwände. (Man führe dies durch!)

Für die Wärmekapazität des Photonengases gilt:

$$C_V = \left(\frac{\partial U}{\partial T}\right)_V = V\,\frac{d\epsilon}{dT}. \qquad (2.26)$$

Für C_p hätten wir nach (2.17) unter anderem $\left(\frac{\partial V}{\partial T}\right)_p$ zu berechnen. Da $p = \text{const.}$ automatisch $T = \text{const.}$ nach sich zieht, ist dieser Ausdruck nicht definiert. Das Photonengas hat also kein C_p.

Die Adiabatengleichung (2.22) liefert für den Schwarzen Strahler:

$$\left(\frac{dT}{dV}\right)_{\text{ad}} = -\frac{\frac{1}{3}\,\epsilon(T) + \epsilon(T)}{V\,\frac{d\epsilon}{dT}}$$

$$\Longrightarrow\ -\frac{d\epsilon}{\epsilon} = \frac{4}{3}\,\frac{dV}{V} \iff d\ln\left(V^{\frac{4}{3}}\,\epsilon\right) = 0.$$

Das ergibt schließlich:

$$\epsilon\,V^{\frac{4}{3}} = \text{const.}_4; \quad p\,V^{\frac{4}{3}} = \text{const.}_5. \tag{2.27}$$

Isotherme Zustandsänderungen sind definiert durch

$$dT = 0.$$

Der Erste Hauptsatz in der Form (2.12) liefert dafür:

$$(\delta Q)_T = \sum_{i=1}^{m}\left[\left(\frac{\partial U}{\partial q_i}\right)_{T,q_{j,j}\neq i} - F_i\right](dq_i)_T. \tag{2.28}$$

Dies bedeutet für ein **Gas** mit $q = V$ und $F = -p$:

$$\left(\frac{\delta Q}{dV}\right)_T = \left(\frac{\partial U}{\partial V}\right)_T + p. \tag{2.29}$$

1) Ideales Gas

$$\left(\frac{\partial U}{\partial V}\right)_T = 0 \Longrightarrow (\delta Q)_T = (p\,dV)_T. \tag{2.30}$$

2) Photonengas

$$\left(\frac{\delta Q}{dV}\right)_T = \frac{4}{3}\,\epsilon(T) = \text{const.} \tag{2.31}$$

Adiabatische und isotherme Zustandsänderungen zeigen im pV-Diagramm qualitativ den skizzierten Verlauf:

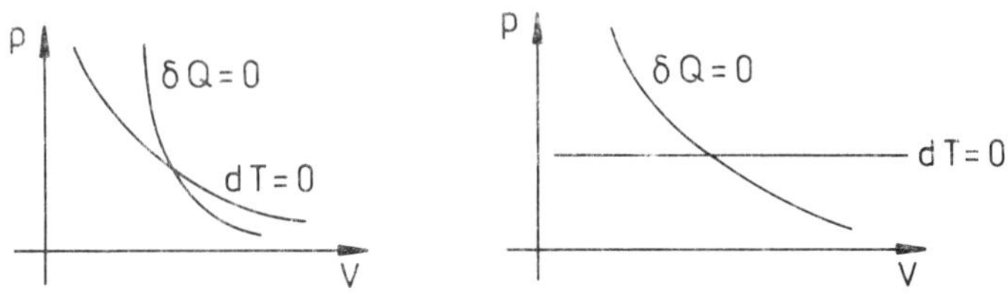

Ideales Gas **Schwarzer Strahler**

Wegen $\gamma > 1$ ist beim idealen Gas die Adiabate steiler als die Isotherme.

2.4 Zweiter Hauptsatz

Der Erste Hauptsatz reicht zur Beschreibung von thermodynamischen Systemen ganz offensichtlich noch nicht aus. Man kann sich leicht physikalische Vorgänge überlegen, die nach dem Energiesatz durchaus erlaubt sind, in der Natur jedoch nie beobachtet werden:

1) Warum wird nie beobachtet, daß ein am Erdboden liegender Stein unter Abkühlung aufs Hausdach springt?

2) Warum fährt ein Ozeandampfer nicht ohne Antrieb, allein durch Verwandlung von Wärme aus dem riesigen Wasserreservoir in Arbeit, die dann in Form von Reibungswärme sogar teilweise wieder an den Ozean zurückgegeben würde?

Die Erfahrung lehrt, daß eine Reihe von Energieumwandlungen, bei denen Wärme mit im Spiel ist, nicht umkehrbar sind. Wir wissen, daß Arbeit z.B. durch Reibung vollständig in Wärme verwandelt werden kann. Man denke z.B. an einen durch einen Anfangsimpuls in Bewegung gesetzten makroskopischen Körper, der auf einer rauhen, ebenen Unterlage gleitet. Er kommt nach endlicher Zeit zur Ruhe. Mechanische Arbeit ist durch Reibung in Wärme verwandelt worden. Die Umkehrung, daß der ruhende Körper sich unter Abkühlung wieder in Bewegung setzt, ist nach dem Ersten Hauptsatz durchaus denkbar, findet aber nicht statt. Gäbe es diesen inversen Prozeß so hätten wir ein

perpetuum mobile zweiter Art:

Das ist eine **periodisch** (zyklisch) arbeitende thermodynamische *Maschine*, die nichts anderes bewirkt, als daß bei einem Umlauf

Arbeit verrichtet wird, wobei nur einem einzigen Wärmereservoir eine Wärmemenge ΔQ entnommen wird.

Zweiter Hauptsatz

Ein perpetuum mobile zweiter Art gibt es nicht!

In der Thermodynamik wird dieser Satz ohne strenge Begründung als **nie widerlegte Erfahrungstatsache** hingenommen.

Die obige Formulierung des Zweiten Hauptsatzes nennt man die **Kelvinsche Aussage**. Sie besagt also, daß es keine Zustandsänderung geben kann, deren **einzige** Wirkung darin besteht, eine Wärmemenge einem Wärmereservoir entzogen und vollständig in Arbeit verwandelt zu haben.

Es gibt eine äquivalente Formulierung:

Clausiussche Aussage

Es gibt keine periodisch arbeitende Maschine, die ***lediglich*** *einem kälteren Wärmebad Wärme entzieht und diese einem heißeren Wärmebad zuführt.*

Die Schlüsselworte dieser Aussage sind streng zu beachten:

periodisch $\Longleftrightarrow$ Kreisprozeß,
lediglich $\Longleftrightarrow$ sonst passiert nichts,
auch nicht in der Umgebung.

In diesem Zusammenhang führen wir einen neuen Begriff ein.

Definition:

Wärmekraftmaschine

Das ist ein thermodynamisches System, das einen Kreisprozeß zwischen zwei Wärmebädern $WB(T_1)$ und $WB(T_2)$ mit $T_1 > T_2$ durchläuft, wobei genau das Folgende passiert:

1) $\Delta Q_1 > 0$ durch Kontakt mit $WB(T_1)$,

2) $\Delta W < 0$,

3) $\Delta Q_2 < 0$ durch Kontakt mit $WB(T_2)$.

Solche Maschinen verletzen **nicht** den Zweiten Hauptsatz, da sie in Kontakt mit **zwei** Wärmebädern stehen, wobei die dem ersten Wärmebad entzogene Wärme nicht vollständig in Arbeit verwandelt wird. Es ist $|\Delta Q_2| < |\Delta Q_1|$, da auch der Erste Hauptsatz erfüllt sein muß. Man ordnet einer solchen Maschine einen Wirkungsgrad zu:

Definition:

Wirkungsgrad η

$$\eta = \frac{\text{vom System geleistete Arbeit}}{\text{zugeführte Wärmemenge}} = \frac{-\Delta W}{\Delta Q_1}. \tag{2.32}$$

Wir beweisen schließlich noch die Äquivalenz der beiden Formulierungen des Zweiten Hauptsatzes.

1. Behauptung:

Wenn die Clausius-Aussage falsch ist, dann ist auch die Kelvin-Aussage falsch.

a) Mit einer periodisch arbeitenden Maschine entnehmen wir $\Delta Q_1 > 0$ aus dem Wärmebad $WB(T_2)$ und führen es dem Wärmebad $WB(T_1)$ zu, wobei $T_1 > T_2$ ist. Das geht, da die Clausius-Aussage ja falsch sein soll.

b) Wir betreiben eine Wärmekraftmaschine so, daß ΔQ_1 $WB(T_1)$ entnommen und $\Delta Q_2 < 0$ ($|\Delta Q_2| < \Delta Q_1$) bei Arbeitsleistung $\Delta W < 0$ an $WB(T_2)$ zurückgegeben wird.

Insgesamt wurde also $\Delta Q = \Delta Q_1 + \Delta Q_2 > 0$ aus $WB(T_2)$ vollständig in Arbeit verwandelt. Sonst ist nichts passiert, da sowohl a) als auch b) Kreisprozesse sind. Damit ist auch die Kelvin-Aussage falsch!

2. Behauptung:

Wenn die Kelvin-Aussage falsch ist, dann ist auch die Clausius-Aussage falsch.

a) Wir entnehmen $\Delta Q > 0$ dem Wärmebad $WB(T_2)$ und verwandeln es vollständig mit einer periodisch arbeitenden Maschine in Arbeit. Das geht, weil die Kelvin-Aussage falsch sein soll.

b) Wir verwandeln die Arbeit aus a) vollständig in Wärme. Das geht immer, nur die umgekehrte Richtung nicht. Die so gewonnene Wärme übertragen wir auf $WB(T_1)$ mit $T_1 > T_2$.

Insgesamt wurde lediglich $\Delta Q > 0$ von $WB(T_2)$ auf $WB(T_1)$ trotz $T_1 > T_2$ übertragen. Damit ist die Clausius-Aussage falsch! Die beiden Behauptungen ergeben kombiniert die Äquivalenz der Clausiusschen und der Kelvinschen Formulierungen.

2.5 Carnot-Kreisprozeß

Bei einem *Kreisprozeß* durchläuft das thermodynamische System verschiedene (Wärme-, Arbeits- und Teilchen-)Austauschkontakte und kehrt schließlich in seinen Ausgangszustand zurück. Wohlgemerkt, nur das thermodynamische System kehrt in seinen Ausgangszustand zurück, die **Umgebung** kann sich durchaus geändert haben, da z.B. Energie in Form von Arbeit und Wärme zwischen verschiedenen *Reservoiren* ausgetauscht worden sein kann. Zwar gilt nach dem Ersten Hauptsatz

$$0 = \oint dU = \oint \delta Q + \oint \delta W,$$

die beiden Terme auf der rechten Seite können jedoch von Null verschieden sein!

Wir wollen nun einen ganz speziellen Kreisprozeß, eine ganz spezielle *Wärmekraftmaschine* diskutieren.

Carnot-Prozeß:

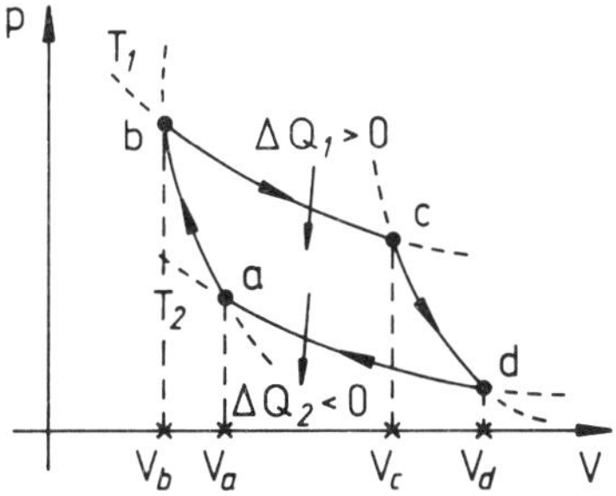

Reversibler Kreisprozeß aus zwei Adiabaten und zwei Isothermen zwischen zwei Wärmebädern $WB(T_1)$ und $WB(T_2)$ mit $\boxed{T_1 > T_2}$. Er besteht aus den folgenden Teilstücken:

$\boxed{a \to b}$

Adiabatische Kompression mit

$$\Delta T = T_1 - T_2 > 0.$$

$\boxed{b \to c}$

Isotherme Expansion, dabei Wärmeaufnahme $\Delta Q_1 > 0$ aus $WB(T_1)$.

$\boxed{c \to d}$

Adiabatische Expansion mit $\Delta T = T_2 - T_1 < 0$.

$\boxed{d \to a}$

Isotherme Kompression unter Wärmeabgabe $\Delta Q_2 < 0$ an $WB(T_2)$.

Die bei einem Umlauf geleistete Arbeit entspricht gerade der vom Weg $a \to b \to c \to d$ umschlossenen Fläche.

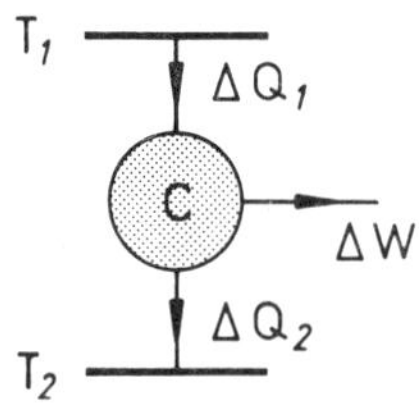

Wir symbolisieren den Carnot-Prozeß durch das nebenstehende Diagramm. Der Erste Hauptsatz fordert zunächst:

$$0 = \oint dU = \Delta Q_1 + \Delta Q_2 + \Delta W.$$

Damit lautet der Wirkungsgrad dieser Wärmekraftmaschine:

$$\eta = \frac{-\Delta W}{\Delta Q_1} = \frac{\Delta Q_1 + \Delta Q_2}{\Delta Q_1} = 1 + \frac{\Delta Q_2}{\Delta Q_1}. \tag{2.33}$$

Wegen $\frac{\Delta Q_2}{\Delta Q_1} < 0$ ist stets $\eta < 1$. Da der Carnot-Prozeß reversibel sein soll, läßt sich der Durchlaufsinn umkehren:

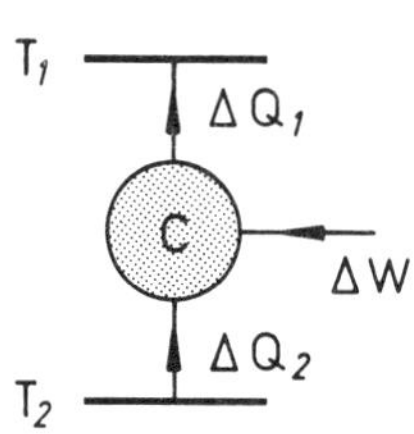

$$\Delta Q_2 > 0; \quad \Delta Q_1 < 0; \quad \Delta W > 0$$
$$|\Delta Q_1| > \Delta Q_2.$$

Die Maschine arbeitet dann als

Wärmepumpe.

Die **Arbeitssubstanz** der Carnot-Maschine sei das **ideale Gas**. Damit wollen wir nun den Wirkungsgrad explizit ausrechnen.

$\boxed{a \longrightarrow b}$

Adiabate

$$\text{Daraus folgt:} \iff \Delta Q = 0 \iff \Delta W = \Delta U$$
$$\Longrightarrow \Delta W_{ab} = C_V(T_1 - T_2) = -\Delta W_{cd}.$$

$\boxed{b \longrightarrow c}$

Isotherme

$$\Delta W_{bc} = -\int_b^c p(V)\,dV = -n\,R\,T_1 \int_{V_b}^{V_c} \frac{dV}{V} = = -n\,R\,T_1 \ln\frac{V_c}{V_b}. \tag{2.34}$$

$\boxed{c \longrightarrow d}$

Adiabate (s. $a \longrightarrow b$)

$\boxed{d \longrightarrow a}$

Isotherme

$$\Delta W_{da} = -n\,R\,T_2 \ln\frac{V_a}{V_d}. \tag{2.35}$$

Auf den Adiabaten gilt nach (2.24):

$$T_2\,V_a^{\gamma-1} = T_1\,V_b^{\gamma-1},$$
$$T_2\,V_d^{\gamma-1} = T_1\,V_c^{\gamma-1} \Longrightarrow \frac{V_a}{V_d} = \frac{V_b}{V_c}.$$

Damit ergibt sich für die gesamte Arbeitsleistung:

$$\Delta W = \Delta W_{ab} + \Delta W_{bc} + \Delta W_{cd} + \Delta W_{da} =$$
$$= \Delta W_{bc} + \Delta W_{da}$$
$$\Longrightarrow \Delta W = -n\,R(T_1 - T_2) \ln\frac{V_d}{V_a} < 0. \tag{2.36}$$

Auf der Isothermen $b \to c$ ist $\Delta U = 0$ und damit

$$\Delta Q_1 = -\Delta W_{bc} = n\,R T_1 \ln \frac{V_c}{V_b} = n\,R T_1 \ln \frac{V_d}{V_a} > 0.$$

Dies ergibt nach (2.32) als **Wirkungsgrad η_C der Carnot-Maschine:**

$$\eta_C = 1 - \frac{T_2}{T_1}. \qquad (2.37)$$

Als direkte Folge des Zweiten Hauptsatzes leiten wir nun die folgenden beiden **Behauptungen** ab:

1) Der Carnot-Prozeß hat den **höchsten** Wirkungsgrad von allen periodisch zwischen zwei Wärmebädern arbeitenden Maschinen.

2) η_C wird von allen **reversibel** arbeitenden Maschinen erreicht.

Beweis:

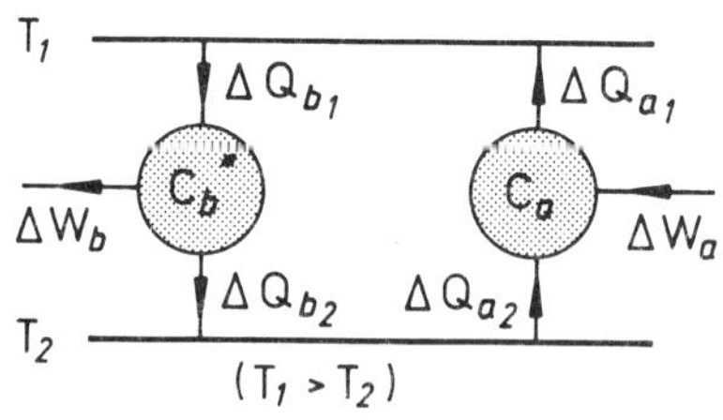

C_a: Carnot-Maschine, als Wärmepumpe geschaltet.

C_b^*: Wärmekraftmaschine, nicht notwendig reversibel.

Die Maschinen seien so dimensioniert, daß $\boxed{\Delta Q_{b_2} = -\Delta Q_{a_2} < 0}$ ist, d.h., das Wärmebad $WB(T_2)$ bleibt unbeeinflußt. $WB(T_1)$ tauscht dagegen mit dem Gesamtsystem $C_a \cup C_b^*$ die Wärme

$$\Delta Q = \Delta Q_{b_1} + \Delta Q_{a_1}$$

aus. Nach dem Zweiten Hauptsatz muß

$$\Delta Q \leq 0$$

sein, da sonst vom System $C_a \cup C_b^*$ nichts anderes bewirkt würde, als Wärme dem Bad $WB(T_1)$ zu entnehmen und vollständig in Arbeit zu verwandeln.

$$\eta_C = 1 + \frac{-\Delta Q_{a_2}}{-\Delta Q_{a_1}} \iff \Delta Q_{a_1} = \Delta Q_{a_2}\frac{1}{\eta_C - 1},$$

$$\eta_{C_b^*} = 1 + \frac{\Delta Q_{b_2}}{\Delta Q_{b_1}} = 1 - \frac{\Delta Q_{a_2}}{\Delta Q_{b_1}} \iff \Delta Q_{b_1} = -\Delta Q_{a_2}\frac{1}{\eta_{C_b^*} - 1}.$$

Nach Einsetzen ergibt sich:

$$0 \geq \Delta Q_{b_1} + \Delta Q_{a_1} = \Delta Q_{a_2}\left(\frac{1}{\eta_C - 1} - \frac{1}{\eta_{C_b^*} - 1}\right).$$

Da ΔQ_{a_2} positiv ist, folgt die Behauptung 1):

$$\eta_{C_b^*} \leq \eta_C. \tag{2.38}$$

Handelt es sich bei C_b^* um eine reversible Maschine, so läßt sich der Umlaufsinn in der skizzierten Anordnung auch umkehren. Alle obigen Ausdrücke behalten ihre Gültigkeit, bis auf die Aussage $\Delta Q_{a_2} > 0$, die nun $\Delta Q_{a_2} < 0$ lauten muß. Für Maschinen, die zwischen den beiden Wärmebädern reversibel arbeiten, gilt dann neben (2.38) auch $\eta_{C_b^*} \geq \eta_C$. Es kann also nur das Gleichheitszeichen richtig sein. Damit ist auch die Behauptung 2) bewiesen.

Der Wirkungsgrad η_C **reversibler** Kreisprozesse ist also universell!

2.6 Absolute, thermodynamische Temperaturskala

Wir haben gesehen, daß der universelle Wirkungsgrad η_C der Carnot-Maschine nur von den Temperaturen der beteiligten Wärmebäder $WB(T_1)$ und $WB(T_2)$ abhängt, wenn wir als Arbeitssubstanz ein ideales Gas verwenden. Dabei erinnern wir uns, daß wir die Temperatur T selbst in (1.3) bzw. (1.5) über die Zustandsgleichung des idealen Gases eingeführt haben. Es ist natürlich eine etwas unschöne Sache, daß wir ein im strengen Sinne gar nicht existierendes System zur Definitionsgrundlage eines so wichtigen Begriffes wie *Temperatur* haben machen müssen und außerdem damit eine Maschine betreiben, über die wir noch eine Fülle weitreichender Folgerungen ableiten wollen.

Es stellt sich aber heraus, daß wir auch **umgekehrt** den universellen Wirkungsgrad η_C der Carnot-Maschine ausnutzen können, um die Temperaturen ϑ_1, ϑ_2 der beteiligten Wärmebäder erst zu **definieren**. Das geht deshalb, weil der Beweis der Universalität des Wirkungsgrades reversibler Kreisprozesse, so wie wir ihn im letzten Abschnitt geführt haben, die Voraussetzung *ideales Gas* gar nicht benötigte, sondern ganz allgemein aus dem Zweiten Hauptsatz resultierte. – Da andererseits η_C als Verhältnis zweier Energiebeträge direkt und bequem meßbar ist, wollen wir über η_C jetzt eine

universelle, substanzunabhängige, thermodynamische Temperaturskala

einführen.

ϑ : Willkürliche Temperaturskala, so eingerichtet, daß gilt:

$$\textit{wärmer} \Longleftrightarrow \textit{größeres}\ \vartheta.$$

Wir betrachten drei Wärmebäder $WB(\vartheta_1)$, $WB(\vartheta_2)$ und $WB(\vartheta_3)$ mit $\vartheta_1 > \vartheta_2 > \vartheta_3$:

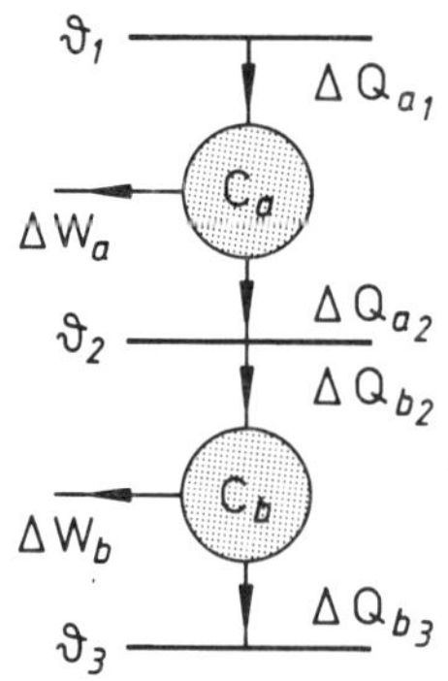

C_a, C_b seien irgendwelche, zwischen $WB(\vartheta_1)$ und $WB(\vartheta_2)$ bzw. zwischen $WB(\vartheta_2)$ und $WB(\vartheta_3)$ reversibel arbeitende Wärmekraftmaschinen. Die Maschine C_b sei dabei so dimensioniert, daß

$$\Delta Q_{b_2} = -\Delta Q_{a_2}.$$

Mit $WB(\vartheta_2)$ geschieht also insgesamt nichts. Die Wirkungsgrade der beiden Maschinen

$$\eta_{C_a} = 1 + \frac{\Delta Q_{a_2}}{\Delta Q_{a_1}},$$

$$\eta_{C_b} = 1 + \frac{\Delta Q_{b_3}}{\Delta Q_{b_2}}$$

sind universell, d.h., jede andere reversible Maschine würde denselben Wirkungsgrad liefern. Die Wirkungsgrade sind ferner unabhängig von der Arbeitssubstanz. Wenn aber die Art der Maschine keine Rolle spielt, so können die Wirkungsgrade nur von den *Temperaturen* ϑ_i der Wärmebäder abhängen. Andere unterscheidende Merkmale gibt es in dem obigen System nicht. Deshalb sind die folgenden Ansätze sinnvoll:

$$\eta_{C_a} = 1 - f(\vartheta_1, \vartheta_2),$$
$$\eta_{C_b} = 1 - f(\vartheta_2, \vartheta_3).$$

Da die Maschinen so dimensioniert sind, daß $WB(\vartheta_2)$ letztlich inaktiv bleibt, können wir das Gesamtsystem auch als eine einzige zwischen $WB(\vartheta_1)$ und $WB(\vartheta_3)$ reversibel laufende Maschine auffassen:

$$\eta_{C_{ab}} = 1 - f(\vartheta_1, \vartheta_3).$$

Für die Arbeitsleistungen gilt damit:

$$-\Delta W_a = \Delta Q_{a_1}\big(1 - f(\vartheta_1, \vartheta_2)\big),$$
$$-\Delta W_b = \Delta Q_{b_2}\big(1 - f(\vartheta_2, \vartheta_3)\big),$$
$$-\Delta W_{ab} = \Delta Q_{a_1}\big(1 - f(\vartheta_1, \vartheta_3)\big).$$

Ferner gilt:

$$\Delta Q_{b_2} = -\Delta Q_{a_2} = -\Delta Q_{a_1}(\eta_{C_a} - 1) = \Delta Q_{a_1}\, f(\vartheta_1, \vartheta_2).$$

Nutzt man dann noch

$$\Delta W_{ab} = \Delta W_a + \Delta W_b$$

aus, so bleibt:

$$\big(1 - f(\vartheta_1, \vartheta_3)\big) = \big(1 - f(\vartheta_1, \vartheta_2)\big) + f(\vartheta_1, \vartheta_2)\,\big(1 - f(\vartheta_2, \vartheta_3)\big).$$

Dies liefert die folgende Bestimmungsgleichung:

$$f(\vartheta_1, \vartheta_3) = f(\vartheta_1, \vartheta_2)\, f(\vartheta_2, \vartheta_3). \tag{2.39}$$

Wegen

$$\ln f(\vartheta_1, \vartheta_3) = \ln f(\vartheta_1, \vartheta_2) + \ln f(\vartheta_2, \vartheta_3)$$

folgt dann auch

$$\frac{\partial}{\partial \vartheta_1} \ln f(\vartheta_1, \vartheta_3) = \frac{\partial}{\partial \vartheta_1} \ln f(\vartheta_1, \vartheta_2).$$

Dieses kann wiederum nur dann richtig sein, wenn sich f wie folgt schreiben läßt:

$$f(\vartheta_1, \vartheta_2) = \alpha(\vartheta_1)\,\beta(\vartheta_2).$$

Dies wird in (2.39) eingesetzt:

$$\begin{aligned} \alpha(\vartheta_1)\,\beta(\vartheta_3) &= \alpha(\vartheta_1)\,\beta(\vartheta_2)\,\alpha(\vartheta_2)\,\beta(\vartheta_3) \\ \Longleftrightarrow\ 1 &= \alpha(\vartheta_2)\,\beta(\vartheta_2) \ \Longleftrightarrow\ \alpha(\vartheta) = \beta^{-1}(\vartheta). \end{aligned}$$

Das bedeutet für f

$$f(\vartheta_1, \vartheta_2) = \frac{\beta(\vartheta_2)}{\beta(\vartheta_1)}$$

und damit für den Wirkungsgrad:

$$\eta_{C_a} = 1 - \frac{\beta(\vartheta_2)}{\beta(\vartheta_1)}. \tag{2.40}$$

$\beta(\vartheta)$ ist dabei eine zunächst noch völlig willkürliche Funktion. Dieser Ausdruck ist formal identisch mit dem η_C, das wir in (2.37) mit dem idealen Gas als Arbeitssubstanz gefunden hatten. $\beta(\vartheta)$ ist bestimmt, falls wir einem einzigen Wärmebad einen Wert

$$T^* = \beta(\vartheta^*)$$

zuordnen. Dann liefert jede reversible Maschine eindeutig die Temperaturverhältnisse T/T^*. Man vereinbart:

$$T^* = 273,16\,\mathrm{K}: \quad \text{Tripelpunkt des Wassers.} \tag{2.41}$$

Damit definiert $T = \beta(\vartheta)$ eine absolute, substanzunabhängige Temperatur

$$T = T^*\left(1 - \eta_C(T^*, T)\right), \tag{2.42}$$

die mit der bisher verwendeten idealen Gastemperatur identisch ist.

2.7 Entropie als Zustandsgröße

Die bisherigen Schlußweisen, die sämtlich auf dem Zweiten Hauptsatz basierten, erlauben uns nun, die für die Thermodynamik wohl wichtigste Größe einzuführen, nämlich die **Entropie**.

Wir hatten für den Wirkunggrad der Carnot-Maschine gefunden:

$$\eta_C = 1 - \frac{T_2}{T_1} = 1 + \frac{\Delta Q_2}{\Delta Q_1}.$$

Dies bedeutet:

$$\frac{\Delta Q_1}{T_1} + \frac{\Delta Q_2}{T_2} = 0. \tag{2.43}$$

Dieses Ergebnis wollen wir nun weiter verallgemeinern.

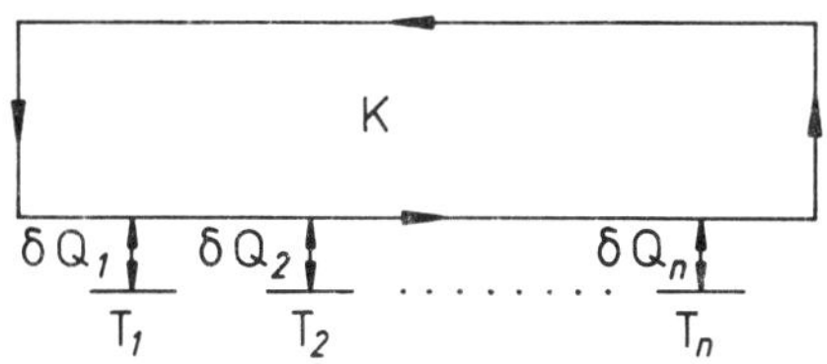

Ein thermodynamisches System durchlaufe quasistatisch einen (nicht notwendig reversiblen) Kreisprozeß K. Zur Beschreibung der Temperaturänderung zerlegen wir den Zyklus in n Schritte, während derer die Temperatur des Systems durch dessen Kontakt mit einem Wärmebad

$$WB(T_i); \quad i = 1, 2, \ldots, n$$

konstant ist. Dabei findet ein Wärmeaustausch δQ_i statt, der positiv wie negativ sein kann. Nach dem Ersten Hauptsatz gilt dann für die gesamte Arbeitsleistung auf K:

$$\Delta W_K = -\sum_{i=1}^{n} \delta Q_i.$$

Wir koppeln nun an jedes $WB(T_i)$ eine Carnot-Maschine C_i, die zwischen diesem $WB(T_i)$ und einem Wärmebad $WB(T_0)$ arbeitet, wobei

$$T_0 > T_i \qquad \forall i$$

gelten soll. Jedes C_i kann sowohl als Wärmekraftmaschine als auch als

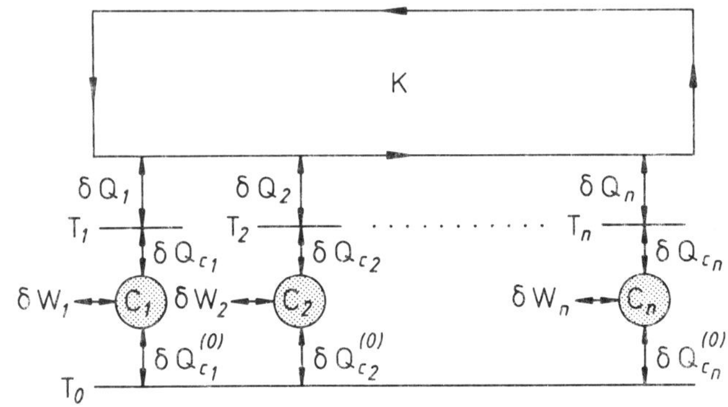

Wärmepumpe arbeiten. Wir dimensionieren die C_i so, daß sie gerade die Wärmemenge von $WB(T_i)$ aufnehmen, die von dem System an $WB(T_i)$ abgegeben wurde (bzw. umgekehrt):

$$\delta Q_{C_i} = -\delta Q_i \qquad \forall i.$$

Für jede Carnot-Maschine gilt:

$$\delta Q_{C_i}^{(0)} = -\frac{T_0}{T_i}\delta Q_{C_i} = \frac{T_0}{T_i}\,\delta Q_i.$$

Das System der Carnot-Maschinen leistet dann insgesamt die Arbeit:

$$\begin{aligned}\Delta W_C &= \sum_{i=1}^{n} \delta W_i = -\sum_{i=1}^{n} \eta_{C_i}\,\delta Q_{C_i}^{(0)} = \\ &= -\sum_{i=1}^{n}\left(1-\frac{T_i}{T_0}\right)\frac{T_0}{T_i}\,\delta Q_i = \sum_{i=1}^{n}\left(1-\frac{T_0}{T_i}\right)\delta Q_i.\end{aligned}$$

Bei dem **gesamten Zyklus**

$$K + \{C_1 + C_2 + \ldots + C_n\} \quad (\textit{Kreisprozeß})$$

wird die Wärmemenge

$$\Delta Q^{(0)} = \sum_{i=1}^{n} \delta Q_{C_i}^{(0)} = T_0 \sum_{i=1}^{n} \frac{\delta Q_i}{T_i} \tag{2.44}$$

mit $WB(T_0)$ ausgetauscht und dabei die Arbeit

$$\Delta W = \Delta W_K + \Delta W_C = -T_0 \sum_{i=1}^{n} \frac{\delta Q_i}{T_i} \tag{2.45}$$

geleistet. Sonst ist nichts passiert. Der Erste Hauptsatz ist offensichtlich erfüllt:

$$\Delta W = -\Delta Q^{(0)}.$$

Der Zweite Hauptsatz fordert nun aber, daß

$$\Delta W \geq 0 \tag{2.46}$$

ist. Im umgekehrten Fall wäre nämlich nichts anderes passiert, als daß das thermodynamische Gesamtsystem Wärme $\Delta Q^{(0)}$ aus $WB(T_0)$ aufgenommen und vollständig in Arbeit $\Delta W \leq 0$ verwandelt hätte. Das ist aber unmöglich. Damit folgt aus (2.45) und (2.46) das wichtige Ergebnis

$$\sum_{i=1}^{n} \frac{\delta Q_i}{T_i} \leq 0, \tag{2.47}$$

das nur noch *Daten* des ursprünglichen Zyklus K enthält. Ist dieser sogar reversibel, dann läßt sich der Durchlaufsinn von K umkehren. An den obigen Überlegungen ändert sich überhaupt nichts. Die Größen δQ_i in (2.47) haben jedoch ihr Vorzeichen geändert. Da (2.47) aber für beide Durchlaufrichtungen gleichermaßen richtig ist, führt nur das Gleichheitszeichen nicht zum Widerspruch:

$$\sum_{i=1}^{n} \frac{\delta Q_i}{T_i} = 0 \iff K \text{ reversibel.} \tag{2.48}$$

Durch Verallgemeinerung auf $n \to \infty$ Teilschritte ergibt sich aus (2.47) und (2.48) die fundamentale

Clausiussche Ungleichung

$$\oint \frac{\delta Q}{T} \leq 0. \tag{2.49}$$

Für reversible Prozesse gilt:

$$\oint \frac{\delta Q_{\mathrm{rev}}}{T} = 0. \tag{2.50}$$

Diese letzte Beziehung definiert eine Zustandsgröße. Sei

A_0: fester Punkt des Zustandsraums,

dann ist das Integral

$$\int_{A_0}^{A} \frac{\delta Q_{\text{rev}}}{T}$$

unabhängig vom Weg, auf dem wir im Zustandsraum vom Zustand A_0 zum Zustand A gelangen, und bei festem A_0 eine eindeutige Funktion des Zustands A. Die sogenannte **Entropie** S,

$$S(A) = \int_{A_0}^{A} \frac{\delta Q_{\text{rev}}}{T}, \tag{2.51}$$

ist also eine bis auf eine additive Konstante festgelegte Zustandsgröße mit dem **totalen** Differential

$$dS = \frac{\delta Q_{\text{rev}}}{T}. \tag{2.52}$$

$1/T$ ist somit der integrierende Faktor (1.34), der aus der nicht-integrablen Differentialform δQ ein totales Differential macht (s. Aufgabe 2.9.1).

Man beachte, daß die Entropie stets über einen reversiblen Weg von A_0 nach A zu **berechnen** ist. Dabei ist es unerheblich, wie das System den Zustand A **tatsächlich erreicht** hat, ob reversibel oder irreversibel. Man benötigt zur Bestimmung von $S(A)$ also stets einen reversiblen *Ersatzprozeß*. Für eine **beliebige** Zustandsänderung Z gilt:

$$S(A_2) - S(A_1) \geq \int_{\substack{A_1 \\ (Z)}}^{A_2} \frac{\delta Q}{T}. \tag{2.53}$$

Beweis:

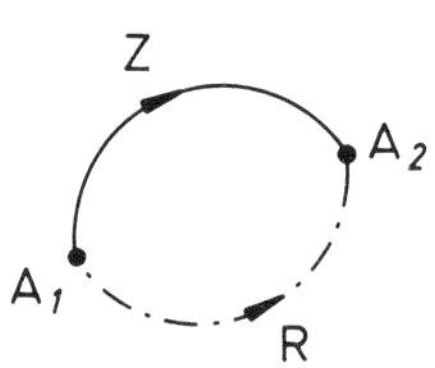

R: reversibler Ersatzprozeß. Auf diesem gilt:

$$S(A_2) - S(A_1) = \int_{\substack{A_1 \\ (R)}}^{A_2} \frac{\delta Q}{T}.$$

Da der Weg R reversibel ist, läßt er sich auch umkehren und mit Z zu einem Kreisprozeß kombinieren, für den dann nach der Clausiusschen Ungleichung (2.49) gelten muß:

$$\int\limits_{\substack{A_1\\(Z)}}^{A_2} \frac{\delta Q}{T} + \int\limits_{\substack{A_2\\(-R)}}^{A_1} \frac{\delta Q}{T} \leq 0 \Longleftrightarrow - \int\limits_{\substack{A_2\\(-R)}}^{A_1} \frac{\delta Q}{T} \geq \int\limits_{\substack{A_1\\(Z)}}^{A_2} \frac{\delta Q}{T}$$

$$\Longleftrightarrow S(A_2) - S(A_1) \geq \int\limits_{\substack{A_1\\(Z)}}^{A_2} \frac{\delta Q}{T} \qquad \text{q.e.d.}$$

Zur Ableitung der Ergebnisse (2.49) bis (2.53) haben wir lediglich die Gültigkeit des Zweiten Hauptsatzes voraussetzen müssen. Wir gewinnen deshalb umgekehrt aus diesen Resultaten eine

mathematische Formulierung des Zweiten Hauptsatzes

$$dS \geq \frac{\delta Q}{T}. \qquad (2.54)$$

(Gleichheitszeichen für reversible Prozesse!)

Kombiniert man den Ersten und den Zweiten Hauptsatz, so ergibt sich die

Grundrelation der Thermodynamik

$$T\,dS \geq dU - \delta W - \delta E_C. \qquad (2.55)$$

Mit dieser Grundrelation, mit der Definition der Entropie als neuer Zustandsgröße (2.51) sowie der Einführung der thermodynamischen Temperatur (2.42) sind die zentralen Begriffe der phänomenologischen Thermodynamik begründet. Die folgenden Überlegungen stellen deshalb mehr oder weniger Schlußfolgerungen aus diesem Grundkonzept dar.

Betrachten wir als ersten **Spezialfall** ein

$$\text{isoliertes System: } dS \geq 0. \qquad (2.56)$$

Das isolierte System kann per def. keine Wärme mit der Umgebung austauschen. Solange in einem solchen System noch (irreversible) Prozesse ablaufen können, kann die Entropie nur zunehmen. Sie ist deshalb **maximal** im Gleichgewichtszustand. Der Übergang ins Gleichgewicht ist irreversibel. Entropie-Zuwachs ohne Austausch kennzeichnet irreversible Prozesse. Wir wollen die physikalische Bedeutung der Entropie an einem einfachen Beispiel illustrieren:

isotherme Expansion des idealen Gases.

1) Reversibel

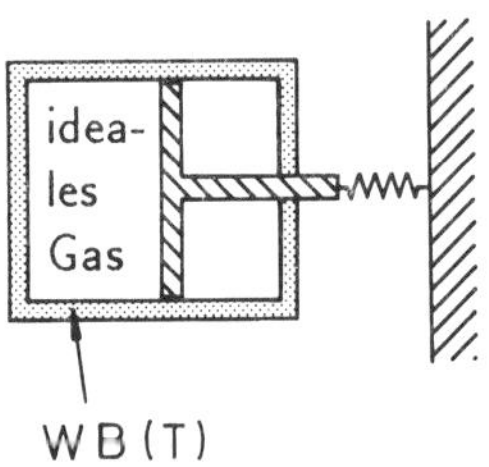

Das Gas verschiebe einen Kolben, der mit einer Feder an einer Wand befestigt ist. Die Arbeit, die das Gas beim Verschieben des Kolbens leistet, ist in der Feder gespeichert und kann im Prinzip dazu dienen, die Verschiebung wieder rückgängig zu machen. Die Expansion des Gases ist damit reversibel. – Das Gas befinde sich in einem Wärmebad $WB(T)$, sämtliche Zustandsänderungen verlaufen damit isotherm:

$$U = U(T) \implies \Delta U = 0.$$

Nach dem Ersten Hauptsatz gilt dann:

$$\Delta Q = -\Delta W = \int_{V_1}^{V_2} p\,dV = n\,R\,T \ln \frac{V_2}{V_1}.$$

Bei dieser reversiblen Zustandsänderung ändert sich gemäß (2.54) die Entropie:

$$(\Delta S)_{\text{Gas}} = \frac{\Delta Q}{T} = n\,R \ln \frac{V_2}{V_1}.$$

Die zur Arbeitsleistung benötigte Wärmemenge ΔQ wurde dem Wärmebad entnommen und kann durch Kompression des Gases beim Entspannen der Feder an dieses wieder zurückgegeben werden. Auch die Vorgänge im Wärmebad sind deshalb reversibel:

$$(\Delta S)_{\text{WB}} = \frac{-\Delta Q}{T} = -(\Delta S)_{\text{Gas}}.$$

Die Entropie des Gesamtsystems hat sich also nicht geändert.

2) Irreversibel

Der analoge irreversible Prozeß wäre die **freie** Expansion des idealen Gases:

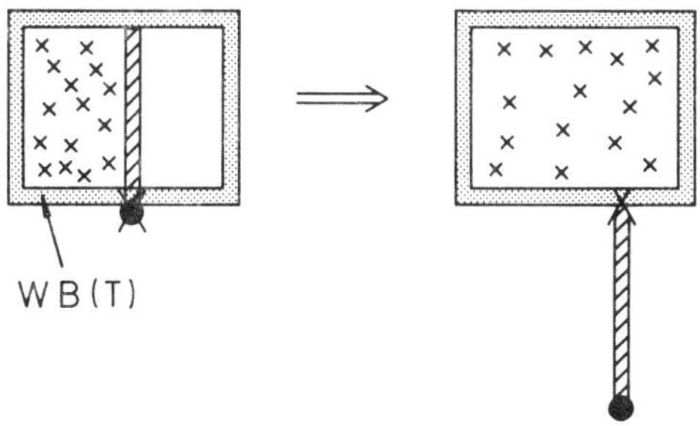

Bei der freien Expansion leistet das Gas keine Arbeit. Es wird deshalb dem Wärmespeicher keine Wärme entzogen. Den Zeitablauf dieses irreversiblen Prozesses können wir nicht beschreiben. Anfangs- und Endzustand sind jedoch Gleichgewichtszustände. Sie entsprechen denen des Vorgangs 1). 1) ist also der reversible Ersatzprozeß für 2). Die Entropieänderung des Gases ist deshalb dieselbe wie unter 1):

$$(\Delta S)_{\text{Gas}} = n R \ln \frac{V_2}{V_1}.$$

Wegen $\Delta Q = 0$ ist jedoch

$$(\Delta S)_{\text{WB}} = 0.$$

Die Entropie des Gesamtsystems hat sich demnach erhöht. $T(\Delta S)_{\text{tot}}$ ist gerade der Energiebetrag, der im reversiblen Fall 1) in *verwertbare* Arbeit $(-\Delta W)$ umgewandelt wurde. Das bedeutet:

Irreversibilität verschenkt verwertbare Energie.

2.8 Einfache Folgerungen aus den Hauptsätzen

Wir betrachten reversible Prozesse in geschlossenen Systemen. Dafür liest sich die Grundrelation (2.55) wie folgt:

$$T\,dS = dU - \delta W. \tag{2.57}$$

Eine Reihe von wichtigen Schlußfolgerungen ergeben sich bereits aus der Tatsache, daß dS und dU totale Differentiale sind. Wir denken zunächst an T und V als unabhängige Zustandsvariable (Gas!):

$$S = S(T, V); \quad U = U(T, V)$$

$$\Longrightarrow \quad dS = \left(\frac{\partial S}{\partial T}\right)_V dT + \left(\frac{\partial S}{\partial V}\right)_T dV = \frac{1}{T}\,dU + \frac{p}{T}\,dV,$$

$$dU = \left(\frac{\partial U}{\partial T}\right)_V dT + \left(\frac{\partial U}{\partial V}\right)_T dV.$$

Einsetzen ergibt:

$$dS = \frac{1}{T}\left(\frac{\partial U}{\partial T}\right)_V dT + \frac{1}{T}\left[\left(\frac{\partial U}{\partial V}\right)_T + p\right] dV. \tag{2.58}$$

Da dS ein totales Differential ist, sind die Integrabilitätsbedingungen erfüllt:

$$\frac{1}{T}\left[\frac{\partial}{\partial V}\left(\frac{\partial U}{\partial T}\right)_V\right]_T = -\frac{1}{T^2}\left[\left(\frac{\partial U}{\partial V}\right)_T + p\right] +$$
$$+ \frac{1}{T}\left\{\left[\frac{\partial}{\partial T}\left(\frac{\partial U}{\partial V}\right)_T\right]_V + \left(\frac{\partial p}{\partial T}\right)_V\right\}.$$

Da auch dU ein totales Differential ist, vereinfacht sich dieser Ausdruck zu:

$$\left(\frac{\partial U}{\partial V}\right)_T = T\left(\frac{\partial p}{\partial T}\right)_V - p. \tag{2.59}$$

Die rechte Seite ist allein durch die Zustandsgleichung bestimmt. Bei bekannter Wärmekapazität C_V läßt sich somit die innere Energie $U(T, V)$ allein aus der Zustandsgleichung herleiten. **Beispiele:**

1) Ideales Gas

$$\left(\frac{\partial U}{\partial V}\right)_T = T\,\frac{n\,R}{V} - p = 0. \tag{2.60}$$

Die Aussage des Gay-Lussac-Versuchs, daß die innere Energie des idealen

Gases nicht vom Volumen abhängt, ist also eine unmittelbare Folge der Grundrelation:

$$U = U(T) = C_V\,T + \text{const.} \tag{2.61}$$

2) Van der Waals-Gas

Mit der Zustandsgleichung (1.14) in (2.59) findet man (s. Aufgabe 2.9.8):

$$\left(\frac{\partial U}{\partial V}\right)_T = a\,\frac{n^2}{V^2}. \tag{2.62}$$

Aufgrund der Teilchenwechselwirkungen ist die innere Energie nun volumenabhängig:

$$U = U(T,V) = C_V\,T - a\,\frac{n^2}{V} + \text{const.} \tag{2.63}$$

(C_V = const. vorausgesetzt!)

3) Photonengas

Setzen wir (2.8) in (2.59) ein, so folgt:

$$\epsilon(T) = \frac{1}{3}\,T\,\frac{d\epsilon}{dT} - \frac{1}{3}\,\epsilon(T) \iff 4\epsilon(T) = T\,\frac{d\epsilon}{dT}.$$

Die Lösung ist das **Stefan-Boltzmann-Gesetz**:

$$\epsilon(T) = \text{const.}\,T^4. \tag{2.64}$$

Als Folge des Ersten Hauptsatzes hatten wir für die Differenz der **Wärmekapazitäten** C_p und C_V bereits in (2.17)

$$C_p - C_V = \left[\left(\frac{\partial U}{\partial V}\right)_T + p\right]\left(\frac{\partial V}{\partial T}\right)_p$$

gefunden. Daraus wird mit (2.59):

$$C_p - C_V = T\left(\frac{\partial p}{\partial T}\right)_V\left(\frac{\partial V}{\partial T}\right)_p. \tag{2.65}$$

Diese Differenz ist also allein durch die thermische Zustandsgleichung bestimmt.

Die rechte Seite läßt sich durch relativ leicht meßbare *Response-Funktionen* ausdrücken.

Definition:

1)

$$\beta = \frac{1}{V}\left(\frac{\partial V}{\partial T}\right)_p , \tag{2.66}$$

isobarer, thermischer Ausdehnungskoeffizient.

2)

$$\kappa_{T(S)} = -\frac{1}{V}\left(\frac{\partial V}{\partial p}\right)_{T(S)} , \tag{2.67}$$

isotherme (adiabatische) Kompressibilität.

Mit der *Kettenregel* (Aufgabe 1.6.2)

$$\left(\frac{\partial p}{\partial T}\right)_V \left(\frac{\partial T}{\partial V}\right)_p \left(\frac{\partial V}{\partial p}\right)_T = -1 \tag{2.68}$$

sowie

$$\left(\frac{\partial T}{\partial V}\right)_p = \frac{1}{\left(\frac{\partial V}{\partial T}\right)_p} = \frac{1}{V\beta}$$

folgt:

$$\left(\frac{\partial p}{\partial T}\right)_V = \frac{\beta}{\kappa_T}. \tag{2.69}$$

Eingesetzt in (2.65) ergibt dies:

$$C_p - C_V = \frac{T\,V\,\beta^2}{\kappa_T}. \tag{2.70}$$

Die mechanische Stabilität des Systems erfordert

$$\kappa_T \geq 0. \tag{2.71}$$

Diese plausible Relation läßt sich in der Statistischen Mechanik auch explizit beweisen. Sie hat zur Folge:

$$C_p > C_V. \tag{2.72}$$

Diese Relation ist anschaulich klar, da bei konstantem Druck p für die gleiche Temperaturerhöhung dT "mehr δQ" notwendig ist als bei konstantem Volumen, da im ersten Fall auch Volumenarbeit zu leisten ist, die bei C_V wegen $V = \text{const.}$, d.h. $dV = 0$, wegfällt.

Wir haben bisher T und V als unabhängige Zustandsvariable vorausgesetzt. Experimentelle Randbedingungen könnten jedoch T und p bzw. V und p als *bequemer meßbar* erscheinen lassen. Man hat dann die relevanten Zustandsfunktionen in dem betreffenden Variablensatz zu formulieren. Das wollen wir zum Schluß am Beispiel der Entropie demonstrieren. Wir leiten die sogenannten **TdS-Gleichungen** ab.

1) $\boxed{S = S(T, V)}$

Das ist der Fall, den wir schon diskutiert haben. Setzt man (2.59) in (2.58) ein und nutzt (2.69) aus, so bleibt:

$$T\,dS = C_V\,dT + T\frac{\beta}{\kappa_T}\,dV. \tag{2.73}$$

Auch die Berechnung der Entropie erfordert neben der thermischen Zustandsgleichung ($\Longrightarrow$ β, κ_T) nur die Kenntnis von C_V.

2) $\boxed{S = S(T, p)}$

$$V = V(T,p) \implies dV = \left(\frac{\partial V}{\partial T}\right)_p dT + \left(\frac{\partial V}{\partial p}\right)_T dp.$$

Das wird in (2.58) eingesetzt:

$$\begin{aligned} T\,dS = {} & \left(\frac{\partial U}{\partial T}\right)_V dT + \left[\left(\frac{\partial U}{\partial V}\right)_T + p\right] \left(\frac{\partial V}{\partial T}\right)_p dT + \\ & + \left[\left(\frac{\partial U}{\partial V}\right)_T + p\right] \left(\frac{\partial V}{\partial p}\right)_T dp = \\ \overset{(2.16)}{=} {} & C_p\,dT + T\left(\frac{\partial p}{\partial T}\right)_V \left(\frac{\partial V}{\partial p}\right)_T dp = \end{aligned}$$

$$\stackrel{(2.69)}{=} C_p\,dT + T\left(\frac{\beta}{\kappa_T}\right)(-V\,\kappa_T)\,dp.$$

Damit lautet die $T\,dS$-Gleichung in den Variablen (T, p):

$$T\,dS = C_p\,dT - T\,V\,\beta\,dp. \tag{2.74}$$

3) $\boxed{S = S(V, p)}$

$$T = T(p, V) \implies dT = \left(\frac{\partial T}{\partial p}\right)_V dp + \left(\frac{\partial T}{\partial V}\right)_p dV.$$

Einsetzen in

$$T\,dS = C_V\,dT + T\left(\frac{\partial p}{\partial T}\right)_V dV$$

ergibt als Zwischenergebnis:

$$T\,dS = C_V\left(\frac{\partial T}{\partial p}\right)_V dp + \left[C_V\left(\frac{\partial T}{\partial V}\right)_p + T\left(\frac{\partial p}{\partial T}\right)_V\right] dV. \tag{2.75}$$

Mit (2.69) folgt:

$$C_V\left(\frac{\partial T}{\partial p}\right)_V = C_V\,\frac{\kappa_T}{\beta},$$

$$\left[C_V\left(\frac{\partial T}{\partial V}\right)_p + T\left(\frac{\partial p}{\partial T}\right)_V\right] = \left(\frac{\partial T}{\partial V}\right)_p\left[C_V + T\left(\frac{\partial p}{\partial T}\right)_V\left(\frac{\partial V}{\partial T}\right)_p\right] =$$

$$\stackrel{(2.65)}{=} C_p\left(\frac{\partial T}{\partial V}\right)_p \stackrel{(2.66)}{=} \frac{C_p}{V\,\beta}.$$

Damit haben wir die dritte $T\,dS$-Gleichung gefunden:

$$T\,dS = C_V\,\frac{\kappa_T}{\beta}\,dp + \frac{C_p}{V\,\beta}\,dV. \tag{2.76}$$

Wertet man diese $T\,dS$-Gleichungen speziell für adiabatisch-reversible Prozesse ($S = \text{const.}$) aus, so ergeben sich einige weitere nützliche Relationen:

$$(2.73) \Longrightarrow \left(\frac{\partial V}{\partial T}\right)_S = -\frac{C_V \kappa_T}{T\beta},$$

$$(2.74) \Longrightarrow \left(\frac{\partial p}{\partial T}\right)_S = \frac{C_p}{T V \beta}$$

$$\Longrightarrow \frac{C_p}{V C_V \kappa_T} = -\left(\frac{\partial p}{\partial T}\right)_S \left(\frac{\partial T}{\partial V}\right)_S = -\left(\frac{\partial p}{\partial V}\right)_S = \frac{1}{V \kappa_S}.$$

Dies ergibt:

$$\frac{C_p}{C_V} = \frac{\kappa_T}{\kappa_S}. \qquad (2.77)$$

Wegen (2.72) ist also stets $\kappa_T > \kappa_S$. Wenn wir diese Gleichung mit (2.70) kombinieren, so können wir noch explizit nach C_p und C_V auflösen:

$$C_p - C_V = \frac{T V \beta^2}{\kappa_T} = C_p - \frac{\kappa_S}{\kappa_T} C_p$$

$$\Longrightarrow C_p = \frac{T V \beta^2}{\kappa_T - \kappa_S}, \qquad (2.78)$$

$$C_V = \frac{T V \beta^2 \kappa_S}{\kappa_T(\kappa_T - \kappa_S)}. \qquad (2.79)$$

Analoge Beziehungen, wie wir sie hier für das fluide System (Gas-Flüssigkeit) abgeleitet haben, gelten auch für **magnetische Systeme**, wenn man die entsprechenden *Response-Funktionen* einsetzt. Die Kompressibilität wird durch die

isotherme (adiabatische) Suszeptiblität

$$\chi_{T(S)} = \left(\frac{\partial M}{\partial H}\right)_{T(S)} = \frac{1}{V}\left(\frac{\partial m}{\partial H}\right)_{T(S)} \qquad (2.80)$$

ersetzt. Man beachte jedoch, daß Suszeptibilitäten im Gegensatz zu den Kompressibilitäten auch negativ werden können. (Diamagnetismus!, vgl. Kapitel 3.4.2, Bd. 3.) Der Ausdehnungskoeffizient hat sein Analogon in der Größe

$$\beta_H = \left(\frac{\partial M}{\partial T}\right)_H = \frac{1}{V}\left(\frac{\partial m}{\partial T}\right)_H, \qquad (2.81)$$

die im Bereich des Magnetismus keinen speziellen Namen trägt. – Das Volumen V ist für die magnetischen Systeme als konstanter Parameter anzusehen, also keine Zustandsvariable wie im fluiden System. Beachtet man die Zuordnungen:

Magnet	$\longleftrightarrow$	**Gas**
$\mu_0 H$		p
m		$-V$
$\frac{V}{\mu_0}\chi_{T(S)}$		$V\,\kappa_{T(S)}$
$C_{H,m}$		$C_{p,V}$
$V\,\beta_H$		$-V\,\beta,$

dann findet man mit (2.70), (2.77) und (2.78):

$$\chi_T = \mu_0 V \frac{T\,\beta_H^2}{C_H - C_m}, \tag{2.82}$$

$$C_p = \mu_0 V \frac{T\,\beta_H^2}{\chi_T - \chi_S}, \tag{2.83}$$

$$\frac{C_H}{C_m} = \frac{\chi_T}{\chi_S}. \tag{2.84}$$

2.9 Aufgaben

Aufgabe 2.9.1

1) Zeigen Sie, daß δQ kein totales Differential ist. Benutzt werden darf der Erste Hauptsatz und die Tatsache, daß dU dagegen ein solches totales Differential darstellt.

2) Suchen Sie am Beispiel des idealen Gases einen *integrierenden* Faktor $\mu(T,V)$, der aus δQ ein totales Differential $dy = \mu(T,V)\,\delta Q$ macht und

a) nur von T $(\mu = \mu(T))$,

b) nur von V $(\mu = \mu(V))$

abhängt.

Aufgabe 2.9.2

Zeigen Sie, daß längs der Kurve

$$p\,V^n = \text{const.} \qquad (n = \text{const.})$$

für ein ideales Gas das Verhältnis von zugeführter Wärme und geleisteter Arbeit konstant ist.

Aufgabe 2.9.3

Für nicht zu tiefe Temperaturen stellt das Curie-Gesetz die Zustandsgleichung des idealen Paramagneten dar.

1) Zeigen Sie, daß für die Wärmekapazitäten

$$C_m = \left(\frac{\partial U}{\partial T}\right)_m ; \quad C_H = \left(\frac{\partial U}{\partial T}\right)_H + \mu_0 \frac{V}{C} M^2$$

gilt (C = Curie-Konstante).

2) Leiten Sie für adiabatische Zustandsänderungen die folgende Beziehung ab:

$$\left(\frac{\partial m}{\partial H}\right)_{\text{ad}} = \frac{C_m}{C_H} \, \frac{\mu_0 m - \left(\frac{\partial U}{\partial H}\right)_T}{\mu_0 H - \left(\frac{\partial U}{\partial m}\right)_T} .$$

Aufgabe 2.9.4

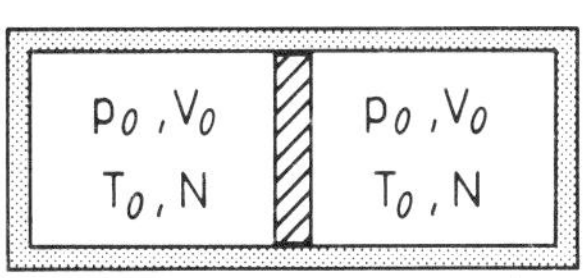

Ein thermisch isolierter Zylinder enthält in der Mitte eine reibungslos verschiebbare, thermisch isolierende Wand. In den beiden Kammern befinden sich zwei ideale Gase mit den in der Abbildung angegebenen Anfangsdaten. In der **linken** Kammer wird das Gas so lange erwärmt, bis das Gas in der rechten Kammer den Druck $p_r = 3p_0$ angenommen hat.

1) Welche Wärme hat das Gas rechts aufgenommen? Welche Arbeit wird vom *rechten* Gas geleistet?

2) Wie hoch sind die Endtemperaturen links und rechts?

3) Wieviel Wärme hat das Gas links aufgenommen?

Aufgabe 2.9.5

Ein Mol eines idealen zweiatomigen Gases wird bei konstanter Temperatur von 293 K quasistatisch von einem Anfangsdruck von $2 \cdot 10^6\,\mathrm{N/m^2}$ auf den Enddruck $1 \cdot 10^5\,\mathrm{N/m^2}$ entspannt. Über einen verschiebbaren Kolben wird dabei Arbeit geleistet.

1) Wie groß ist die geleistete Arbeit?

2) Welche Wärmemenge muß dem Gas zugeführt werden?

3) Wie groß ist die geleistete Arbeit, wenn die Expansion anstatt isotherm adiabatisch erfolgt?

4) Wie ändert sich dabei die Temperatur?

Aufgabe 2.9.6

Ein großes Gefäß endet in einer vertikalen, glattwandigen Röhre, die mit einer leicht beweglichen, aber dicht schließenden Kugel versehen ist. Das Gefäß sei mit einem idealen Gas gefüllt.

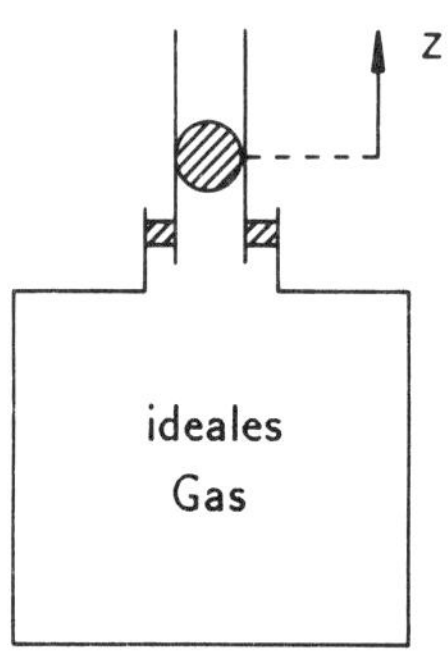

Die Kugel wird ein wenig aus der Ruhelage entfernt und dann losgelassen. Sie führt harmonische Schwingungen um die Ruhelage aus (Dämpfung vernachlässigt!). Die dabei stattfindenden Zustandsänderungen können in guter Näherung als adiabatisch angenommen werden.

Berechnen Sie $\gamma = C_p/C_V$ als Funktion der Periode τ der harmonischen Schwingung (Rüchhardt-Versuch).

Aufgabe 2.9.7

Zwei Systeme A und B, deren innere Energien nur von T abhängen, sollen den Zustandsgleichungen

$$p\,V^2 = \alpha\,N\,T \qquad (A),$$
$$p^2\,V = \beta\,N\,T \qquad (B)$$

genügen, wobei α, β Konstanten mit passender Dimension sind. Untersuchen Sie, ob sich für diese Systeme eine Entropie definieren läßt.

Aufgabe 2.9.8

1) Für ein reales Gas sei der Druck p eine lineare Funktion der Temperatur T:

$$p = \alpha(V)\,T + \beta(V).$$

Zeigen Sie, daß dann die Wärmekapazität C_V nicht vom Volumen V abhängen kann.

2) Berechnen Sie für das van der Waals-Gas die Entropie $S = S(T, V)$ unter der Voraussetzung, daß C_V nicht von T abhängt.

3) Berechnen Sie die Temperaturänderung $\Delta T = T_2 - T_1$, die bei der *freien Expansion* eines van der Waals-Gases auftritt ($C_V \neq C_V(T)$). Dabei bedeutet *freie Expansion*: $U(T_1, V_1) = U(T_2, V_2)$.

4) Berechnen Sie für eine reversible adiabatische Zustandsänderung die *Adiabatengleichungen* des van der Waals-Gases.

Aufgabe 2.9.9

Gegeben sei ein kalorisch ideales Gas ($pV = n\,R\,T$, $C_V = \text{const.}$, $U = U(T)$).

1) Berechnen Sie seine Entropie $S = S(T, V)$.

2) Berechnen Sie die innere Energie U als Funktion von S und V.

3) Berechnen Sie die Entropieänderung, die bei einer freien Expansion des Gases von V_1 auf V_2 eintritt.

Aufgabe 2.9.10

Die Zustandsgleichung eines realen Gases sei durch den Ausdruck

$$p\,V = N\,k_B\,T\left(1 + \frac{N}{V}\,f(T)\right)$$

gegeben, wobei $f(T)$ eine experimentell ermittelte Funktion ist. Unter der Voraussetzung, daß

$$C_V = \frac{3}{2} N\, k_B - N\, k_B\, \frac{N}{V}\, \frac{d}{dt} \left(T^2 \frac{df}{dT} \right)$$

gilt, berechnen Sie die innere Energie und die Entropie des Gases.

Aufgabe 2.9.11

Ein ideales Gas (n Mole, C_V bekannt) dehne sich reversibel

1) unter konstantem Druck p_0 (p_0 bekannt!),

2) bei konstanter Temperatur T_0 (T_0 bekannt!),

3) adiabatisch (Anfangsdruck p_1 bekannt!)

vom Volumen V_1 auf das Volumen V_2 aus. Berechnen Sie die Arbeitsleistung ΔW, die ausgetauschte Wärme ΔQ und die Entropieänderung ΔS als Funktionen von V_1 und V_2.

Aufgabe 2.9.12

In einem idealen Gas wird reversibel und ohne Volumenänderung der Druck erhöht. Berechnen Sie ΔQ, ΔW und ΔS.

Aufgabe 2.9.13

Die Zustandsgleichung eines thermodynamischen Systems (Photonengas!) sei

$$p = \alpha\, \epsilon(T); \quad \alpha = \text{const.}$$

$\epsilon(T)$ ist dabei die innere Energie pro Volumeneinheit.

1) Bestimmen Sie die Temperaturabhängigkeit der inneren Energie.

2) Berechnen Sie die Entropie.

Aufgabe 2.9.14

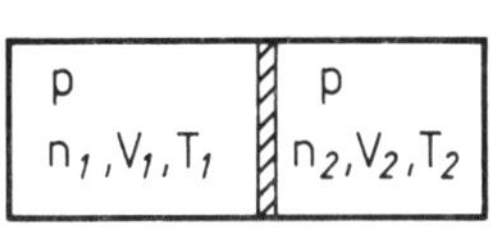

Zwei verschiedene ideale Gase mit den Molzahlen n_1 und n_2 seien in einem Behälter vom Volumen $V = V_1 + V_2$ zunächst durch eine wärmeundurchlässige Wand voneinander getrennt. Der Druck p auf beiden Seiten sei gleich, die Temperaturen seien T_1 und T_2. Die Wärmekapazitäten der beiden Gase seien gleich. – Nun werde die Trennwand entfernt.

1) Welche Mischungstemperatur stellt sich ein?

2) Wie groß ist die Entropieänderung?

3) Zeigen Sie, daß das Ergebnis von 2) nicht richtig sein kann, wenn die Gase in den beiden Kammern gleich sind und aus **nicht** unterscheidbaren Teilchen bestehen (Gibbsches Paradoxon).

Aufgabe 2.9.15

Ein Carnot-Kreisprozeß verlaufe zwischen den Temperaturen T_1 und T_2:

$$T_1 = 360\,\mathrm{K}; \quad T_2 = 300\,\mathrm{K}.$$

Dem ersten Wärmebad wird die Wärme

$$\Delta Q_1 = 1\,\mathrm{kJ}$$

entzogen. Berechnen Sie die bei einem Umlauf geleistete Arbeit.

Aufgabe 2.9.16

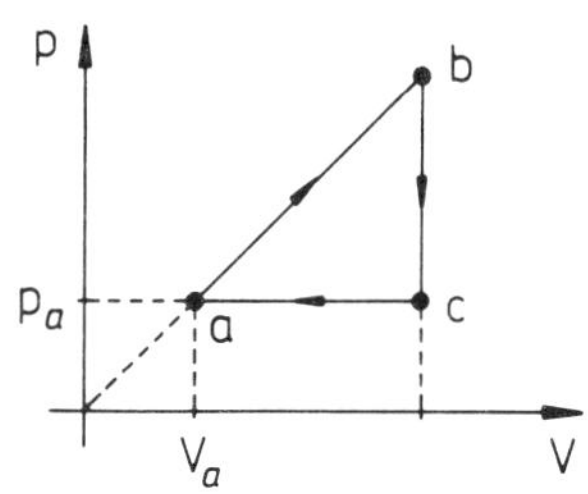

Ein ideales Gas mit der Wärmekapazität C_V durchlaufe reversibel den skizzierten Kreisprozeß. p_a, V_a, T_a sowie p_b seien bekannt. Berechnen Sie

1) Volumen V und Temperatur T in den Zuständen b und c,

2) ausgetauschte Wärmemengen, Energie- und Entropieänderungen bei jedem Teilprozeß,

3) den Wirkungsgrad des Kreisprozesses.

Aufgabe 2.9.17

Mit einem idealen Gas wird der skizzierte Kreisprozeß reversibel durchgeführt. Berechnen Sie den Wirkungsgrad als Funktion von p_1 und p_2.

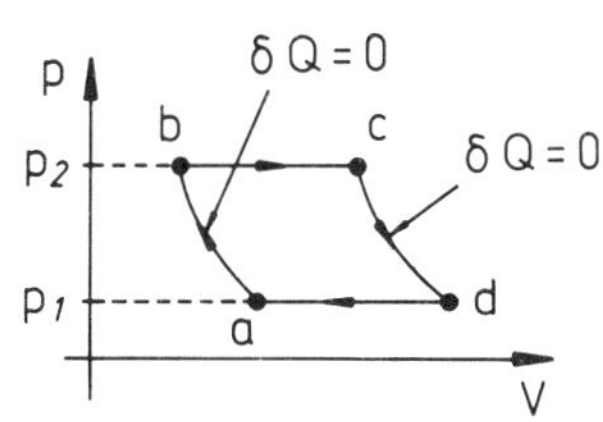

Aufgabe 2.9.18

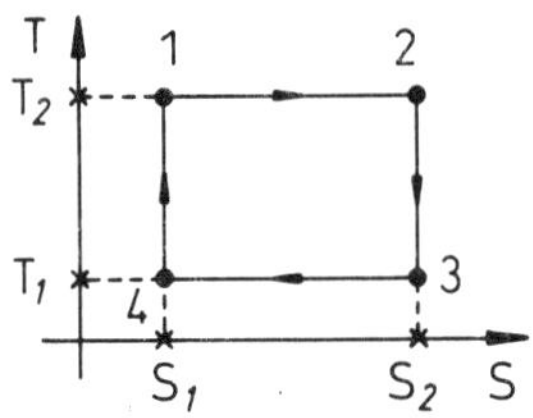

Betrachten Sie in der T-S-Ebene den skizzierten reversiblen Kreisprozeß eines idealen Gases.

1) Berechnen Sie die Wärmemengen, die das System auf den vier Teilstücken austauscht, als Funktion von T_1, T_2 und S_1, S_2.

2) Bestimmen Sie die pro Umlauf geleistete Arbeit und geben Sie den Wirkungsgrad η an.

3) Wie sieht das pV-Diagramm dieses Prozesses aus?

Aufgabe 2.9.19

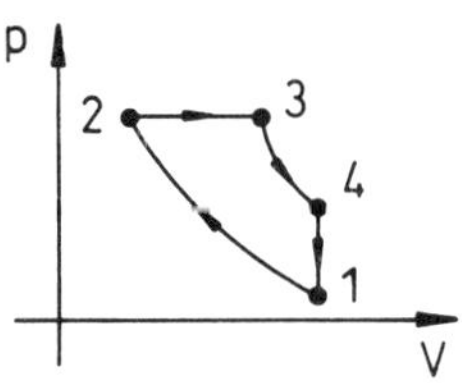

Betrachten Sie den skizzierten reversiblen Kreisprozeß für ein ideales Gas (*Diesel-Prozeß*). ($1 \to 2$) und ($3 \to 4$) sind Adiabaten. Wie groß ist die während eines Umlaufs vom System geleistete Arbeit? Welche Wärme muß zugeführt, welche muß abgeführt werden?

Aufgabe 2.9.20

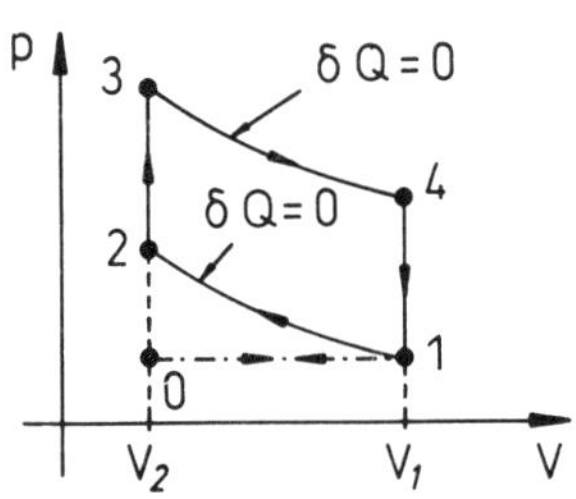

Der gezeichnete, aus zwei adiabatischen und zwei isochoren Ästen bestehende Kreisprozeß werde mit einem idealen Gas als Arbeitssubstanz ausgeführt.

1) Das Diagramm beschreibe einen idealisierten Viertakt-Verbrennungsmotor ("Otto-Motor"). Welchen Takten entsprechen die einzelnen Prozesse?

2) Berechnen Sie die im Kreisprozeß geleistete Arbeit.

3) Wie würden Sie den Wirkungsgrad der Maschine definieren?

4) Wie verhält sich dieser Wirkungsgrad zu dem einer Carnot-Maschine, die zwischen der höchsten und der niedrigsten Temperatur arbeitet?

Aufgabe 2.9.21

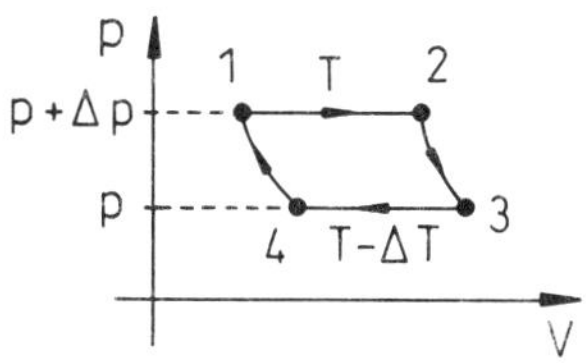

Betrachten Sie den folgenden reversiblen Kreisprozeß (Carnot).

$\boxed{1 \to 2}$ Die bei 1) vorliegende Flüssigkeit mit dem Volumen V_1 wird bei konstanter Temperatur T und konstantem Druck $p + \Delta p$ verdampft. Ein Teil der Verdampfungswärme wird zur Überwindung der Kohäsionskräfte verbraucht und später beim Kondensieren zurückgewonnen. Der zweite Anteil dient der Expansion des Dampfes ($V_1 \to V_2$).

$\boxed{2 \to 3}$ Adiabatische Expansion mit Abkühlung um ΔT.

$\boxed{3 \to 4}$ Isotherme Kompression, wobei der Dampf wieder vollständig kondensiert.

$\boxed{4 \to 1}$ Adiabatische Kompression mit Erwärmung um ΔT.

Leiten Sie unter der Voraussetzung, daß die Volumenänderungen auf den Adiabaten vernachlässigbar klein sind, mit Hilfe des Wirkungsgrades η des Carnot-Kreisprozesses die Clausius-Clapeyron-Gleichung ab,

$$\frac{\Delta p}{\Delta T} = \frac{Q_D}{T(V_2 - V_1)},$$

die die Koexistenzkurve von Gas und Flüssigkeit beschreibt.

Aufgabe 2.9.22

Eine bestimmte Wassermenge werde einem Carnot-Prozeß zwischen den Temperaturen $2\,^0$C und $6\,^0$C unterworfen. Wegen der Anomalie des Wassers muß auf beiden Isothermen Wärme zugeführt werden. Handelt es sich hier um einen Widerspruch zur Kelvinschen Formulierung des Zweiten Hauptsatzes?

Aufgabe 2.9.23

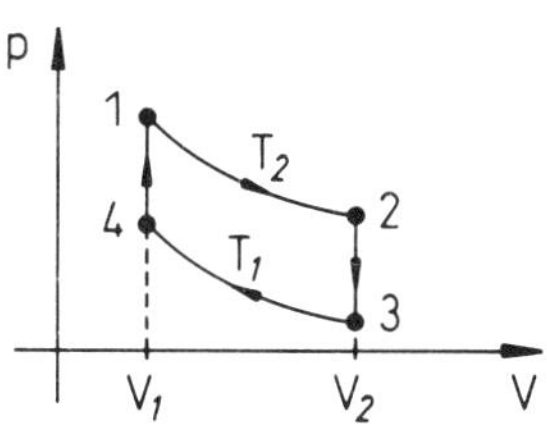

Ein ideales Gas durchlaufe den skizzierten *Stirlingschen* Kreisprozeß:

$1 \to 2;\ 3 \to 4$: isotherm,

$2 \to 3;\ 4 \to 1$: isochor.

Berechnen Sie den Wirkungsgrad.

Aufgabe 2.9.24

Mit einem idealen Gas wird ein Kreisprozeß ausgeführt, der aus den folgenden Zustandsänderungen besteht:

$$(1)\{p_1, V_1\} \to (2)\{p_1, V_2\} \to (3)\{p_2, V_2\} \to (4)\{p_2, V_1\} \\ \to (1)\{p_1, V_1\}.$$

Dabei gelte:

$$p_1 V_2 = p_2 V_1 .$$

1) Stellen Sie den Prozeß in der pV-Ebene dar und zeichnen Sie Isothermen ein.

2) Stellen Sie den Prozeß in der TV-Ebene dar und zeichnen Sie Isobaren ein.

3) Stellen Sie den Prozeß in der pT-Ebene dar und zeichnen Sie Isochoren ein.

Aufgabe 2.9.25

Bei einem Gummifaden wird folgender Zusammenhang zwischen der Länge L, der Zugkraft Z und der Temperatur T festgestellt:

$$L = L_0 + \frac{\alpha Z}{T} \qquad (L_0,\ \alpha : \text{ Konstante}).$$

Die Zugkraft $Z = mg$ werde durch ein angehängtes Gewicht der Masse m realisiert. Zum Erwärmen des Fadens um die Temperaturdifferenz 1 K bei fester Länge $L = L_0$ benötigt man, unabhängig von der Ausgangstemperatur, die konstante Wärmemenge $C > 0$.

1) Zeigen Sie, daß die Wärmekapazität des Fadens bei konstanter Länge L weder von der Temperatur T noch von L abhängt.

2) Berechnen Sie die innere Energie $U(T, L)$ und die Entropie $S(T, L)$. Wie lauten die Adiabatengleichungen $T = T(L)$ und $Z = Z(L)$?

3) Skizzieren Sie die Isothermen und Adiabaten in einem Z-L-Diagramm.

4) Berechnen Sie die Wärmekapazität C_Z bei konstanter Belastung Z.

5) Bei konstanter Belastung Z verkürzt sich der Faden bei Erwärmung von T_1 auf $T_2 > T_1$. Welcher Bruchteil β der zugeführten Wärme wird dabei durch Heben des Gewichtes in mechanische Arbeit umgewandelt?

6) Der Faden wird wärmeisoliert von L_1 auf $L_2 > L_1$ gedehnt. Steigt oder sinkt dabei seine Temperatur?

Aufgabe 2.9.26

Betrachten Sie noch einmal das System aus Aufgabe 2.9.25: Benutzen Sie die Teilergebnisse 1) bis 3).

1) Skizzieren Sie im Z-L-Diagramm einen Carnotschen Kreisprozeß. In welcher Richtung muß er durchlaufen werden, damit er als Wärmekraftmaschine wirkt?

2) Die beiden bei dem Carnot-Prozeß durchlaufenen Isothermen mögen zu den Temperaturen T_1 und $T_2 > T_1$ gehören. ΔQ_1 und ΔQ_2 seien die auf diesen Isothermen ausgetauschten Wärmemengen. Berechnen Sie ΔQ_1, ΔQ_2 sowie den Wirkungsgrad des Carnot-Prozesses.

3) Diskutieren Sie einen Kreisprozeß, der nur aus einem Isothermen- und einem Adiabatenstück besteht und dessen eine Ecke bei $L = L_0$ liegt.

Aufgabe 2.9.27

Für einen Gummifaden gelte wie in Aufgabe 2.9.25 der folgende Zusammenhang zwischen Länge L, Zugkraft Z und Temperatur T:

$$L = L_0 + \frac{\alpha Z}{T}.$$

Der zunächst mit Z belastete Faden werde schlagartig entlastet ($Z = 0$). Die anschließende Kontraktion des Fadens erfolge so schnell, daß dabei kein Wärmeaustausch mit der Umgebung möglich ist. Berechnen Sie die Entropiezunahme ΔS bei diesem irreversiblen Prozeß als Funktion von Z und T. Wie kann man den gleichen Endzustand durch einen reversiblen Prozeß erreichen und ΔS durch Integration von $\frac{\delta Q}{T}$ berechnen?

Aufgabe 2.9.28

Ein Kristallgitter enthalte an bestimmten Gitterplätzen permanente magnetische Momente. Dieses Momentensystem sei durch eine Magnetisierung

$$M = \widehat{C}\,\frac{H}{T} \qquad (\textit{Curie-Gesetz}, \ \widehat{C}: \text{Curie-Konstante})$$

und eine Wärmekapazität bei konstantem H,

$$C_H^{(m)} = \widehat{C}\,\mu_0 V \frac{H^2 + H_r^2}{T^2} \qquad (V, H_r: \text{Konstante}),$$

charakterisiert. Das Kristallgitter habe eine Wärmekapazität C_K, deren Temperaturabhängigkeit wegen $C_K \gg C_H^{(m)}$ im folgenden nicht berücksichtigt zu werden braucht. Der gesamte Kristall sei nach außen thermisch isoliert.

1) Zeigen Sie, daß die von dem Momentensystem bei einem quasistatischen Prozeß aufgenommene Wärmemenge durch

$$\delta Q^{(m)} = C_H^{(m)}\, dT - \mu_0 V\, H \left(\frac{\partial M}{\partial H}\right)_T dH$$

beschrieben wird. (Das Volumen V ist hier eine unbedeutende Konstante, keine thermodynamische Variable!)

2) Leiten Sie eine Bestimmungsgleichung für die Temperatur $T(H)$ des magnetischen Systems ab,

a) falls kein Wärmeaustausch zwischen magnetischem System und Kristallgitter stattfindet;

b) falls sich die beiden Teilsysteme dauernd im thermischen Gleichgewicht befinden!

3) Das Gesamtsystem habe eine Anfangstemperatur T^* und befinde sich in einem Feld $H = H^*$.

a) Das Feld werde so schnell abgeschaltet, daß kein Wärmeaustausch zwischen Momentensystem und Kristallgitter stattfindet, andererseits aber auch so langsam, daß der Prozeß als quasistatisch behandelt werden kann. Welche Temperatur T_0 hat das Momentensystem nach Abschalten des Feldes?

b) Durch den anschließenden Wärmeaustausch zwischen den Teilsystemen stellt sich ein thermisches Gleichgewicht mit der Temperatur T_g ein. Berechnen Sie T_g.

4) Ausgehend von dem gleichen Anfangszustand wie unter (3a) werde das Feld so langsam abgeschaltet, daß die beiden Teilsysteme immer im thermischen Gleichgewicht sind. Welche Endtemperatur $\widehat{T}_g$ wird nun erreicht?

5) Diskutieren Sie die Ergebnisse aus 3) und 4).

a) Sind die Prozesse reversibel?

b) Warum sind die Endtemperaturen T_g und $\widehat{T}_g$ nicht gleich? Welche Temperatur ist höher?

2.10 Kontrollfragen

Zu Kapitel 2.1

1) Was ist die wesentliche Aussage des Ersten Hauptsatzes?

2) Wie ist die innere Energie U definiert? Wie ändert sie sich bei einem Kreisprozeß?

3) Was versteht man unter dem chemischen Potential μ?

4) Welche Relation bezeichnet man als *kalorische*, welche als *thermische* Zustandsgleichung?

5) Formulieren Sie den Ersten Hauptsatz für isolierte, geschlossene und offene Systeme.

Zu Kapitel 2.2

1) Wie sind Wärmekapazitäten definiert? Welche physikalischen Aussagen machen sie?

2) Wodurch unterscheiden sich Wärmekapazität, spezifische Wärme und Molwärme?

3) Erklären Sie, warum beim idealen Gas $C_p > C_V$ ist.

Zu Kapitel 2.3

1) Was versteht man unter einer adiabatischen Zustandsänderung?

2) Wie lauten die drei Adiabatengleichungen des idealen Gases?

3) Was kann man über die Wärmekapazitäten C_V und C_p des Schwarzen Strahlers aussagen?

4) Formulieren Sie Adiabatengleichungen des Schwarzen Strahlers.

5) Was ist eine Isotherme?

6) Zeichnen Sie qualitativ für ein ideales Gas im pV-Diagramm eine Isochore, Isobare, Isotherme und Adiabate. Dabei sollen alle Kurven einen gemeinsamen Punkt (p_0, V_0) haben.

Zu Kapitel 2.4

1) Warum reicht der Erste Hauptsatz zur Beschreibung von thermodynamischen Systemen nicht aus?

2) Was versteht man unter einem perpetuum mobile zweiter Art?

3) Was besagt der Zweite Hauptsatz? Geben Sie die Kelvinsche und die Clausiussche Aussage an.

4) Wie ist eine *Wärmekraftmaschine* definiert?

5) Was bedeutet ihr *Wirkungsgrad* η?

Zu Kapitel 2.5

1) Definieren Sie den Carnot-Prozeß.

2) Was ist eine *Wärmepumpe*?

3) Wie lautet der Wirkungsgrad der Carnot-Maschine?

4) Was kann über den Wirkungsgrad einer beliebigen reversibel und periodisch arbeitenden Maschine gesagt werden?

Zu Kapitel 2.6

1) Welche universelle Eigenschaft der Carnot-Maschine wird zur Festlegung der absoluten thermodynamischen Temperaturskala ausgenutzt?

2) In welcher Weise wird beim Beweis der Universalität des Wirkungsgrades reversibler Kreisprozesse davon Gebrauch gemacht, daß die Arbeitssubstanz ein ideales Gas ist?

3) Skizzieren Sie, wie man mit Hilfe von reversiblen Kreisprozessen eine absolute, substanzunabhängige Temperatur festlegen kann.

Zu Kapitel 2.7

1) Was besagt die Clausiussche Ungleichung?

2) Wie ist die Entropie S definiert? Ist dieselbe eindeutig?

3) Welcher integrierende Faktor macht aus der Differentialform δQ das totale Differential dS?

4) Wie berechnet man die Entropie, wenn Zustandsänderungen irreversibel verlaufen?

5) Wie formuliert man *mathematisch* den Zweiten Hauptsatz?

6) Was versteht man unter der Grundrelation der Thermodynamik?

7) Was würden Sie als die zentralen Begriffe der phänomenologischen Thermodynamik bezeichnen?

8) Wie verhält sich die Entropie eines isolierten Systems, in dem noch Prozesse ablaufen? Was kann über die Entropie nach Erreichen des Gleichgewichts gesagt werden?

9) Wodurch sind irreversible Prozesse gekennzeichnet?

10) Beschreiben Sie eine reversible und eine irreversible Möglichkeit, das ideale Gas isotherm zu expandieren.

Zu Kapitel 2.8

1) Nennen Sie einige wichtige Schlußfolgerungen, die sich aus der Tatsache ergeben, daß dS und dU totale Differentiale sind.

2) Zeigen Sie, daß sich bei bekannter Wärmekapazität C_V die innere Energie $U(T,V)$ allein aus der Zustandsgleichung ableiten läßt.

3) Begründen Sie die Ungleichung $C_p > C_V$.

4) Zeigen Sie, daß die Aussage des Gay-Lussac-Versuchs eine direkte Folge der Grundrelation der Thermodynamik ist.

5) Verifizieren Sie mit eben dieser Grundrelation für das Photonengas das Stefan-Boltzmann-Gesetz.

6) Was bezeichnet man als *$T\,dS$-Gleichungen*?

7) Welche Analogien bestehen zwischen dem fluiden und dem magnetischen System?

3 THERMODYNAMISCHE POTENTIALE

3.1 "Natürliche" Zustandsvariablen

Für reversible Zustandsänderungen, die, wie wir nun wissen, faktisch quasistatisch als Prozesse zwischen Gleichgewichtszuständen ablaufen müssen (Übergang ins Gleichgewicht ist irreversibel!), lautet die

Grundrelation der Thermodynamik

in allgemeinster Form:

$$dU = T\,dS + \sum_{i=1}^{m} F_i\,dq_i + \sum_{j=1}^{\alpha} \mu_j\,dN_j. \tag{3.1}$$

Hier ist also offensichtlich

$$U = U(S, \mathbf{q}, \mathbf{N}). \tag{3.2}$$

Speziell für **Gase** gilt mit $\{\mathbf{F}, \mathbf{q}\} \to \{-p, V\}$:

$$dU = T\,dS - p\,dV + \sum_{j=1}^{\alpha} \mu_j\,dN_j, \tag{3.3}$$

$$U = U(S, V, \mathbf{N}). \tag{3.4}$$

Da dU ein totales Differential ist, kann man die innere Energie U in gleicher Form auch als die **Erzeugende** der abhängigen Variablen auffassen. An (3.3) liest man z.B. für das Gas direkt ab:

$$T = \left(\frac{\partial U}{\partial S}\right)_{V,\mathbf{N}}; \quad -p = \left(\frac{\partial U}{\partial V}\right)_{S,\mathbf{N}}; \quad \mu_j = \left(\frac{\partial U}{\partial N_j}\right)_{S,V,N_{i,i\neq j}}. \tag{3.5}$$

Die experimentell wichtigen *Response*-Funktionen ergeben sich aus den zweiten Ableitungen:

$$\left(\frac{\partial^2 U}{\partial S^2}\right)_{V,\mathbf{N}} = \left(\frac{\partial T}{\partial S}\right)_{V,\mathbf{N}} = \left[\left(\frac{\partial S}{\partial T}\right)_{V,\mathbf{N}}\right]^{-1} \overset{\text{rev}}{=} \frac{T}{C_V}$$

$$\Longrightarrow C_V = T\left[\left(\frac{\partial^2 U}{\partial S^2}\right)_{V,\mathbf{N}}\right]^{-1}. \tag{3.6}$$

Die zweite Ableitung der inneren Energie nach dem Volumen führt auf die adiabatische Kompressibilität:

$$\left(\frac{\partial^2 U}{\partial V^2}\right)_{S,\mathbf{N}} = -\left(\frac{\partial p}{\partial V}\right)_{S,\mathbf{N}} = \frac{1}{V\,\kappa_S}$$

$$\Longrightarrow \kappa_S = \frac{1}{V}\left[\left(\frac{\partial^2 U}{\partial V^2}\right)_{S,\mathbf{N}}\right]^{-1}. \tag{3.7}$$

Weitere nützliche Relationen ergeben sich schließlich aus der Tatsache, daß dU ein totales Differential ist, d.h. aus den entsprechenden Integrabilitätsbedingungen:

$$\left(\frac{\partial T}{\partial V}\right)_{S,\mathbf{N}} = -\left(\frac{\partial p}{\partial S}\right)_{V,\mathbf{N}}; \quad \left(\frac{\partial T}{\partial N_i}\right)_{V,S,N_{j,j\neq i}} = \left(\frac{\partial \mu_i}{\partial S}\right)_{V,\mathbf{N}}. \tag{3.8}$$

Diese Beziehungen werden **Maxwell-Relationen** genannt.

Die Gleichungen (3.5) bis (3.7) machen klar, daß das gesamte Gleichgewichtsverhalten des Systems eindeutig festgelegt ist, z.B. auch die Zustandsgleichungen, sobald

$$U = U(S, \mathbf{q}, \mathbf{N})$$

bekannt ist. Eine Größe, die so etwas leistet, nennt man ein

thermodynamisches Potential.

Dessen unabhängige Zustandsvariablen heißen

natürliche Variablen.

Die natürlichen Variablen der **inneren Energie** sind also

$\{S, \mathbf{q}, \mathbf{N}\}$, und damit speziell für das **Gas:** $\{S, V, \mathbf{N}\}$.

Die Bezeichnung *Potential* rührt von einer formalen Analogie mit dem Potential der Klassischen Mechanik her. Dort erhält man die Komponenten der Kräfte direkt als erste Ableitungen des Potentials nach den Koordinaten. – Von **natürlichen Variablen** eines thermodynamischen Potentials spricht man deshalb genau dann, wenn sich die entsprechenden abhängigen Variablen **direkt** durch Ableiten der Potentiale ergeben. Das ist nach (3.5) bei der inneren Energie U genau dann der Fall, wenn wir sie für ein Gas als Funktion von S, V und $\mathbf{N}$ darstellen. Das sind die Variablen, in denen die *differentiellen Eigenschaften* von U besonders einfach **und** *vollständig* sind. Es ist daher die kalorische Zustandsgleichung

$$U = U(T, V, \mathbf{N})$$

kein geeignetes thermodynamisches Potential. Wegen

$$\left(\frac{\partial U}{\partial T}\right)_V = C_V; \quad \left(\frac{\partial U}{\partial V}\right)_T = T\left(\frac{\partial p}{\partial T}\right)_V - p$$

folgen die abhängigen Zustandsvariablen S und p nicht unmittelbar aus den ersten Ableitungen von U.

Es gibt weitere Gesichtspunkte, die die natürlichen Variablen auszeichnen. So werden wir später Gleichgewichtsbedingungen für thermodynamische Systeme formulieren, und zwar in dem Sinne, daß in Systemen, in denen die natürlichen Variablen konstant gehalten werden, alle irreversiblen Prozesse so ablaufen, daß das thermodynamische Potential im Gleichgewicht extremal wird.

Die Einführung anderer thermodynamischer Potentiale, wie wir sie im nächsten Abschnitt durchführen, erfüllt dann lediglich den Zweck, andere *Energiefunktionen* zu finden, die in anderen Variablensätzen ähnlich einfach sind wie U als Funktion von $\{S, \mathbf{q}, \mathbf{N}\}$.

Löst man die Grundrelation (3.1) nach dS auf,

$$dS = \frac{1}{T}dU - \frac{1}{T}\sum_{i=1}^{m} F_i\, dq_i - \frac{1}{T}\sum_{j=1}^{\alpha} \mu_j\, dN_j, \qquad (3.9)$$

so erkennt man, daß auch $S = S(U, \mathbf{q}, \mathbf{N})$ ein thermodynamisches Potential darstellt.

3.2 Legendre-Transformation

Ein Nachteil beim Gebrauch der inneren Energie U als thermodynamisches Potential ist offensichtlich. Die natürlichen Variablen sind sehr unbequem, da z.B. die Entropie S nicht leicht zu kontrollieren ist. Man führt deshalb, je nach experimentellen Randbedingungen, andere thermodynamische Potentiale ein, die als natürliche Variablen gerade solche Größen verwenden, die dem Experiment direkter zugänglich sind. Der Übergang von einem Variablensatz zum anderen erfolgt mit Hilfe der in Kapitel 2.1, Bd. 2 dieses **Grundkurs: Theoretische Physik** eingeführten

Legendre-Transformation.

Diese wenden wir auf die innere Energie U an, wobei wir parallel stets das Gas als spezielle Anwendung diskutieren wollen.

1)

Freie Energie: $F = F(T, \mathbf{q}, \mathbf{N})$,
Gas: $F = F(T, V, \mathbf{N})$.

Die *ursprünglich*, d.h. in Bezug auf U, unabhängige Variable S soll durch die Temperatur T ersetzt werden:

$$F = U - S\left(\frac{\partial U}{\partial S}\right)_{\mathbf{q},\mathbf{N}} = U - T\,S. \tag{3.10}$$

Das totale Differential dF ergibt sich mit (3.1) zu:

$$dF = dU - d(T\,S) = dU - S\,dT - T\,dS,$$

$$dF = -S\,dT + \sum_{i=1}^{m} F_i\,dq_i + \sum_{j=1}^{\alpha} \mu_j\,dN_j. \tag{3.11}$$

Dies bedeutet speziell für das Gas:

$$dF = -S\,dT - p\,dV + \sum_{j=1}^{\alpha} \mu_j\,d\,N_j. \tag{3.12}$$

Die **natürlichen Variablen** der freien Energie sind demnach

$$\{T, \mathbf{q}, \mathbf{N}\}; \quad \textit{Gas:}\ \{T, V, \mathbf{N}\}.$$

Die abhängigen Zustandsgrößen ergeben sich unmittelbar aus den ersten partiellen Ableitungen:

$$-S = \left(\frac{\partial F}{\partial T}\right)_{\mathbf{q},\mathbf{N}} \; ; \quad F_j = \left(\frac{\partial F}{\partial q_j}\right)_{T,\mathbf{N},q_i,\, i \neq j} . \tag{3.13}$$

Dies bedeutet wiederum speziell für das Gas:

$$S = -\left(\frac{\partial F}{\partial T}\right)_{V,\mathbf{N}} \; ; \quad p = -\left(\frac{\partial F}{\partial V}\right)_{T,\mathbf{N}} . \tag{3.14}$$

Ferner gilt z.B. die Maxwell-Relation:

$$\left(\frac{\partial S}{\partial V}\right)_{T,\mathbf{N}} = \left(\frac{\partial p}{\partial T}\right)_{V,\mathbf{N}} \quad \text{(Gas)}. \tag{3.15}$$

2)

Enthalpie: $H = H(S, \mathbf{F}, \mathbf{N})$,
Gas: $H = H(S, p, \mathbf{N})$.

Ausgehend von U sollen nun die generalisierten Koordinaten $\mathbf{q}$ mit den generalisierten Kräften $\mathbf{F}$ vertauscht werden:

$$H = U - \sum_{i=1}^{m} q_i \left(\frac{\partial U}{\partial q_i}\right)_{S,\mathbf{N},q_j \neq i} = U - \sum_{i=1}^{m} q_i\, F_i . \tag{3.16}$$

Dies bedeutet speziell für das Gas:

$$H = U + p\,V. \tag{3.17}$$

Zur Berechnung des totalen Differentials dH benutzen wir auch hier (3.1):

$$dH = dU - \sum_{i=1}^{m} \left(dq_i F_i + q_i\, dF_i\right) \implies$$

$$dH = T\, dS - \sum_{i=1}^{m} q_i\, dF_i + \sum_{j=1}^{\alpha} \mu_j\, dN_j . \tag{3.18}$$

Im Spezialfall des Gases wird daraus:

$$dH = T\,dS + V\,dp + \sum_{j=1}^{\alpha} \mu_j\,dN_j. \qquad (3.19)$$

Die **natürlichen Variablen** der Enthalpie sind also:

$$\{S, \mathbf{F}, \mathbf{N}\}; \quad \text{Gas: } \{S, p, \mathbf{N}\}.$$

Da auch H ein thermodynamisches Potential darstellt, ergeben sich die abhängigen Zustandsvariablen direkt aus den ersten partiellen Ableitungen:

$$T = \left(\frac{\partial H}{\partial S}\right)_{\mathbf{F},\mathbf{N}}; \quad q_i = -\left(\frac{\partial H}{\partial F_i}\right)_{S,\mathbf{N},F_j \neq i}. \qquad (3.20)$$

Die zweite Gleichung lautet im Fall des Gases:

$$V = \left(\frac{\partial H}{\partial p}\right)_{S,\mathbf{N}}. \qquad (3.21)$$

Aus (3.19) folgt auch unmittelbar die folgende Maxwell-Relation:

$$\left(\frac{\partial T}{\partial p}\right)_{S,\mathbf{N}} = \left(\frac{\partial V}{\partial S}\right)_{p,\mathbf{N}} \quad \text{(Gas)}. \qquad (3.22)$$

3)

Gibbsche (freie) Enthalpie: $G = G(T, \mathbf{F}, \mathbf{N})$,

Gas: $G = G(T, p, \mathbf{N})$.

Ausgehend von U sollen nun S und $\mathbf{q}$ gegen T und $\mathbf{F}$ mit Hilfe einer Legendre-Transformation ausgetauscht werden:

$$G = U - S\left(\frac{\partial U}{\partial S}\right)_{\mathbf{q},\mathbf{N}} - \sum_{i=1}^{m} q_i \left(\frac{\partial U}{\partial q_i}\right)_{S,\mathbf{N},q_j \neq i},$$

$$G = U - T\,S - \sum_{i=1}^{m} q_i\,F_i. \qquad (3.23)$$

Für das Gas gilt:

$$G = U - T\,S + p\,V. \qquad (3.24)$$

Das totale Differential ist wiederum leicht ableitbar:

$$dG = dU - T\,dS - S\,dT - \sum_{i=1}^{m}(q_i\,dF_i + F_i\,dq_i).$$

Setzen wir (3.1) ein,

$$dG = -S\,dT - \sum_{i=1}^{m} q_i\,dF_i + \sum_{j=1}^{\alpha} \mu_j\,dN_j, \tag{3.25}$$

so erkennen wir, daß

$$\{T, \mathbf{F}, \mathbf{N}\}; \quad \text{Gas: } \{T, p, \mathbf{N}\}$$

die **natürlichen Variablen** der freien Enthalpie sind. Für das Gas nimmt (3.25) die Gestalt

$$dG = -S\,dT + V\,dp + \sum_{j=1}^{\alpha} \mu_j\,dN_j \tag{3.26}$$

an. Die ersten partiellen Ableitungen von G nach den natürlichen Variablen führen auf die abhängigen Zustandsvariablen:

$$S = -\left(\frac{\partial G}{\partial T}\right)_{\mathbf{F},\mathbf{N}}; \quad q_i = -\left(\frac{\partial G}{\partial F_i}\right)_{T,\mathbf{N},F_j \neq i}. \tag{3.27}$$

Für das Gas schreibt sich die zweite Gleichung:

$$V = \left(\frac{\partial G}{\partial p}\right)_{T,\mathbf{N}}. \tag{3.28}$$

Nützlich ist noch die aus (3.26) folgende Maxwell-Relation:

$$-\left(\frac{\partial S}{\partial p}\right)_{T,\mathbf{N}} = \left(\frac{\partial V}{\partial T}\right)_{p,\mathbf{N}}. \tag{3.29}$$

U, F, G und H sind die vier wichtigsten thermodynamischen Potentiale. Eine Fülle von aussagekräftigen Beziehungen resultieren allein aus der Tatsache, daß dU, dF, dH und dG totale Differentiale sind.

3.3 Homogenitätsrelationen

Es muß als Erfahrungstatsache gelten, daß die innere Energie U eine

extensive Zustandsgröße

darstellt. Dies besagt, daß bei einer Vervielfachung der homogenen Phasen eines thermodynamischen Systems, in denen die **intensiven** Zustandsvariablen überall denselben Wert haben, sich auch U vervielfacht:

$$\left.\begin{array}{r} V \rightarrow \lambda V \\ N_j \rightarrow \lambda N_j \end{array}\right\} \quad \Longrightarrow \quad U \rightarrow \lambda U. \tag{3.30}$$

Dieses ist streng natürlich nur dann richtig, wenn wir Wechselwirkungen zwischen den einzelnen Teilsystemen vernachlässigen können und auf Oberflächeneffekte keine Rücksicht nehmen müssen. (In der Statistischen Mechanik werden wir dazu den **thermodynamischen Limes** einführen!)

Wir wollen nun zeigen, daß auch die anderen thermodynamischen Potentiale extensive Zustandsgrößen sind. Da

$$dU = T\,dS + \sum_{i=1}^{m} F_i\,dq_i + \sum_{j=1}^{\alpha} \mu_j\,dN_j$$

extensiv ist, die Temperatur T nach Definition in Kapitel 1.3 intensiv, muß notwendig

$$\begin{array}{rl} S,\, dS & \textbf{extensiv,} \\ \mu_j & \textbf{intensiv,} \\ \sum\limits_{i=1}^{m} F_i\,dq_i & \textbf{extensiv} \end{array}$$

folgen. Falls die verallgemeinerten Koordinaten q_i extensiv gewählt werden, müssen die zugehörigen verallgemeinerten Kräfte F_i intensiv sein und umgekehrt. An (3.10), (3.11), (3.16), (3.18), (3.23) und (3.25) liest man dann unmittelbar die Behauptung ab:

dF, dG, dH bzw. F, G, H sind

extensive Zustandsgrößen!

Nehmen wir einmal an, die Koordinaten q_i seien sämtlich extensiv, wie z.B.

das Volumen V beim Gas, dann gelten die **Homogenitätsrelationen:**

$$F(T, \lambda\,\mathbf{q}, \lambda\,\mathbf{N}) = \lambda\, F(T, \mathbf{q}, \mathbf{N}), \tag{3.31}$$

$$H(\lambda\, S, \mathbf{F}, \lambda\,\mathbf{N}) = \lambda\, H(S, \mathbf{F}, \mathbf{N}), \tag{3.32}$$

$$G(T, \mathbf{F}, \lambda\,\mathbf{N}) = \lambda\, G(T, \mathbf{F}, \mathbf{N}). \tag{3.33}$$

Aus der Extensivität von G ziehen wir eine wichtige Folgerung. Wir differenzieren beide Seiten der Gleichung (3.33) nach λ und setzen dann $\lambda = 1$:

$$\begin{aligned} G(T, \mathbf{F}, \mathbf{N}) &= \frac{d}{d\lambda}\, G(T, \mathbf{F}, \lambda\,\mathbf{N})\big|_{\lambda=1} = \\ &= \left(\sum_{j=1}^{\alpha} \left(\frac{\partial G}{\partial(\lambda\, N_j)} \right)_{T, \mathbf{F}, N_i \neq j} N_j \right)_{\lambda=1} . \end{aligned}$$

Dies ergibt die

Gibbs-Duhem-Relation

$$G(T, \mathbf{F}, \mathbf{N}) = \sum_{j=1}^{\alpha} \mu_j\, N_j, \tag{3.34}$$

die bei einer einzigen Teilchensorte ($\alpha = 1$) besonders einfach aussieht:

$$G(T, \mathbf{F}, N) = \mu\, N. \tag{3.35}$$

Das chemische Potential μ kann demnach als freie Enthalpie pro Teilchen interpretiert werden. Gleichung (3.34) kann natürlich auch wie folgt geschrieben werden:

$$U - T\, S - \sum_{i=1}^{m} F_i\, dq_i - \sum_{j=1}^{\alpha} \mu_j\, N_j = 0. \tag{3.36}$$

3.4 Die thermodynamischen Potentiale des idealen Gases

Bevor wir weitere, allgemeingültige Eigenschaften der thermodynamischen Potentiale ableiten, wollen wir einige spezielle Anwendungen diskutieren. Zunächst berechnen wir in diesem Abschnitt einmal explizit die Potentiale des idealen Gases, wobei wir annehmen wollen, daß das Gas aus nur einer Teilchensorte besteht:

$$\{\mathbf{q}, \mathbf{F}, \mathbf{N}\} \rightarrow \{V, -p, N\}.$$

Mit $\overline{C}$ bezeichnen wir die Wärmekapazität pro Teilchen:

$$\overline{C} = \text{const.} \tag{3.37}$$

Dann gilt zunächst nach (2.58) und (2.59), falls die Teilchenzahl N konstant ist:

$$dS = N\,\overline{C}_V\,\frac{dT}{T} + \left(\frac{\partial p}{\partial T}\right)_V dV = N\,\overline{C}_V\,d\ln T + N\,k_B\,d\ln V.$$

Dies läßt sich formal leicht integrieren:

$$S(T, V, N) = S(T_0, V_0, N) + N\,\overline{C}_V \ln\frac{T}{T_0} + +N\,k_B \ln\frac{V}{V_0}. \tag{3.38}$$

Die Entropie S ist extensiv und muß deshalb homogen in den Variablen V und N sein:

$$S(T, \lambda\,V, \lambda\,N) \stackrel{!}{=} \lambda\,S(T, V, N) \qquad (\lambda \text{ reell.}) \tag{3.39}$$

Das wird offensichtlich von dem Zwischenergebnis (3.38) nicht unmittelbar gewährleistet, insbesondere wegen des ($\ln V$)-Terms auf der rechten Seite. Wir werden deshalb spezielle Forderungen an $S(T_0, V_0, N)$ zu stellen haben:

$$S(T_0, V_0, \lambda\,N) + (\lambda\,N)\,\overline{C}_V \ln\frac{T}{T_0} + (\lambda\,N)k_B \ln\frac{\lambda\,V}{V_0} \stackrel{!}{=}$$
$$\stackrel{!}{=} \lambda\,S(T_0, V_0, N) + \lambda\,N\,\overline{C}_V \ln\frac{T}{T_0} + \lambda\,N\,k_B \ln\frac{V}{V_0}.$$

Das ist gleichbedeutend mit

$$\lambda\,S(T_0, V_0, N) = S(T_0, V_0, \lambda\,N) + \lambda\,N\,k_B \ln\lambda.$$

Da λ beliebig gewählt werden kann, dürfen wir speziell $\lambda = N_0/N$ setzen:

$$S(T_0, V_0, N) = \frac{N}{N_0}\,S(T_0, V_0, N_0) + N\,k_B\,\ln\frac{N_0}{N}.$$

Dies setzen wir in (3.38) ein:

$$S(T,V,N) = N\left\{\sigma + \overline{C}_V \ln\frac{T}{T_0} + k_B \ln\frac{V/N}{V_0/N_0}\right\}. \tag{3.40}$$

Dabei ist σ nun eine wirkliche Konstante:

$$\sigma = \frac{1}{N_0} S(T_0, V_0, N_0). \tag{3.41}$$

In der Klammer erscheinen jetzt neben der Konstanten σ nur noch intensive Variable. S ist damit homogen in V und N.

Wir haben mit (3.40) die Entropie eigentlich nicht in ihren natürlichen Variablen dargestellt. Das sind nach (3.9) U, V und N. Mit Hilfe der kalorischen Zustandsgleichung des idealen Gases,

$$U(T) = N\,\overline{C}_V\,T + \text{const.}, \tag{3.42}$$

können wir jedoch leicht T durch U in (3.40) ersetzen:

$$S(U,V,N) = N\left\{\sigma + \overline{C}_V \ln\frac{U/N}{U_0/N_0} + k_B \ln\frac{V/N}{V_0/N_0}\right\}. \tag{3.43}$$

Durch Auflösen nach U erhalten wir die innere Energie des idealen Gases als Funktion ihrer natürlichen Variablen S, V und N:

$$U = N\frac{U_0}{N_0}\exp\left[\frac{1}{\overline{C}_V}\left(\frac{1}{N}S - \sigma - k_B \ln\frac{V/N}{V_0/N_0}\right)\right].$$

Mit $k_B/\overline{C}_V = \gamma - 1$ können wir U in der Form

$$U(S,V,N) = N\,\overline{C}_V\,T_0\left(\frac{N_0\,V}{N\,V_0}\right)^{1-\gamma}\exp\left[\frac{S}{N\,\overline{C}_V} - \frac{\sigma}{\overline{C}_V}\right] \tag{3.44}$$

darstellen. Die innere Energie U des idealen Gases ist in ihren **natürlichen** Variablen ersichtlich auch volumenabhängig. Das ist **kein** Widerspruch zum Resultat des Gay-Lussac-Versuchs, der sich auf die kalorische Zustandsgleichung (3.42) bezieht, also auf U in den Variablen T, V und N.

Wir berechnen als nächstes die freie Enthalpie, und zwar mit Hilfe der

Gibbs-Duhem-Relation (3.34). Dazu benötigen wir das chemische Potential μ, für das nach (3.9) gilt:

$$-\frac{\mu}{T} = \left(\frac{\partial S}{\partial N}\right)_{U,V}. \tag{3.45}$$

Das können wir mit (3.43) explizit berechnen:

$$-\frac{\mu}{T} = \sigma + \overline{C}_V \ln\frac{U/N}{U_0/N_0} + k_B \ln\frac{V/N}{V_0/N_0} + \\ + N\left[\overline{C}_V\, N\left(-\frac{1}{N^2}\right) + k_B\, N\left(-\frac{1}{N^2}\right)\right].$$

Daraus folgt mit (3.42), wenn man die unbedeutende Konstante gleich Null setzt:

$$\mu(T,V,N) = (k_B + \overline{C}_V - \sigma)\, T - \overline{C}_V\, T \ln\frac{T}{T_0} - k_B\, T \ln\frac{N_0\, V}{N\, V_0}. \tag{3.46}$$

Man erkennt unmittelbar, daß μ eine intensive Variable ist:

$$\mu(T,V,N) \to \mu\left(T, \frac{V}{N}\right).$$

Entsprechend ist

$$\mu(T,p,N) = \mu(T,p),$$

wobei wir letzteres aus (3.46) mit Hilfe der Zustandsgleichung und wegen $\overline{C}_p = \overline{C}_V + k_B$ ableiten können:

$$\mu(T,p) = (\overline{C}_p - \sigma)T - (\overline{C}_p - k_B)\, T \ln\frac{T}{T_0} + k_B\, T \ln\frac{p/T}{p_0/T_0}. \tag{3.47}$$

Mit (3.34) ergibt sich dann direkt die freie Enthalpie:

$$G(T,p,N) = N\,\mu(T,p). \tag{3.48}$$

Für die freie Energie F benutzen wir:

$$F = G - p\,V = N\,\mu(T,V,N) - N\,k_B\,T.$$

Dies führt mit (3.46) zu:

$$F(T,V,N) = N(\overline{C}_V - \sigma)T - N\,\overline{C}_V\,T \ln\frac{T}{T_0} - N\,k_B\,T \ln\frac{V/N}{V_0/N_0}. \quad (3.49)$$

Zur Berechnung der Enthalpie H geht man zweckmäßig von

$$H = U + p\,V = N(\overline{C}_V + k_B)T = N\,\overline{C}_p\,T \quad (3.50)$$

aus. Zur Darstellung von H in den natürlichen Variablen haben wir T als Funktion von S, p und N zu finden. Das gelingt mit Hilfe von (3.43) und der Zustandsgleichung des idealen Gases:

$$S - N\,\sigma - N\,k_B\left(\ln\frac{T}{T_0} - \ln\frac{p}{p_0}\right) = N\,\overline{C}_V \ln\frac{T}{T_0}.$$

Mit $\overline{C}_p = \overline{C}_V + k_B$ folgt weiter:

$$\frac{S - N\,\sigma}{N\,\overline{C}_p} + \frac{\overline{C}_p - \overline{C}_V}{\overline{C}_p}\ln\frac{p}{p_0} = \ln\frac{T}{T_0},$$

$$T = T(S,p) = T_0\left(\frac{p}{p_0}\right)^{\frac{\gamma-1}{\gamma}} \exp\left[\frac{S - N\,\sigma}{N\,\overline{C}_p}\right]. \quad (3.51)$$

Damit sind die thermodynamischen Potentiale des idealen Gases vollständig bestimmt.

3.5 Mischungsentropie

Die Überlegungen des letzten Abschnitts betrafen die Potentiale eines idealen Gases, das aus einer einzigen Teilchensorte besteht. Bei mehrkomponentigen Gasen sind noch einige Zusatzüberlegungen vonnöten.

Wir betrachten zwei ideale Gase, bestehend aus unterschiedlichen Teilchentypen:

a) Die beiden Gase seien durch eine Wand getrennt. In jeder Kammer herrsche gleicher Druck p und gleiche Temperatur T. Es gelten dann die Zustandsgleichungen:

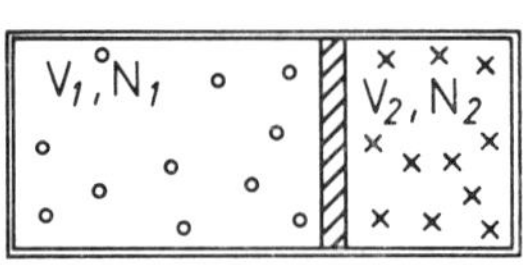

$$p\,V_1 = N_1\,k_B\,T,$$
$$p\,V_2 = N_2\,k_B\,T.$$

Thermodynamische Potentiale sind extensiv, deshalb gilt für die innere Energie U:

$$U_1(T, N_1) + U_2(T, N_2) = U(T) = \overline{C}_V(N_1 + N_2)T.$$

Beide Teilchensorten sollen dasselbe $\overline{C}_V$ haben.

b) Wir nehmen nun die Trennungswand heraus. Es setzt eine

irreversible Durchmischung

der beiden Gase bis zur homogenen Zusammensetzung des Gesamtsystems ein. Sonst passiert nichts!

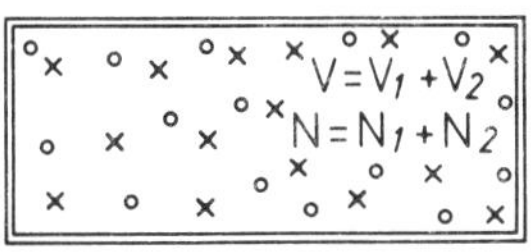

Es findet keine Arbeitsleistung und kein Wärmeaustausch statt. Nach dem Ersten Hauptsatz ist dann

$$U = \text{const.} = U(T) = \overline{C}_V(N_1+N_2)T.$$

Insbesondere bleibt die Temperatur konstant. Dies bedeutet für die Zustandsgleichung

$$p(V_1 + V_2) = (N_1 + N_2)k_B T.$$

(p, T, U) ändern sich also nicht, möglicherweise aber die Entropie S. Über diese können wir nach (2.53) die folgende Aussage machen:

$$\Delta S = S(b) - S(a) \geq \int_a^b \frac{\delta Q}{T} = 0. \qquad (3.52)$$

Explizit können wir ΔS nur mit Hilfe eines **reversiblen Ersatzprozesses** berechnen:

$$\boxed{(b_1) = (b)}$$

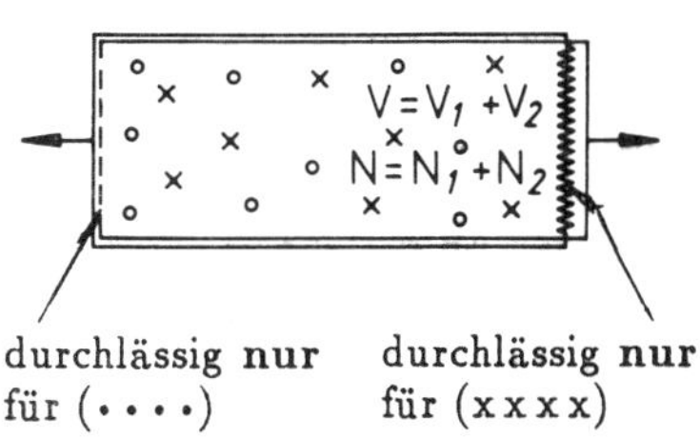

Das Gasgemisch befinde sich in zwei ineinandergeschobenen Behältern, die zu jeweils einer Seite durch eine **semipermeable** Wand abgeschlossen sind. Die linke Seite ist für die Teilchensorte 2 **un**durchlässig, während die Teilchen vom Typ 1 ungehindert hindurchdiffundieren können. An der rechten Seite ist es umgekehrt.

Wir ziehen nun die beiden Behälter quasistatisch auseinander:

(b_2)

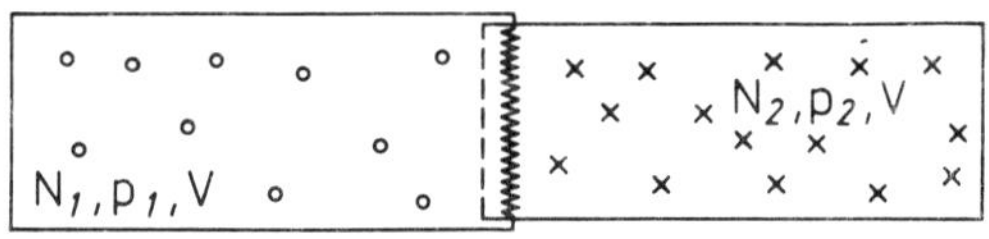

Dadurch werden die Gase **reversibel** entmischt, wobei jede Gassorte stets das konstante Volumen V beibehält. Die semipermeablen Wände bewegen sich widerstandslos durch das Gas. Die Entmischung bedarf also keiner Arbeitsleistung

$$\Delta W = 0.$$

Die Temperatur T ändert sich nicht, d.h., $\Delta U = 0$, so daß auch $\Delta Q = 0$ ist. Der Prozeß verläuft reversibel, deshalb gilt:

$$\Delta S_{b_1 \to b_3} = 0.$$

Die Drucke haben sich geändert:

$$\begin{aligned} p_1 V &= N_1\, k_B\, T \overset{(a)}{=} p\, V_1 \\ p_2 V &= N_2\, k_B\, T \overset{(a)}{=} p\, V_2 \end{aligned} \quad \Longrightarrow \quad p_i = p\,\frac{V_i}{V}; \quad i = 1, 2 \quad \text{(Dalton-Gesetz).}$$

$(b_3) = (a)$

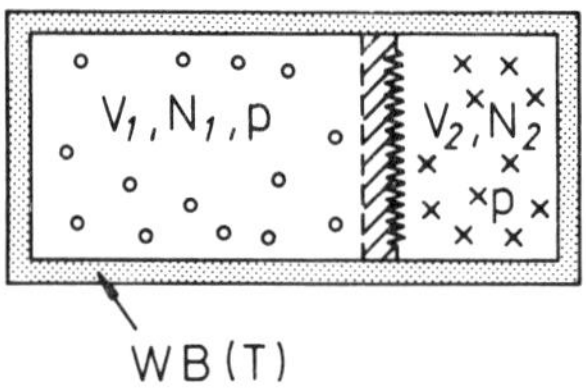

Durch eine isotherme, reversible Kompression, wie in Kapitel 2.7 beschrieben, führen wir das System schließlich in den Zustand (a) zurück. Dazu bringen wir das Gesamtsystem in Kontakt mit einem Wärmebad $WB(T)$.

Da der Prozeß isotherm läuft, ist

$$\Delta U = 0.$$

Es muß jedoch Arbeit an den beiden Teilsystemen geleistet werden:

$$\Delta W = -\int_V^{V_1} p_1(V')\,dV' - \int_V^{V_2} p_2(V')\,dV' =$$

$$= -N_1\,k_B\,T\int_V^{V_1}\frac{dV'}{V'} - N_2\,k_B\,T\int_V^{V_2}\frac{dV'}{V'} =$$

$$= -k_B\,T\left\{N_1\ln\frac{V_1}{V} + N_2\ln\frac{V_2}{V}\right\} \stackrel{!}{=} -\Delta Q_{\mathrm{rev}}.$$

Dies entspricht einer Entropieänderung:

$$\Delta S_{b_2\to b_3} = \frac{1}{T}\,\Delta Q_{\mathrm{rev}}.$$

Die gesamte Entropieänderung von $(b,3) = (a)$ nach $(b,1) = (b)$ beträgt dann:

$$\Delta S = S(b) - S(a) = k_B\left\{N_1\ln\frac{V}{V_1} + N_2\ln\frac{V}{V_2}\right\}. \tag{3.53}$$

Die Entropie hat also zugenommen!

Die Verallgemeinerung von den hier diskutierten zwei auf α verschiedene Gassorten liegt auf der Hand:

$$\textbf{Mischungsentropie:}\quad \Delta S = k_B\sum_{j=1}^{\alpha} N_j\ln\frac{V}{V_j}. \tag{3.54}$$

Man beachte, daß die Ableitung dieses Ausdrucks voraussetzt, daß es sich bei den α idealen Gasen um solche aus paarweise unterscheidbaren Teilchen handelt, da sonst der reversible Ersatzprozeß nicht funktioniert.

Da die Entropie eine extensive Größe ist, können wir sie für den Zustand der Gase **vor** der Durchmischung direkt angeben:

$$S_v = \sum_{j=1}^{\alpha} S(T, V_j, N_j). \tag{3.55}$$

Es bleibt dann nur noch (3.38) einzusetzen. Die Gesamtentropie **nach** der Durchmischung berechnet sich schließlich wie folgt:

$$\begin{aligned} S_n &= \Delta S + S_v = \\ &= k_B \sum_{j=1}^{\alpha} N_j \ln \frac{V}{V_j} + \sum_{j=1}^{\alpha} N_j \left\{ \sigma + \overline{C}_V \ln \frac{T}{T_0} + k_B \ln \frac{V_j/N_j}{V_0/N_0} \right\} = \\ &= \sum_{j=1}^{\alpha} N_j \left\{ \sigma + \overline{C}_V \ln \frac{T}{T_0} + k_B \ln \frac{V/N_j}{V_0/N_0} \right\} \\ \Longrightarrow \quad S_n &= \sum_{j=1}^{\alpha} S(T, V, N_j). \end{aligned} \tag{3.56}$$

Die Entropien vorher und nachher unterscheiden sich also nur durch die Volumina, die den Gassorten zur Verfügung stehen. Vorher sind es die Teilvolumina V_j, nachher ist es für alle Sorten das Gesamtvolumen V. Zur Berechnung der

Mischungsentropie

$$\Delta S = \sum_{j=1}^{\alpha} \left\{ S(T, V, N_j) - S(T, V_j, N_j) \right\} \tag{3.57}$$

hätten wir also gleich die Formel (3.38) verwenden können, die für alle Gleichgewichtszustände gültig ist, die von dem ausgewählten Bezugspunkt (Index "0", Konstante σ (3.41)) zumindest im Prinzip über einen reversiblen Prozeß erreichbar sind.

Für gleichartige Gase scheint die Formel (3.54) für die Mischungsentropie zu einem Widerspruch zu führen. Man betrachte z.B. zwei gleiche Gase mit

$$N_1 = N_2 = \frac{N}{2}; \quad V_1 = V_2 = \frac{V}{2}.$$

Dann ergibt (3.54) für die Durchmischung der beiden **gleichen** Gase

$$\Delta S = N\, k_B \ln 2, \tag{3.58}$$

obwohl natürlich die Entropie sich **nicht** geändert haben kann (**Gibbsches Paradoxon**). Dieser Widerspruch ist aber in Wirklichkeit keiner, da (3.54) für gleiche Gase nicht gilt. Für solche muß man vielmehr wie folgt argumentieren:

$$\left.\begin{aligned} S_v &= 2\,S\left(T, \frac{V}{2}, \frac{N}{2}\right), \\ S_n &= S(T, V, N) = 2\,S\left(T, \frac{V}{2}, \frac{N}{2}\right) \end{aligned}\right\} \Longrightarrow \Delta S = 0.$$

Man muß also auch nach der Durchmischung von einer einzigen Gassorte ausgehen. Für gleiche Gassorten gibt es keine *semipermeablen* Wände, so daß der oben skizzierte *Ersatzprozeß* zur Entmischung nicht durchführbar ist.

3.6 Joule-Thomson-Prozeß

Wir wollen als weiteres Beispiel für die Anwendung thermodynamischer Potentiale die gedrosselte adiabatische Entspannung eines Gases beschreiben.

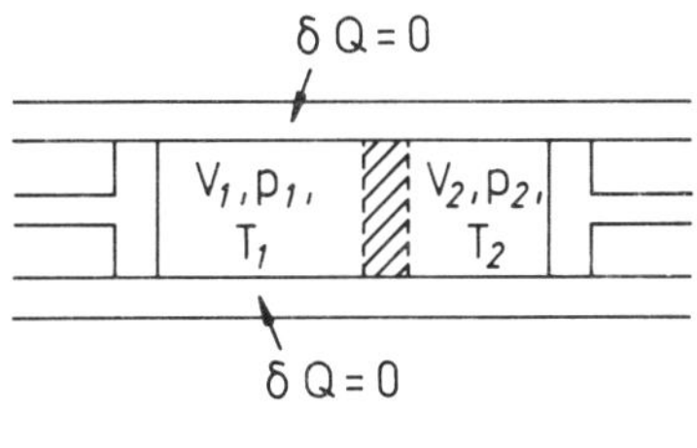

Der Joule-Thomson-Drosselversuch läßt sich so durchführen, daß man eine bestimmte Gasmenge mit dem Anfangsvolumen V_1, der Anfangstemperatur T_1 bei konstantem Druck p_1 durch eine poröse Wand in einen Raum mit konstant gehaltenem Druck p_2 preßt. Das Endvolumen sei V_2. Man interessiert sich für die Änderung der Gastemperatur von T_1 auf T_2. Die poröse Drosselzone soll das Entstehen von kinetischer Energie verhindern. Das gesamte System ist thermisch isoliert. Nach dem Ersten Hauptsatz gilt zunächst:

$$\Delta U = U_2 - U_1 = \Delta W = -\int_{V_1}^{0} p_1\, dV - \int_{0}^{V_2} p_2\, dV = p_1\, V_1 - p_2\, V_2.$$

Dies bedeutet:

$$\Delta H = (U_2 + p_2 V_2) - (U_1 + p_1 V_1) = 0. \tag{3.59}$$

Der Joule-Thomson-Prozeß ist also dadurch gekennzeichnet, daß die Enthalpie H konstant bleibt:

$$H = \text{const.} \iff dH = T\,dS + V\,dp = 0 \quad (N = \text{ const.}). \tag{3.60}$$

Interessant ist der

differentielle Joule-Thomson-Koeffizient

$$\delta = \left(\frac{\partial T}{\partial p}\right)_H . \tag{3.61}$$

Da beim *Drosseln* $dp < 0$ $(p_2 < p_1)$ ist, bedeutet

$\delta > 0$: Temperaturerniedrigung,

$\delta < 0$: Temperaturerhöhung.

Wir bringen zunächst δ in eine Form, die sich allein mit Hilfe der Zustandsgleichung des Gases auswerten läßt:

$$S = S(T,p) \implies dS = \left(\frac{\partial S}{\partial p}\right)_T dp + \left(\frac{\partial S}{\partial T}\right)_p dT.$$

Dies setzen wir in (3.19) für dH ein ($N = \text{const.} \iff dN = 0$):

$$dH = T\left(\frac{\partial S}{\partial T}\right)_p dT + \left[V + T\left(\frac{\partial S}{\partial p}\right)_T\right] dp. \tag{3.62}$$

Mit der Maxwell-Relation für die freie Enthalpie G,

$$\left(\frac{\partial S}{\partial p}\right)_T = -\left(\frac{\partial V}{\partial T}\right)_p , \tag{3.63}$$

folgt weiter:

$$dH = C_p\,dT + \left[V - T\left(\frac{\partial V}{\partial T}\right)_p\right] dp. \tag{3.64}$$

Damit erhält man für den Joule-Thomson-Koeffizienten:

$$\delta = \left(\frac{\partial T}{\partial p}\right)_H = \frac{1}{C_p}\left[T\left(\frac{\partial V}{\partial T}\right)_p - V\right]. \qquad (3.65)$$

Wir wollen δ für zwei Modellsysteme explizit ausrechnen:

1) Ideales Gas

Mit Hilfe der Zustandsgleichung erhält man unmittelbar:

$$T\left(\frac{\partial V}{\partial T}\right)_p = T\left(\frac{\partial}{\partial T}\frac{n\,R\,T}{p}\right)_p = \frac{n\,R\,T}{p} = V.$$

Beim idealen Gas läßt sich wegen

$$\delta = 0 \qquad (3.66)$$

demnach kein Kühleffekt erzielen.

2) Van der Waals-Gas

Wir fassen in der Zustandsgleichung

$$\left(p + a\,\frac{n^2}{V^2}\right)(V - n\,b) = n\,R\,T$$

die linke Seite als implizite Funktion von T und p auf $\big(V = V(T,p)\big)$ und leiten bei festgehaltenem Druck p nach T ab:

$$\left(-2\,a\frac{n^2}{V^3}\right)(V - n\,b)\left(\frac{\partial V}{\partial T}\right)_p + \left(p + a\frac{n^2}{V^2}\right)\left(\frac{\partial V}{\partial T}\right)_p = n\,R.$$

Daraus folgt:

$$\left(\frac{\partial V}{\partial T}\right)_p\left(-a\,\frac{n^2}{V^2} + p + 2\,a\,b\,\frac{n^3}{V^3}\right) = n\,R.$$

Für den Joule-Thomson-Koeffizienten δ benötigen wir:

$$T\left(\frac{\partial V}{\partial T}\right)_p - V = \frac{n\,R\,T}{p - a\,\frac{n^2}{V^2} + 2\,a\,b\,\frac{n^3}{V^3}} - V. \qquad (3.67)$$

Wir interessieren uns für die sogenannte

Inversionskurve.

Damit ist die Kurve im pV-Diagramm gemeint, für die $\delta = 0$ gilt. Nach (3.67) muß dazu

$$n\,R\,T = p\,V - a\,\frac{n^2}{V} + 2\,a\,b\,\frac{n^3}{V^2}$$

erfüllt sein. Mit der van der Waals-Zustandsgleichung ist dies für

$$p_i = \frac{2\,a}{b}\,\frac{n}{V} - 3\,a\,\frac{n^2}{V^2} \qquad (3.68)$$

der Fall. Die Inversionskurve ($p_i - V$) hat offensichtlich bei

$$V_0 = \frac{3}{2}\,b\,n$$

eine Nullstelle und bei

$$V_{\text{max}} = 3\,n\,b$$

ein Maximum der Höhe $p_i^{\text{max}} = \frac{1}{3}\,\frac{a}{b^2}$.

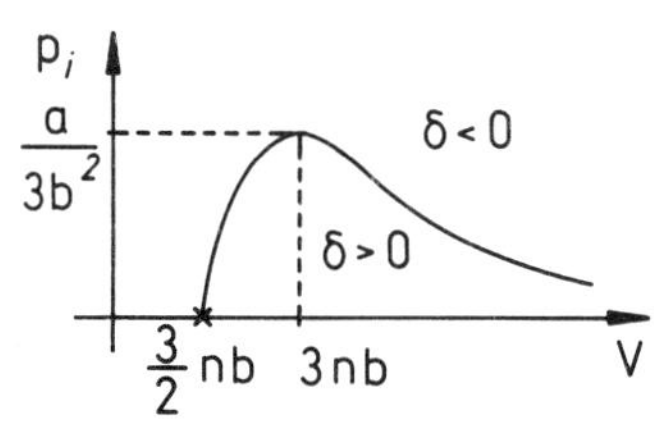

Unterhalb der Inversionskurve ist $\delta > 0$, d.h., die adiabatische Entspannung führt zu einer Kühlung des van der Waals-Gases.

Der Joule-Thomson-Prozeß verläuft irreversibel und ist deshalb mit einer Entropieproduktion verbunden. Es gilt:

$$dS = \frac{1}{T}\,dH - \frac{V}{T}\,dp.$$

Wegen $dH = 0$ und $dp < 0$ nimmt die Entropie also zu:

$$dS = -\frac{V}{T}\,dp > 0.$$

3.7 Gleichgewichtsbedingungen

Die thermodynamischen Potentiale sind als Funktionen ihrer natürlichen Variablen insbesondere dadurch ausgezeichnet, daß man durch Konstanthalten gewisser Variabler und Verändern der anderen sehr leicht erkennen kann, auf welche Weise Energieaustausch mit der Umgebung erfolgt. Nehmen wir als Beispiel die innere Energie U eines Gases:

$$dU = T\,dS - p\,dV \implies \begin{array}{ll} 1)\ S = \text{const.}: & dU = -p\,dV \\ & \textit{Arbeit} \\ 2)\ V = \text{const.}: & dU = T\,dS \\ & \textit{Wärme}. \end{array}$$

Die

Grundrelation der Thermodynamik

$$T\,dS \geq \delta Q = dU - \sum_{i=1}^{m} F_i\,dq_i - \sum_{j=1}^{\alpha} \mu_j\,dN_j$$

läßt sich mit Hilfe der thermodynamischen Potentiale für die verschiedenen Kontakte von System und Umgebung in besonders einfache Formen bringen. Die Potentiale geben uns die Möglichkeit, die Entwicklung eines thermodynamischen Systems zum Gleichgewicht hin und das Gleichgewicht selbst zu beschreiben. Die verschiedenen Potentiale sind dabei verschiedenen experimentellen Situationen angepaßt. Wir betrachten die wichtigsten Spezialfälle.

3.7.1 Isolierte Systeme

Diese Situation haben wir bereits im Zusammenhang mit dem Zweiten Hauptsatz (Kapitel 2.7) diskutiert. Isolierte Systeme sind definiert durch:

$$dU = 0\ (\delta Q = 0); \quad dq_i = 0; \quad dN_j = 0. \tag{3.69}$$

Dies bedeutet:

$$\mathbf{dS \geq 0,}$$
$$\mathbf{dS = 0 \text{ im Gleichgewicht.}} \qquad (3.70)$$

Solange in einem isolierten System noch reale, irreversible Prozesse ablaufen, geschehen diese stets so, daß die Entropie dabei zunimmt. Die **Entropie** ist **maximal im stationären Gleichgewicht!**

Solange wir nur den Gleichgewichtswert der Entropie $S = S(U, \mathbf{q}, \mathbf{N})$ zugrundelegen, können wir über (3.70) hinaus keine weiteren Schlußfolgerungen ziehen, da ja nach Voraussetzung U, $\mathbf{q}$ und $\mathbf{N}$ konstant sind. Wir erzeugen uns deshalb nun in einem Gedankenexperiment eine einfache Nicht-Gleichgewichtssituation, aus der sich weitere Informationen ableiten lassen.

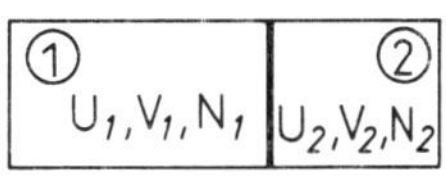

Das nach außen isolierte System ($U =$ const., $V =$ const., $N_j =$ const.) werde durch eine Wand in zwei Teile zerlegt. Der Einfachheit halber nehmen wir an, daß das Gas in den Kammern aus nur einer Teilchensorte besteht ($\alpha = 1$). Die Verallgemeinerung auf mehrere Sorten wird problemlos sein.

Die Wand sei beweglich und für Energie und Teilchen durchläßig!

V_1, V_2 sowie U_1, U_2 und N_1, N_2 sind also noch variabel, allerdings unter den **Randbedingungen:**

$$U = U_1 + U_2 = \text{const.}; \quad V = V_1 + V_2 = \text{const.}; \quad N = N_1 + N_2 = \text{const.}$$

Die Gesamtentropie ist additiv:

$$S = S(U_1, V_1, N_1) + S(U_2, V_2, N_2) = S_1 + S_2.$$

Es gilt somit, da U, V, N konstant sind:

$$dU_1 = -dU_2, \; dV_1 = -dV_2, \; dN_1 = -dN_2.$$

Die beiden Teilsysteme werden so lange reagieren, bis die Gleichgewichtsbedingung (3.70) erfüllt ist:

$$
\begin{aligned}
0 = dS = dS_1 + dS_2 = \\
&= \left\{ \left(\frac{\partial S_1}{\partial U_1}\right)_{V_1,N_1} - \left(\frac{\partial S_2}{\partial U_2}\right)_{V_2,N_2} \right\} dU_1 + \\
&+ \left\{ \left(\frac{\partial S_1}{\partial V_1}\right)_{U_1,N_1} - \left(\frac{\partial S_2}{\partial V_2}\right)_{U_2,N_2} \right\} dV_1 + \\
&+ \left\{ \left(\frac{\partial S_1}{\partial N_1}\right)_{U_1,V_1} - \left(\frac{\partial S_2}{\partial N_2}\right)_{U_2,V_2} \right\} dN_1 = \\
&= \left(\frac{1}{T_1} - \frac{1}{T_2}\right) dU_1 + \left(\frac{p_1}{T_1} - \frac{p_2}{T_2}\right) dV_1 + \\
&+ \left(-\frac{\mu_1}{T_1} + \frac{\mu_2}{T_2}\right) dN_1 . \qquad (3.71)
\end{aligned}
$$

U_1, V_1 und N_1 sind unabhängige Zustandsvariable. Die Klammern müssen deshalb jede für sich verschwinden. Das Gleichgewicht ist also durch

$$T_1 = T_2 = T; \quad p_1 = p_2 = p; \quad \mu_1 = \mu_2 = \mu \qquad (3.72)$$

gekennzeichnet. – Wir können in dem Gedankenexperiment die Unterteilung weiter fortsetzen, um schließlich *asymptotisch* zu der Aussage zu kommen, daß

> *in einem isolierten System im Gleichgewicht an allen Orten gleiche Temperatur, gleicher Druck und gleiches chemisches Potential vorliegen!*

3.7.2 Geschlossenes System im Wärmebad ohne Arbeitsaustausch

Damit ist im einzelnen gemeint:

geschlossen	$\Longrightarrow$	$N_j = \text{const.}$	$\Longleftrightarrow$	$dN_j = 0$,
im Wärmebad	$\Longrightarrow$	$T = \text{const.}$	$\Longleftrightarrow$	$dT = 0$,
ohne Arbeitsaustausch	$\Longrightarrow$	$q_i \equiv \text{const.}$	$\Longleftrightarrow$	$dq_i = 0$.

Die Grundrelation lautet dann:

$$T\,dS \geq dU,$$

$$T = \text{const.} \Longrightarrow T\,dS = d(T\,S) \Longrightarrow d(U - T\,S) \leq 0.$$

Dies bedeutet:

$$\mathbf{dF} \leq \mathbf{0},$$

$$\mathbf{dF} = \mathbf{0} \quad \textbf{im Gleichgewicht.} \tag{3.73}$$

Bei allen irreversiblen Prozessen, die unter den angegebenen Randbedingungen,

$$T = \text{const.}, \ \mathbf{q} = \text{const.}, \ \mathbf{N} = \text{const.},$$

noch ablaufen können, nimmt die **freie Energie** stets ab. **F** ist **minimal im Gleichgewicht.**

Um weitere Aussage zu bekommen, machen wir ein ähnliches Gedankenexperiment wie im letzten Abschnitt mit dem isolierten System, und zwar wieder als Beispiel mit einem Gas.

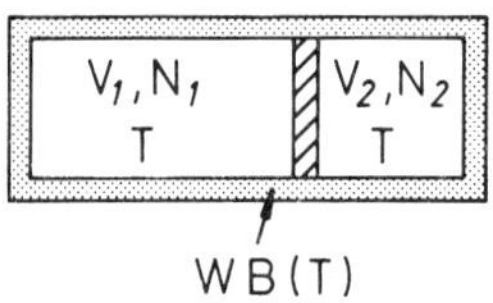

Das System wird unterteilt durch eine Wand, die frei verschiebbar und für Teilchen durchlässig sein möge. Das Wärmebad sorgt in beiden Kammern für konstante Temperatur.

$$V = V_1 + V_2 = \text{const.} \implies dV_1 = -dV_2,$$

$$N = N_1 + N_2 = \text{const.} \implies dN_1 = -dN_2,$$

$$F = F(T, V_1, N_1) + F(T, V_2, N_2) = F_1 + F_2.$$

Im Gleichgewicht gilt:

$$\begin{aligned} 0 = dF = dF_1 + dF_2 = \\ = \left\{ \left(\frac{\partial F_1}{\partial V_1}\right)_{N_1,T} - \left(\frac{\partial F_2}{\partial V_2}\right)_{N_2,T} \right\} dV_1 + \\ + \left\{ \left(\frac{\partial F_1}{\partial N_1}\right)_{V_1,T} - \left(\frac{\partial F_2}{\partial N_2}\right)_{V_2,T} \right\} dN_1 = \\ = \{-p_1 + p_2\} \, dV_1 + \{\mu_1 - \mu_2\} \, dN_1. \end{aligned}$$

Da V_1 und N_1 unabhängige Variable sind, folgt:

$$p_1 = p_2 = p; \quad \mu_1 = \mu_2 = \mu. \tag{3.74}$$

Wir können aus diesem Gedankenexperiment folgern, daß sich

> *in einem geschlossenen System (Gas), das sich mit konstantem Volumen V in einem Wärmebad befindet, überall gleicher Druck und gleiches chemisches Potential im Gleichgewicht einstellt.*

3.7.3 Geschlossenes System im Wärmebad bei konstanten Kräften

Damit sind die folgenden Voraussetzungen gemeint:

$$dT = 0, \quad dN_j = 0, \quad dF_i = 0 \tag{3.75}$$

(Gas: $T =$ const., $N =$ const., $p =$ const.).

Die Grundrelation lautet jetzt:

$$T\,dS = d(T\,S) \geq dU - \sum_{i=1}^{m} F_i\,dq_i = dU - d\left(\sum_{i=1}^{m} F_i\,q_i\right)$$

$$\Longrightarrow \; d\left(U - \sum_{i=1}^{m} F_i\,q_i - T\,S\right) \leq 0.$$

Dies bedeutet:

$$\begin{aligned} &\mathbf{dG \leq 0}, \\ &\mathbf{dG = 0} \quad \textbf{im Gleichgewicht.} \end{aligned} \tag{3.76}$$

> *Die freie Enthalpie (Gibbsches Potential) G nimmt bei irreversiblen Prozessen, die unter den obigen Randbedingungen ablaufen, stets ab.* **Im Gleichgewicht ist G minimal!**

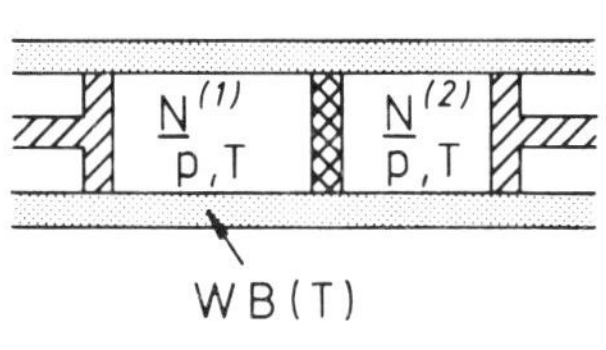

Dasselbe Gedankenexperiment wie im letzten Abschnitt mit der Zusatzbedingung $p =$ const. in jeder Kammer soll nun mit mehreren Teilchensorten durchgeführt werden. Die Nebenbedingungen

$$N_j^{(1)} + N_j^{(2)} = N_j = \text{const.} \quad \forall j \quad \Longleftrightarrow \quad dN_j^{(1)} = -dN_j^{(2)}$$

führen mit

$$G = G\left(T, p, \mathbf{N}^{(1)}\right) + G\left(T, p, \mathbf{N}^{(2)}\right) = G_1 + G_2$$

auf den folgenden Ausdruck:

$$dG = \sum_{j=1}^{\alpha} \left[\left(\frac{\partial G_1}{\partial N_j^{(1)}} \right)_{T,\mathbf{F},N_{i,i\neq j}^{(1)}} - \left(\frac{\partial G_2}{\partial N_j^{(2)}} \right)_{T,\mathbf{F},N_{i,i\neq j}^{(2)}} \right] dN_j^{(1)} =$$

$$= \sum_{j=1}^{\alpha} \left\{ \mu_j^{(1)} - \mu_j^{(2)} \right\} dN_j^{(1)} \stackrel{!}{=} 0.$$

Dies bedeutet, daß das chemische Potential

$$\mu_j^{(1)} = \mu_j^{(2)} = \mu_j \tag{3.77}$$

im Gleichgewicht im ganzen System denselben Wert annimmt.

3.7.4 Extremaleigenschaften von U und H

Die bisher abgeleiteten Gleichgewichtsbedingungen sind die praktisch wichtigen. Formal lassen sich natürlich auch Bedingungen für U und H ableiten, die jedoch wegen der Forderung, S konstant zu halten, ziemlich *unhandlich* sind.

1) Geschlossenes System konstanter Entropie ohne Arbeitsleistung

Dies bedeutet:

$$dN_j = 0, \quad dS = 0, \quad dq_i = 0 \ (\delta W = 0). \tag{3.78}$$

Die Grundrelation liefert in diesem Fall:

$$\mathbf{dU \leq 0,}$$
$$\mathbf{dU = 0} \quad \textbf{im Gleichgewicht.} \tag{3.79}$$

Für alle Prozesse, die unter den Bedingungen (3.78) noch ablaufen können, nimmt die **innere Energie** U ab. Sie ist **minimal im Gleichgewicht.**

2) Geschlossenes System konstanter Entropie mit konstanten Kräften

Unter den Randbedingungen

$$dN_j = 0, \quad dS = 0, \quad dF_i = 0 \tag{3.80}$$

lautet die Grundrelation:

$$0 \geq dU - \sum_{i=1}^{m} F_i \, dq_i = d\left(U - \sum_{i=1}^{m} F_i \, q_i\right) .$$

Dies bedeutet:

$$\begin{aligned} &\mathbf{dH \leq 0}, \\ &\mathbf{dH = 0} \quad \textbf{im Gleichgewicht.} \end{aligned} \tag{3.81}$$

H nimmt unter den Randbedingungen (3.80) für alle Prozesse, die dann noch ablaufen können, ab und ist **minimal im Gleichgewicht!**

3.8 Der Dritte Hauptsatz (Nernstscher Wärmesatz)

Mit Hilfe des Zweiten Hauptsatzes haben wir in Kapitel 2.7 die für die Thermodynamik zentrale Zustandsgröße **Entropie** eingeführt, konnten diese allerdings nur bis auf eine additive Konstante definieren. Eindeutig sind deshalb nur Entropie**differenzen** zwischen zwei Punkten des Zustandsraums, vorausgesetzt, sie lassen sich durch eine reversible Zustandsänderung miteinander verbinden. Das ist jedoch nicht selbstverständlich.

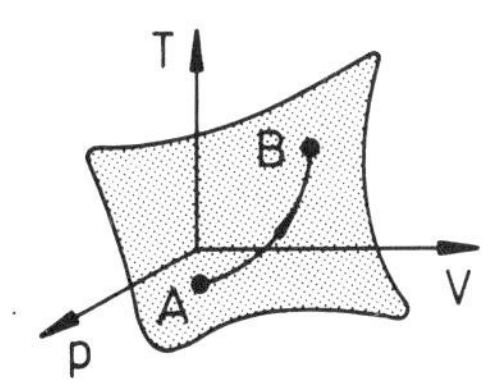

Die Zustandsgleichung des Systems, z.B. $f(T, p, V) = 0$ für ein Gas, definiert eine Zustandsfläche im (p, V, T)-Raum. Befinden sich die beiden Zustände A und B auf demselben zusammenhängenden *Blatt* der Zustandsfläche, so lassen sie sich stets durch einen reversiblen Weg miteinander verbinden. Besteht die Zustandsfläche aus zwei oder mehreren nicht-zusammenhängenden Blättern (metastabile Phasen eines Systems, Gemisch verschiedener Substanzen o.ä.), dann kann es sein, daß ein solcher reversibler Weg nicht existiert. Die unbestimmte Konstante verhindert dann den direkten Vergleich der Entropien in den Zuständen A und B.

Der Satz von Nernst macht eine Aussage über das Verhalten der Entropie für $T \to 0$ und hebt damit teilweise die Unbestimmtheit auf. Es handelt sich um eine Erfahrungstatsache, die erst im Rahmen der Statistischen Mechanik theoretisch begründet werden kann.

Dritter Hauptsatz

> Die Entropie eines thermodynamischen Systems bei $T = 0$ ist eine universelle Konstante, die man zu Null wählen kann. Das gilt **unabhängig** von den Werten der anderen Zustandsvariablen:
>
> $$\lim_{T \to 0} S(T, \mathbf{q}, \mathbf{N}) = 0, \tag{3.82}$$
>
> $$\lim_{T \to 0} S(T, \mathbf{F}, \mathbf{N}) = 0. \tag{3.83}$$

Dieser Satz gilt für **jedes** System und macht die Entropie eines **jeden** Zustands eindeutig. Wir wollen einige experimentell nachprüfbare **Folgerungen** aus diesem Satz ziehen.

1) Wärmekapazitäten

Behauptung:

$$\lim_{T \to 0} C_{\mathbf{q}} = \lim_{T \to 0} T \left(\frac{\partial S}{\partial T} \right)_{\mathbf{q}} = 0, \tag{3.84}$$

$$\lim_{T \to 0} C_{\mathbf{F}} = \lim_{T \to 0} T \left(\frac{\partial S}{\partial T} \right)_{\mathbf{F}} = 0. \tag{3.85}$$

Die Wärmekapazitäten aller Substanzen verschwinden am absoluten Nullpunkt. Das wird experimentell eindeutig bestätigt. Das Modellsystem *ideales Gas* liefert jedoch einen Widerspruch, da $C_V = \text{const.}$, $C_p = \text{const.}$ sind, ist aber natürlich für $T \to 0$ auch kein realistisches physikalisches System (Kondensation!).

Beweis:

Wärmekapazitäten sind nicht-negativ. Deshalb gilt:

$$T\left(\frac{\partial S}{\partial T}\right)_{\dots} = \left(\frac{\partial S}{\partial \ln T}\right)_{\dots} \geq 0.$$

Man setze: $x = \ln T$. Dann bedeutet $T \to 0$ nichts anderes als $x \to -\infty$. Wäre nun

$$\lim_{x \to -\infty} \left(\frac{\partial S}{\partial x}\right)_{\dots} = \alpha > 0,$$

dann gäbe es, da S als Zustandsgröße stetig ist, ein x_0 mit

$$-\infty < x \leq x_0 \quad \text{und} \quad \left(\frac{\partial S}{\partial x}\right) \geq \frac{\alpha}{2} > 0.$$

Dies ist gleichbedeutend mit:

$$S(x_0) - S(x) = \int_x^{x_0} \left(\frac{\partial S}{\partial x'}\right) dx' \geq \frac{\alpha}{2}(x_0 - x).$$

Das hieße

$$S(x) \leq \frac{\alpha}{2} x + \text{const.}$$

und würde dann wegen

$$\lim_{x \to -\infty} S(x) = -\infty$$

dem Nernstschen Satz widersprechen. Die Annahme $\alpha > 0$ muß also falsch sein. Es gilt vielmehr $\alpha = 0$, womit die Behauptung bewiesen ist.

Für die **Wärmekapazitäten des Gases** C_p, C_V kann man zeigen, daß ihre Differenz sogar stärker als T gegen Null geht:

Behauptung:

$$\lim_{T \to 0} \frac{C_p - C_V}{T} = 0. \tag{3.86}$$

Beweis:

Nach (2.65) gilt:

$$\frac{C_p - C_V}{T} = \left(\frac{\partial p}{\partial T}\right)_V \left(\frac{\partial V}{\partial T}\right)_p.$$

Wir benutzen die Maxwell-Relation der freien Energie:

$$\left(\frac{\partial p}{\partial T}\right)_V = \left(\frac{\partial S}{\partial V}\right)_T .$$

Bei $T = 0$ ist S unabhängig von anderen Variablen, deshalb muß

$$\lim_{T\to 0}\left(\frac{\partial S}{\partial V}\right)_T = 0$$

sein, womit die Behauptung bewiesen ist.

2) Ausdehnungskoeffizient

Es gibt noch einige andere *Response*-Funktionen, für die wir aus dem Dritten Hauptsatz Aussagen über ihr $T \to 0$–Verhalten ableiten können.

Behauptung:

$$\beta = \frac{1}{V}\left(\frac{\partial V}{\partial T}\right)_p \xrightarrow[T\,\to\,0]{} 0. \tag{3.87}$$

Beweis:

Wir benutzen die Maxwell-Relation der freien Enthalpie:

$$\left(\frac{\partial V}{\partial T}\right)_p = -\left(\frac{\partial S}{\partial p}\right)_T .$$

Mit derselben Begründung wie oben gilt:

$$\lim_{T\to 0}\left(\frac{\partial S}{\partial p}\right)_T = 0,$$

woraus unmittelbar die Behauptung folgt.

Die wohl wichtigste Folgerung aus dem Dritten Hauptsatz dürfte die

3) Unerreichbarkeit des absoluten Nullpunkts

sein. Tiefe Temperaturen erhält man durch Hintereinanderschalten adiabatischer und isothermer Prozesse mit einer geeigneten Arbeitssubstanz, z.B. mit einem Gas (*Linde-Verfahren*) oder mit einem Paramagneten (*adiabatisches Entmagnetisieren*). Wir erläutern kurz das **Prinzip:**

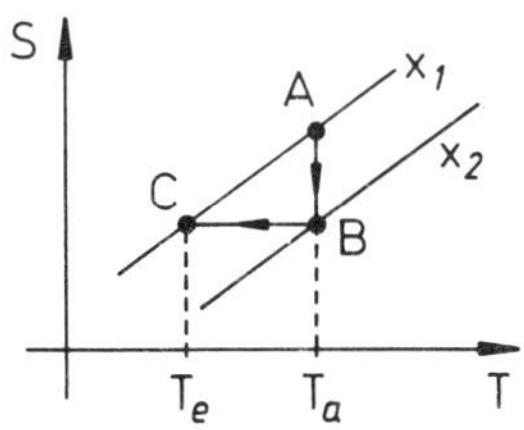

Die Entropie muß außer von der Temperatur noch von einem anderen Parameter x abhängig sein, z.B. für ein Gas vom Druck p ($p_2 > p_1$) oder für einen Paramagneten vom Feld H ($H_2 > H_1$). Man führt dann den folgenden Prozeß durch:

$A \to B$ Entropie-Verminderung durch isotherme Änderung des Parameters x von x_1 nach x_2. Dabei muß eine bestimmte Wärmemenge abgeführt werden, die im reversiblen Fall gleich $T_a \, \Delta S$ ist.

$B \to C$ Das System wird thermisch isoliert und der Parameter x längs einer Isentrope auf den ursprünglichen Wert x_1 zurückgebracht. Dabei sinkt die Temperatur von T_a auf T_e.

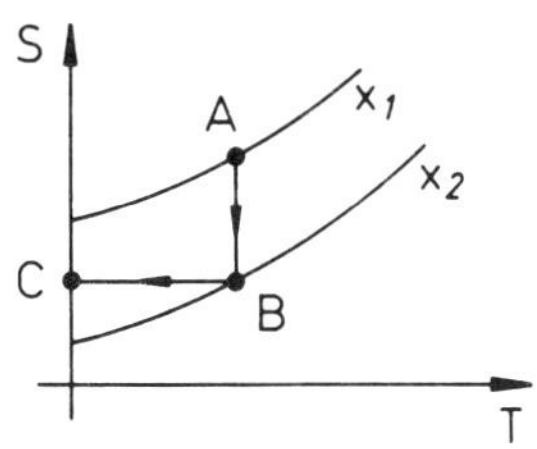

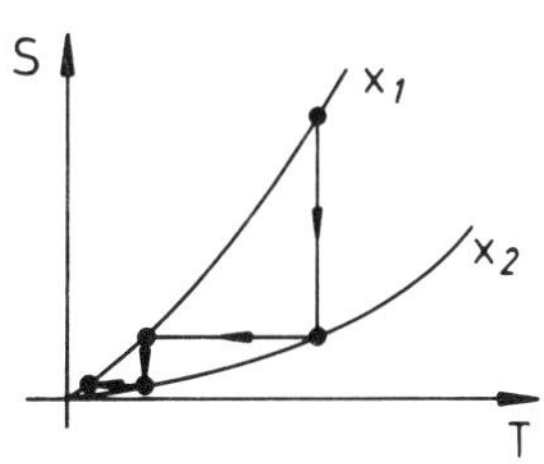

Würden für $T \to 0$ die Entropiekurven, wie nebenstehend skizziert, für verschiedene Werte des Parameters x gegen verschiedene Grenzwerte streben, so ließe sich der absolute Nullpunkt ohne Schwierigkeiten erreichen. Ein solches S-Verhalten widerspräche allerdings dem Dritten Hauptsatz, demzufolge alle Entropiekurven für $T \to 0$ in den Ursprung münden. Man macht sich an der Abbildung unmittelbar klar, daß der Punkt $T = 0$ nur durch unendlich viele Teilschritte asymptotisch erreichbar ist. Man kann ihm beliebig nahe kommen, ihn aber nie erreichen.

Formaler ergibt sich dieser Sachverhalt durch die folgende Überlegung:

Wir betrachten einen adiabatischen Prozeß,

$$S(T_1, x_1) \xrightarrow{\delta Q = 0} S(T_2, x_2),$$

für den nach dem Zweiten Hauptsatz ($T\,dS \geq \delta Q = 0$)

$$S(T_2, x_2) \geq S(T_1, x_1)$$

gelten muß, wobei das Gleichheitszeichen für einen reversiblen Übergang gilt. Aus dem Dritten Hauptsatz folgt nun:

$$S(T_1, x_1) = \int_0^{T_1} \frac{C_x(x_1, T)}{T}\, dT,$$

$$S(T_2, x_2) = \int_0^{T_2} \frac{C_x(x_2, T)}{T}\, dT.$$

Wäre $T_2 = 0$, so hieße das $S(T_2 = 0, x_2) = 0$ und damit

$$\int_0^{T_1} \frac{C_x(x_1, T)}{T}\, dT \leq 0.$$

Dies ist aber wegen $T_1 > 0$ und $C_x(x_1, T \neq 0) > 0$ unmöglich. T_2 kann also nicht Null sein, womit die Unerreichbarkeit des absoluten Nullpunktes bewiesen ist.

3.9. Aufgaben

Aufgabe 3.9.1

Ein System habe die folgenden Eigenschaften:

a) Die von ihm durch Expansion von V_0 auf V bei konstanter Temperatur T_0 geleistete Arbeit ist

$$\Delta W_{T_0} = R\,T_0 \ln \frac{V}{V_0}.$$

b) Seine Entropie beträgt

$$S = R\frac{V_0}{V}\left(\frac{T}{T_0}\right)^a,$$

wobei V_0, T_0 und a ($a \neq -1$) gegebene Konstanten sind.

Bestimmen Sie

1) die freie Energie,

2) die Zustandsgleichung,

3) die bei einer **beliebigen** konstanten Temperatur T durch Expansion von V_0 auf V geleistete Arbeit.

Aufgabe 3.9.2

Für das Photonengas (Schwarzer Strahler) gilt:

$$U(T,V) = V\,\epsilon(T); \quad p = \frac{1}{3}\,\epsilon(T).$$

Berechnen Sie damit die thermodynamischen Potentiale als Funktion ihrer natürlichen Variablen.

Aufgabe 3.9.3

Eine Spiralfeder erfülle das Hookesche Gesetz, d.h., die Ausdehnung x ist proportional zur Kraft $F_k = -k\,x$. Der Koeffizient k möge gemäß

$$k(T) = \frac{a}{T}; \quad a > 0$$

von der Temperatur abhängen. Wie ändert sich die innere Energie U des Systems, wenn die Spiralfeder bis zur Ausdehnung x bei konstanter Temperatur gedehnt wird?

Aufgabe 3.9.4

Ein Gummiband wird durch eine äußere Kraft bis zur Länge L gedehnt. Es habe dann die Spannung σ und die Temperatur T. Bei festgehaltener Länge L mißt man:

$$\sigma = \alpha\,T; \quad \alpha > 0.$$

1) Zeigen Sie, daß die innere Energie nur von der Temperatur abhängt.

2) Wie ändert sich die Entropie bei isothermer Dehnung des Bandes?

3) Wie ändert sich die Temperatur, wenn das Band adiabatisch gedehnt wird?

Aufgabe 3.9.5

Eine paramagnetische Substanz (Wärmekapazität C_H bekannt!) erfülle das Curie-Gesetz. Berechnen Sie für eine reversible, adiabatische Zustandsänderung

$$\left(\frac{\partial T}{\partial H}\right)_S .$$

Aufgabe 3.9.6

Die freie Energie F eines Systems von N gleichen Teilchen im Volumen V sei:

$$F(T,V) = -N\,k_B\,T \ln C_0\,V - N\,k_B\,T \ln C_1\,(k_B\,T)^\alpha ,$$

C_0, C_1 : gegebene Konstanten > 0; α : gegebene Konstante > 1.

Berechnen Sie

1) die Entropie $S = S(T,V)$,

2) den Druck p,

3) die kalorische Zustandsgleichung $U = U(T,V)$,

4) die Wärmekapazität C_V,

5) die isotherme Kompressiblität κ_T.

Aufgabe 3.9.7

Eine paramagnetische Substanz habe die isotherme magnetische Suszeptiblität χ_T.

1) Berechnen Sie die Magnetisierungsabhängigkeit der freien Energie.

2) Leiten Sie daraus die entsprechenden Abhängigkeiten der inneren Energie und der Entropie ab.

Aufgabe 3.9.8

Berechnen Sie die freie Energie und die freie Enthalpie für eine magnetische Substanz, die das Curie-Gesetz erfüllt. Zeigen Sie zunächst, daß die Wärmekapazität C_m nur von der Temperatur abhängt, und setzen Sie $C_m(T)$ dann als bekannt voraus.

Aufgabe 3.9.9

Das Volumen eines Systems sei als Funktion von Temperatur und Entropie, $V = V(T, S)$, gegeben. Berechnen Sie die partielle Ableitung der Enthalpie H nach dem Druck p bei konstantem Volumen.

Aufgabe 3.9.10

Betrachten Sie einen gespannten Draht aus piezoelektrischem Material. *Piezoelektrisch* bedeutet, daß bei isothermer oder adiabatischer Änderung der (mechanischen) Spannung τ eine Änderung der elektrischen Polarisation P beobachtet wird oder bei Änderung der elektrischen Feldstärke E eine Änderung der Länge L bzw. der Spannung σ.

1) Verifizieren Sie:

$$V\left(\frac{\partial P}{\partial \tau}\right)_{T,E} = \left(\frac{\partial L}{\partial E}\right)_{T,\tau}$$

(V: Volumen, wird als konstant angesehen).

2) Wie viele verschiedene thermodynamische Potentiale gibt es für ein solches System?

3) Wie viele Integrabilitätsbedingungen gibt es?

Aufgabe 3.9.11

Für ein System mit der Teilchenzahl N, der inneren Energie U, der Temperatur T, dem Volumen V und dem chemischen Potential μ ist zu zeigen, daß die folgenden Beziehungen gelten:

$$1)\quad \left(\frac{\partial U}{\partial N}\right)_{T,V} - \mu = -T\left(\frac{\partial \mu}{\partial T}\right)_{V,N},$$

$$2)\quad \left(\frac{\partial N}{\partial T}\right)_{V,\frac{\mu}{T}} = \frac{1}{T}\left(\frac{\partial N}{\partial \mu}\right)_{T,V}\left(\frac{\partial U}{\partial N}\right)_{T,V},$$

$$3)\quad \left(\frac{\partial U}{\partial T}\right)_{V,\frac{\mu}{T}} - \left(\frac{\partial U}{\partial T}\right)_{V,N} = \frac{1}{T}\left(\frac{\partial N}{\partial \mu}\right)_{T,V}\left(\frac{\partial U}{\partial N}\right)^2_{T,V}.$$

Aufgabe 3.9.12

Eine paramagnetische Substanz habe die isotherme Suszeptiblität χ_T:

$$\chi_T = \left(\frac{\partial M}{\partial H}\right)_T = \frac{\mu_0}{V}\left(\frac{\partial m}{\partial B_0}\right); \quad (V = \text{const.}, B_0 = \mu_0 H).$$

Die freie Energie F, die innere Energie U und die Entropie S wurden bereits in Aufgabe 3.9.7 als Funktionen von T und m berechnet.

1) Wie lauten diese Ergebnisse für magnetische Systeme mit Curie-Weiß-Verhalten,

$$M = \frac{C}{T - T_c} H \quad \left(M = \frac{m}{V}; \quad C: \text{ Curie-Konstante (1.26)} \right),$$

d.h. für Ferromagnete bei $T > T_c$?

2) Für die Substanz aus 1) gelte außerdem:

$$C_m(T, m = 0) = \gamma T \quad (\gamma > 0).$$

Berechnen Sie damit $F(T,m)$, $S(T,m)$, $S(T,H)$ sowie $U(T,m)$.

3) Berechnen Sie die Wärmekapazitäten C_m und C_H sowie die adiabatische Suszeptibilität χ_S.

4) Diskutieren Sie mit den obigen Teilergebnissen, ob das Curie-Verhalten des idealen Paramagneten ($T_c = 0$) mit dem Dritten Hauptsatz verträglich ist.

Aufgabe 3.9.13

Für den idealen Paramagneten ($T_c = 0$) diskutiere man mit den Ergebnissen aus Aufgabe 3.9.12 das

Adiabatische Entmagnetisieren.

1) Der Paramagnet befinde sich in einem Wärmebad $WB(T_1)$. Welche Wärme ΔQ wird abgeführt, wenn das Magnetfeld von Null auf $H \neq 0$ gesteigert wird?

2) Das System werde vom Wärmebad entkoppelt und das Feld adiabatisch reversibel abgeschaltet. Berechnen Sie die Endtemperatur.

Aufgabe 3.9.14

Die freie Energie F eines kompressiblen Festkörpers (Modell: elastisch gekoppelte *Einstein-Oszillatoren*) habe als Funktion von Temperatur T und Volumen V folgende Gestalt:

$$F(T,V) = F_0(V) + A\,T \ln\left(1 - e^{-\frac{E(V)}{k_B T}}\right).$$

Für den temperaturunabhängigen Anteil gelte der Ansatz:

$$F_0(V) = \frac{B}{2\,V_0}\,(V - V_0)^2.$$

Ferner gestatte $E(V)$ die Entwicklung:

$$E(V) = E_0 - E_1 \frac{V - V_0}{V_0}.$$

Die Größen A, B, E_0, E_1 sind positive Konstanten.

1) Berechnen Sie den Druck p, die Entropie S und die innere Energie U als Funktion von T und V. Drücken Sie die Ergebnisse so weit wie möglich durch die *Bose-Funktion*

$$n(T, V) = \left(e^{\frac{E(V)}{k_B T}} - 1\right)^{-1}$$

aus.

2) Welches Volumen nimmt der Körper bei verschwindendem Druck ein? Wie groß ist der thermische Ausdehnungskoeffizient β? Diskutieren Sie insbesondere die Grenzfälle $T = 0$ und $k_B T \gg E(V)$. Dabei beschränke man sich auf Beiträge der niedrigsten nicht-verschwindenden Ordnung in E_1.

3) Schätzen Sie in derselben Näherung wie unter 2) die Differenz $C_p - C_V$ der Wärmekapazitäten ab.

Aufgabe 3.9.15

Die Arbeit, die notwendig ist, um die Oberfläche A einer Flüssigkeit bei konstantem Volumen um dA zu vergrößern, sei gegeben durch $\sigma\,dA$ mit

$$\sigma = \sigma(T) = \alpha\left(1 - \frac{T}{T_c}\right) \quad (T < T_c;\ \alpha > 0).$$

Es sei $C_{V,A}$ die Wärmekapazität für gleichzeitig konstantes Volumen und konstante Oberfläche.

1) Wie lautet das Differential dU der inneren Energie $U = U(S, V, A)$?

2) Beweisen Sie die Relation

$$\left(\frac{\partial T}{\partial A}\right)_{S,V} = \frac{T}{C_{V,A}}\,\frac{d\sigma}{dT}.$$

3) Berechnen Sie für einen adiabatisch-isochoren, reversiblen Prozeß die Tem-

peratur als Funktion der Oberfläche, wenn die Anfangswerte $T = T_0$, $A = A_0$ vorgegeben sind und $C_{V,A}$ konstant ist.

4) Wie lautet das Differential dF der freien Energie $F = F(T, V, A)$?

5) Zeigen Sie, daß F in einen *Volumenanteil*$F_V(T, V)$ und einen *Oberflächenanteil* $F_A(T, A)$ zerfällt.

6) Wie groß ist bei einem isotherm-isochoren Prozeß die Änderung dS der Entropie bei einer Änderung dA der Oberfläche?

7) Wie ändert sich U bei einem isotherm-isochoren Prozeß mit der Oberfläche?

8) Wie lautet der Oberflächenanteil $S_A(T, A)$ der Entropie? Welche Wärmemenge ist nötig, um die Oberfläche in einem reversiblen isotherm-isochoren Prozeß von A_1 auf A_2 zu ändern?

9) Wie lautet das Differential der freien Enthalpie?

10) Berechnen Sie den Oberflächenanteil der freien Enthalpie. Wie erhält man aus G_V das Volumen des Systems?

Aufgabe 3.9.16

1) Ein Flüssigkeitstropfen (Radius r, Masse M_1, Dichte ρ_1) befinde sich im Dampf (Masse M_2) derselben Substanz. Wie in Aufgabe 3.9.15 zerlege man die freie Enthalpie in einen Volumen- und einen Oberflächenanteil. Der Volumenanteil pro Masseneinheit für die Flüssigkeit sei g_1, die freie Enthalpie pro Masseneinheit des Dampfes sei g_2. Temperatur und Druck seien in beiden Phasen gleich. Wie lautet die freie Enthalpie für das Gesamtsystem? (Benutzen Sie, falls nötig, Teilergebnisse aus Aufgabe 3.9.15.)

2) Bei gegebenem Druck p und gegebener Temperatur T ist im thermischen Gleichgewicht die gesamte freie Enthalpie minimal. Leiten Sie aus diesem Prinzip die Relation

$$g_2 - g_1 = \frac{2\,\sigma(T)}{r\,\rho_1}$$

($\sigma(T)$ wie in Aufgabe 3.9.15, ρ_1 =const.) ab.

3) Die Dichte des Dampfes ρ_2 sei sehr viel kleiner als ρ_1. Er verhalte sich wie ein ideales Gas. Leiten Sie unter diesen Voraussetzungen den Dampfdruck

$$p = p(r, T)$$

des Tropfens ab.

Aufgabe 3.9.17

Man betrachte ein magnetisches Momentensystem mit den thermodynamischen Variablen Temperatur T, Magnetfeld H und Magnetisierung M (Druck p und Volumen V seien konstant und für das Folgende irrelevant).

1) Die innere Energie $U = U(T,M)$ sei bekannt, ferner die Zustandsgleichung in der Form $M = f(T,H)$ gegeben. Formulieren Sie mit diesen Angaben die Differenz der Wärmekapazitäten $C_M - C_H$.

2) Was ergibt sich speziell für den idealen Paramagneten

$$\left[\left(\frac{\partial U}{\partial M}\right)_T = 0; \quad M = \frac{C}{T}H; \quad C: \text{Curie-Konstante}\right]?$$

3) Beweisen Sie die folgenden Relationen:

$$a) \quad \left(\frac{\partial S}{\partial M}\right)_T = -\mu_0 V \left(\frac{\partial H}{\partial T}\right)_M,$$

$$b) \quad \left(\frac{\partial S}{\partial H}\right)_T = \mu_0 V \left(\frac{\partial M}{\partial T}\right)_H,$$

$$c) \quad \left(\frac{\partial S}{\partial M}\right)_T = \frac{1}{T}\left[\left(\frac{\partial U}{\partial M}\right)_T - \mu_0 V H\right].$$

4) Verifizieren Sie mit 1) und 3) die Behauptung:

$$C_M - C_H = \mu_0 V T \left(\frac{\partial H}{\partial T}\right)_M \left(\frac{\partial M}{\partial T}\right)_H.$$

5) Benutzen Sie zur Berechnung von $C_M - C_H$ die folgende Zustandsgleichung:

$$H = \frac{1}{C}(T - T_c)\, M + b\, M^3.$$

C, T_c, b sind positive Konstanten.

6) Zeigen Sie, daß bei einer solchen Zustandsgleichung die Wärmekapazität C_M **nicht** von M abhängen kann.

7) Berechnen Sie mit der Zustandsgleichung aus 5) $F = F(T,M)$ und $S = S(T,M)$.

8) Zeigen Sie, daß die Zustandsgleichung 5) in einem bestimmten Temperaturbereich für $H \to 0$ neben der selbstverständlichen Lösung $M = 0$ auch eine nicht-triviale Lösung $M = M_S \neq 0$ besitzt. Diskutieren Sie die Stabilität der beiden Lösungen durch Vergleich der freien Energien.

9) Wie hängen die magnetische Suszeptiblität χ_T und die Differenz $C_M - C_H$ im Limes $H \to 0$ von der Temperatur ab?

3.10 Kontrollfragen

Zu Kapitel 3.1

1) Durch welche partiellen Ableitungen von $U = U(S, V, \mathbf{N})$ sind die *Response-Funktionen* C_V und κ_S eines Gases bestimmt?

2) Was versteht man unter *Maxwell-Relationen*?

3) Wann nennt man eine Zustandsfunktion ein *thermodynamisches Potential*?

4) Stellt die innere Energie U in der Form der kalorischen Zustandsgleichung $U = U(T, V, \mathbf{N})$ ein thermodynamisches Potential dar?

5) Wann spricht man von *natürlichen Variablen* eines thermodynamischen Potentials?

6) Was sind die natürlichen Variablen der inneren Energie U eines Gases?

Zu Kapitel 3.2

1) Warum werden neben der inneren Energie U weitere thermodynamische Potentiale eingeführt?

2) Wodurch unterscheiden sich freie und innere Energie?

3) Wie lautet das totale Differential dF der freien Energie eines Gases mit fester Teilchenzahl?

4) Durch welche partielle Ableitung von F ist die Entropie S festgelegt?

5) Formulieren Sie die Legendre-Transformation von der freien Energie F auf die Enthalpie H.

6) Was sind die natürlichen Variablen der Gibbschen Enthalpie G?

7) Wie lautet dG für ein magnetisches System?

Zu Kapitel 3.3

1) Wie lautet die Gibbs-Duhem-Relation?

2) Aus welcher allgemeinen Eigenschaft thermodynamischer Potentiale resultiert die Gibbs-Duhem-Relation?

3) Welche physikalische Bedeutung kann dem chemischen Potential μ mit Hilfe der Gibbs-Duhem-Relation zugeschrieben werden?

4) Was bezeichnet man als *Homogenitätsrelationen* der thermodynamischen Potentiale?

Zu Kapitel 3.4

1) Die innere Energie $U = U(S, V, N)$ des idealen Gases ist volumenabhängig. Ist dies ein Widerspruch zum Gay-Lussac-Versuch?

2) Skizzieren Sie den Weg zur Berechnung des chemischen Potentials $\mu(T, V, N)$ des idealen Gases.

Zu Kapitel 3.5

1) Beschreiben Sie einen reversiblen Ersatzprozeß für die irreversible Durchmischung zweier Gase aus nicht-identischen Teilchensorten.

2) Wie lautet die Mischungsentropie ΔS, die bei der Durchmischung von α Gasen mit paarweise unterschiedlichen Teilchensorten auftritt?

3) Welches Problem tritt bei der Durchmischung von Gasen gleicher Teilchensorte auf?

4) Was versteht man unter dem *Gibbschen Paradoxon*?

Zu Kapitel 3.6

1) Beschreiben Sie den Joule-Thomson-Prozeß.

2) Welches thermodynamische Potential bleibt beim Joule-Thomson-Prozeß konstant?

3) Wie ist der *differentielle Joule-Thomson-Koeffizient* definiert? Welche physikalische Bedeutung besitzt er?

4) Warum läßt sich mit dem idealen Gas bei der gedrosselten adiabatischen Entspannung kein Kühleffekt erzielen?

5) Was versteht man unter der *Inversionskurve*?

6) Wie verhält sich die Entropie beim Joule-Thomson-Prozeß?

Zu Kapitel 3.7

1) Durch welches thermodynamische Potential wird der Übergang ins Gleichgewicht in einem isolierten System zweckmäßig beschrieben?

2) Wie lautet die Gleichgewichtsbedingung für ein isoliertes System? Was kann über Temperatur, Druck und chemisches Potential im Gleichgewicht ausgesagt werden?

3) Was sind die Gleichgewichtsbedingungen für ein geschlossenes System im Wärmebad ohne Arbeitsaustausch? Welches thermodynamische Potential ist zuständig?

4) Wie verhält sich die freie Enthalpie in einem geschlossenen System im Wärmebad bei konstanten Kräften? Was sind die Gleichgewichtsbedingungen?

5) Welchen Situationen sind die Extremaleigenschaften von U und H angepaßt?

Zu Kapitel 3.8

1) Welche Aussage macht der Dritte Hauptsatz?

2) Ist der $T \to 0$-Grenzwert der Entropie von den Werten der anderen Variablen abhängig?

3) Was folgt für die Wärmekapazitäten aus dem Dritten Hauptsatz?

4) Inwiefern verletzt das Verhalten des *idealen Gases* den Dritten Hauptsatz?

5) Was kann über den isobaren Ausdehnungskoeffizienten β in der Grenze $T \to 0$ gesagt werden?

6) Begründen Sie die Unerreichbarkeit des absoluten Temperatur-Nullpunktes.

4 PHASEN, PHASENÜBERGÄNGE

4.1 Phasen

4.1.1 Gibbsche Phasenregel

Wir haben in Kapitel 3.7 Gleichgewichtsbedingungen für thermodynamische Systeme abgeleitet. Diese Betrachtungen lassen sich noch weiter verallgemeinern. Im Rahmen eines *Gedankenexperiments* hatten wir das Gesamtsystem in zwei *fiktive* Teilsysteme zerlegt und damit eine einfache Nichtgleichgewichtssituation geschaffen. Auf diese reagiert das System in gesetzmäßiger Weise und liefert dadurch Informationen über das Verhalten bestimmter Zustandsgrößen im Gleichgewicht. Eine solche Aufteilung des Systems realisieren wir nun unter Vermeidung von Trennwänden durch verschiedene, nebeneinander existierende

Phasen

ein und desselben thermodynamischen Systems. Als *Phasen* bezeichnet man die möglichen, unterschiedlichen Zustandsformen einer makroskopischen Substanz, z.B. die verschiedenen Aggregatzustände: fest, flüssig, gasförmig. In den einzelnen Phasen können gewisse makroskopische Observable, wie z.B. die Teilchendichte, ganz unterschiedliche Werte annehmen. – Wir machen für die folgende Diskussion eine Fallunterscheidung:

A) Isoliertes System

Dieses möge aus π Phasen bestehen ($\nu = 1, 2, \dots, \pi$), wobei sich jede aus α Komponenten ($j = 1, 2, \dots, \alpha$), d.h. aus α Teilchensorten, zusammensetzt. Dabei gelte:

$$\sum_{\nu=1}^{\pi} V_\nu = V = \text{const.},$$

$$\sum_{\nu=1}^{\pi} U_\nu = U = \text{const.},$$

$$\sum_{\nu=1}^{\pi} N_{j\nu} = N_j = \text{const.}_j; \quad j = 1, 2, \dots, \alpha.$$

Die Entropie ist eine extensive Zustandsgröße, für die deshalb gilt:

$$S(U, V, \mathbf{N}) = \sum_{\nu=1}^{\pi} S_\nu(U_\nu, V_\nu, \mathbf{N}_\nu). \qquad (4.1)$$

Wir suchen den Gleichgewichtszustand, für den nach (3.70) $dS = 0$ gelten muß, d.h., die Entropie muß unter Beachtung der obigen Randbedingungen extremal werden. Wir benutzen zur Herleitung die in Kapitel 1.2.5, Bd. 2, vorgestellte

Methode der Lagrangeschen Multiplikatoren.

Wir haben zu fordern:

$$dS = \sum_{\nu=1}^{\pi} \left\{ \left(\frac{\partial S_\nu}{\partial U_\nu}\right)_{V_\nu,\mathbf{N}_\nu} dU_\nu + \left(\frac{\partial S_\nu}{\partial V_\nu}\right)_{U_\nu,\mathbf{N}_\nu} dV_\nu + \right.$$

$$\left. + \sum_{j=1}^{\alpha} \left(\frac{\partial S_\nu}{\partial N_{j\nu}}\right)_{V_\nu,U_\nu,N_{i\nu,i}\neq j} dN_{j\nu} \right\} \stackrel{!}{=} 0. \tag{4.2}$$

Da nicht alle U_ν, V_ν, $N_{j\nu}$ unabhängig voneinander sind, können wir nicht einfach folgern, daß alle Koeffizienten der dU_ν, dV_ν, $dN_{j\nu}$ bereits verschwinden. Es gilt aber wegen der Randbedingungen:

$$\sum_\nu dU_\nu = 0 \implies \lambda_U \sum_\nu dU_\nu = 0,$$

$$\sum_\nu dV_\nu = 0 \implies \lambda_V \sum_\nu dV_\nu = 0,$$

$$\sum_\nu dN_{j\nu} = 0 \implies \lambda_j \sum_\nu dN_{j\nu} = 0.$$

λ_U, λ_V, λ_j sind zunächst nicht weiter festgelegte reelle Zahlen, die man die

Lagrangeschen Parameter (Multiplikatoren)

nennt. Wir können nun die Extremalbedingungen für S mit den Randbedingungen in folgender Form kombinieren:

$$0 \stackrel{!}{=} \sum_{\nu=1}^{\pi} \left[\left(\frac{\partial S_\nu}{\partial U_\nu}\right)_{V_\nu,\mathbf{N}_\nu} - \lambda_U \right] dU_\nu +$$

$$+ \sum_{\nu=1}^{\pi} \left[\left(\frac{\partial S_\nu}{\partial V_\nu}\right)_{U_\nu,\mathbf{N}_\nu} - \lambda_V \right] dV_\nu +$$

$$+ \sum_{\nu=1}^{\pi} \sum_{j=1}^{\alpha} \left[\left(\frac{\partial S_\nu}{\partial N_{j\nu}}\right)_{U_\nu,V_\nu,N_{i\nu,i}\neq j} - \lambda_j \right] dN_{j\nu}. \tag{4.3}$$

λ_U, λ_V und λ_j sind noch frei wählbar. Wegen der Randbedingungen sind die U_ν, V_ν, $N_{j\nu}$ nicht unabhängig voneinander. Für die Energien U_ν, die Volumina V_ν und die Teilchenzahlen $N_{j\nu}$ gibt es jeweils **eine** Nebenbedingung. Wir können sie deshalb in eine abhängige und $(\pi - 1)$ unabhängige Variable aufteilen, z.B.

U_1	abhängig;	$U_2, \ldots, U_\pi$	unabhängig,
V_1	abhängig;	$V_2, \ldots, V_\pi$	unabhängig,
N_{j1}	abhängig;	$N_{j2}, \ldots, N_{j\pi}$	unabhängig.

Wir legen nun die Lagrange-Parameter λ_U, λ_V, λ_j so fest, daß

$$\left(\frac{\partial S_1}{\partial U_1}\right)_{\ldots} = \lambda_U; \quad \left(\frac{\partial S_1}{\partial V_1}\right)_{\ldots} = \lambda_V; \quad \left(\frac{\partial S_1}{\partial N_{j1}}\right)_{\ldots} = \lambda_j$$

gilt. Dadurch erreichen wir, daß die $\nu = 1$-Summanden in (4.3) verschwinden. Die restlichen Summanden enthalten dann aber nur noch unabhängige Variable, so daß bereits jede Klammer für sich Null werden muß. Durch die Multiplikatoren haben wir also erreicht, daß **für alle ν** gilt:

$$\left(\frac{\partial S_\nu}{\partial U_\nu}\right)_{\ldots} = \frac{1}{T_\nu} \stackrel{!}{=} \lambda_U \implies T_\nu = T \quad \forall \nu, \tag{4.4}$$

$$\left(\frac{\partial S_\nu}{\partial V_\nu}\right)_{\ldots} = \frac{p_\nu}{T_\nu} \stackrel{!}{=} \lambda_V \implies p_\nu = p \quad \forall \nu, \tag{4.5}$$

$$\left(\frac{\partial S_\nu}{\partial N_\nu}\right)_{\ldots} = -\frac{\mu_{j\nu}}{T_\nu} \stackrel{!}{=} \lambda_j \implies \mu_{j\nu} = \mu_j \quad \forall \nu. \tag{4.6}$$

Die Parameter λ_U, λ_V, λ_j sind sämtlich von ν unabhängig und damit für alle Phasen gleich. Es ergibt sich die wichtige Schlußfolgerung:

In einem isolierten System haben im Gleichgewicht alle Phasen

1) dieselbe Temperatur T,

2) denselben Druck p,

3) dasselbe chemische Potential μ_j.

Wir wollen nun dasselbe Verfahren auf eine andere experimentell wichtige Situation anwenden:

B) Geschlossenes System mit p = const., T = const.

Druck und Temperatur seien von außen vorgegeben. Das ist die in Kapitel 3.7.3 diskutierte Situation. Wegen (3.76) gilt:

Gleichgewicht $\Longleftrightarrow$ dG = 0; G minimal!

Die freie Enthalpie ist eine extensive Zustandsgröße:

$$G = \sum_{\nu=1}^{\pi} G_\nu(T, p, \mathbf{N}_\nu). \tag{4.7}$$

Wir nehmen eine freie Austauschbarkeit von Teilchen zwischen den einzelnen Phasen an, wobei sich die Gesamtteilchenzahl allerdings nicht ändert:

$$N_j = \sum_{\nu=1}^{\pi} N_{j\nu} \implies \lambda_j \sum_{\nu=1}^{\pi} dN_{j\nu} = 0. \tag{4.8}$$

Wir koppeln diese Randbedingung mit dem Lagrangeschen Parameter λ_j an die Extremalbedingung für G an:

$$0 \stackrel{!}{=} \sum_{\nu=1}^{\pi} \sum_{j=1}^{\alpha} \left[\left(\frac{\partial G_\nu}{\partial N_{j\nu}} \right)_{\substack{T,p \\ N_{i\nu,i} \neq j}} - \lambda_j \right] dN_{j\nu}. \tag{4.9}$$

Dieselbe Schlußfolgerung wie in Teil A) führt nun auf:

$$\left(\frac{\partial G_\nu}{\partial N_{j\nu}} \right)_{\substack{T,p \\ N_{i\nu,i} \neq j}} = \mu_{j\nu} = \lambda_j. \tag{4.10}$$

Da λ_j von ν unabhängig ist, haben wir das wichtige Resultat:

In einem geschlossenen System mit p = const. und T = const. hat im Gleichgewicht in allen Phasen das chemische Potential der Teilchensorte j denselben Wert:

$$\mu_{j\nu} \equiv \mu_j \quad \forall \nu. \tag{4.11}$$

Dieses Ergebnis wollen wir noch etwas weiter auswerten. Formal gilt ja:

$$\left(\frac{\partial G_\nu}{\partial N_{j\nu}}\right)_{\substack{T,p \\ N_{i\nu}, i \neq j}} = \mu_{j\nu} = \mu_{j\nu}\left(T, p; N_{11,\dots}, N_{\alpha\pi}\right).$$

Da $\mu_{j\nu}$ eine intensive Größe ist, kann keine direkte Abhängigkeit von den extensiven Variablen $N_{j\nu}$ vorliegen. Die chemischen Potentiale $\mu_{j\nu}$ werden in Wirklichkeit von den **Konzentrationen** $c_{j\nu}$,

$$c_{j\nu} = \frac{N_{j\nu}}{N_\nu}; \quad \sum_{j=1}^{\alpha} c_{j\nu} = 1, \tag{4.12}$$

abhängen, die natürlich intensiv sind:

$$\mu_{j\nu} = \mu_{j\nu}\left(T, p; c_{11,\dots}, c_{\alpha\pi}\right). \tag{4.13}$$

Im Argument stehen Z_V Variable,

$$Z_V = 2 + \alpha\,\pi, \tag{4.14}$$

die aber nicht unabhängig voneinander sind, da eine Reihe von Nebenbedingungen erfüllt sein müssen. Die Beziehung (4.12) liefert wegen $\nu = 1, 2, \dots, \pi$

$$Z_N^{(1)} = \pi$$

Nebenbedingungen. Die Gleichgewichtsbedingung (4.11) ergibt für jedes j jeweils $(\pi - 1)$ Gleichungen zwischen den $\mu_{j\nu}$. Dies führt zu weiteren

$$Z_N^{(2)} = \alpha\,(\pi - 1)$$

Nebenbedingungen. Sei

f = Zahl der Freiheitsgrade,
  = Zahl der unabhängig wählbaren Variablen.

Dafür gilt offenbar:

$$f = Z_V - Z_N^{(1)} - Z_N^{(2)} = 2 + \alpha\,\pi - \pi - \alpha\,(\pi - 1).$$

Dies ergibt die wichtige

Gibbsche Phasenregel

$$f = 2 + \alpha - \pi, \tag{4.15}$$

wobei

$$\alpha = \text{Zahl der Komponenten},$$
$$\pi = \text{Zahl der Phasen}$$

sind. Wir erläutern diese Phasenregel an einem bekannten Beispiel:

H_2O-Phasendiagramm.

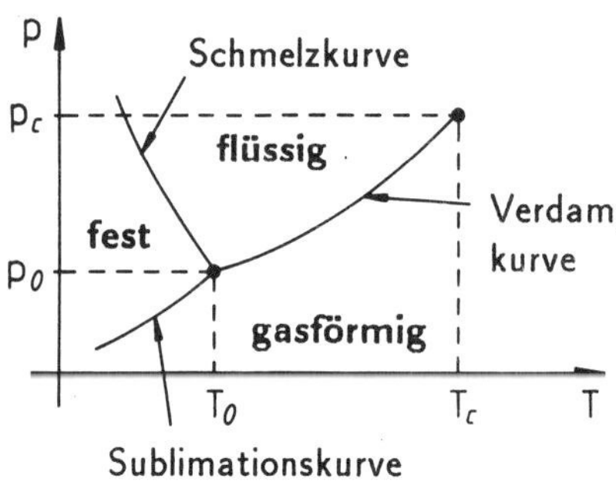

$T_0 = 0.0075\,^0$C
Tripelpunkt,

$T_c = 374.2\,^0$C
kritischer Punkt.

Es handelt sich um ein Einkomponentensystem, d.h., es ist $\alpha = 1$.

1) $\boxed{\pi = 1}$

In den Einphasengebieten (fest, flüssig, gasförmig) ist

$$f = 2,$$

d.h., p und T können noch unabhängig gewählt werden.

2) $\boxed{\pi = 2}$

Auf den Koexistenzkurven ist

$$f = 1,$$

so daß nur noch eine Variable, z.B. T, frei gewählt werden kann, die andere ist dann festgelegt, z.B. $p = p(T)$.

3) $\boxed{\pi = 3}$

Im Tripelpunkt (T_0, p_0) stehen drei Phasen miteinander im Gleichgewicht. Es gibt keinen frei wählbaren Parameter mehr:

$$f = 0.$$

Aus der Phasenregel (4.15) folgt auch, daß es eine obere Grenze für die Zahl π der möglichen Phasen gibt,

$$\pi \leq 2 + \alpha, \tag{4.16}$$

da f natürlich nicht negativ sein kann.

4.1.2 Dampfdruckkurve (Clausius-Clapeyron)

Wir wollen als Anwendungsbeispiel zu den Gleichgewichtsbedingungen des vorigen Abschnitts einen einfachen, aber wichtigen Spezialfall diskutieren (s. auch Aufgabe 2.9.21). Es handelt sich um das Gleichgewicht zwischen Flüssigkeit (f) und Dampf (g) eines einkomponentigen Systems wie z.B. H_2O.

Wählt man p und T als Variable, dann gilt nach (4.13) im Gleichgewicht:

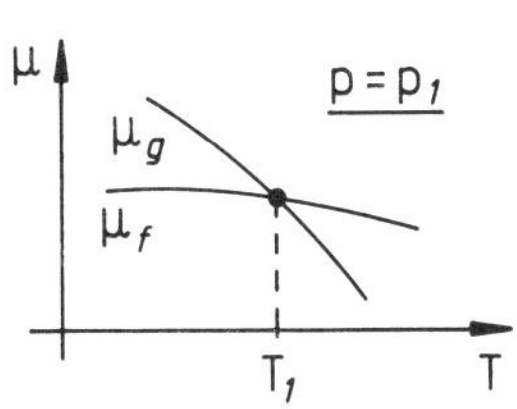

$$\mu_f(T,p) = \mu_g(T,p). \tag{4.17}$$

Aus dieser Beziehung muß sich (im Prinzip) eine Relation $p = p(T)$ für die Zustände herleiten lassen, in denen Flüssigkeit und Dampf im Gleichgewicht stehen.

Gilt (4.17) dagegen nicht, so folgt aus der Gibbs-Duhem-Relation (3.34),

$$G(T,p,N) = N\,\mu(T,p),$$

daß sich das Gleichgewicht vollständig zu der Phase mit dem kleineren μ verlagert. Stabil ist jeweils die Phase mit minimaler freier Enthalpie!

Bei fester Teilchenzahl gilt nach (3.26):

$$dG = -S\,dT + V\,dp = N\,d\mu\,(T,p).$$

Wir betrachten eine *Verschiebung* (dp, dT) längs der Koexistenzlinie (**Dampfdruckkurve**). Dort ist wegen (4.17)

$$d\mu_f(T,p) = d\mu_g(T,p)$$

und damit

$$-S_f\, dT + V_f\, dp = -S_g\, dT + V_g\, dp.$$

Damit erhalten wir die Steigung dp/dT der Dampfdruckkurve:

$$\frac{dp}{dT} = \frac{S_g - S_f}{V_g - V_f}. \tag{4.18}$$

Üblicherweise bezieht man sich auf 1 Mol:

$v_{g,f}$: Molvolumina für Gas bzw. Flüssigkeit,

$s_{g,f}$: Entropien pro Mol.

Man definiert schließlich noch:

$Q_M = T(s_g - s_f)$: **molare Verdampfungswärme.**

Diese wird zur Überwindung der Kohäsionskräfte zwischen den Teilchen benötigt. Aus (4.18) wird dann die

Clausius-Clapeyron-Gleichung

$$\frac{dp}{dT} = \frac{Q_M}{T(v_g - v_f)}. \tag{4.19}$$

Bei der Ableitung von (4.19) bzw. (4.18) mußten wir implizit $S_g \neq S_f$ und $V_g \neq V_f$ voraussetzen. Dies bedeutet:

$$\mu_f(T,p) \stackrel{!}{=} \mu_g(T,p),$$

$$\left(\frac{\partial \mu_f}{\partial T}\right)_p \neq \left(\frac{\partial \mu_g}{\partial T}\right)_p ; \quad \left(\frac{\partial \mu_f}{\partial p}\right)_T \neq \left(\frac{\partial \mu_g}{\partial p}\right)_T . \tag{4.20}$$

Einen solchen Übergang Gas $\Longleftrightarrow$ Flüssigkeit nennt man einen

Phasenübergang erster Ordnung.

Nur für einen solchen Übergang gilt die Clausius-Clapeyron-Gleichung.

4.1.3 Maxwell-Konstruktion

Wir haben bereits in Kapitel 1.4.2 bei der Diskussion der Zustandsgleichung

$$\left(p + a\,\frac{n^2}{V^2}\right)(V - n\,b) = n\,R\,T$$

des van der Waals-Gases beobachtet, daß die Isothermen für $T < T_c$ einen unphysikalischen Verlauf zeigen. Es gibt nämlich einen Bereich, in dem

$$\kappa_T = -\frac{1}{V}\left(\frac{\partial V}{\partial p}\right)_T < 0$$

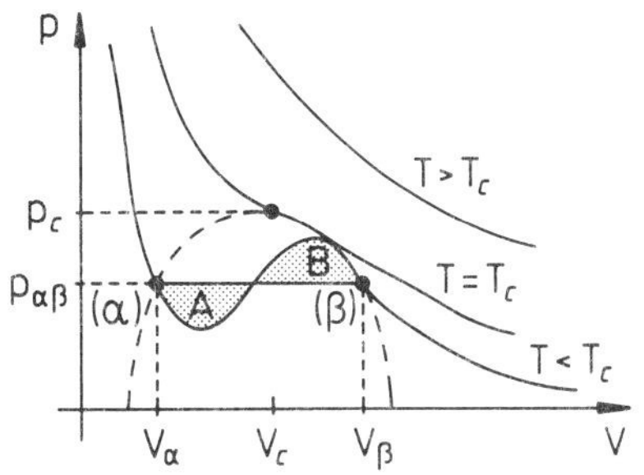

ist. Dort wäre das System mechanisch instabil. Die Ursache liegt in der impliziten Annahme einer einzigen homogenen Phase. In Wirklichkeit handelt es sich dort aber um ein Zwei-Phasen-Gebiet. Flüssigkeit und Dampf stehen miteinander im Gleichgewicht. Die van der Waals-Isothermen verlieren im Zwei-Phasen-Gebiet ihre Gültigkeit.

Die Betrachtungen des letzten Abschnitts haben gezeigt, daß im Koexistenzgebiet von Gas und Flüssigkeit der Druck nur eine Funktion der Temperatur sein kann (4.17), daß er also insbesondere nicht vom Volumen abhängt. Dies bedeutet:

> Im pV-Diagramm verlaufen alle Isothermen ($T < T_c$) im Zwei-Phasen-Gebiet **horizontal!**

Am Ende (α) (s. Bild) dieses horizontalen Isothermenstücks liegt nur Flüssigkeit, am Ende (β) nur Gas vor. Links von (α) und rechts von (β) können wir wieder die van der Waals-Gleichung benutzen.

Im Koexistenzgebiet muß die Gleichgewichtsbedingung

$$\mu_f(T, p_{\alpha\beta}) = \mu_g(T, p_{\alpha\beta}) = \text{const.} \tag{4.21}$$

erfüllt sein. An den Enden (α) bzw. (β) sind **alle** N Teilchen in der flüssigen bzw. in der gasförmigen Phase. Mit der Gibbs-Duhem-Relation (3.34) folgt dann aus (4.21):

$$G_\alpha(T, p_{\alpha\beta}) = G_\beta(T, p_{\alpha\beta}),$$

$$U_\alpha - T\,S_\alpha + p_{\alpha\beta}\,V_\alpha = U_\beta - T\,S_\beta + p_{\alpha\beta}\,V_\beta. \tag{4.22}$$

Für den Unterschied in den **freien Energien** ergibt sich daraus:

$$F_\alpha - F_\beta = p_{\alpha\beta}\,(V_\beta - V_\alpha). \tag{4.23}$$

Bildet man dagegen mit dem ursprünglichen van der Waals-Druck $p = p(T, V)$ das Integral von V_α bis V_β, so folgt wegen

$$dF = -p\,dV \quad \text{bei } T = \text{const.}$$

für die freie Energie:

$$F_\alpha - F_\beta = -\int_{V_\beta}^{V_\alpha} p\,dV = \int_{V_\alpha}^{V_\beta} p\,dV \quad (T = \text{const.}). \tag{4.24}$$

Die Kombination (4.23) und (4.24)

$$\int\limits_{\substack{V_\alpha \\ (T=\text{const.})}}^{V_\beta} p\,dV = p_{\alpha\beta}(T)\big(V_\beta - V_\alpha\big) \tag{4.25}$$

hat eine einfache geometrische Bedeutung. In der obigen Abbildung müssen die Flächen A und B gleich sein:

$$A \stackrel{!}{=} B: \qquad \textbf{Maxwell-Konstruktion.}$$

Wir haben damit aus den allgemeinen Gleichgewichtsbedingungen eine Vorschrift ableiten können, wie man aus den van der Waals-Isothermen die **physikalischen** Isothermen ableitet.

Wir können uns zum Schluß noch leicht davon überzeugen, daß das in Gas und Flüssigkeit zerfallende Zwei-Phasen-Gebiet gegenüber dem ursprünglichen van der Waals-Ein-Phasen-Gebiet stabil ist. Wir vergleichen dazu zwei Zustände mit gleichem T und V, aber unterschiedlichen Drucken, $p_{\alpha\beta}$ für das Zwei-Phasen-System und $p(T, V)$ der van der Waals-Gleichung ensprechend. Da T und V vorgegeben sind, muß im Gleichgewicht die freie Energie F minimal sein! (S. Bild auf Seite 255.)

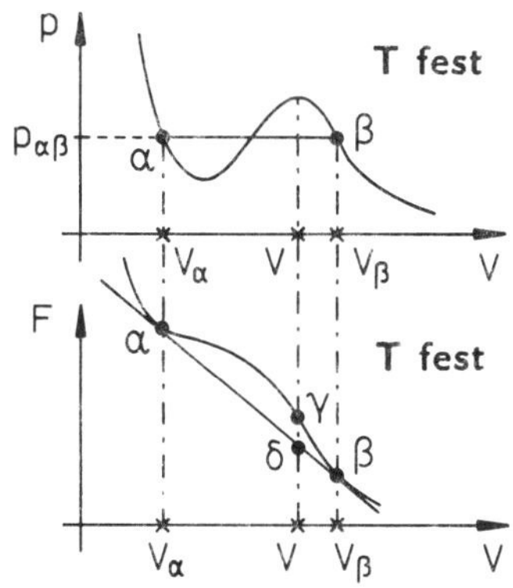

Im **Ein-Phasen-Gebiet** gilt:

$$F_{vdW}(T,V) - F_\alpha = F_\gamma - F_\alpha =$$
$$= -\int\limits_{V_\alpha}^{V} p(T,V')\,dV'. \tag{4.26}$$

Gemäß der Maxwell-Konstruktion setzt sich im **Zwei-Phasen-Gebiet** die freie Energie additiv aus den Anteilen der Flüssigkeit (α) und des Gases (β) zusammen:

$$F(T,V) = F_\delta = c_f\,F_\alpha(T,V_\alpha) + c_g\,F_\beta(T,V_\beta).$$

Dabei muß gelten:

$$c_f = \frac{N_f}{N}; \quad c_g = \frac{N_g}{N} \implies c_f + c_g = 1.$$

N_f, N_g sind die Teilchenzahlen der Flüssigkeits- bzw. der Gasphase. Beide Phasen zusammen müssen natürlich das Volumen V einnehmen:

$$V = c_f\,V_\alpha + c_g\,V_\beta.$$

Die beiden letzten Beziehungen führen zu der sogenannten **Hebelbeziehung** (s. Bild):

$$c_f = \frac{V_\beta - V}{V_\beta - V_\alpha}; \quad c_g = \frac{V - V_\alpha}{V_\beta - V_\alpha}. \tag{4.27}$$

Dies bedeutet für die freie Energie im Zwei-Phasen-Gebiet:

$$F_\delta - F_\alpha = c_g\,(F_\beta - F_\alpha) \overset{(4.23)}{=} c_g\,(-p_{\alpha\beta})\,(V_\beta - V_\alpha),$$
$$F_\delta - F_\alpha = p_{\alpha\beta}\,(V_\alpha - V). \tag{4.28}$$

Kombiniert man (4.28) mit (4.26), so folgt:

$$F_\gamma - F_\delta = p_{\alpha\beta}\,(V - V_\alpha) - \int_{V_\alpha}^{V} p(T, V')\,dV' \geq 0. \tag{4.29}$$

Das Zwei-Phasen-Gebiet ist also stabil:

$$F_\delta \leq F_\gamma. \tag{4.30}$$

Das Gleichheitszeichen gilt nur für $V = V_\alpha$ oder $V = V_\beta$.

4.2 Phasenübergänge

4.2.1 Geometrische Interpretation

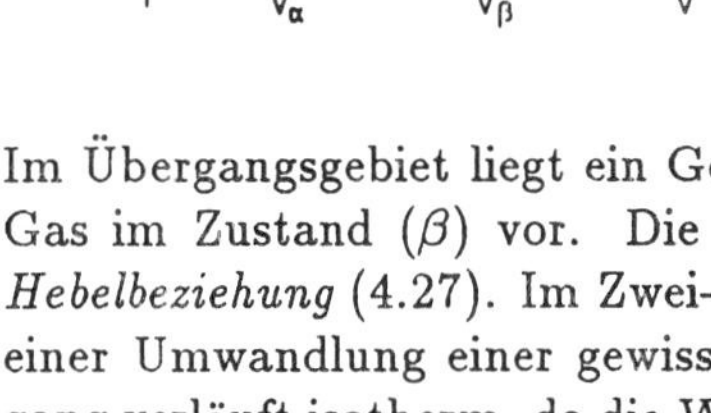

Wir betrachten noch einmal das Flüssigkeits-Gas-Gemisch längs der Koexistenzlinie. Wir hatten gesehen, daß sich der Übergang bei konstanter Temperatur und konstantem Druck vollzieht:

$p_{\alpha\beta}(T)$: **Dampfdruck.**

Im Übergangsgebiet liegt ein Gemisch aus Flüssigkeit im Zustand (α) und Gas im Zustand (β) vor. Die relativen Anteile bestimmen sich aus der *Hebelbeziehung* (4.27). Im Zwei-Phasen-Gebiet führt eine Wärmezufuhr zu einer Umwandlung einer gewissen Flüssigkeitsmenge in Dampf. Der Vorgang verläuft isotherm, da die Wärmeenergie ausschließlich dazu verwendet wird, die Teilchenbindungen zu überwinden. Erst wenn bei (β) die gesamte Flüssigkeit in Dampf verwandelt ist, sorgt eine weitere Wärmezufuhr für eine Temperaturerhöhung. Einen solchen Phasenübergang, der eine

Umwandlungswärme

erfordert, nennt man einen

Phasenübergang erster Ordnung.

Für diesen gilt die Clausius-Clapeyron-Gleichung der Form (4.18), die offensichtlich nur dann sinnvoll ist, wenn die Entropien und Volumina für Gas (S_g, V_g) und Flüssigkeit (S_f, V_f) auf der Koexistenzlinie unterschiedlich sind. Nun erinnern wir uns, daß S und V **erste** partielle Ableitungen der freien Enthalpie $G(T,p)$ nach T bzw. p sind:

$$S = -\left(\frac{\partial G}{\partial T}\right)_p; \quad V = \left(\frac{\partial G}{\partial p}\right)_T.$$

Typisch für Phasenübergänge erster Ordnung (PÜ1) ist also, daß die ersten Ableitungen von $G(T,p)$ beim Überschreiten der Koexistenzlinie unstetig sind.

Wir wollen versuchen, den Sachverhalt geometrisch zu veranschaulichen. Dazu müssen wir jedoch noch einige Vorbereitungen treffen.

Definition: Man nennt $f(x)$ eine

konvexe Funktion von x,

falls für beliebige λ mit $0 \leq \lambda \leq 1$ gilt:

$$f\big(\lambda x_1 + (1-\lambda)x_2\big) \leq \lambda f(x_1) + (1-\lambda)f(x_2). \tag{4.31}$$

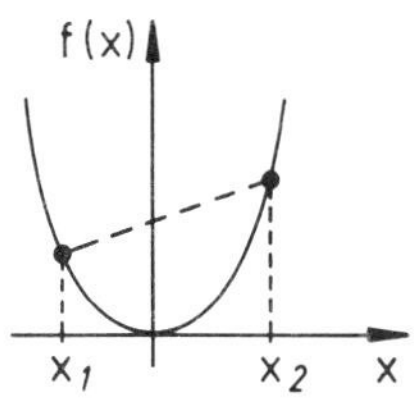

Skizziert ist als Beispiel die **konvexe** Funktion $f(x) = x^2$. – Die Sehne, die die Punkte $f(x_1)$ und $f(x_2)$ einer konvexen Funktion $f(x)$ miteinander verbindet, liegt im Bereich $x_1 \leq x \leq x_2$ stets oberhalb oder auf der Kurve $f(x)$. Jede Tangente an $f(x)$ liegt dann vollständig unterhalb $f(x)$. –

Die Definition setzt **nicht** die Differenzierbarkeit der Funktion voraus. Falls aber $f(x)$ zweimal differenzierbar ist, dann gilt auch:

$$f(x) \quad \textbf{konvex} \iff f''(x) \geq 0 \quad \forall x. \tag{4.32}$$

Ganz analog definiert man:

Definition: $\tilde{f}(x)$ ist genau dann eine

konkave Funktion von x,

wenn $-\tilde{f}(x)$ konvex ist.

Mit Hilfe dieser Definitionen können wir nun Aussagen über das *geometrische* Verhalten von freier Enthalpie und freier Energie machen:

Satz:

1) Die freie Enthalpie $G(T,p)$ ist in beiden Variablen T und p konkav!
2) Die freie Energie $F(T,V)$ ist als Funktion von T konkav und als Funktion von V konvex!

Der **Beweis** dieses Satzes benutzt die sogenannten **Stabilitätsbedingungen:**

$$\text{thermisch:} \quad C_x \geq 0; \quad x = V, p, \tag{4.33}$$

$$\text{mechanisch:} \quad \kappa_y \geq 0; \quad y = S, T, \tag{4.34}$$

die erst in der Statistischen Mechanik streng bewiesen werden, anschaulich aber völlig klar sind. $C_x < 0$ hätte bei einer Wärmezufuhr eine Temperaturerniedrigung zur Folge. $\kappa_y < 0$ würde $(\partial V/\partial p)_y > 0$ bedeuten. Mit abnehmendem Volumen würde dann auch der Druck eines thermodynamischen Systems kleiner. Letzteres wäre somit mechanisch instabil, würde in sich zusammenfallen.

Zu 1):

$G(T,p)$ ist bis auf Phasenübergangspunkte differenzierbar:

$$\left(\frac{\partial^2 G}{\partial T^2}\right)_p = -\left(\frac{\partial S}{\partial T}\right)_p = -\frac{C_p}{T} \leq 0.$$

$G(T,p)$ ist als Funktion von T konkav!

$$\left(\frac{\partial^2 G}{\partial p^2}\right)_T = \left(\frac{\partial V}{\partial p}\right)_T = -V\,\kappa_T \leq 0.$$

$G(T,p)$ ist auch als Funktion von p konkav!

Zu 2):

$$\left(\frac{\partial^2 F}{\partial T^2}\right)_V = -\left(\frac{\partial S}{\partial T}\right)_V = -\frac{C_V}{T} \leq 0.$$

$F(T,V)$ ist als Funktion von T konkav!

$$\left(\frac{\partial^2 F}{\partial V^2}\right)_T = -\left(\frac{\partial p}{\partial V}\right)_T = +\frac{1}{V\,\kappa_T} \geq 0.$$

$F(T,V)$ ist als Funktion von V konvex!

Bei der Übertragung des obigen Satzes auf magnetische Systeme hat man etwas aufzupassen, da die Suszeptiblität χ als Analogon zur Kompressibilität κ im Gegensatz zu dieser auch negativ werden kann (Diamagnetismus!).

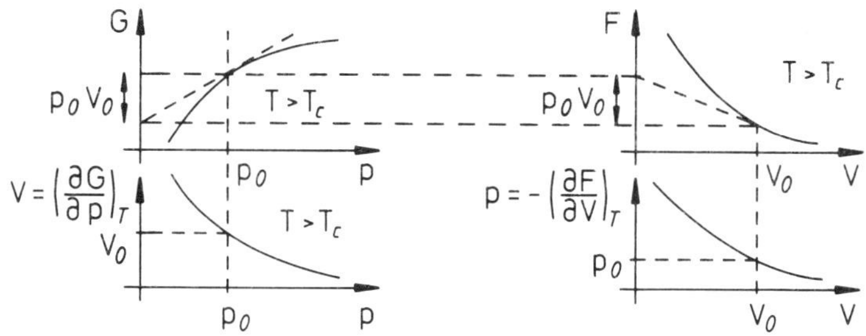

Mit Hilfe dieser allgemeinen Eigenschaften von G und F sowie der Verknüpfung

$$G = F + pV$$

lassen sich die Abhängigkeiten der Potentiale von T und p bzw. T und V qualitativ bereits skizzieren. Besonders interessant sind natürlich die Phasenübergangspunkte:

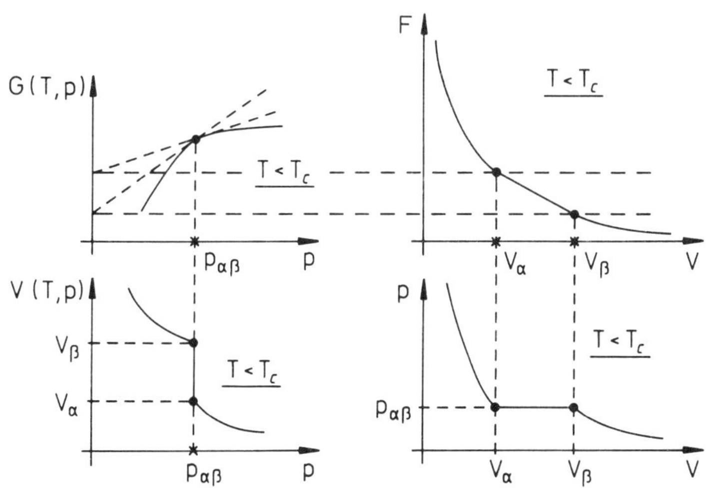

Die Koexistenz der beiden Phasen bei ($T < T_c, p = p_{\alpha\beta}$) hat zur Folge, daß $G_f(T, p_{\alpha\beta}) = G_g(T, p_{\alpha\beta})$. Demnach ist die freie Energie F zwischen V_α und V_β eine lineare Funktion von V. Der Phasenübergang erster Ordnung manifestiert sich in einer Unstetigkeit in der ersten Ableitung von G nach p, also im Volumen V, und in einem horizontalen Teilstück für die erste Ableitung von F nach V, also für den Druck p.

Als Funktionen von T verhalten sich F und G qualitativ sehr ähnlich. Bei einem Phasenübergang erster Ordnung zeigen beide Funktionen wegen

$$S = -\left(\frac{\partial G}{\partial T}\right)_p = -\left(\frac{\partial F}{\partial T}\right)_V \tag{4.35}$$

einen endlichen Sprung in der ersten partiellen Ableitung, also in der Entropie:

$$\Delta S = S_\beta - S_\alpha.$$

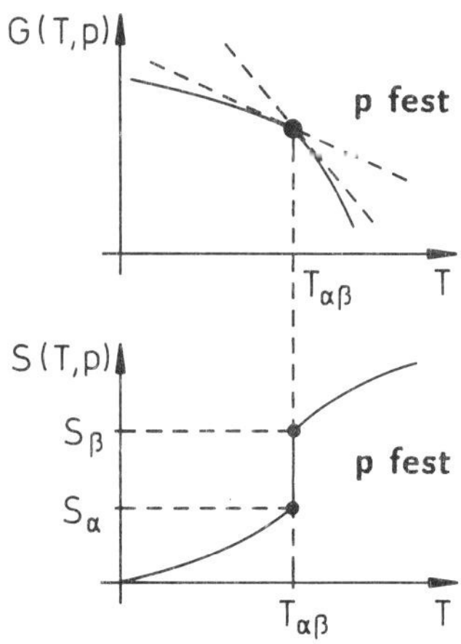

Typisch für den Phasenübergang erster Ordnung ist deshalb das Auftreten einer

Umwandlungswärme

$$\Delta Q = T_{\alpha\beta}\,\Delta S \tag{4.36}$$

(*Verdampfungswärme*).

ΔQ ist jedoch keine Materialkonstante. Man beobachtet vielmehr, z.B. für das Gas-Flüssigkeits-System, daß sich bei einer Änderung der System-Parameter, z.B. des konstant gehaltenen Druckes p, auch der Unstetigkeitssprung in den ersten Ableitungen des thermodynamischen Potentials $G(T, p)$ verändert. Nähert man sich auf der Koexistenzlinie (*Verdampfungskurve*, s. H_2O-Phasendiagramm in Kapitel 4.1.1) dem kritischen Punkt, so wird die Diskontinuität immer kleiner, um schließlich bei (T_c, p_c) ganz zu verschwinden. Es gibt also auch Phasenübergänge mit $S_\alpha = S_\beta$ und $V_\alpha = V_\beta$, für die die Clausius-Clapeyron-Gleichung (4.19) ihre Bedeutung verliert. Wir müssen deshalb offensichtlich den Begriff *Phasenübergang* über das bisher Gesagte hinaus noch erweitern.

4.2.2 Ehrenfest-Klassifikation

Die auf der Koexistenzkurve im Gleichgewicht stehenden Phasen seien wiederum durch die Indizes α und β gekennzeichnet. Nach Ehrenfest (1933) definiert man als

Ordnung des Phasenübergangs

die Ordnung des niedrigsten Differentialquotienten von G, der beim Überschreiten der Koexistenzlinie eine Diskontinuität aufweist. Explizit heißt das:

Definition:

Phasenübergang nter Ordnung

1) $$\left(\frac{\partial^m G_\alpha}{\partial T^m}\right)_p = \left(\frac{\partial^m G_\beta}{\partial T^m}\right)_p \quad \text{für } m = 1, 2, \dots, n-1, \tag{4.37}$$

$$\left(\frac{\partial^m G_\alpha}{\partial p^m}\right)_T = \left(\frac{\partial^m G_\beta}{\partial p^m}\right)_T \quad \text{für } m = 1, 2, \dots, n-1, \tag{4.38}$$

2) $$\left(\frac{\partial^n G_\alpha}{\partial T^n}\right)_p \neq \left(\frac{\partial^n G_\beta}{\partial T^n}\right)_p, \tag{4.39}$$

$$\left(\frac{\partial^n G_\alpha}{\partial p^n}\right)_T \neq \left(\frac{\partial^n G_\beta}{\partial p^n}\right)_T. \tag{4.40}$$

Von praktischem Interesse sind eigentlich nur die Phasenübergänge erster und zweiter Ordnung. Die von erster Ordnung haben wir bereits genauer analysiert. Für

Phasenübergänge zweiter Ordnung

gilt:

1) $G(T,p)$ stetig!

2) $S(T,p)$; $V(T,p)$ stetig!

3) *Response*-Funktionen:

$$C_p = -T\left(\frac{\partial^2 G}{\partial T^2}\right)_p; \quad \kappa_T = -\frac{1}{V}\left(\frac{\partial^2 G}{\partial p^2}\right)_T; \quad \beta = \frac{1}{V}\left(\frac{\partial^2 G}{\partial p\, \partial T}\right)$$

unstetig!

Es leuchtet unmittelbar ein, daß mit wachsender Ordnung des Phasenübergangs die Unterschiede der koexistierenden Phasen physikalisch immer unbedeutender werden. Es ist in der Tat zu fragen, bis zu welcher Ordnung man wirklich noch von zwei **verschiedenen** Phasen reden kann.

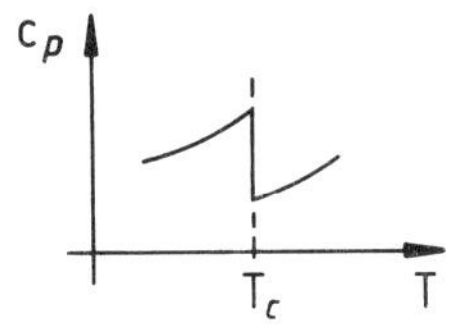

Beispiele für einen Phasenübergang zweiter Ordnung im *Ehrenfestschen Sinn*, charakterisiert durch einen **endlichen** Sprung in der spezifischen Wärme, sind nicht sehr zahlreich:

1) Modelle:

a) Weiß-Ferromagnet,

b) Bragg-Williams-Modell (für den Ordnungs-Unordnungs-Übergang in β-Messing),

c) van der Waals-Gas.

2) Supraleiter im Nullfeld:

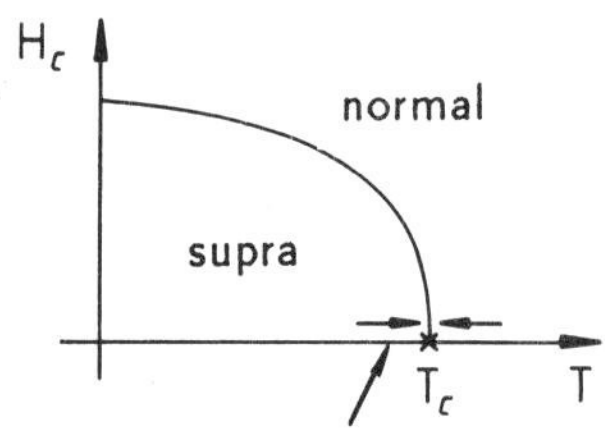

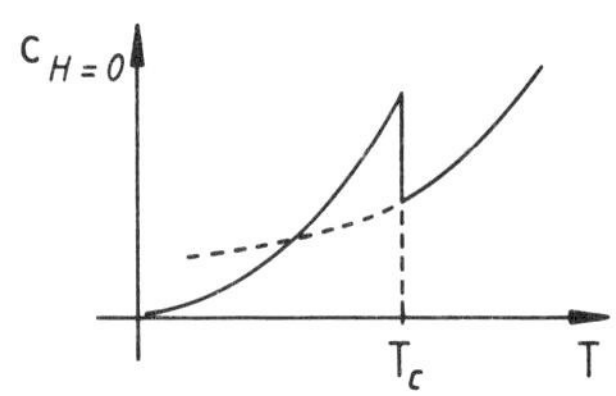

Wir wollen schließlich noch das Analogon zur Clausius-Clapeyron-Gleichung für Phasenübergänge zweiter Ordnung *im Ehrenfestschen Sinn* ableiten:

Auf der *Koexistenzlinie*, falls es so eine in diesem Fall überhaupt gibt, gilt nun:

$$S_\alpha(T,p) = S_\beta(T,p); \quad V_\alpha(T,p) = V_\beta(T,p).$$

Wir betrachten eine Zustandsänderung (dp, dT) längs der *Koexistenzlinie*:

$$dS_\alpha = dS_\beta; \quad dV_\alpha = dV_\beta$$

$$\Longrightarrow \left(\frac{\partial S_\alpha}{\partial T}\right)_p dT + \left(\frac{\partial S_\alpha}{\partial p}\right)_T dp = \left(\frac{\partial S_\beta}{\partial T}\right)_p dT + \left(\frac{\partial S_\beta}{\partial p}\right)_T dp,$$

$$\left(\frac{\partial V_\alpha}{\partial T}\right)_p dT + \left(\frac{\partial V_\alpha}{\partial p}\right)_T dp = \left(\frac{\partial V_\beta}{\partial T}\right)_p dT + \left(\frac{\partial V_\beta}{\partial p}\right)_T dp.$$

Dies läßt sich wie folgt auflösen:

$$\frac{dp}{dT} = -\frac{\left(\frac{\partial S_\beta}{\partial T}\right)_p - \left(\frac{\partial S_\alpha}{\partial T}\right)_p}{\left(\frac{\partial S_\beta}{\partial p}\right)_T - \left(\frac{\partial S_\alpha}{\partial p}\right)_T} = -\frac{\left(\frac{\partial V_\beta}{\partial T}\right)_p - \left(\frac{\partial V_\alpha}{\partial T}\right)_p}{\left(\frac{\partial V_\beta}{\partial p}\right)_T - \left(\frac{\partial V_\alpha}{\partial p}\right)_T}.$$

Wir setzen noch die folgenden Maxwell-Relationen ein:

$$\left(\frac{\partial S}{\partial p}\right)_T = -\left(\frac{\partial V}{\partial T}\right)_p = -V\,\beta,$$

$$\left(\frac{\partial S}{\partial T}\right)_p = \frac{C_p}{T}; \quad \left(\frac{\partial V}{\partial p}\right)_T = -V\,\kappa_T.$$

Das ergibt dann die sogenannten

Ehrenfest-Gleichungen

$$\frac{dp}{dT} = \frac{1}{T\,V}\,\frac{C_p^{(\alpha)} - C_p^{(\beta)}}{\beta^{(\alpha)} - \beta^{(\beta)}} = \frac{\beta^{(\alpha)} - \beta^{(\beta)}}{\kappa_T^{(\alpha)} - \kappa_T^{(\beta)}}. \tag{4.41}$$

Man sagt, ein System zeige einen Phasenübergang zweiter Ordnung im *reinen Ehrenfestschen Sinn*, wenn $S_\alpha = S_\beta$ und $V_\alpha = V_\beta$ gilt und die Gleichungen (4.41) erfüllt sind.

Die heutige Kritik an der Ehrenfest-Klassifikation von Phasenübergängen resultiert zum einen aus der experimentellen Beobachtung, daß in vielen Systemen mit Übergängen, die **nicht** von erster Ordnung sind, die *kritischen* thermodynamischen Größen eher Singularitäten als endliche Sprünge aufweisen. Zum anderen erscheint die Aufteilung in Phasenübergänge beliebig hoher Ordnung sinnlos!

Man unterscheidet deshalb etwas grob eigentlich nur noch zwei Arten von Phasenübergängen, die man am einfachsten durch das Verhalten der Entropie gegeneinander abgrenzt. S kann sich am Umwandlungspunkt

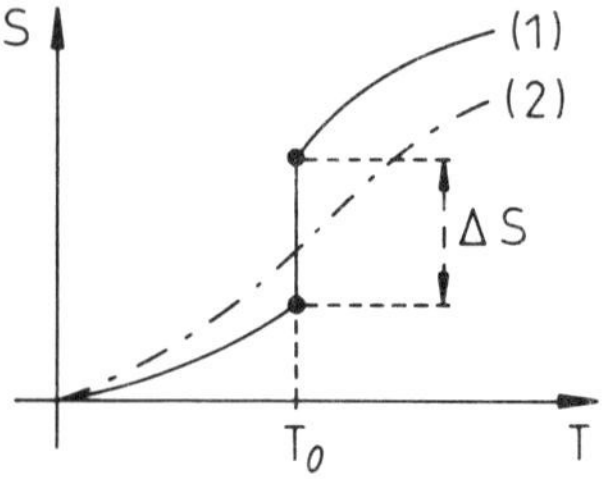

kontinuierlich (2)

oder

diskontinuierlich (1)

als Funktion der intensiven Variablen T verhalten.

1) Diskontinuierlicher Phasenübergang

Dies ist der bereits besprochene

Phasenübergang erster Ordnung,

der durch Unstetigkeiten in den ersten partiellen Ableitungen der freien Enthalpie G gekennzeichnet ist.

1) $\Delta S \neq 0 \iff$ Umwandlungswärme: $\Delta Q = T_0 \, \Delta S$.

2) $C_p = -T \left(\frac{\partial^2 G}{\partial T^2} \right)_p$: endlich für $T \neq T_0$, nicht erklärt für $T = T_0$.

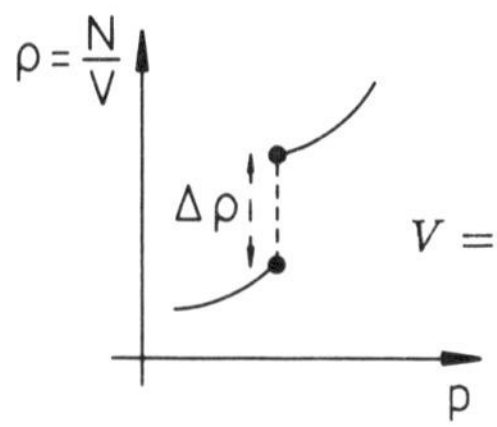

$$V = \left(\frac{\partial G}{\partial p} \right)_{T_0}$$

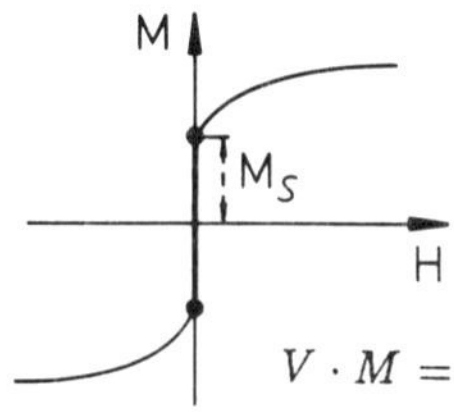

$$V \cdot M = -\left(\frac{\partial G}{\partial B_0} \right)_{T_0}$$

Fluides System **Magnet**

Die Umwandlungstemperatur T_0 ist keine Konstante, sondern von p bzw. V oder $B_0 = \mu_0 H$ bzw. M abhängig. Nun beobachtet man bei den meisten Systemen ein Abnehmen der Unstetigkeiten ΔS, $\Delta\rho$ und $2\,M_S$ mit zunehmendem T_0. Dadurch wird eine

kritische Temperatur T_c

definiert, bei der die ersten Ableitungen wieder stetig werden:

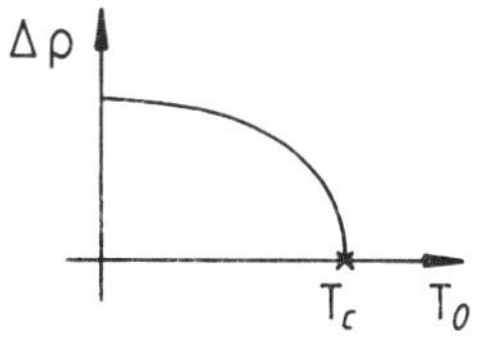

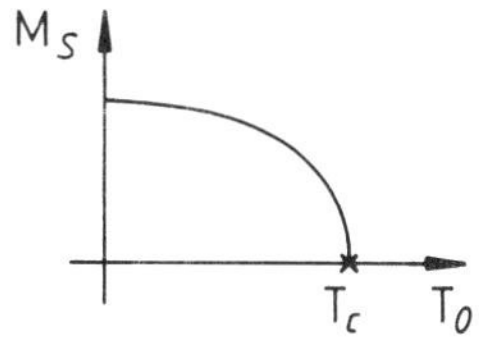

Dies führt zu dem anderen Typ *Phasenübergang*!

2) Kontinuierlicher Phasenübergang

In diesem Fall spricht man auch von einem

Phasenübergang zweiter Ordnung

mit den folgenden typischen Merkmalen:

1) S stetig $\Longrightarrow \ \Delta Q = 0$.
2) $T_0 \to T_c$: *kritischer Punkt.*
3) Singularitäten in C_V, κ_T, χ_T, also in Zustandsgrößen, die zweiten Ableitungen der thermodynamischen Potentiale entsprechen.

Den kontinuierlichen Phasenübergang wollen wir in den nächsten Abschnitten weiter analysieren.

4.2.3 Kritische Exponenten

Die im vorigen Abschnitt definierten *kontinuierlichen Phasenübergänge* oder **Phasenübergänge zweiter Ordnung** sind von besonderem physikalischen Interesse. Grund dafür ist eine verblüffende Universalität physikalischer Eigenschaften in der Nähe kritischer Punkte. Ganz verschiedene Eigenschaften ganz verschiedener Systeme zeigen in der Nähe von T_c ein ganz ähnliches **Potenzgesetz-Verhalten**. Das wollen wir in diesem Abschnitt etwas genauer untersuchen. Eine *vertiefte* Darstellung wird allerdings der Statistischen Mechanik in Band 6 vorbehalten sein müssen.

Im Bereich der sogenannten **kritischen Fluktuationen**, die man etwa im Temperaturbereich

$$|\epsilon| = \left| \frac{T - T_c}{T_c} \right| < 10^{-2} \tag{4.42}$$

zu erwarten hat, beobachtet man das erwähnte universelle Verhalten der verschiedenartigsten physikalischen Größen, das sich durch einen Satz von wenigen Zahlenwerten beschreiben läßt, die man

kritische Exponenten

nennt. Sehr häufig beobachtet man, daß eine

physikalische Eigenschaft $f(\epsilon)$

sich im kritischen Bereich (4.42) wie

$$f(\epsilon) = a\,\epsilon^{\varphi}(1 + b\,\epsilon^{\psi} + \ldots); \quad \psi > 0 \tag{4.43}$$

verhält. Man benutzt dazu die Kurzschrift

$$f(\epsilon) \simeq \epsilon^{\varphi} \tag{4.44}$$

und liest: "$f(\epsilon)$ verhält sich für $\epsilon \to 0$ wie ϵ^{φ}". φ ist dann der kritische Exponent. Man hat jedoch in der Zwischenzeit erkannt, daß das Potenzgesetz-Verhalten zu einschränkend ist. Die Defintion des kritischen Exponenten wird deshalb wie folgt verallgemeinert.

Definition:

Kritischer Exponent

$$\varphi = \lim_{\epsilon \to 0} \frac{\ln |f(\epsilon)|}{\ln |\epsilon|}. \tag{4.45}$$

Das Verhalten (4.43) ist damit natürlich auch erfaßt. Es gibt selbstverständlich nicht nur einen einzigen kritischen Exponenten für alle physikalischen Eigenschaften, sondern einen ganzen Satz, den wir noch detailliert vorstellen werden.

Die so eingeführten kritischen Exponenten sind

fast universell,

d.h., sie hängen nur von folgenden Komponenten ab:

1) Dimension d des Systems,

2) Reichweite der Teilchenwechselwirkungen,

3) Spindimensionalität n.

Das ist die sogenannte **Universalitätshypothese** (R.B. Griffiths, Phys. Rev. Lett. **24**, 1479 (1970)), die wir sinnvoll erst später im Rahmen der Statistischen Mechanik kommentieren können. Die Reichweiten der Teilchenwechselwirkungen gruppiert man in drei Klassen. Man nennt sie

kurzreichweitig,

wenn der Abfall der Wechselwirkungsstärke mit dem Abstand r der Partner gemäß

$$r^{-(d+2+\alpha)}; \quad \alpha > 0$$

erfolgt. Details der Teilchen-Wechselwirkungen spielen dann keine Rolle. Man registriert ein wirklich universelles Verhalten. – Die Wechselwirkungen heißen

langreichweitig,

falls

$$\alpha < \frac{d}{2} - 2 \tag{4.46}$$

gilt. In diesem Fall werden die sogenannten *klassischen Theorien* gültig (Landau-Theorie, van der Waals-Modell, Weiß-Ferromagnet). Diese setzen Punkt 1) außer Kraft, d.h., die Exponenten sind unabhängig von der Dimension d des Systems. Relativ kompliziert ist der Zwischenbereich. Für

$$\frac{d}{2} - 2 < \alpha < 0 \tag{4.47}$$

heißt die Wechselwirkung

mittelreichweitig.

Die Exponenten hängen dann von α ab.

Magnetische Materialien werden modellmäßig häufig als wechselwirkende Spinsysteme diskutiert. Unter der **Spindimensionalität** versteht man die Zahl der relevanten Komponenten der Spinvektoren. Bei $n = 1$ (*Ising-Modell*) handelt es sich um eindimensionale, bei $n = 2$ (*XY-Modell*) um zweidimensionale und bei $n = 3$ (*Heisenberg-Modell*) um dreidimensionale Vektoren. Die kritischen Exponenten erweisen sich als deutlich n-abhängig. Weitere Einzelheiten zu den Spinsystemen werden im Rahmen der Statistischen Mechanik besprochen.

Bei den kritischen Exponenten hat man strenggenommen noch zu unterscheiden, von welcher Seite man sich dem kritischen Punkt T_c nähert:

$$\varphi \longleftrightarrow \epsilon > 0 \qquad (T \stackrel{>}{\rightarrow} T_c),$$

$$\varphi' \longleftrightarrow \epsilon < 0 \qquad (T \stackrel{<}{\rightarrow} T_c).$$

Es muß nicht notwendig $\varphi = \varphi'$ sein. Die später zu besprechende Skalenhypothese wird allerdings gerade dieses postulieren. Wir diskutieren einige typische Beispiele:

1) $\boxed{\varphi < 0}$

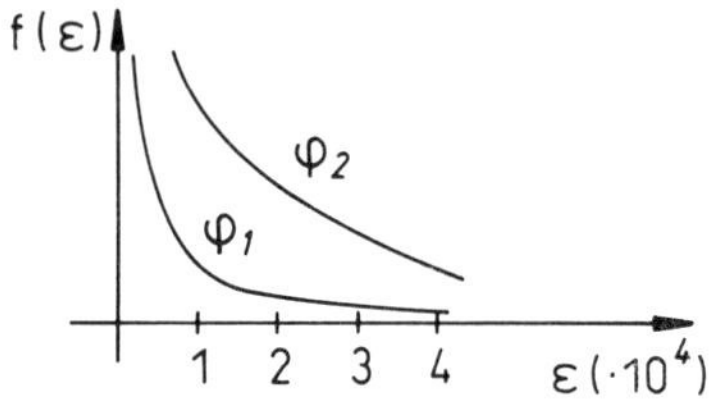

$f(\epsilon)$ divergiert für $\epsilon \rightarrow 0$, und zwar um so *schärfer*, je kleiner $|\varphi|$ ($|\varphi_2| > |\varphi_1|$). Man bedenke, daß in dem interessierenden Bereich $|\epsilon| < 1$ gilt.

2) $\boxed{\varphi > 0}$

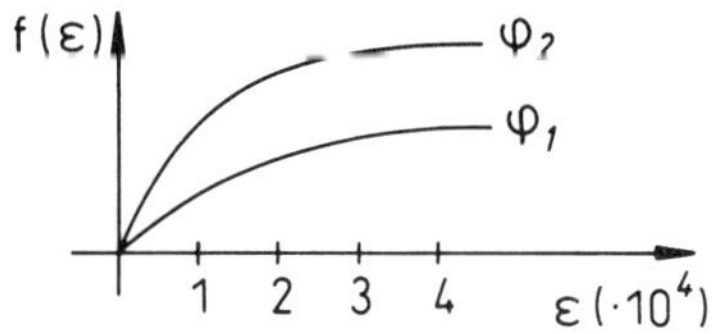

$f(\epsilon)$ geht gegen Null für $\epsilon \rightarrow 0$. In dem skizzierten Beispiel ist $\varphi_1 > \varphi_2$.

3) $\boxed{\varphi = 0}$

In diesem Fall ist das Verhalten von $f(\epsilon)$ nicht eindeutig. Man hat drei Situationen zu unterscheiden:

3.1) Logarithmisches Divergieren

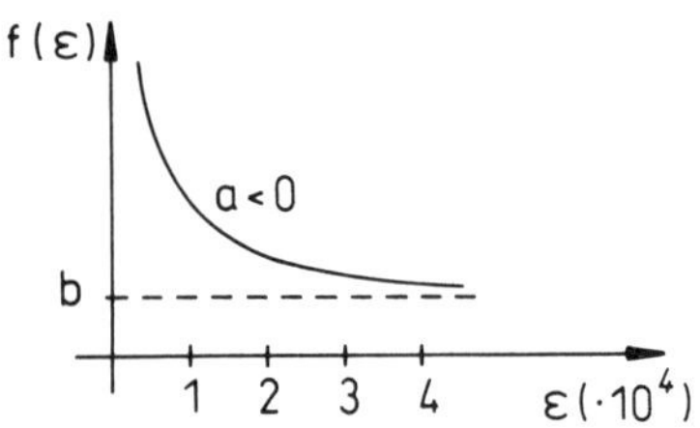

Sei z.B.

$$f(\epsilon) = a \ln |\epsilon| + b,$$

dann folgt mit (4.45):

$$\varphi = \lim_{\epsilon \to 0} \frac{\ln |a \ln |\epsilon| + b|}{\ln |\epsilon|} = \lim_{\epsilon \to 0} \frac{\ln |\ln |\epsilon||}{\ln |\epsilon|} = \lim_{\epsilon \to 0} \frac{1}{|\epsilon|} \frac{\frac{1}{|\ln |\epsilon||}}{\frac{1}{|\epsilon|}} = 0.$$

3.2) Divergente j-te Ableitung

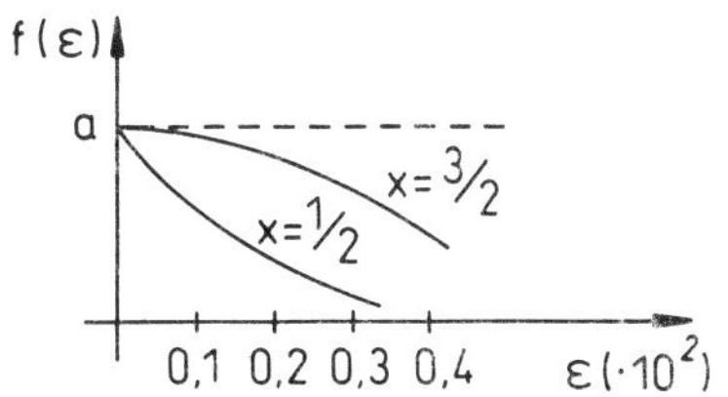

$f(\epsilon)$ selbst kann für $\epsilon \to 0$ endlich bleiben, während die j-te Ableitung divergiert, z.B.

$$f(\epsilon) = a - b\,\epsilon^x \quad \text{mit}$$
$$x = \frac{3}{2}, \frac{1}{2}.$$

In den skizzierten Beispielen divergiert für $x = \frac{3}{2}$ die zweite und für $x = \frac{1}{2}$ die erste Ableitung von f für $\epsilon \to 0$. Der kritische Exponent φ ist jedoch Null:

$$\varphi = \lim_{\epsilon \to 0} \frac{\ln |a - b\,\epsilon^x|}{\ln |\epsilon|} = \ln |a| \lim_{\epsilon \to 0} \frac{1}{\ln |\epsilon|} = 0.$$

Zur Untersuchung der Fälle 3.1) und 3.2) führt man manchmal einen neuen Typ von kritischem Exponent ein. Wenn j die kleinste ganze Zahl ist, für die

$$\frac{\partial^j f}{\partial \epsilon^j} \equiv f^{(j)}(\epsilon) \xrightarrow[\epsilon \to 0]{} \infty, \tag{4.48}$$

dann soll gelten:

$$\varphi_S = j + \lim_{\epsilon \to 0} \frac{\ln |f^{(j)}(\epsilon)|}{\ln |\epsilon|}. \tag{4.49}$$

In den obigen Besipielen ist neben $\varphi = 0$:

$$\varphi_S = j - \frac{1}{2} = 1 - \frac{1}{2} = \frac{1}{2} \quad \text{für } x = \frac{1}{2},$$
$$\varphi_S = j - \frac{1}{2} = 2 - \frac{1}{2} = \frac{3}{2} \quad \text{für } x = \frac{3}{2}.$$

Eine logarithmisch divergierende Funktion hat natürlich $j = 0$ und damit $\varphi_S = 0$.

3.3) Diskontinuitäten

Die Funktion verhalte sich für $T \neq T_c$ analytisch mit einem endlichen Sprung bei T_c wie bei einem Phasenübergang zweiter Ordnung *im Ehrenfestschen Sinn*. Auch in diesem Fall ist $\varphi = 0$!

Wir wollen nun die wichtigsten kritischen Exponenten einführen. Dazu ist die genaue Angabe des Weges notwendig, auf dem die Zustandsänderung durchgeführt wird:

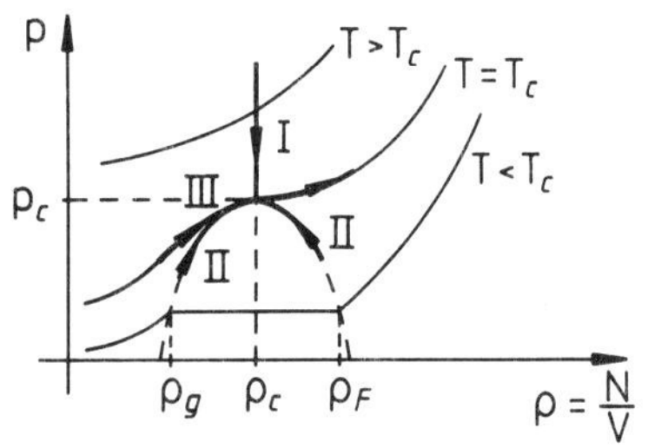

Isothermen des realen Gases

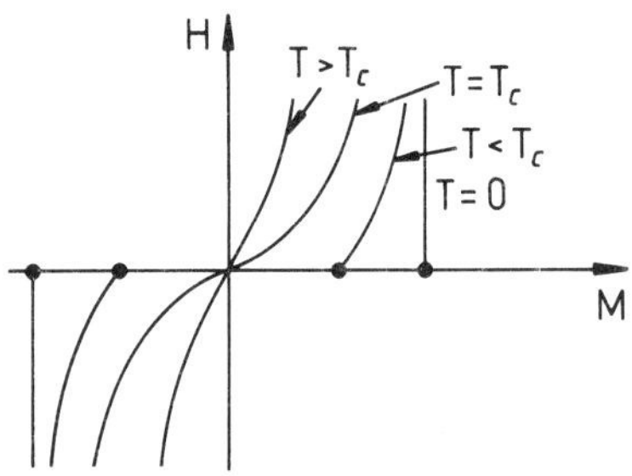

Isothermen des Ferromagneten

1) α, α' : Wärmekapazitäten

Für das **reale Gas** definiert man:

$$C_V \sim \begin{cases} A' \, (-\epsilon)^{-\alpha'} & \left[\text{Weg II, } T \overset{<}{\to} T_c,\ \rho = \rho_{G,F}\right], \\ A \, \epsilon^{-\alpha} & \left[\text{Weg I, } T \overset{>}{\to} T_c,\ \rho = \rho_c\right]. \end{cases} \tag{4.50}$$

Die analoge Definition für den **Magneten** lautet:

$$C_H \sim \begin{cases} A'\,(-\epsilon)^{-\alpha'} & [T \overset{<}{\to} T_c,\ H = 0], \\ A\,\epsilon^{-\alpha} & [T \overset{>}{\to} T_c,\ H = 0]. \end{cases} \tag{4.51}$$

Das Experiment liefert $\alpha, \alpha' \approx 0$. Die exakte Lösung des zweidimensionalen Ising-Modells führt auf ein logarithmisches Divergieren der Wärmekapazität C_V, also auf $\alpha = \alpha_S = 0$. Die sogenannten **klassischen Theorien** (Weiß-Ferromagnet, van der Waals-Gas, Landau-Theorie, ... , s. Aufgabe 4.3.8) ergeben Diskontinuitäten, also $\alpha = 0$.

2) β : Ordnungsparameter

Unter dem *Ordnungsparameter* versteht man eine Variable, die nur in einer der beiden am Übergang beteiligten Phasen einen Sinn hat bzw. nur in einer der beiden Phasen ungleich Null ist. Das Auftreten des Ordnungsparameters kündigt also den Phasenübergang an.

Der Ordnungsparameter des Magneten ist die spontane Magnetisierung $M_S(T)$, die nur unterhalb T_c auftritt. Beim realen Gas ist es die Dichtedifferenz $\Delta\rho = \rho_F - \rho_G$ bzw. $\rho_{F,G} - \rho_c$ im Zwei-Phasen-Gebiet. Das kritische Verhalten des Ordnungsparameters wird durch den Exponenten β beschrieben:

$$\frac{\Delta\rho(T)}{2\,\rho_c} \sim B(-\epsilon)^{\beta} \qquad \text{(Weg II)}, \tag{4.52}$$

$$\frac{M_S(T)}{M_S(0)} \sim B(-\epsilon)^{\beta} \qquad (H = 0). \tag{4.53}$$

Die Normierungsfaktoren $2\,\rho_c$ bzw. $M_S(0)$ sorgen dafür, daß die sogenannte **kritische Amplitude** B von der Größenordnung 1 ist und nur wenig von System zu System variiert. - Eigentlich müßten wir statt β β' schreiben, da der Exponent zur Tieftemperaturphase gehört. Da der Ordnungsparameter *per definitionem* jedoch nur in einer der beiden Phasen einen Sinn hat, ist die Unterscheidung zwischen β und β' überflüssig.

Typische experimentelle Werte für β sind 0.35 ± 0.02. Die klassischen Theorien liefern sämtlich $\beta = 1/2$. Für das $d = 2$-Ising-Modell gilt exakt $\beta = 1/8$. Für das $d = 3$-Ising-Modell ($n = 1$) findet man $\beta = 0.325 \pm 0.001$, für das $d = 3$-XY-Modell ($n = 2$) $\beta = 0.345 \pm 0.002$ und für das $d = 3$-Heisenberg-Modell $\beta = 0.365 \pm 0.002$.

3) $\boxed{\gamma, \gamma' : \text{Kompressibilitäten, Suszeptibilitäten}}$

Wegen

$$\kappa_T = -\frac{1}{V}\left(\frac{\partial V}{\partial p}\right)_T = \frac{1}{\rho}\left(\frac{\partial \rho}{\partial p}\right)_T,$$
$$\chi_T = \left(\frac{\partial M}{\partial H}\right)_T \tag{4.54}$$

entsprechen κ_T^{-1} und χ_T^{-1} den Steigungen der Isothermen im $p\rho$- bzw. HM-Diagramm. κ_T und χ_T werden deshalb für $T \to T_c$ divergieren. Vereinbarungsgemäß wählt man die kritischen Exponenten jedoch stets positiv:

$$\frac{\kappa_T}{\kappa_{T_c}^{(0)}} \sim \begin{cases} C'\,(-\epsilon)^{-\gamma'} & \left[\text{Weg II}, T \underset{\longrightarrow}{<} T_c,\ \rho = \rho_{G,F}\right], \\ C\,\epsilon^{-\gamma} & \left[\text{Weg I}, T \underset{\longrightarrow}{>} T_c,\ \rho = \rho_C\right]. \end{cases} \tag{4.55}$$

$\kappa_{T_c}^{(0)}$ ist die Kompressibilität des idealen Gases für $T = T_c$:

$$\kappa_T^{(0)} = \frac{1}{p} = \frac{V}{n\,R\,T}.$$

Analog hierzu benutzt man für das magnetische System zur Normierung die Suszeptiblität des idealen Paramagneten, für die nach (1.25)

$$\chi_T^{(0)} = \frac{C^*}{T}$$

gilt, wobei C^* die in (1.26) definierte Curie-Konstante ist:

$$\frac{\chi_T}{\chi_{T_c}^{(0)}} \sim \begin{cases} C'\,(-\epsilon)^{-\gamma'} & \left[T \underset{\rightarrow}{\leq} T_c,\ H = 0\right], \\ C\,\epsilon^{-\gamma} & \left[T \underset{\rightarrow}{\geq} T_c,\ H = 0\right]. \end{cases} \tag{4.56}$$

Die experimentellen Werte für γ und γ' schwanken etwas. Die verschiedenen Meßmethoden liefern noch etwas unterschiedliche Werte um 1.3 herum mit $\gamma \approx \gamma'$. Die Modellrechnungen zeigen sämtlich $\gamma = \gamma'$, wobei die klassischen Theorien $\gamma = 1$ ergeben. Das $d = 2$-Ising-Modell führt zu $\gamma = 7/4$, das $d = 3$-Ising-Modell zu $\gamma \approx 1.24$, das $d = 3$-XY-Modell zu $\gamma \approx 1.32$ und das $d = 3$-Heisenberg-Modell zu $\gamma \approx 1.39$. Die aus den Modellrechnungen resultierenden Zahlenwerte zeigen, wie auch schon bei α und β, sehr schön die Abhängigkeit des kritischen Exponenten von der Spin- und Gitterdimension.

4) $\boxed{\delta : \text{Kritische Isotherme}}$

Wenn $p_c^{(0)} = k_B\, T_c\, \rho_c$ den Druck des idealen Gases bei $\rho = \rho_c$ und $T = T_c$ meint, dann soll für das reale Gas gelten:

$$\frac{(p - p_c)}{p_c^{(0)}} \sim D \left| \frac{\rho}{\rho_c} - 1 \right|^{\delta} \operatorname{sign}(\rho - \rho_c) \quad [\text{Weg III}, T = T_c]. \tag{4.57}$$

sign $(\rho - \rho_c)$ bezeichnet das Vorzeichen von $(\rho - \rho_c)$:

$$\operatorname{sign}(\rho - \rho_c) = \frac{\rho - \rho_c}{|\rho - \rho_c|}.$$

δ entspricht also in etwa dem Grad der Funktion (Polynom) der kritischen Isotherme. Je größer δ, desto flacher ist die Isotherme.

Setzt man

$$H_C^{(0)} = \frac{k_B\, T_c}{\mu_0\, m} \qquad (m = \text{magnetisches Moment pro Teilchen}),$$

so lautet die (4.57) entsprechende Beziehung für den Magneten:

$$\frac{H}{H_C^{(0)}} \sim D \left| \frac{M(T = T_c, H)}{M(T = 0, H = 0)} \right|^{\delta} \operatorname{sign}(M). \tag{4.58}$$

Experimentelle Werte für δ liegen zwischen 4 und 5. Das $d = 2$-Ising-Modell fällt mit $\delta = 15$ deutlich aus dem Rahmen. Für die klassischen Theorien ist $\delta = 3$. Dem $d = 3$-Ising-Modell, dem $d = 3 - XY$-Modell und auch dem $d = 3$-Heisenberg-Modell werden $\delta \approx 4.8$ zugeschrieben. δ scheint also vor allem von der Gitterdimension und weniger von der Spindimension beeinflußt zu sein.

Neben den in 1) bis 4) eingeführten kritischen Exponenten sind insbesondere noch ν, ν' und η wichtig. Diese werden im Zusammenhang mit der Paarkorrelationsfunktion definiert. Da wir letztere erst in der Statistischen Mechanik kennenlernen werden, wollen wir an dieser Stelle auch die Exponenten ν, ν' und η noch aussparen.

Es ist klar, daß die Normierungsfaktoren $\kappa_{T_c}^{(0)}$, $\chi_{T_c}^{(0)}$, $p_c^{(0)}$, $H_C^{(0)}$ in den obigen Definitionsgleichungen keine besondere Bedeutung haben. Sie werden deshalb häufig auch weggelassen. Sie sorgen lediglich dafür, daß die einzelnen Größen dimensionslos werden und daß die Amplituden von der Größenordnung 1 sind.

Obwohl z.B. die kritische Temperatur T_c von Material zu Material sehr stark variiert, erkennen wir dennoch eine verblüffende Ähnlichkeit der numerischen Werte für die kritischen Exponenten.

4.2.4 Exponenten-Ungleichungen

Die Theorie der kritischen Exponenten beruht zunächst auf reinen Hypothesen, die allerdings vom Experiment starke Unterstützung erfahren. Da andererseits nur wenige wirklich exakte Auswertungen realistischer Modelle vorliegen, sind natürlich solche Überlegungen von großem Interesse, die auf irgendeine Weise zu Testmöglichkeiten für die Theorie führen. In diesem Sinne haben einige thermodynamisch exakte Exponenten-Ungleichungen große Bedeutung erlangt. Die wichtigsten wollen wir in diesem Abschnitt am Beispiel des magnetischen Systems besprechen.

Für die folgenden Beweise werden wir häufig das fast selbstverständliche **Lemma** benutzen:

Falls $f(x) \sim x^{\varphi}$ und $G(x) \sim x^{\psi}$ und außerdem für hinreichend kleine $|x|$ $|f(x)| \leq |g(x)|$ gilt, dann muß

$$\varphi \geq \psi \tag{4.59}$$

sein. Aus $|f(x)| \leq |g(x)|$ folgt nämlich

$$\ln |f(x)| \leq \ln |g(x)|$$

und damit für $|x| < 1$, d.h. $\ln |x| < 0$:

$$\frac{\ln |f(x)|}{\ln |x|} \geq \frac{\ln |g(x)|}{\ln |x|}.$$

Nach (4.45) ist dies gleichbedeutend mit der Behauptung (4.59). – Wir beweisen mit diesem Lemma zunächst die

Rushbrooke-Ungleichung

$$\alpha' + 2\beta + \gamma' \geq 2 \qquad \text{für } H = 0,\ T \to T_c^{(-)}. \tag{4.60}$$

Beweis:

Ausgangspunkt ist die Beziehung (2.82)

$$\chi_T (C_H - C_m) = \mu_0 V T \beta_H^2 = \mu_0 V T \left[\left(\frac{\partial M}{\partial T} \right)_H \right]^2 .$$

Wegen $C_m \geq 0$ folgt daraus die Ungleichung:

$$C_H \geq \mu_0 T V \left[\left(\frac{\partial M}{\partial T} \right)_H \right]^2 \chi_T^{-1}. \tag{4.61}$$

Beim Grenzübergang $\epsilon \to 0$ ist der Vorfaktor $\mu_0 T V$ ein unwesentlicher Faktor, da er endlich bleibt. Wegen

$$C_H \sim (-\epsilon)^{-\alpha'}; \quad \chi_T \sim (-\epsilon)^{-\gamma'}; \quad M \sim (-\epsilon)^{\beta}$$

folgt mit dem Lemma (4.59):

$$-\alpha' \leq 2(\beta - 1) + \gamma'.$$

Dies ist die Behauptung (4.60).

Es spricht einiges dafür, daß die Rushbrooke-Ungleichung (4.60) sogar als Gleichung gelesen werden kann. Experimentelle Resultate deuten daraufhin, für die klassischen Theorien ($\alpha' = 0$, $\beta = 1/2$, $\gamma' = 1$) gilt das Gleichheitszeichen sogar streng. Letzteres trifft auch für das $d = 2$-Ising-Modell ($\alpha' = 0$, $\beta = 1/8$, $\gamma' \approx 7/4$) zu und wird vom $d = 3$-Ising-Modell approximativ, aber sehr glaubwürdig bestätigt. Die Skalenhypothese macht ebenfalls aus (4.60) eine Gleichung.

Man kann sich leicht klarmachen, daß das Gleichheitszeichen in (4.60) genau dann gilt, wenn

$$R = \lim_{\epsilon \to 0} \frac{C_m}{C_H} < 1 \tag{4.62}$$

ist. Man beachte, daß $R \leq 1$ wegen $C_m \leq C_H$ stets gelten muß. Wir beweisen die Behauptung:

1) $\boxed{R = 1}$

Im kritischen Bereich sollte dann gelten:

$$\frac{C_m}{C_H} \sim 1 - (-\epsilon)^x (1 + \ldots).$$

Es muß dabei $x > 0$ sein. Das Minuszeichen garantiert $C_m \leq C_H$. Wir benutzen wiederum (2.82):

$$1 - \frac{C_m}{C_H} = \mu_0 \, V \, T \, \beta_H^2 \, \chi_T^{-1} \, C_H^{-1}. \tag{4.63}$$

Im kritischen Bereich liest sich diese Gleichung wie folgt:

$$(-\epsilon)^x (1 + \ldots) \sim (-\epsilon)^{2(\beta-1)+\gamma'+\alpha'} (1 + \ldots).$$

Das hat

$$x = 2(\beta - 1) + \gamma' + \alpha'$$

zur Folge, so daß wegen $x > 0$

$$\alpha' + 2\beta + \gamma' = 2 + x > 2$$

gefolgert werden muß. Die Rushbrooke-Beziehung ist deshalb für $R = 1$ eine echte Ungleichung.

2) $\boxed{R = 1 - y < 1 \, (y > 0)}$

Der allgemeinste Ansatz für den kritischen Bereich ist nun:

$$\frac{C_m}{C_H} = 1 - y(1 + \epsilon^x + \ldots); \quad x > 0.$$

Dies setzen wir in (4.63) ein:

$$1 - [1 - y(1 + \epsilon^x + \ldots)] \sim (-\epsilon)^{2(\beta-1)+\gamma'+\alpha'}.$$

Die linke Seite bleibt endlich und ungleich Null für $\epsilon \to 0$. Das ist nur dann denkbar, wenn der Exponent rechts gleich Null ist:

$$2 = 2\beta + \gamma' + \alpha'.$$

Das ist aber gerade die Rushbrooke-Beziehung (4.60) mit dem Gleichheitszeichen.

Wir leiten als nächstes die

Coopersmith-Ungleichung

$$\varphi + 2\psi - \frac{1}{\delta} \geq 1 \text{ für } T = T_c,\ H \to 0^+ \tag{4.64}$$

ab. Man beachte die Voraussetzung $H \to 0^+$. Die Variable ist hier also nicht ϵ, sondern H. Die kritischen Exponenten φ und ψ kennen wir noch nicht:

$$C_H \sim H^{-\varphi}; \quad S(T_c, H) \sim -H^{\psi} \quad [T = T_c]. \tag{4.65}$$

Zum Beweis benutzen wir (4.58):

$$H \sim |M|^{\delta} \operatorname{sign} M \implies M_+ \sim H^{1/\delta}.$$

Das wird zusammen mit der Maxwell-Relation

$$V\left(\frac{\partial M}{\partial T}\right)_{B_0} = \frac{1}{\mu_0}\left(\frac{\partial S}{\partial H}\right)_T \underset{T=T_c}{\sim} -H^{\psi-1}$$

in (4.61) eingesetzt. Dazu benötigen wir auch noch die isotherme Suszeptiblität χ_T, die wir nicht durch die Exponenten γ und γ' beschreiben können, da diese auf einem anderen Weg der Zustandsänderung definiert sind:

$$\chi_{T_c} = \left(\frac{\partial M}{\partial H}\right)_{T_c} \sim H^{\frac{1}{\delta}-1}.$$

Für $T = T_c$ und $H \to 0^+$ läßt sich (4.61) also wie folgt schreiben:

$$H^{-\varphi}(1 + \ldots) \geq \frac{1}{\mu_0 V} T_c\, H^{2\psi-2}\, H^{1-\frac{1}{\delta}}\,(1 + \ldots).$$

Mit dem oben bewiesenen Lemma (4.59) können wir auf

$$-\varphi \leq 2\psi - 2 + 1 - \frac{1}{\delta}$$

schließen, woraus sich die Behauptung (4.64) ergibt.

Wir wollen eine dritte wichtige Exponenten-Ungleichung ableiten, nämlich die sogenannte

Griffiths-Ungleichung

$$\alpha' + \beta(1+\delta) \geq 2 \quad \text{für } H = 0,\ T \to T_c^{(-)}. \tag{4.66}$$

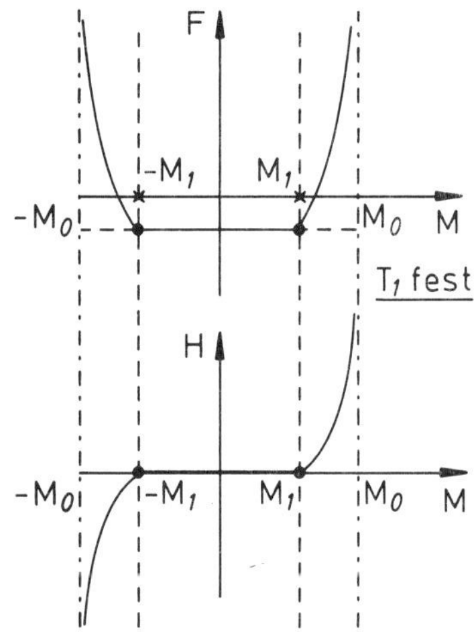

Nach Voraussetzung befindet sich das System im Nullfeld. Für $T = T_1 \leq T_c$ bezeichnen wir mit $M_1 = M_1(T_1)$ deshalb die **spontane** Magnetisierung. M_0 sei die Sättigungsmagnetisierung. Für die freie Energie gilt in der ferromagnetischen Phase:

$$F(T_1, M) = F(T_1, 0), \tag{4.67}$$

falls $M < M_1(T_1)$. Dies bedeutet für die erste Ableitung nach M:

$$\left(\frac{\partial F}{\partial M}\right)_{T_1} = \mu_0 V H = 0,$$

falls $M < M_1(T_1)$. Mit Hilfe der Maxwell-Relation

$$\left(\frac{\partial S}{\partial M}\right)_T (T_1, M) =$$
$$= -\mu_0 V \left(\frac{\partial H}{\partial T}\right)_M (T_1, M) = 0,$$

falls $M < M_1(T_1)$, ergibt sich für die Entropie die Aussage:

$$S(T_1, M) = S(T_1, 0), \quad \text{falls } M < M_1(T_1). \tag{4.68}$$

Wir definieren zwei neue Funktionen:

$$f(T, M) = \big(F(T, M) - F(T_c, 0)\big) + (T - T_c)S(T_c, 0), \tag{4.69}$$

$$s(T, M) = S(T, M) - S(T_c, 0). \tag{4.70}$$

Wegen

$$S = -\left(\frac{\partial F}{\partial T}\right)_M$$

gilt offenbar auch:

$$s = -\left(\frac{\partial f}{\partial T}\right)_M .$$

Nach Kapitel 4.2.1 ist $F(T, M)$ als Funktion von T konkav. Da die zweiten Ableitungen von F und f nach T gleich sind, ist auch $f(T, M)$ konkav. Dies nutzen wir nun aus. Die Gleichung der Tangente an die $f(T, M_1)$-Kurve in T_1 lautet:

$$\begin{aligned}\hat{f}(T, M_1) &= f(T_1, M_1) + (T - T_1)\left(\frac{\partial f}{\partial T}\right)_M (T_1, M_1) = \\ &= f(T_1, M_1) - (T - T_1)\, s(T_1, M_1).\end{aligned}$$

Da f als Funktion von T konkav ist, können wir weiter schließen:

$$f(T, M_1) \leq \hat{f}(T, M_1) \qquad \forall T.$$

Dies bedeutet speziell für $T = T_c$:

$$f(T_c, M_1) \leq f(T_1, M_1) - (T_c - T_1)\, s(T_1, M_1).$$

In diese Ungleichung setzen wir nun (4.67) und (4.68) ein:

$$f(T_c, M_1) \leq f(T_1, 0) - (T_c - T_1)\, s(T_1, 0).$$

Wir zeigen im nächsten Schritt, daß $f(T_1, 0) \leq 0$ ist. Nach der Definition (4.70) ist $s(T_c, 0) = 0$, so daß $f(T, 0)$ in $T = T_c$ eine horizontale Tangente hat. Das bedeutet, da f konkav ist:

$$f(T_1, 0) \leq f(T_c, 0) = 0.$$

Die obige Ungleichung gilt also erst recht in der Form:

$$f(T_c, M_1) \leq -(T_c - T_1)\, s(T_1, 0). \tag{4.71}$$

Das ist nun endgültig die Ungleichung, die wir zur Abschätzung der Exponenten benutzen wollen. Wir beginnen mit der linken Seite. Fassen wir M_1 als Variable auf, so gilt auf der kritischen Isotherme:

$$H(M_1, T = T_c) \sim M_1^{\delta}.$$

Wegen

$$H = \frac{1}{\mu_0 V}\left(\frac{\partial F}{\partial M}\right)_{T_c} = \frac{1}{\mu_0 V}\left(\frac{\partial f}{\partial M}\right)_{T_c}$$

folgt weiter:

$$f(T_c, M_1) \sim M_1^{\delta+1}.$$

M_1 ist andererseits als spontane Magnetisierung auch Ordnungsparameter, so daß wir noch

$$M_1 \sim (T_c - T_1)^{\beta}$$

ausnutzen können:

$$f(T_c, M_1) \sim (T_c - T_1)^{\beta(\delta+1)}. \tag{4.72}$$

Wir schätzen nun die rechte Seite von (4.71) ab, wobei wir mit dem kritischen Verhalten der spezifischen Wärme C_H starten:

$$C_H = T\left(\frac{\partial S}{\partial T}\right)_H \sim (T_c - T)^{-\alpha'} \qquad [H = 0;\ T \to T_c^{(-)}].$$

Da sich T selbst *unkritisch* verhält, gilt auch:

$$\left(\frac{\partial S}{\partial T}\right)_{H=0} \sim (T_c - T)^{-\alpha'} \qquad [T \to T_c^{(-)}].$$

Wir benötigen Aussagen über $S = S(T, M)$ für $M = 0$:

$$dS = \left(\frac{\partial S}{\partial T}\right)_M dT + \left(\frac{\partial S}{\partial M}\right)_T dM$$

$$\Longrightarrow \left(\frac{\partial S}{\partial T}\right)_H = \left(\frac{\partial S}{\partial T}\right)_M + \left(\frac{\partial S}{\partial M}\right)_T \left(\frac{\partial M}{\partial T}\right)_H.$$

Nach (4.68) ist

$$\left(\frac{\partial S}{\partial M}\right)_T (T_1, M) = 0, \quad \text{falls } M < M_1(T_1),$$

so daß folgt:

$$\left(\frac{\partial S}{\partial T}\right)_{M=0} = \left(\frac{\partial S}{\partial T}\right)_{H=0} \sim (T_c - T)^{-\alpha'} \qquad \left(T \to T_c^{(-)}\right).$$

Es ist deshalb:

$$-s(T_1, 0) = S(T_c, 0) - S(T_1, 0) \sim (T_c - T_1)^{-\alpha'+1}.$$

Dies bedeutet schließlich für die rechte Seite von (4.71):

$$-(T_c - T_1)\, s(T_1, 0) \sim (T_c - T_1)^{2-\alpha'}. \tag{4.73}$$

(4.71) bis (4.73) ergeben nach Ausnutzen des Lemmas (4.59):

$$\beta(\delta + 1) \geq 2 - \alpha'.$$

Damit ist die Griffiths-Ungleichung (4.66) bewiesen!

Die klassischen Theorien ($\alpha' = 0$, $\beta = 1/2$, $\delta = 3$) als auch das exakt lösbare $d = 2$-Ising-Modell ($\alpha' = 0$, $\beta = 1/8$, $\delta = 15$) lassen in (4.66) sogar das Gleichheitszeichen erwarten.

4.2.5 Skalenhypothese

Der letzte Abschnitt ließ insbesondere die Frage offen, ob die exakten Exponenten-Ungleichungen vielleicht doch als Gleichungen zu lesen sind. Eine Reihe von Hinweisen darauf hatten wir bereits angeben können. Eine sehr starke Unterstützung findet diese Annahme von der nun zu besprechenden Skalenhypothese. Diese besteht in einem sehr einfachen Ansatz für die Struktur eines bestimmten thermodynamischen Potentials. Dieser Ansatz kann bislang noch nicht mathematisch streng begründet werden, erscheint jedoch in vieler Hinsicht *plausibel*. Es handelt sich aber nach wie vor um eine *Hypothese*.

Zur Formulierung der Skalenhypothese erinnern wir uns zunächst an den Begriff der *homogenen Funktion*, wie wir ihn in Kapitel 1.2, Bd. 2 kennengelernt haben:

$f(x)$ ist **homogen vom Grad m**, falls für jedes $\lambda \in \mathbb{R}$

$$f(\lambda\, x) = \lambda^m\, f(x) \tag{4.74}$$

gilt.

Ist eine solche Funktion in einem Punkt $x_0 \neq 0$ bekannt, so ist $f(x)$ überall bestimmt. Für jedes x gibt es nämlich ein eindeutiges λ_x mit $x = \lambda_x\, x_0$, so daß $f(x) = \lambda_x^m\, f(x_0)$ gilt. Man sagt, daß $f(x)$ mit $f(x_0)$ über eine einfache *Skalentransformation* zusammenhängt.

Den Begriff der Homogenität erweitern wir nun für Funktionen mehrerer Variabler:

Defintion:

Man nennt $f(x, y)$ eine

verallgemeinert homogene Funktion,

falls für jedes $\lambda \in \mathbb{R}$

$$f\left(\lambda^a x,\ \lambda^b y\right) = \lambda\, f(x, y) \tag{4.75}$$

gilt, wobei a und b beliebige reelle Zahlen sein dürfen.

So ist zum Beispiel $f(x, y) = x^2 + 3y^5$ eine verallgemeinert homogene Funktion mit $a = \frac{1}{2}$ und $b = \frac{1}{5}$.

Wir wollen nun am Beispiel der freien Enthalpie $G(T, B_0)$ eines magnetischen Systems ($B_0 = \mu_0\, H$) die Skalenhypothese formulieren. Wir interessieren uns hier nur für die bei T_c nicht-analytischen Anteile von $G(T,\, B_0)$. Alle anderen, *unkritischen* Terme seien abgetrennt:

$$G(T,\, B_0) \longrightarrow G(\epsilon,\, B_0); \quad \epsilon = \frac{T - T_c}{T_c}.$$

Skalenhypothese (*Homogenitätspostulat*)

$G(\epsilon,\, B_0)$ ist eine verallgemeinert homogene Funktion, d.h. für jedes $\lambda \in \mathbb{R}$ gilt:

$$\mathbf{G}\left(\lambda^{a_\epsilon}\, \epsilon,\ \lambda^{a_B}\, B_0\right) = \lambda\, \mathbf{G}(\epsilon,\, B_0). \tag{4.76}$$

Die Zahlen a_ϵ und a_B werden **nicht** spezifiziert, so daß die Skalenhypothese keine konkreten numerischen Werte für die kritischen Exponenten wird liefern können. Sie führt allerdings zu verschiedenen Relationen zwischen den Exponenten. Wie bereits erwähnt, läßt sich (4.76) nicht mathematisch exakt beweisen. Sie wird allerdings durch die sogenannte **Kadanoff-Konstruktion** am Beispiel des Ising-Spin-Systems *sehr plausibel* gemacht. Auf diese können wir jedoch an dieser Stelle nicht näher eingehen. – Die Skalenhypothese wurde hier für die freie Enthalpie formuliert. Sie überträgt sich natürlich in gesetzmäßiger Weise auf die anderen thermodynamischen Potentiale.

Wir werden nun zeigen, daß sich alle kritischen Exponenten durch a_ϵ und a_B ausdrücken lassen. Das wird bedeuten, daß durch die Festlegung von zwei Exponenten alle anderen bereits bestimmt sind.

Wir differenzieren (4.76) partiell nach B_0:

$$\lambda^{a_B} \frac{\partial}{\partial\left(\lambda^{a_B} B_0\right)} G\left(\lambda^{a_\epsilon} \epsilon,\, \lambda^{a_B} B_0\right) = \lambda \frac{\partial}{\partial B_0} G(\epsilon,\, B_0).$$

Nun gilt:

$$\frac{\partial G}{\partial B_0} = -m = -V\, M.$$

Damit ergibt sich:

$$\lambda^{a_B}\, M\left(\lambda^{a_\epsilon} \epsilon,\, \lambda^{a_B} B_0\right) = \lambda\, M(\epsilon,\, B_0). \tag{4.77}$$

Aus dieser Beziehung werden wir sehr weitreichende Schlußfolgerungen ziehen.

1) Exponent β

Wir setzen in (4.77) $B_0 = 0$:

$$M\left(\lambda^{a_\epsilon} \epsilon,\, 0\right) = \lambda^{1-a_B}\, M(\epsilon,\, 0).$$

Das ist für **jedes** λ richtig, also auch für

$$\lambda = (-\epsilon)^{-1/a_\epsilon}.$$

Damit folgt:

$$M(\epsilon,\, 0) = (-\epsilon)^{\frac{1-a_B}{a_\epsilon}}\, M(-1,\, 0).$$

$M(-1,0)$ ist eine konstante Zahl. Für $\epsilon \to 0^-$ können wir also schreiben:

$$M(\epsilon, 0) \sim (-\epsilon)^{\frac{1-a_B}{a_\epsilon}}.$$

Der Vergleich mit (4.53) liefert:

$$\beta = \frac{1-a_B}{a_\epsilon}. \tag{4.78}$$

(Wegen $B_0 = \mu_0 H$ bedeutet $B_0 = 0$ natürlich auch $H = 0$.) Der kritische Exponent β ist also vollständig durch die Konstanten a_B und a_ϵ festgelegt.

2) Exponent δ

Wir setzen nun in (4.77) $\epsilon = 0$:

$$M(0,\, B_0) = \lambda^{a_B - 1}\, M\left(0,\, \lambda^{a_B}\, B_0\right)$$

und wählen speziell:

$$\lambda = B_0^{-1/a_B}.$$

Dies ergibt

$$M(0,\, B_0) = B_0^{\frac{1-a_B}{a_B}}\; M(0,1)$$

mit einer unbedeutenden Konstanten $M(0,1)$. Für $\epsilon = 0$ und $B_0 \to 0^+$ können wir demnach schreiben:

$$M(0,\, B_0) \sim B_0^{\frac{1-a_B}{a_B}} \quad \Longleftrightarrow \quad B_0 \sim M(0,\, B_0)^{\frac{a_B}{1-a_B}}.$$

Der Vergleich mit (4.58) führt zu:

$$\delta = \frac{a_B}{1-a_B}. \tag{4.79}$$

Über (4.78) und (4.79) sind a_ϵ und a_B vollständig durch β und δ festgelegt:

$$a_B = \frac{\delta}{1+\delta}; \quad a_\epsilon = \frac{1}{\beta}\,\frac{1}{1+\delta}. \tag{4.80}$$

Gelingt es uns, weitere Exponenten durch a_ϵ und a_B auszudrücken, so wird das letztlich zu Relationen zwischen den kritischen Exponenten führen.

3) Exponenten γ, γ'

Für die Suszeptibilität χ_T muß

$$\chi_T = \left(\frac{\partial M}{\partial H}\right)_T = \mu_0 \left(\frac{\partial M}{\partial B_0}\right)_T$$

ausgewertet werden. Im kritischen Bereich können wir dazu wieder (4.77) verwenden, indem wir nach dem Feld B_0 partiell differenzieren:

$$\lambda^{2a_B} \frac{\partial}{\partial(\lambda^{a_B} B_0)} M\big(\lambda^{a_\epsilon} \epsilon, \lambda^{a_B} B_0\big) = \lambda \frac{\partial}{\partial B_0} M(\epsilon, B_0).$$

Dies ergibt:

$$\lambda^{2a_B} \chi_T\big(\lambda^{a_\epsilon} \epsilon, \lambda^{a_B} B_0\big) = \lambda\, \chi_T(\epsilon, B_0).$$

Wir setzen $B_0 = 0$ und wählen:

$$\lambda = (\pm\epsilon)^{-1/a_\epsilon}.$$

Dies ergibt:

$$\chi_T(\epsilon, 0) = (\pm\epsilon)^{-\frac{2a_B - 1}{a_\epsilon}} \chi_T(\pm 1, 0).$$

Die Konstante $\chi_T(\pm 1, 0)$ ist im kritischen Bereich wiederum unbedeutend, aber eventuell unterschiedlich für $T \to T_c^{(-)}$ und $T \to T_c^{(+)}$ (*kritische Amplitude*). Der Vergleich mit (4.56) führt nun zu:

$$\gamma = \gamma' = \frac{2a_B - 1}{a_\epsilon}. \tag{4.81}$$

4) Exponenten α, α'

Die Wärmekapazität $C_H = C_{B_0}$ benötigt die zweite Ableitung der freien Enthalpie nach der Temperatur:

$$C_H = C_{B_0} = -T \left(\frac{\partial^2 G}{\partial T^2}\right)_{B_0} = -\frac{T}{T_c^2} \left(\frac{\partial^2 G}{\partial \epsilon^2}\right)_{B_0}.$$

Die Skalenhypothese (4.76) wird zweimal nach ϵ differenziert:

$$\lambda^{2a_\epsilon} \frac{\partial^2}{\partial\left(\lambda^{a_\epsilon}\epsilon\right)^2} G\left(\lambda^{a_\epsilon}\epsilon,\, \lambda^{a_B} B_0\right) = \lambda \frac{\partial^2}{\partial\epsilon^2} G(\epsilon,\, B_0).$$

Dies bedeutet:

$$\lambda^{2a_\epsilon} C_H\left(\lambda^{a_\epsilon}\epsilon,\, \lambda^{a_B} B_0\right) = \lambda\, C_H(\epsilon,\, B_0).$$

Wir wählen nun

$$B_0 = 0 \quad \text{und} \quad \lambda = (\pm\epsilon)^{-1/a_\epsilon}$$

und erhalten damit:

$$C_H(\epsilon, 0) = (\pm\epsilon)^{-\frac{2a_\epsilon - 1}{a_\epsilon}} C_H(\pm 1, 0).$$

Der Vergleich mit (4.51) legt die kritischen Exponenten α und α' fest:

$$\alpha = \alpha' = \frac{2a_\epsilon - 1}{a_\epsilon}. \tag{4.82}$$

Ein typisches Resultat der Skalenhypothese besteht darin, daß sich für $T \longrightarrow T_c^{(-)}$ und für $T \longrightarrow T_c^{(+)}$ dieselben kritischen Exponenten ergeben. *Gestrichene* und *ungestrichene* Exponenten sind stets gleich ($\alpha = \alpha'$, $\gamma = \gamma'$).

Ein zweites wichtiges Resultat der Skalenhypothese macht aus den thermodynamisch exakten Ungleichungen des letzten Abschnitts echte Gleichungen, die man dann

Skalengesetze

nennt. Ein paar typische Beispiele wollen wir zum Schluß noch etwas genauer analysieren.

Wir kombinieren (4.80) mit (4.82):

$$\alpha' = 2 - \frac{1}{a_\epsilon} = 2 - \beta(1 + \delta)$$

$$\Longrightarrow \alpha' + \beta(1 + \delta) = 2. \tag{4.83}$$

Dies entspricht der Griffiths-Beziehung (4.66).

Wenn wir die Gleichungen (4.80) und (4.81) zusammenfassen, so erhalten wir einen Zusammenhang zwischen β, γ' und δ:

$$\gamma' = 2\,\frac{a_B}{a_\epsilon} - \frac{1}{a_\epsilon} = 2\,\beta\,\delta - \beta(1+\delta) = \beta\,\delta - \beta$$

$$\Longrightarrow \gamma' = \beta(\delta - 1). \tag{4.84}$$

Die zugehörige thermodynamisch exakte Ungleichung heißt :

Widom-Ungleichung

$$\gamma' \geq \beta(\delta - 1). \tag{4.85}$$

Wenn wir dann noch (4.83) und (4.84) kombinieren, so folgt ein Zusammenhang zwischen α, β und γ':

$$\alpha' + 2\,\beta + \gamma' = 2. \tag{4.86}$$

Diese Beziehung haben wir als thermodynamisch exakte Rushbrooke-Ungleichung (4.60) kennengelernt.

Es gibt noch eine Reihe weiterer thermodynamisch exakter Ungleichungen, die in der Konsequenz der Skalenhypothese zu echten Gleichungen werden. Dazu sei an dieser Stelle auf die Spezialliteratur verwiesen!

4.3 Aufgaben

Aufgabe 4.3.1

Bringt man einen Supraleiter 1. Art in ein Magnetfeld $\mathbf{H}$, so zeigt dieser den sogenannten Meißner-Ochsenfeld-Effekt, d.h., abgesehen von einer zu vernachlässigenden Randschicht ist in seinem Innern

$$\mathbf{B}_0 = \mu_0(\mathbf{H} + \mathbf{M}) = 0.$$

Überschreitet $\mathbf{H}$ eine von der Temperatur abhängige kritische Feldstärke, dann findet ein Phasenübergang in den normalleitenden Zustand statt. In guter Näherung gilt:

$$H_C(T) = H_0\left[1 - (1-\alpha)\left(\frac{T}{T_c}\right)^2 - \alpha\left(\frac{T}{T_c}\right)^4\right]$$

(T_c= Sprungtemperatur).

1) Berechnen Sie die Umwandlungswärme beim Phasenübergang mit Hilfe der Clausius-Clapeyron-Gleichung. Dabei kann die Magnetisierung der normalleitenden Phase (M_n) gegenüber der der supraleitenden Phase (M_s) vernachlässigt werden.

2) Berechnen Sie die *Stabilisierungsenergie* ΔG des Supraleiters:

$$\Delta G = G_s(T, H = 0) - G_n(T, H = 0)$$

(n: normalleitend, s: supraleitend). Benutzen Sie erneut $M_n \ll M_s$.

3) Berechnen Sie die Entropiedifferenz

$$\Delta S = S_s(T) - S_n(T)$$

mit Hilfe von 2). Vergleichen Sie das Ergebnis mit dem aus Teil 1).

4) Was folgt aus dem Dritten Hauptsatz für

$$\left(\frac{dH_C}{dT}\right)_{T=0} ?$$

5) Berechnen Sie die Differenz $\Delta C = C_s - C_n$ der Wärmekapazitäten.

6) Klassifizieren Sie den Phasenübergang.

Aufgabe 4.3.2

Eine physikalische Größe f verhalte sich im kritischen Bereich wie

$$f(T) = a\, T \ln |T - T_c| + b\, T^2 .$$

Wie lautet der zugehörige kritische Exponent?

Aufgabe 4.3.3

Zeigen Sie, daß für Phasenübergänge zweiter Ordnung *im Ehrenfestschen Sinn* nur kritische Exponenten $\varphi = 0$ möglich sind.

Aufgabe 4.3.4

Bestimmen Sie den kritischen Exponenten von

1) $f(T)=a\,T^{\frac{5}{2}} - b$,
2) $f(T)=a\,T^2 + c\,(T - T_c)^{-1}$,
3) $f(T)=a\,\sqrt{|T - T_c|} + d$,

a, b, c, d: Konstanten.

Aufgabe 4.3.5

Das Verhältnis der Wärmekapazitäten

$$R = \frac{C_m}{C_H}$$

sei temperaturunabhängig. Zeigen Sie, daß das Gleichheitszeichen in der Rushbrooke-Beziehung

$$\alpha' + 2\beta + \gamma' \geq 2$$

genau dann gilt, wenn $R \neq 1$ ist.

Aufgabe 4.3.6

Leiten Sie für ein magnetisches System aus der Skalenhypothese die folgende Beziehung für die Magnetisierung M ab:

$$\frac{M(\epsilon, H)}{(\pm\epsilon)^{\beta}} = M\left(\pm 1, (\pm\epsilon)^{-\beta\delta}\, H\right).$$

Sehen Sie eine Möglichkeit, über diese Gleichung die Skalenhypothese experimentell zu überprüfen?

Aufgabe 4.3.7

Beweisen Sie mit Hilfe der Skalenhypothese die folgenden Exponenten-Gleichungen:

1) $\gamma(\delta + 1) = (2 - \alpha)(\delta - 1)$,
2) $\delta = \frac{2-\alpha+\gamma}{2-\alpha-\gamma}$.

Aufgabe 4.3.8

Berechnen Sie die kritischen Exponenten β, γ, γ' und δ des van der Waals-Gases:

1) Zeigen Sie zunächst, daß sich die van der Waals-Zustandsgleichung in den reduzierten Größen

$$p_r = \frac{p}{p_c} - 1; \quad V_r = \frac{V}{V_c} - 1; \quad \epsilon = \frac{T}{T_c} - 1$$

wie folgt schreiben läßt:

$$p_r \left(2 + 7V_r + 8V_r^2 + 3V_r^3\right) = -3V_r^3 + 8\epsilon\left(1 + 2V_r + V_r^2\right).$$

2) Wie verhält sich das reduzierte Volumen V_r für $T \overset{<}{\to} T_c$ und $T \overset{>}{\to} T_c$?

3) Bestimmen Sie den kritischen Exponenten β.

4) Zeigen Sie, daß auf der kritischen Isothermen

$$p_r = -\frac{3}{2} V_r^3 \left(1 - \frac{7}{2} V_r + \ldots\right)$$

gilt.

5) Bestimmen Sie den kritischen Exponenten δ.

6) Leiten Sie über die Kompressibilität κ_T die Werte für die kritischen Exponenten γ und γ' ab. Was kann über die kritischen Amplituden C und C' ausgesagt werden?

Aufgabe 4.3.9

Untersuchen Sie das *kritische Verhalten* des isobaren thermischen Ausdehnungskoeffizienten

$$\beta = \frac{1}{V}\left(\frac{\partial V}{\partial T}\right)_p$$

für das van der Waals-Gas.

Aufgabe 4.3.10

Diskutieren Sie das kritische Verhalten des Weiß-Ferromagneten (Kapitel 1.4.4).

1) Zeigen Sie, daß sich mit den reduzierten Größen

$$\widehat{M} = \frac{M}{M_0}; \quad b = \frac{m\,B_0}{k_B\,T}; \quad \epsilon = \frac{T - T_c}{T_c}$$

(m: magnetisches Moment; $M_0 = \frac{N}{V}m$: Sättigungsmagnetisierung) die Zustandsgleichung wie folgt schreiben läßt:

$$\widehat{M} = L\left(b + \frac{3\widehat{M}}{\epsilon + 1}\right)$$

($L(x) = \coth x - \frac{1}{x}$: *Langevin-Funktion*).

2) Berechnen Sie den kritischen Exponenten β.

3) Welchen Wert hat der kritische Exponent δ?

4) Leiten Sie die kritischen Exponenten γ, γ' ab und bestimmen Sie das Verhältnis C/C' der kritischen Amplituden.

4.4 Kontrollfragen

Zu Kapitel 4.1

1) Wie würden Sie den Begriff *Phase* definieren?

2) Erläutern Sie die *Methode der Lagrangeschen Multiplikatoren.*

3) Was gilt im thermodynamischen Gleichgewicht eines **isolierten** Systems aus π Phasen und α verschiedenen Komponenten für Temperatur T, Druck p und die chemischen Potentiale μ?

4) Wie lautet die allgemeine Gleichgewichtsbedingung für ein geschlossenes System mit $p =$ const. und $T =$ const.?

5) Wenn das geschlossene System aus mehreren Phasen und verschiedenen Komponenten besteht, und das bei $T =$ const. und $p =$ const., was kann dann über die chemischen Potentiale im Gleichgewicht gesagt werden?

6) Nennen und erläutern Sie am Beispiel des H_20 die Gibbsche Phasenregel.

7) Wie viele Phasen kann es maximal in einem System aus α Komponenten geben?

8) Skizzieren Sie die Ableitung der Clausius-Clapeyron-Gleichung.

9) Was gilt für einen Phasenübergang **erster** Ordnung?

10) Was versteht man unter der Maxwell-Konstruktion?

11) Worin besteht das *unphysikalische* Verhalten der van der Waals-Isothermen für $T < T_c$?

12) Wie verlaufen die Isothermen des pV- Diagramms im Koexistenzgebiet von Dampf und Flüssigkeit?

13) Begründen Sie die Maxwell-Konstruktion.

14) Was versteht man unter der *Hebelbeziehung*?

Zu Kapitel 4.2

1) Wozu wird die Umwandlungswärme beim Phasenübergang im Gas-Flüssigkeits-System benötigt?

2) Definieren und charakterisieren Sie einen Phasenübergang erster Ordnung.

3) Unter welchen Voraussetzungen gilt die Clausius-Clapeyron-Gleichung?

4) Wann nennt man eine Funktion $f(x)$ konvex bzw. konkav?

5) Was versteht man unter den Stabilitätsbedingungen?

6) Welcher Zusammenhang besteht zwischen der Stabilität eines thermodynamischen Systems und den Konvexitätseigenschaften seiner Potentiale $G(T,p)$ bzw. $F(T,V)$?

7) Wie manifestiert sich ein Phasenübergang erster Ordnung in der ersten partiellen Ableitung der freien Energie nach dem Volumen V?

8) Wie verändert sich die Umwandlungswärme ΔQ, wenn man längs der Koexistenzlinie auf den kritischen Punkt (T_c, p_c) zugeht?

9) Wie ist nach Ehrenfest die Ordnung eines Phasenübergangs festgelegt?

10) Welche Bedingungen erfüllt im *Ehrenfestschen Sinn* ein Phasenübergang zweiter Ordnung? Nennen Sie Beispiele für einen solchen Übergang.

11) Was versteht man unter den *Ehrenfest-Gleichungen*?

12) Welche Kritik an der Ehrenfest-Klassifikation von Phasenübergängen drängt sich auf?

13) Wie verhält sich die spezifische Wärme C_p bei einem Phasenübergang **erster** Ordnung?

14) Was sind die typischen Merkmale eines kontinuierlichen Phasenübergangs?

15) Warum sind Phasenübergänge zweiter Ordnung von besonderem physikalischen Interesse?

16) Wie lautet die allgemeine Definition eines kritischen Exponenten?

17) Mit welchen Einschränkungen sind kritische Exponenten *universell*?

18) Welches *kritische Verhalten* einer physikalischen Größe entspricht dem Exponenten $\varphi = 0$?

19) Welcher kritische Exponent beschreibt das Verhalten der Wärmekapazität? Welchen Wert nimmt er an bei einem Phasenübergang *im Ehrenfestschen Sinn* (Diskontinuität bei $T = T_c$)?

20) Was ist der *Ordnungsparameter* eines Magneten? Welcher Exponent beschreibt sein kritisches Verhalten?

21) Nennen Sie typische Zahlenwerte für die kritischen Exponenten α, β, γ, δ.

22) Skizzieren Sie für das reale Gas und für den Magneten die *kritische Isotherme*.

23) Welches Verhalten beschreibt der kritische Exponent δ?

24) Welche kritischen Exponenten verknüpft die Rushbrooke-Ungleichung?

25) Was spricht dafür, daß die Rushbrooke-Ungleichung sogar als Gleichung gilt?

26) Wie lautet die Coopersmith-Ungleichung?

27) Was besagt die Griffiths-Ungleichung?

28) Was versteht man unter einer *verallgemeinert homogenen Funktion*?

29) Formulieren Sie für ein magnetisches System die Skalenhypothese.

30) Zu welchen physikalischen Aussagen führt die Skalenhypothese?

31) Kann man mit der Skalenhypothese konkrete numerische Werte für die kritischen Exponenten ableiten?

32) Welche Relationen werden als *Skalengesetze* bezeichnet?

33) Was sagt die Skalenhypothese über die kritischen Exponenten für die Übergänge $T \to T_c^{(-)}$ und $T \to T_c^{(+)}$, z.B. über γ und γ', aus?

ANHANG: LÖSUNGEN DER ÜBUNGSAUFGABEN

Kapitel 1.6

Lösung zu Aufgabe 1.6.1

1)

$$A(x,y) = \cos x \sin y \implies \left(\frac{\partial A}{\partial y}\right)_x = \cos x \cos y,$$

$$B(x,y) = -\sin x \cos y \implies \left(\frac{\partial B}{\partial x}\right)_y = -\cos x \cos y$$

$$\implies df \text{ kein totales Differential.}$$

2)

$$A(x,y) = \sin x \cos y \implies \left(\frac{\partial A}{\partial y}\right)_x = -\sin x \sin y,$$

$$B(x,y) = \cos x \sin y \implies \left(\frac{\partial B}{\partial x}\right)_y = -\sin x \sin y$$

$$\implies \left(\frac{\partial A}{\partial y}\right)_x = \left(\frac{\partial B}{\partial x}\right)_y \implies \text{totales Differential.}$$

3)

$$A(x,y) = x^3 y^2 \implies \left(\frac{\partial A}{\partial y}\right)_x = 2x^3 y,$$

$$B(x,y) = -y^3 x^2 \implies \left(\frac{\partial B}{\partial x}\right)_y = -2y^3 x$$

$$\implies \left(\frac{\partial A}{\partial y}\right)_x \neq \left(\frac{\partial B}{\partial x}\right)_y \implies \text{kein totales Differential.}$$

Lösung zu Aufgabe 1.6.2

Eine Lösungsmethode benutzt die Funktionaldeterminante (s. Aufgabe 1.5.1, Bd. 1). Wir wählen hier einen alternativen Weg.

Wir lösen die Funktionalrelation nach x bzw. y auf:

$$x = x(y,z); \quad y = y(x,z)$$

$$\Longrightarrow \quad dx = \left(\frac{\partial x}{\partial y}\right)_z dy + \left(\frac{\partial x}{\partial z}\right)_y dz,$$

$$dy = \left(\frac{\partial y}{\partial x}\right)_z dx + \left(\frac{\partial y}{\partial z}\right)_x dz.$$

Zusammenfassen:

$$dx = \left(\frac{\partial x}{\partial y}\right)_z \left\{\left(\frac{\partial y}{\partial x}\right)_z dx + \left(\frac{\partial y}{\partial z}\right)_x dz\right\} + \left(\frac{\partial x}{\partial z}\right)_y dz$$

$$\Longrightarrow dx \left\{1 - \left(\frac{\partial x}{\partial y}\right)_z \left(\frac{\partial y}{\partial x}\right)_z\right\} = dz \left\{\left(\frac{\partial x}{\partial y}\right)_z \left(\frac{\partial y}{\partial z}\right)_x + \left(\frac{\partial x}{\partial z}\right)_y\right\}.$$

Zwei Variable sind frei wählbar $\Longrightarrow$ dx, dz beliebig $\Longrightarrow$ Koeffizienten müssen verschwinden:

$$1 - \left(\frac{\partial x}{\partial y}\right)_z \left(\frac{\partial y}{\partial x}\right)_z = 0,$$

$$\left(\frac{\partial x}{\partial y}\right)_z \left(\frac{\partial y}{\partial z}\right)_x + \left(\frac{\partial x}{\partial z}\right)_y = 0.$$

Daraus folgt:

1)

$$\left(\frac{\partial x}{\partial y}\right)_z = \frac{1}{\left(\frac{\partial y}{\partial x}\right)_z}.$$

2)

$$\left(\frac{\partial x}{\partial y}\right)_z \left(\frac{\partial y}{\partial z}\right)_x = -\left(\frac{\partial x}{\partial z}\right)_y \overset{1)}{=} -\frac{1}{\left(\frac{\partial z}{\partial x}\right)_y}$$

$$\Longrightarrow \left(\frac{\partial x}{\partial y}\right)_z \left(\frac{\partial y}{\partial z}\right)_x \left(\frac{\partial z}{\partial x}\right)_y = -1.$$

Lösung zu Aufgabe 1.6.3

Mit obiger Lösung zu Aufgabe 1.6.2:

$$\kappa_T = -\frac{1}{V}\left(\frac{\partial V}{\partial p}\right)_T = -\frac{1}{V}\left[\left(\frac{\partial p}{\partial V}\right)_T\right]^{-1},$$

$$\beta = \frac{1}{V}\left(\frac{\partial V}{\partial T}\right)_p = -\frac{1}{V}\,\frac{1}{\left(\frac{\partial T}{\partial p}\right)_V\left(\frac{\partial p}{\partial V}\right)_T} =$$

$$= -\frac{1}{V}\,\frac{\left(\frac{\partial p}{\partial T}\right)_V}{\left(\frac{\partial p}{\partial V}\right)_T} = \kappa_T\left(\frac{\partial p}{\partial T}\right)_V .$$

Lösung zu Aufgabe 1.6.4

$$\left(\frac{\partial T}{\partial p}\right)_V = -\left[\left(\frac{\partial p}{\partial V}\right)_T\left(\frac{\partial V}{\partial T}\right)_p\right]^{-1} = -\frac{\left(\frac{\partial V}{\partial p}\right)_T}{\left(\frac{\partial V}{\partial T}\right)_p} = \frac{V\,\kappa_T}{V\,\beta}$$

(Kettenregel)

$$\Longrightarrow \left(\frac{\partial T}{\partial p}\right)_V = \frac{V}{n\,R} + \frac{a\,p}{n\,R}$$

$$\Longrightarrow T = T(V,p) = \frac{V\,p}{n\,R} + \frac{a}{2\,n\,R}\,p^2 + G(V).$$

Zusätzlich muß noch gelten:

$$\left(\frac{\partial T}{\partial V}\right)_p = \frac{1}{V\,\beta} = \frac{p}{n\,R} = \frac{p}{n\,R} + 0 + G'(V)$$

$$\Longrightarrow G'(V) = 0 \iff G(V) = \text{const.} = T_0.$$

Damit lautet die Zustandsgleichung:

$$p\,V + \frac{1}{2}\,a\,p^2 = n\,R(T - T_0).$$

Lösung zu Aufgabe 1.6.5

1) Die Isotherme der van der Waals-Zustandsgleichung

$$\left(p + a\,\frac{n^2}{V^2}\right)(V - n\,b) = n\,R\,T$$

hat am kritischen Punkt einen Wendepunkt:

$$\left(\frac{\partial p}{\partial V}\right)_{T_c} = \left(\frac{\partial^2 p}{\partial V^2}\right)_{T_c} \overset{!}{=} 0;$$

$$p = \frac{n\,R\,T}{V - n\,b} - a\,\frac{n^2}{V^2},$$

$$\left(\frac{\partial p}{\partial V}\right)_T = -\frac{n\,R\,T}{(V - n\,b)^2} + 2\,a\,\frac{n^2}{V^3},$$

$$\left(\frac{\partial^2 p}{\partial V^2}\right)_T = \frac{2\,n\,R\,T}{(V - n\,b)^3} - 6\,a\,\frac{n^2}{V^4}.$$

Dies bedeutet:

$$2\,a\,\frac{n^2}{V_c^3} = \frac{n\,R\,T_c}{(V_c - n\,b)^2}; \quad 6\,a\,\frac{n^2}{V_c^4} = \frac{2\,n\,R\,T_c}{(V_c - n\,b)^3}.$$

Division der linken durch die rechte Gleichung:

$$\frac{1}{3}\,V_c = \frac{1}{2}\,(V_c - n\,b) \implies V_c = 3\,n\,b,$$

$$n\,R\,T_c = 2\,a\,\frac{n^2}{27\,n^3\,b^3}\,4\,n^2\,b^2 \implies R\,T_c = \frac{8\,a}{27\,b}.$$

p_c folgt dann direkt aus der van der Waals-Gleichung:

$$p_c = \frac{8\,a\,n}{27\,b}\,\frac{1}{2\,n\,b} - \frac{a}{9\,b^2} \implies p_c = \frac{a}{27\,b^2}.$$

Damit folgt für die Konstanten:

$$a = \frac{9\,R}{8\,n}\,T_c\,V_c; \quad b = \frac{V_c}{3\,n}.$$

2) Aus 1) folgt:

$$p_c\,V_c = \frac{3}{8}\,n\,R\,T_c.$$

Division der van der Waals-Gleichung durch diesen Ausdruck:

$$\left(\pi + \frac{a\,n^2}{p_c\,V^2}\right)\left(v - \frac{n\,b}{V_c}\right) = \frac{8}{3}\,t,$$

$$\frac{a\,n^2}{V^2\,p_c} = \frac{27\,n^2 b^2}{V^2} = \frac{3}{v^2}$$

$$\Longrightarrow \left(\pi + \frac{3}{v^2}\right)\left(v - \frac{1}{3}\right) = \frac{8}{3}\,t :$$

Gesetz von den korrespondierenden Zuständen.

3)

$$\kappa_T = -\frac{1}{V}\left[\left(\frac{\partial p}{\partial V}\right)_T\right]^{-1}.$$

Nach 1) gilt:

$$\left(\frac{\partial p}{\partial V}\right)_T = -\frac{n\,R\,T}{\left(V - \frac{1}{3}\,V_c\right)^2} + \frac{9}{4}\,\frac{R}{n}\,T_c\,V_c\,\frac{n^2}{V^3}.$$

Bei $V = V_c$:

$$\left(\frac{\partial p}{\partial V}\right)_{T,V=V_c} = -\frac{9}{4}\,\frac{n\,R\,T}{V_c^2} + \frac{9}{4}\,\frac{n\,R\,T_c}{V_c^2}$$

$$\Longrightarrow \kappa_T(V = V_c) = \frac{4\,V_c}{9\,n\,R}\,\frac{1}{T - T_c} \quad (T \overset{>}{\to} T_c).$$

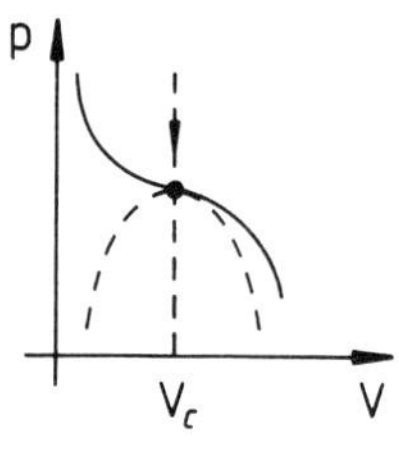

Der Zusatz $T \overset{>}{\to} T_c$ ist wichtig, weil sich nur dann die Voraussetzung $V = V_c$ realisieren läßt.

κ_T divergiert wie $(T - T_c)^{-1}$. Am kritischen Punkt genügt eine beliebig kleine Druckänderung, um ein endliches Volumen von Gas nach Flüssigkeit zu überführen (Kondensation!).
Stichworte: Phasenübergang zweiter Ordnung, Universalitätshypothese, kritischer Exponent $\gamma = 1$.

4) Nach Aufgabe 1.6.3 gilt:

$$\beta = \kappa_T \left(\frac{\partial p}{\partial T}\right)_V,$$

$$\left(\frac{\partial p}{\partial T}\right)_V = \frac{n\,R}{V - n\,b} \implies \left(\frac{\partial p}{\partial T}\right)_{V=V_c} = \frac{3\,n\,R}{2\,V_c}.$$

Damit zeigt β dasselbe kritische Verhalten wie κ_T:

$$\beta = \beta(T, V = V_c) = \frac{2}{3}\,\frac{1}{T - T_c}.$$

Lösung zu Aufgabe 1.6.6

1) Man setze

$$\bar{b} = \frac{b}{N_A}; \quad \bar{a} = \frac{a}{k_B T\,N_A^2}.$$

Dann gilt:

$$\begin{aligned}
p &= k_B\,T\,\rho\left(1 - \rho\,\bar{b}\right)^{-1} e^{-\bar{a}\rho} = \\
&= k_B\,T\,\rho\left(\sum_{\nu=0}^{\infty} \bar{b}^\nu \rho^\nu\right)\left(\sum_{\mu=0}^{\infty} \frac{1}{\mu!}(-\bar{a})^\mu \rho^\mu\right) = \\
&= k_B\,T\rho\left(1 + \sum_{n=1}^{\infty} B_n\,\rho^n\right), \\
B_n &= \sum_{\mu=0}^{n} \frac{1}{\mu!}\bar{b}^{n-\mu}\,(-\bar{a})^\mu \\
\implies B_1 &= \bar{b} - \bar{a} = \frac{1}{N_A}\left(b - \frac{a}{RT}\right).
\end{aligned}$$

Boyle-Temperatur T_B:

$$B_1(T_B) \stackrel{!}{=} 0 \implies T_B = \frac{a}{R\,b}.$$

2)

Van der Waals:

$$\begin{aligned}
p &= N\,k_B\,T(V - n\,b)^{-1} - a\,\frac{n^2}{V^2} = \\
&= \rho\,k_B\,T(1 - \bar{b}\,\rho)^{-1} - k_B\,T\,\bar{a}\,\rho^2 =
\end{aligned}$$

$$= \rho\, k_B\, T \left(1 + \sum_{n=1}^{\infty} B_n \rho^n \right)$$

$$\Longrightarrow \; B_1 = \bar{b} - \bar{a} = \frac{1}{N_A}\left(b - \frac{a}{RT} \right); \quad B_n = \left(\frac{b}{N_A} \right)^n \quad \text{für } n \geq 2.$$

Dieterici:

B_1 wie beim van der Waals-Modell. Abweichungen treten ab B_2 auf:

$$B_n = \sum_{\mu=0}^{n} \frac{1}{\mu!} \left(\frac{b}{N_A} \right)^{n-\mu} \left(-\frac{a}{k_B\, T\, N_A^2} \right)^{\mu}.$$

Bei hohen Temperaturen bleibt nur der $\mu = 0$-Term. Dann ergibt sich dasselbe Resultat wie im van der Waals-Modell.

Bedeutung der Parameter:

Van der Waals:

$$a\, \rho^2 \sim \textit{Binnendruck},$$
$$b\, N \sim \textit{Eigenvolumen}.$$

Dieterici:

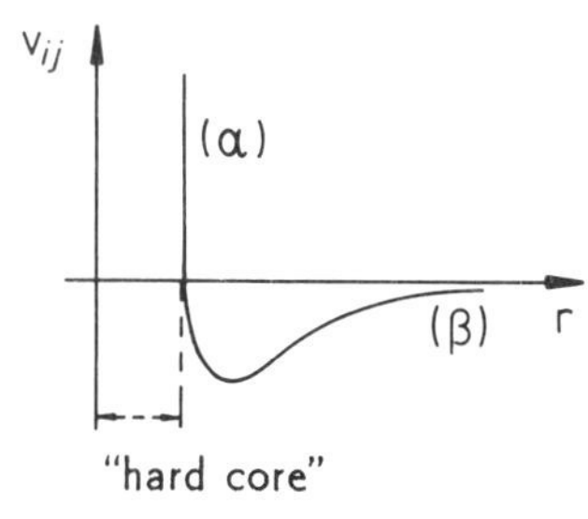

v_{ij} : Wechselwirkungspotential,

r : Abstand.

α) b ist wie im van der Waals-Modell ein Maß für das Eigenvolumen der Moleküle, die beim idealen Gas als mathematische Punkte angesehen werden. Die Teilchenabstoßung sorgt für ein *hard core*-Potential.

β) Bei größerem Abstand setzt eine Anziehung der Teilchen durch gegenseitige elektrische Polarisation der Atomhüllen ein, mit der eine Tendenz zum gebundenen Zustand verbunden ist, der dann keine Gefäßwand mehr benötigen würde. Das bedeutet auf jeden Fall eine Druckabnahme. Diese Tendenz wird im Dieterici-Modell näherungsweise durch die Exponentialfunktion beschrieben:

$a\, \rho \sim$ mittlere Wechselwirkungsenergie (*Aktivierungsenergie*).

3) Die Zustandsgleichung

$$p = k_B\, T\, \rho (1 - \rho\, \bar{b})\, e^{-\bar{a}\, \rho}$$

wird natürlich dann *physikalisch unsinning*, wenn eine Teilchen-Verdichtung ($\Longleftrightarrow$ Anwachsen von ρ) wegen der Exponentialfunktion auf eine Druckerniedrigung führt. Vorzeichen-Erwartung:

$$\left(\frac{\partial p}{\partial \rho}\right)_T \geq 0.$$

Wegen $\kappa_T = -\frac{1}{V}\left(\frac{\partial V}{\partial p}\right)_T$ gilt:

$$\left(\frac{\partial p}{\partial \rho}\right)_T = \left(\frac{\partial p}{\partial V}\right)_T \left(\frac{\partial V}{\partial \rho}\right)_T = \frac{-1}{V\,\kappa_T}\left[\left(\frac{\partial \rho}{\partial V}\right)_T\right]^{-1} = \frac{-1}{V\,\kappa_T}\left[-\frac{N}{V^2}\right]^{-1}$$

(N=const.)

$$\Longrightarrow \left(\frac{\partial p}{\partial \rho}\right)_T = \frac{1}{\rho\,\kappa_T}.$$

Es ist zu fordern (*Stabilitätskriterium*):

$$\kappa_T \geq 0,$$

ansonsten würde das System kollabieren, wäre also mechanisch instabil.

4)

$$\left(\frac{\partial p}{\partial \rho}\right)_T = \frac{p}{\rho} + \frac{\bar{b}}{1-\rho\,\bar{b}}\,p - \bar{a}\,p = p\left(\frac{1}{\rho(1-\rho\,\bar{b})} - \bar{a}\right)$$

$$\Longrightarrow \left(\frac{\partial p}{\partial \rho}\right)_{T_0} \stackrel{!}{=} 0 \Longrightarrow k_B\,T_0(\rho) = a^*\,\rho(1-\rho\,\bar{b}) \qquad a^* = \frac{a}{N_A^2}$$

$$\Longrightarrow k_B\,T_0(\rho): \text{Parabel mit Nullstellen bei } \rho = 0 \text{ und } \rho = \frac{1}{\bar{b}}.$$

Als *unphysikalisch* muß man das Gebiet

$$\rho > \frac{1}{\bar{b}}$$

bezeichnen, da dann $T_0 < 0$ bzw. $\left(\frac{\partial p}{\partial \rho}\right)_T < 0$ ist. In etwa bedeutet $\rho > 1/\bar{b}$, daß das Eigenvolumen der Moleküle größer als das Gasvolumen ist.

Maximum:

$$k_B \frac{dT_0}{d\rho} = a^*(1-\rho\,\bar b) - a^*\bar b\,\rho = a^*(1-2\,\rho\,\bar b) \overset{!}{=} 0 \implies \rho_C = \frac{1}{2\,\bar b},$$

$$k_B \left(\frac{d^2T_0}{d\rho^2}\right)_{\rho=\rho_c} = -2\,a^*\bar b < 0 \implies \text{Maximum},$$

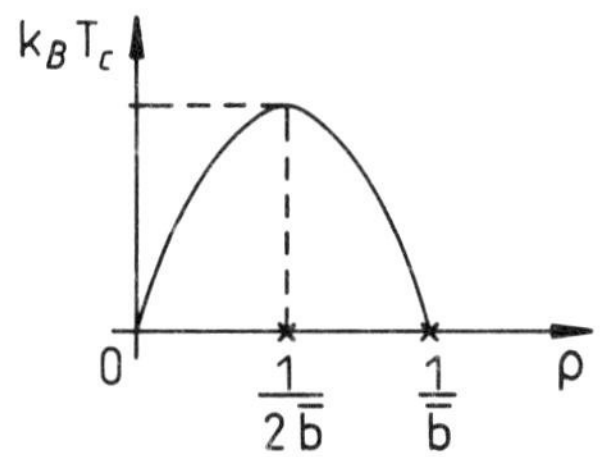

$$k_B\,T_c = k_B\,T_0(\rho_C) = \frac{a^*}{4\,\bar b}.$$

Der Vergleich mit 1) ergibt:

$$T_B = 4\,T_c.$$

Die Materialkonstanten a, b sind aus den kritischen Daten bestimmbar!

$$a^* = \frac{a}{N_A^2} = \frac{2\,k_B\,T_c}{\rho_C},$$

$$\bar b = \frac{b}{N_A} = \frac{1}{2\,\rho_C}.$$

5) Unphysikalisch ist das Gebiet $\rho > 2\,\rho_C \iff p < 0$

$T > T_c$

$$\left(\frac{\partial p}{\partial \rho}\right)_T = p\left(\frac{1}{\rho(1-\rho\,\bar b)} - \frac{a^*}{k_B\,T}\right) > 0$$

auf jeden Fall für kleine ρ realisierbar. $\implies$ p in $0 \le \rho \le 2\,\rho_C$ monoton steigende Funktion von ρ mit $p(\rho = 0) = 0$.

$T < T_c$

$(\partial p/\partial \rho)_T$ hat zwei Nullstellen bei

$$\rho_{1,2} = \frac{1}{2\,\bar b}\left(1 \pm \sqrt{1 - \frac{T}{T_c}}\right).$$

Für kleine ρ ist $p(\rho)$ monoton wachsend. Die erste Nullstelle entspricht also einem Maximum, die zweite einem Minimum von $p(\rho)$. Dazwischen ergibt sich ein *unphysikalisches* Gebiet, da $\left(\frac{\partial p}{\partial \rho}\right)_T < 0$ ist.

$\boxed{T = T_c}$

$$\left(\frac{\partial p}{\partial \rho}\right)_{T_c} (\rho = \rho_C) = 0,$$

$$\left(\frac{\partial^2 p}{\partial \rho^2}\right)_T = p\left(\frac{1}{\rho(1-\rho\bar{b})} - \frac{a^*}{k_B T}\right)^2 - p\frac{1-2\rho\bar{b}}{\rho^2(1-\rho\bar{b})^2},$$

$$\left(\frac{\partial^2 p}{\partial \rho^2}\right)_{T_c} (\rho = \rho_C) = 0 \qquad \text{Wendepunkt}.$$

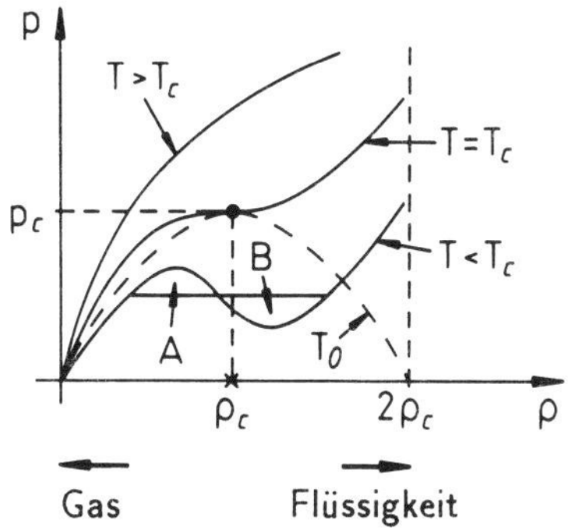

Für $T < T_c$ ergibt sich ein Phasenübergang $\Longrightarrow$ Gasverflüssigung! Das *unphysikalische* Gebiet wird durch dieselbe Maxwell-Konstruktion ($A = B$!) wie beim van der Waals-Gas *korrigiert*.

Lösung zu Aufgabe 1.6.7

$$\kappa_T = -\frac{1}{V}\left(\frac{\partial V}{\partial p}\right)_T; \quad \beta = \frac{1}{V}\left(\frac{\partial V}{\partial T}\right)_p,$$

ideales Gas: $pV = nRT$

$$\Longrightarrow \left(\frac{\partial V}{\partial p}\right)_T = -\frac{nRT}{p^2} = -\frac{V}{p},$$

$$\left(\frac{\partial V}{\partial T}\right)_p = \frac{nR}{p} = \frac{V}{T}$$

$$\Longrightarrow \kappa_T^{\text{id}} = \frac{1}{p}; \quad \beta^{\text{id}} = \frac{1}{T}.$$

1)

$$p(V - nb) = nRT$$

$$\Longrightarrow \left(\frac{\partial V}{\partial p}\right)_T = -\frac{nRT}{p^2} = -\frac{1}{p}(V - nb),$$

$$\left(\frac{\partial V}{\partial T}\right)_p = \frac{n\,R}{p} = \frac{1}{T}(V - n\,b)$$
$$\Longrightarrow \kappa_T = \frac{1}{p}\left(1 - \frac{n\,b}{V}\right) = \kappa_T^{\mathrm{id}}\left(1 - \frac{n\,b}{V}\right),$$
$$\beta = \frac{1}{T}\left(1 - \frac{n\,b}{V}\right) = \beta^{\mathrm{id}}\left(1 - \frac{n\,b}{V}\right).$$

2)

$$p\,V = n\,R\,T\,(1 + A_1(T)\,p)$$
$$\Longrightarrow \left(\frac{\partial V}{\partial p}\right)_T = -\frac{n\,R\,T}{p^2} = -\frac{V}{p} + \frac{n\,R\,T\,A_1(T)}{p}$$
$$\Longrightarrow \kappa_T = \kappa_T^{\mathrm{id}}\left(1 - \frac{n\,R\,T\,A_1(T)}{V}\right),$$
$$\left(\frac{\partial V}{\partial T}\right)_p = \frac{n\,R}{p} + n\,R\,A_1 + n\,R\,T\frac{dA_1}{dT} = \frac{V}{T} + n\,R\,T\,\frac{dA_1}{dT}$$
$$\Longrightarrow \beta = \beta^{\mathrm{id}}\left(1 + \frac{n\,R\,T^2}{V}\,\frac{dA_1}{dT}\right).$$

3)

$$p\,V = n\,R\,T\left(1 + \frac{B_1(T)}{V}\right),$$
$$\left(\frac{\partial(p\,V)}{\partial p}\right)_T = V + p\left(\frac{\partial V}{\partial p}\right)_T = -\frac{n\,R\,T\,B_1}{V^2}\left(\frac{\partial V}{\partial p}\right)_T$$
$$\Longrightarrow \left(\frac{\partial V}{\partial p}\right)_T = -\frac{V}{p}\left(1 + \frac{n\,R\,T\,B_1}{p\,V^2}\right)^{-1}$$
$$\Longrightarrow \kappa_T = \kappa_T^{\mathrm{id}}\left(1 + \frac{n\,R\,T\,B_1(T)}{p\,V^2}\right)^{-1},$$
$$p\left(\frac{\partial V}{\partial T}\right)_p = n\,R\left(1 + \frac{B_1}{V}\right) + \frac{n\,R\,T}{V}\,\frac{dB_1}{dT} - \frac{n\,R\,T\,B_1}{V^2}\left(\frac{\partial V}{\partial T}\right)_p$$
$$\Longrightarrow \left(\frac{\partial V}{\partial T}\right)_p\left(p + \frac{n\,R\,T\,B_1}{V^2}\right) = \frac{p\,V}{T} + \frac{n\,R\,T}{V}\,\frac{dB_1}{dT}$$
$$\Longrightarrow \beta = \beta^{\mathrm{id}}\frac{1 + \frac{n\,R\,T^2}{p\,V^2}\,\frac{dB_1}{dT}}{1 + \frac{n\,R\,T}{p\,V^2}\,B_1}.$$

Lösung zu Aufgabe 1.6.8

$$\delta W = B_0\, dm : \qquad m : \text{ magnetisches Moment,}$$
$$dm = V\, dM : \qquad M : \text{ Magnetisierung, } V = \text{const.}$$
$$\Longrightarrow \delta W = \mu_0\, V\, H\, dM \quad .$$

Curie-Gesetz: $M = \frac{C}{T} H$

$$(\delta W)_T = \mu_0 \frac{C\,V}{T} H\, dH$$

$$\Longrightarrow \quad \Delta W_{12} = \int_{H_1}^{H_2} (\delta W)_T = \frac{\mu_0\, C\, V}{T} \frac{1}{2} \left(H_2^2 - H_1^2\right) = \mu_0 \frac{V\,T}{2\,C} \left(M_2^2 - M_1^2\right) .$$

Lösung zu Aufgabe 1.6.9

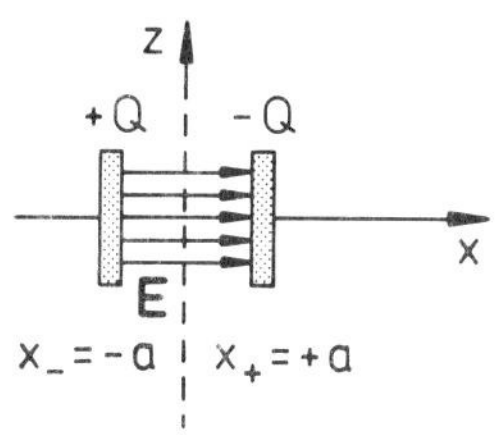

Nach (2.51), Bd. 3 gilt für das Feld im Innern des Kondensators

$$\mathbf{E} = \frac{Q}{\epsilon_0 F_0}\, \mathbf{e}_x , \qquad F_0 : \text{Plattenfläche.}$$

Kapazität ((2.55), Bd. 3):

$$C = \epsilon_0 \frac{F_0}{2\,a} .$$

Energie im Kondensator ((2.58), Bd. 3):

$$W = \frac{1}{2} \frac{Q^2}{C} = \frac{Q^2}{2\,\epsilon_0} \frac{2\,a}{F_0} .$$

Kraft auf Kondensatorplatten (Kapitel 2.2.1, Bd. 3):

$$\mathbf{F}(+Q) = Q\, \mathbf{E}(x_-) \;\; = \frac{Q^2}{2\,\epsilon_0\, F_0}\, \mathbf{e}_x ,$$
$$\mathbf{F}(-Q) = -Q\, \mathbf{E}(x_+) = -\frac{Q^2}{2\,\epsilon_0\, F_0}\, \mathbf{e}_x .$$

Änderung der Kapazität:

$$C = \frac{\epsilon_0 F_0}{x_+ - x_-}.$$

x_- sei variabel:

$$\frac{dC}{dx_-} = \frac{\epsilon_0 F_0}{(x_+ - x_-)^2} = \frac{C}{x_+ - x_-} \implies dx_- = \frac{dC}{C}(x_+ - x_-)$$

$dx_- > 0$ bedeutet Abstandsverringerung und hat $dC > 0$ zur Folge. Analog ergibt sich dx_+.

$$dx_\pm = \mp \frac{dC}{C}(x_+ - x_-).$$

1) Mechanische Arbeit bei Abstandsverringerung:

$$\begin{aligned} \delta W &= -\mathbf{F}(+Q)\, d\mathbf{x}_- = -\mathbf{F}(+\mathbf{Q})\, \mathbf{e}_x\, dx = \\ &= -\frac{Q^2}{2\,\epsilon_0 F_0} \frac{(x_+ - x_-)}{C}\, dC = -\frac{1}{2} \frac{Q^2}{C^2}\, dC, \\ \delta A &= -\delta W = \frac{1}{2} \frac{Q^2}{C^2}\, dC. \end{aligned}$$

Das ist die *von außen* am System geleistete Arbeit.

2) Änderung der Feldenergie:

Vorher:

$$\overline{W}_v = \frac{1}{2} \frac{Q^2}{C},$$

nachher:

$$\begin{aligned} \overline{W}_n &= \frac{1}{2} \frac{Q^2}{C + dC}, \\ d\overline{W} &= \overline{W}_n - \overline{W}_v = \frac{Q^2}{2} \left(\frac{1}{C + dC} - \frac{1}{C} \right) = -\frac{1}{2} \frac{Q^2}{C^2}\, dC. \end{aligned}$$

Die Änderung der Feldenergie entspricht also der *von außen* am System verrichteten Arbeit:

$$\delta A + \delta \overline{W} = 0.$$

3) Die letzte Beziehung gilt immer, d.h. sowohl für $dC > 0$ als auch für $dC < 0$. Die Zustandsänderung ist damit reversibel!

Kapitel 2.9

Lösung zu Aufgabe 2.9.1

1) Erster Hauptsatz (Gase!):

$$dU = \delta Q + \delta A = \delta Q - p\,dV,$$

$$U = U(T,V) \Longrightarrow dU = \left(\frac{\partial U}{\partial T}\right)_V dT + \left(\frac{\partial U}{\partial V}\right)_T dV$$

$$\Longrightarrow \delta Q = \left(\frac{\partial U}{\partial T}\right)_V dT + \left[\left(\frac{\partial U}{\partial V}\right)_T + p\right] dV.$$

Integrabilitätsbedingung:

$$\left[\frac{\partial}{\partial V}\left(\frac{\partial U}{\partial T}\right)_V\right]_T \stackrel{!}{=} \left\{\frac{\partial}{\partial T}\left[\left(\frac{\partial U}{\partial V}\right)_T + p\right]\right\}_V$$

$$\Longrightarrow \left[\frac{\partial}{\partial V}\left(\frac{\partial U}{\partial T}\right)_V\right]_T \stackrel{!}{=} \left[\frac{\partial}{\partial T}\left(\frac{\partial U}{\partial V}\right)_T\right]_V + \left(\frac{\partial p}{\partial T}\right)_V .$$

dU total, also

$$0 \stackrel{!}{=} \left(\frac{\partial p}{\partial T}\right)_V .$$

Das ist ein Widerspruch, also ist δQ **kein** totales Differential!

2) Ideales Gas:

$$\left(\frac{\partial U}{\partial V}\right)_T = 0 \qquad \text{(Gay-Lussac)},$$

$$\left(\frac{\partial U}{\partial T}\right)_V = C_V = \text{const.}$$

$$\Longrightarrow \delta Q = C_V\,dT + p\,dV.$$

a) $\mu = \mu(T)$ so wählen, daß

$$dy = \mu\,\delta Q \text{ totales Differential}$$

$$\Longleftrightarrow \left[\frac{\partial}{\partial V}(C_V\mu)\right]_T \stackrel{!}{=} \left[\frac{\partial}{\partial T}(\mu p)\right]_V$$

$$\Longleftrightarrow 0 = \left[\frac{\partial}{\partial T}(\mu p)\right]_V = \frac{d\mu}{dT}p + \mu\left(\frac{\partial p}{\partial T}\right)_V$$

$$\Longleftrightarrow \mu\frac{nR}{V} = -\frac{nRT}{V}\frac{d\mu}{dT}$$

$$\Longleftrightarrow \mu + T\frac{d\mu}{dT} = d(\mu T) = 0 \Longleftrightarrow \mu T = \text{const.}$$

Konstante willkürlich gleich 1 gesetzt $\Longrightarrow$ *integrierender Faktor*: $\mu(T) = \frac{1}{T}$. Damit ist

$$dy = \frac{\delta Q}{T} = dS \quad \text{ein totales Differential.}$$

Entropie des idealen Gases:

$$\begin{aligned} S(T,V) - S(T_0, V_0) &= C_V \int_{T_0}^{T} \frac{dT'}{T'} + \int_{V_0}^{V} \frac{p}{T}\, dV' = \\ &= C_V \ln\frac{T}{T_0} + n\,R \ln\frac{V}{V_0}. \end{aligned}$$

Probe:

$$\left(\frac{\partial S}{\partial T}\right)_V = \frac{C_V}{T}; \quad \left(\frac{\partial S}{\partial V}\right)_T = \frac{n\,R}{V} = \frac{p}{T}.$$

b) $\mu = \mu(V)$ so wählen, daß

$$dy = \mu\,\delta Q = (\mu\, C_V)\, dT + (\mu\, p)\, dV$$

ein totales Differential wird.

Integrabilitätsbedingung:

$$\begin{aligned} C_V \frac{d\mu}{dV} &= \mu \left(\frac{\partial p}{\partial T}\right)_V = \mu \frac{n\,R}{V} \\ \Longleftrightarrow \quad \frac{C_V}{n\,R}\,\frac{d\mu}{\mu} &= \frac{dV}{V}. \end{aligned}$$

Ideales Gas:

$$n\,R = C_p - C_V = C_V\,(\gamma - 1); \quad \gamma = \frac{C_p}{C_V}$$

$$\begin{aligned} &\Longrightarrow \quad d \ln \mu = (\gamma - 1) d \ln V = d \ln V^{\gamma - 1} \\ &\Longleftrightarrow \quad d \ln \left(\mu\, V^{1-\gamma}\right) = 0 \quad \Longleftrightarrow \quad \mu\, V^{1-\gamma} = \text{const., z.B.} = 1 \\ &\Longrightarrow \quad \mu(V) = V^{\gamma-1} \quad \Longrightarrow \quad dy = V^{\gamma-1}\,\delta Q;\; dy = C_V\, V^{\gamma-1} \left(dT + (\gamma-1)\frac{T}{V}\, dV\right). \end{aligned}$$

Lösung zu Aufgabe 2.9.2

$$\Delta W = -\int_1^2 p(V)\,dV \qquad = -\text{const.}\int_1^2 \frac{dV}{V^n},$$

$$(n \neq 1) \qquad = \text{const.}\left[\frac{1}{V_2^{n-1}} - \frac{1}{V_1^{n-1}}\right]\frac{1}{n-1},$$

$$\text{const.} = p_1\,V_1^n = p_2 V_2^n$$

$$\Longrightarrow \quad \Delta W = \frac{1}{n-1}\left(p_2 V_2 - p_1 V_2\right).$$

Ideales Gas:

$$\Delta U = C_V(T_2 - T_1) = \frac{C_V}{N\,k_B}\left(p_2 V_2 - p_1 V_1\right)$$

$$\Longrightarrow \quad \frac{\Delta Q}{-\Delta W} = \frac{\Delta U - \Delta W}{-\Delta W} = 1 - \frac{\Delta U}{\Delta W} = 1 + (1-n)\,\frac{C_V}{n\,k_B} = \text{const.}$$

Spezialfall $n = 1$:

$$p\,V = \text{const.} \iff \text{Isotherme des idealen Gases}$$

$$\Longrightarrow \quad \Delta U = 0 \Longrightarrow \frac{\Delta Q}{-\Delta W} = 1.$$

Lösung zu Aufgabe 2.9.3

1)

$$C_m = \left(\frac{\partial U}{\partial T}\right)_m$$

folgt direkt aus dem Ersten Hauptsatz, s. (2.19).

Wir nutzen noch (2.20) aus:

$$C_H = C_m + \left[\left(\frac{\partial U}{\partial m}\right)_T - \mu_0\,H\right]\left(\frac{\partial m}{\partial T}\right)_H.$$

Curie-Gesetz:

$$m = V\,M = V\,\frac{C}{T}\,H$$

$$\Longrightarrow \quad \left(\frac{\partial m}{\partial T}\right)_H = -V\,\frac{C}{T^2}\,H = -V\,\frac{M^2}{C\,H}.$$

Dies ergibt, oben eingesetzt:

$$C_H = \left(\frac{\partial U}{\partial T}\right)_m + \left(\frac{\partial U}{\partial m}\right)_T \left(\frac{\partial m}{\partial T}\right)_H + \mu_0 \frac{V}{C} M^2,$$

$$U = U(T,m) \implies dU = \left(\frac{\partial U}{\partial T}\right)_m dT + \left(\frac{\partial U}{\partial m}\right)_T dm.$$

Dies bedeutet:

$$\left(\frac{\partial U}{\partial T}\right)_H = \left(\frac{\partial U}{\partial T}\right)_m + \left(\frac{\partial U}{\partial m}\right)_T \left(\frac{\partial m}{\partial T}\right)_H.$$

Also bleibt die Behauptung:

$$C_H = \left(\frac{\partial U}{\partial T}\right)_H + \mu_0 \frac{V}{C} M^2.$$

2) Es gilt:

$$\left(\frac{\partial m}{\partial H}\right)_{\text{ad}} = \left(\frac{\partial m}{\partial T}\right)_{\text{ad}} \left(\frac{\partial T}{\partial H}\right)_{\text{ad}}.$$

Wir bestimmen die beiden Faktoren separat:

a) Erster Hauptsatz:

$$\begin{aligned} dU &= \delta Q + \mu_0 H\, dm = \\ &= \left(\frac{\partial U}{\partial T}\right)_m dT + \left(\frac{\partial U}{\partial m}\right)_T dm, \end{aligned}$$

$\delta Q = 0$, da Zustandsänderung adiabatisch!

$$\implies \left\{\left(\frac{\partial U}{\partial T}\right)_m dT\right\}_{\text{ad}} = \left\{\left[\mu_0 H - \left(\frac{\partial U}{\partial m}\right)_T\right] dm\right\}_{\text{ad}}.$$

Dies bedeutet:

$$\left(\frac{\partial m}{\partial T}\right)_{\text{ad}} = \frac{C_m}{\mu_0 H - \left(\frac{\partial U}{\partial m}\right)_T}.$$

b) Erster Hauptsatz:

$$0 = \delta Q = dU - \mu_0 H\, dm,$$

jetzt: $U = U(T,H); \quad m = m(T,H)$.

Damit folgt:

$$0 = \left\{\left(\frac{\partial U}{\partial T}\right)_H - \mu_0 H \left(\frac{\partial m}{\partial T}\right)_H\right\} dT + \left\{\left(\frac{\partial U}{\partial H}\right)_T - \mu_0 H \left(\frac{\partial m}{\partial H}\right)_T\right\} dH.$$

Nach Teil 1) ist die erste Klammer gerade gleich C_H:

$$C_H\,dT = \left\{\mu_0\, H\, V \left(\frac{\partial M}{\partial H}\right)_T - \left(\frac{\partial U}{\partial H}\right)_T\right\} dH =$$
$$= \left\{\mu_0\, V\, M(T,H) - \left(\frac{\partial U}{\partial H}\right)_T\right\} dH.$$

Daran liest man ab:

$$\left(\frac{dT}{dH}\right)_{\text{ad}} = \frac{\mu_0\, m(T,H) - \left(\frac{\partial U}{\partial H}\right)_T}{C_H}.$$

a) und b) kombiniert ergibt die Behauptung:

$$\left(\frac{\partial m}{\partial H}\right)_{\text{ad}} = \left(\frac{\partial m}{\partial T}\right)_{\text{ad}} \left(\frac{\partial T}{\partial H}\right)_{\text{ad}} = \frac{C_m}{C_H}\,\frac{\mu_0\, m - \left(\frac{\partial U}{\partial H}\right)_T}{\mu_0\, H - \left(\frac{\partial U}{\partial m}\right)_T}.$$

Lösung zu Aufgabe 2.9.4

1) Die Wand ist thermisch isolierend, deswegen läuft rechts ein adiabatischer Prozeß. Mit den Adiabaten-Gleichungen des idealen Gases (2.24), (2.25) folgt dann ($\gamma = C_p/C_V$ bekannt!):

$$\Delta W_r = -\int_{V_0}^{V_r} p\,dV = -\text{const.}_1 \int_{V_0}^{V_r} \frac{dV}{V^\gamma} = -\frac{\text{const.}_1}{1-\gamma}\left(V_r^{1-\gamma} - V_0^{1-\gamma}\right),$$
$$\text{const.}_1 = p_0\, V_0^\gamma = p_r\, V_r^\gamma$$
$$\Longrightarrow\quad \Delta W_r = -\frac{1}{1-\gamma}\left(p_r\, V_r - p_0 V_0\right) = \frac{-N\,k_B}{1-\gamma}\left(T_r - T_0\right).$$

Jetzt noch T_r durch Anfangsdaten festlegen:

$$T_r^\gamma\, p_r^{1-\gamma} = T_0^\gamma\, p_0^{1-\gamma} \quad\Longrightarrow\quad T_r = T_0\left(\frac{p_0}{p_r}\right)^{\frac{1-\gamma}{\gamma}}$$
$$\Longrightarrow\quad \Delta W_r = -\frac{N\,k_B\,T_0}{1-\gamma}\left[\left(\frac{p_0}{p_r}\right)^{\frac{1-\gamma}{\gamma}} - 1\right]$$
$$\Longrightarrow\quad \Delta W_r = \frac{N\,k_B\,T_0}{\gamma-1}\left(3^{\frac{\gamma-1}{\gamma}} - 1\right) > 0.$$

└ da $\gamma > 1$!

Es wird also **am** rechten System Arbeit geleistet! Trivialerweise ist $\Delta Q_r = 0$.

2)

$$T_r^\gamma \, p_r^{1-\gamma} = T_0^\gamma \, p_0^{1-\gamma}; \quad p_r = 3\, p_0 \implies T_r = T_0 \, 3^{\frac{\gamma-1}{\gamma}} > T_0 .$$

Zustandsgleichung:

$$T_l = \frac{p_l \, V_l}{N\, k_B} = \frac{p_l}{N\, k_B}\,(2\, V_0 - V_r).$$

Gleichgewicht:

$$p_l = p_r = 3\, p_0$$
$$\implies T_l = \frac{3 p_0 \, 2 V_0}{N\, k_B} - T_r = 6\, T_0 - T_r$$
$$\implies T_l = T_0 \left(6 - 3^{\frac{\gamma-1}{\gamma}}\right).$$

3)

Erster Hauptsatz: $\Delta Q_l = \Delta U_l - \Delta W_l$,
ideales Gas: $\Delta U_l = C_V (T_l - T_0)$.

ΔW_l sorgt für die Energieänderung rechts, d.h.:

$$\Delta W_l = -\Delta W_r \underset{\text{rechts adiabatisch}}{=} -\Delta U_r$$

$$\implies \Delta W_l = -C_V (T_r - T_0)$$
$$\implies \Delta Q_l = C_V (T_l - T_0 + T_r - T_0) = C_V (T_l + T_r - 2\, T_0),$$
$$T_l + T_r = 6\, T_0 \implies \Delta Q_l = 4\, C_V\, T_0 .$$

Lösung zu Aufgabe 2.9.5

1)

$$\delta W = -p\, dV, \quad V = \frac{R\,T}{p}, \quad dV = -\frac{R\,T}{p^2}\, dp$$

$$\implies \Delta W = R\,T \int_{p_0}^{p_1} \frac{dp}{p} = R\,T \ln \frac{p_1}{p_0} = -R\,T \ln 20 < 0.$$

Das System leistet also Arbeit:

$$R = 8.315\,\frac{\mathrm{J}}{\mathrm{grad}\cdot\mathrm{mol}} \implies \Delta W = -7.298\cdot 10^3\,J.$$

2)

$$T = \text{const., ideales Gas} \implies dU = 0$$
$$\implies \delta Q = -\delta W \implies \Delta Q = |\Delta W|.$$

3) Zustandsänderung jetzt adiabatisch:

$$p\,V^\gamma = C \implies dV = -\frac{1}{\gamma}\,C^{\frac{1}{\gamma}}\,\frac{1}{p^{\frac{1}{\gamma}+1}}\,dp$$

$$\implies \Delta W = \frac{C^{\frac{1}{\gamma}}}{\gamma}\int\limits_{p_0}^{p_1}\frac{dp}{p^{\frac{1}{\gamma}}} = \frac{C^{\frac{1}{\gamma}}}{\gamma\left(1-\frac{1}{\gamma}\right)}\left[p_1^{1-\frac{1}{\gamma}} - p_0^{1-\frac{1}{\gamma}}\right].$$

Nun ist

$$C^{\frac{1}{\gamma}}\,p_{1,0}^{-\frac{1}{\gamma}} = V_{1,0}$$
$$\implies \Delta W = \frac{p_1V_1 - p_0V_0}{\gamma-1},$$
$$p_1V_1^\gamma = p_0V_0^\gamma \implies V_1 = V_0\left(\frac{p_0}{p_1}\right)^{\frac{1}{\gamma}}$$
$$\implies \Delta W = \frac{V_0}{\gamma-1}\left[p_1\left(\frac{p_0}{p_1}\right)^{\frac{1}{\gamma}} - p_0\right] = \frac{R\,T_0}{\gamma-1}\left[\left(\frac{p_0}{p_1}\right)^{\frac{1}{\gamma}-1} - 1\right],$$
$$C_V = \frac{5}{2}R \implies \gamma = \frac{C_p}{C_V} = 1 + \frac{R}{C_V} = 1.4,$$
$$T_0 = 293\,\mathrm{K};\quad p_0 = 20\,p_1$$
$$\implies \Delta W = -3,503\cdot 10^3\,\mathrm{J}.$$

4) Adiabatischer Prozeß:

$$\Delta W = \Delta U = C_V(T_1 - T_0)$$
$$\implies T_1 = T_0 + \frac{\Delta W}{C_V} = 124,5\,\mathrm{K}.$$

Lösung zu Aufgabe 2.9.6

Eine Auslenkung um die Strecke z bedeutet eine Volumenänderung um

$$\Delta V = z\,F \qquad (F = \text{Querschnitt.})$$

Dadurch entsteht eine Differenz Δp zwischen Außen- und Innendruck, der für eine rücktreibende Kraft in z-Richtung sorgt:

$$K = F\,\Delta p.$$

Die Zustandsänderung des idealen Gases verläuft adiabatisch:

$$p\,V^\gamma = \text{const.}$$

Daraus berechnen wir Δp:

$$d(p\,V^\gamma) = 0 = dp\,V^\gamma + \gamma\,p\,V^{\gamma-1}\,dV \implies dp = -\frac{\gamma\,p}{V}\,dV.$$

Dies bedeutet

$$\Delta p = -\frac{\gamma\,p}{V}\,\Delta V = -\frac{\gamma\,p}{V}\,z\,F$$

und damit

$$K = -\frac{\gamma\,p}{V}\,F^2 z = -k\,z.$$

Wenn m die Masse der Kugel ist, so lautet die Schwingungsdauer:

$$\tau = 2\pi\sqrt{\frac{m}{k}} = 2\pi\sqrt{\frac{m\,V}{\gamma\,p\,F^2}} \implies \gamma = \frac{4\pi^2\,m\,V}{p\,F^2\,\tau^2}.$$

Lösung zu Aufgabe 2.9.7

Wir bestimmen zunächst

$$\frac{1}{T}\,\delta Q_{\text{rev}}$$

für beide Systeme als Funktion von T und V. Wir benutzen dazu zunächst den Ersten Hauptsatz,

$$\delta Q = dU + p\,dV,$$

und die Voraussetzung,

$$U = U(T) \implies dU = C_V(T)\,dT,$$

für eine reversible Zustandsänderung:

$$\frac{1}{T}\,\delta Q_{\text{rev}} = C_V(T)\,\frac{dT}{T} + \frac{p}{T}\,dV,$$

$$p(A) = \alpha\,\frac{N\,T}{V^2}; \quad p(B) = \left(\beta\,\frac{N}{V}\,T\right)^{\frac{1}{2}}$$

$$\Longrightarrow \quad \frac{1}{T}\,\delta Q_{\text{rev}}\,(A) = C_V(T)\,\frac{dT}{T} + \alpha\,N\,\frac{dV}{V^2},$$

$$\frac{1}{T}\,\delta Q_{\text{rev}}\,(B) = C_V(T)\,\frac{dT}{T} + \left(\beta\,\frac{N}{T\,V}\right)^{\frac{1}{2}}\,dV.$$

Damit die Entropie eine Zustandsgröße ist, muß

$$dS = \frac{1}{T}\,\delta Q_{\text{rev}}$$

ein totales Differential sein. Man überprüfe die Integrabilitätsbedingungen:

(A)

$$\frac{\partial}{\partial V}\left(\frac{C_V(T)}{T}\right) \stackrel{!}{=} \frac{\partial}{\partial T}\left(\frac{\alpha\,N}{V^2}\right); \quad \text{offenbar erfüllt!}$$

$$\Longrightarrow \quad \text{Entropie als Zustandsgröße definierbar!}$$

(B)

$$\frac{\partial}{\partial V}\left(\frac{C_V(T)}{T}\right) \stackrel{!}{=} \frac{\partial}{\partial T}\left(\beta\,\frac{N}{V\,T}\right)^{\frac{1}{2}}$$

$$\Longleftrightarrow \quad 0 = -\frac{1}{2T}\left(\frac{\beta\,N}{T\,V}\right)^{\frac{1}{2}}.$$

Das ist ein Widerspruch. Eine Entropie ist für System B deshalb nicht definierbar. System B kann also nicht existieren!

Lösung zu Aufgabe 2.9.8

1) Nach (2.59) gilt:

$$\left[\left(\frac{\partial U}{\partial V}\right)_T + p\right] = T\left(\frac{\partial p}{\partial T}\right)_V.$$

Dies bedeutet nach (2.58):

$$dS = \frac{C_V(T,V)}{T}\,dT + \left(\frac{\partial p}{\partial T}\right)_V\,dV.$$

Integrabilitätsbedingung für dS:

$$\frac{1}{T}\left(\frac{\partial}{\partial V}\,C_V(T,V)\right)_T \overset{!}{=} \left(\frac{\partial^2 p}{\partial T^2}\right)_V = \left(\frac{\partial \alpha(V)}{\partial T}\right)_V = 0$$

$$\iff \quad C_V(T,V) = C_V(T).$$

2)

$$dS = \frac{C_V(T)}{T}\,dT + \left(\frac{\partial p}{\partial T}\right)_V dV.$$

Das van der Waals-Gas erfüllt die Voraussetzungen von Teil 1):

$$\left(p + a\,\frac{n^2}{V^2}\right)(V - n\,b) = n\,R\,T$$

$$\Longrightarrow \quad p = T\,\frac{n\,R}{V - n\,b} - a\,\frac{n^2}{V^2} \quad \Longrightarrow \quad \left(\frac{\partial p}{\partial T}\right)_V = \frac{n\,R}{V - n\,b}$$

$$\Longrightarrow \quad dS = \frac{C_V}{T}\,dT + \frac{n\,R}{V - n\,b}\,dV$$

C_V nach Voraussetzung T-**un**abhängig

$$\Longrightarrow \quad \Delta S = S(T,V) - S(T_0,V_0) =$$

$$= C_V \ln\frac{T}{T_0} + n\,R \ln\frac{V - n\,b}{V_0 - n\,b}.$$

3) $U = U(T,V)$

$$dU = \left(\frac{\partial U}{\partial T}\right)_V dT + \underset{\uparrow\ \text{s. 1)}}{\left(\frac{\partial U}{\partial V}\right)_T} dV,$$

$$\left(\frac{\partial U}{\partial V}\right)_T = T\left(\frac{\partial p}{\partial T}\right)_V - p = \qquad (= 0 \text{ beim idealen Gas, Gay-Lussac})$$

$$\overset{2)}{=} p + a\,\frac{n^2}{V^2} - p = a\,\frac{n^2}{V^2}$$

$$\Longrightarrow \quad dU = C_V\,dT + a\,n^2\,\frac{dV}{V^2}$$

$$\Longrightarrow \quad U = U(T,V) = C_V\,T - a\,\frac{n^2}{V} + \text{const.}$$

Die Wechselwirkung der Gasteilchen sorgt also für eine Volumenabhängigkeit der inneren Energie, die letztlich für die Temperaturänderung bei der Expansion verantwortlich sein wird:

$$U(T_2, V_2) - U(T_1, V_1) = C_V(T_2 - T_1) - a\,n^2\left(\frac{1}{V_2} - \frac{1}{V_1}\right) \stackrel{!}{=} 0$$

$$\Longrightarrow \quad \Delta T = \frac{a\,n^2}{C_V}\left(\frac{1}{V_2} - \frac{1}{V_1}\right).$$

4) Nach 2) gilt für reversible adiabatische Zustandsänderungen des van der Waals-Gases ($\Delta S = 0$):

$$C_V \ln T + n\,R \ln(V - n\,b) = \text{const.}_1$$

$$\Longleftrightarrow \quad \ln\left[T\,(V - n\,b)^{\frac{n\,R}{C_V}}\right] = \text{const.}_2$$

$$\Longrightarrow \quad T\,(V - n\,b)^{\frac{n\,R}{C_V}} = \text{const.}_3 .$$

Man vergleiche diese Adiabatengleichung mit $T\,V^{\gamma-1}$ =const. des idealen Gases.

Einsetzen der Zustandsgleichung:

$$\left(p + a\,\frac{n^2}{V^2}\right)(V - n\,b)^{\frac{n\,R + C_V}{C_V}} = \text{const.}_4 .$$

Beim idealen Gas lautet diese Adiabatengleichung: $p\,V^\gamma$ =const. - Schließlich liefert die Zustandsgleichung noch:

$$T^{\frac{n\,R + C_V}{C_V}}\left(p + a\,\frac{n^2}{V^2}\right)^{-\frac{n\,R}{C_V}} = \text{const.}_5 .$$

Dies ist mit $T^\gamma\,p^{1-\gamma}$ =const. beim idealen Gas zu vergleichen!

Lösung zu Aufgabe 2.9.9

1) Grundrelation der Thermodynamik:

$$dS = \frac{1}{T}\,dU + \frac{p}{T}\,dV = C_V\,\frac{dT}{T} + n\,R\,\frac{dV}{V}$$

$$\Longrightarrow \quad S = S_0 + C_V \ln T + n\,R \ln V.$$

2) Wir bestimmen aus 1) die Temperatur als Funktion von S und V:

$$\ln T = \frac{1}{C_V}(S - S_0) - \frac{n\,R}{C_V}\ln V$$

$$\Longrightarrow \quad T = \frac{\exp\left(\frac{1}{C_V}(S - S_0)\right)}{V^{\frac{n\,R}{C_V}}}$$

$$\Longrightarrow \quad U = \frac{C_V}{V^{\frac{n\,R}{C_V}}}\exp\left[\frac{1}{C_V}(S - S_0)\right] + U_0 = U(S, V).$$

In den Variablen S und V ist U auch beim idealen Gas vom Volumen V abhängig (**kein** Widerspruch zu Gay-Lussac).

3)

$$\text{Freie Expansion: } U(T_2, V_2) = U(T_1, V_1),$$

$$\text{ideales Gas: } U = U(T) \Longrightarrow \Delta T = 0$$

$$\Longrightarrow \quad \text{nach 1): } \Delta S = n\,R\ln\frac{V_2}{V_1}.$$

Lösung zu Aufgabe 2.9.10

Innere Energie:

$$U(T,V) = \int^T dT'\,C_V(T') + \varphi(V) = \frac{3}{2}N\,k_B\,T - N\,k_B\,\frac{N}{V}\left(T^2\frac{df}{dT}\right) + \varphi(V)$$

$$\Longrightarrow \quad \left(\frac{\partial U}{\partial V}\right)_T = \frac{N^2\,k_B\,T^2}{V^2}\,\frac{df}{dT} + \varphi'(V).$$

Nach (2.59) gilt:

$$\left(\frac{\partial U}{\partial V}\right)_T = T\left(\frac{\partial p}{\partial T}\right)_V - p,$$

$$\left(\frac{\partial p}{\partial T}\right)_V = \frac{N\,k_B}{V}\left(1 + \frac{N}{V}f(T)\right) + \frac{N^2\,k_B\,T}{V^2}\,\frac{df}{dT}$$

$$\Longrightarrow \quad \left(\frac{\partial U}{\partial V}\right)_T = \frac{N^2\,k_B\,T^2}{V^2}\,\frac{df}{dT}.$$

Vergleich mit dem obigen Ausdruck:

$$\varphi'(V) = 0 \iff \varphi(V) = \text{const.} = U_0$$

$$\Longrightarrow \quad U = \frac{3}{2}N\,k_B\,T - N\,k_B\,\frac{N}{V}\left(T^2\frac{df}{dT}\right) + U_0.$$

Bleibt noch die Entropie zu bestimmen!

$$(2.58) + (2.59) \implies dS = \frac{C_V}{T}\,dT + \left(\frac{\partial p}{\partial T}\right)_V dV.$$

Es gilt also:

$$\left(\frac{\partial S}{\partial T}\right)_V = \frac{C_V}{T}; \quad \left(\frac{\partial S}{\partial V}\right)_T = \left(\frac{\partial p}{\partial T}\right)_V$$

$$\implies S(T,V) = \int^T dT' \frac{C_V(T')}{T'} + \psi(V),$$

$$\frac{C_V}{T} = \frac{3}{2}\frac{N\,k_B}{T} - N\,k_B\,\frac{N}{V}\,\frac{1}{T}\,\frac{d}{dT}\left(T^2\frac{df}{dT}\right) =$$

$$= \frac{3}{2}\frac{N\,k_B}{T} - N\,k_B\,\frac{N}{V}\,\frac{d}{dT}\left(f + T\frac{df}{dT}\right)$$

$$\implies S(T,V) = \frac{3}{2}N\,k_B\ln T - \frac{N^2\,k_B}{V}\left(f(T) + T\frac{df}{dT}\right) + \psi(V)$$

$$\implies \left(\frac{\partial S}{\partial V}\right)_T = \frac{N^2\,k_B}{V^2}\left(f(T) + T\frac{df}{dT}\right) + \psi'(V).$$

Andererseits gilt auch:

$$\left(\frac{\partial S}{\partial V}\right)_T = \left(\frac{\partial p}{\partial T}\right)_V = \frac{N\,k_B}{V}\left(1 + \frac{N}{V}f(T)\right) + \frac{N^2\,k_B\,T}{V^2}\,\frac{df}{dT}.$$

Der Vergleich ergibt:

$$\psi'(V) = \frac{N\,k_B}{V} \implies \psi(V) = N\,k_B\ln V + S_0.$$

Dies bedeutet schließlich:

$$S(T,V) = \frac{3}{2}N\,k_B\ln T + N\,k_B\ln V - \frac{N^2\,k_B}{V}\left(f(T) + T\frac{df}{dT}\right) + S_0.$$

Lösung zu Aufgabe 2.9.11

1) $p = \text{const.} = p_0$

$$\Delta W = -\int_{V_1}^{V_2} p\,dV = -p_0(V_2 - V_1),$$

$$\delta Q = C_V\, dT + p\, dV; \quad dT = \frac{p_0}{n\,R}\, dV$$

$$\Longrightarrow \quad \delta Q = \left(\frac{C_V}{n\,R} + 1\right) p_0\, dV = \frac{\gamma}{\gamma - 1} p_0\, dV$$

$$\Longrightarrow \quad \Delta Q = \frac{\gamma}{\gamma - 1} p_0(V_2 - V_1).$$

Reversible Zustandsänderung:

$$dS = C_V \frac{dT}{T} + \frac{p}{T}\, dV; \quad \frac{dT}{T} = \frac{dV}{V}$$

$$\Longrightarrow \quad dS = (C_V + n\,R) \frac{dV}{V} = C_p \frac{dV}{V}$$

$$\Longrightarrow \quad \Delta S = C_p \ln \frac{V_2}{V_1}.$$

2) $T = \text{const.} = T_0$

$$\Delta W = -n\,R\,T_0 \int\limits_{V_1}^{V_2} \frac{dV}{V} = -n\,R\,T_0 \ln \frac{V_2}{V_1}$$

$$\Delta U = 0, \text{ da isotherm} \quad \Longrightarrow \quad \Delta Q = -\Delta W,$$

$$\text{reversibel mit } T\text{=const.} \quad \Longrightarrow \quad \Delta S = \frac{1}{T_0} \Delta Q = n\,R \ln \frac{V_2}{V_1}.$$

3) Adiabatisch:

$$\text{außerdem reversibel} \quad \Longrightarrow \quad \Delta S = \Delta Q = 0,$$

$$\Delta W = -\int\limits_{V_1}^{V_2} p\, dV = -C \int\limits_{V_1}^{V_2} \frac{dV}{V^\gamma} = \frac{1}{\gamma - 1}\left(\frac{C}{V_2^{\gamma-1}} - \frac{C}{V_1^{\gamma-1}}\right) =$$

$$= \frac{1}{\gamma - 1}(p_2 V_2 - p_1 V_1); \qquad p_2 = p_1 \left(\frac{V_1}{V_2}\right)^\gamma$$

$$\Longrightarrow \quad \Delta W = \frac{p_1}{\gamma - 1}\left[V_2 \left(\frac{V_1}{V_2}\right)^\gamma - V_1\right].$$

Lösung zu Aufgabe 2.9.12

$$\Delta W = 0, \quad \text{da } \Delta \bar{V} = 0,$$

$$\delta Q = C_V\, dT + p\, dV = C_V\, dT = \frac{C_V}{n\,R}\, V_0\, dp$$

$$\Longrightarrow \quad \Delta Q = \frac{1}{\gamma - 1} V_0 (p_2 - p_1),$$

$$dS = \frac{C_V}{T}\, dT \Longrightarrow \Delta S = \int_{p_1}^{p_2} C_V \frac{dp}{p} = C_V \ln \frac{p_2}{p_1}.$$

Lösung zu Aufgabe 2.9.13

1) Es gilt die allgemeine Beziehung (2.59):

$$\left(\frac{\partial U}{\partial V}\right)_T = T \left(\frac{\partial p}{\partial T}\right)_V - p,$$

$$U(T,V) = V\, \epsilon(T)$$

$$\Longrightarrow \quad \epsilon(T) = \alpha \left(T \frac{d\epsilon(T)}{dT} - \epsilon(T) \right)$$

$$\Longleftrightarrow \quad (1+\alpha)\epsilon(T) = \alpha\, T \frac{d\epsilon}{dT}$$

$$\Longleftrightarrow \quad \frac{1+\alpha}{\alpha} \frac{dT}{T} = \frac{d\epsilon}{\epsilon} \Longrightarrow \ln T^{\frac{1+\alpha}{\alpha}} = \ln \epsilon + C_0$$

$$\Longrightarrow \quad U(T,V) = A\, V\, T^{\frac{1+\alpha}{\alpha}}.$$

2)

$$dS = \frac{1}{T}(dU + p\, dV) = \frac{1}{T} \left(\frac{\partial U}{\partial T}\right)_V dT + \frac{1}{T} \left[p + \left(\frac{\partial U}{\partial V}\right)_T \right] dV$$

$$\Longrightarrow \quad \left(\frac{\partial S}{\partial T}\right)_V = \frac{1}{T} \left(\frac{\partial U}{\partial T}\right)_V = \frac{1+\alpha}{\alpha} A\, V\, T^{\frac{1}{\alpha}-1}$$

$$\Longrightarrow \quad S(T,V) = (1+\alpha) A\, V\, T^{\frac{1}{\alpha}} + f(V),$$

$$\left(\frac{\partial S}{\partial V}\right)_T = \frac{1}{T} \left[p + \left(\frac{\partial U}{\partial V}\right)_T \right] = \left(\alpha\, \epsilon(T) + A\, T^{\frac{1+\alpha}{\alpha}} \right) \frac{1}{T} = (\alpha + 1) A\, T^{\frac{1}{\alpha}}$$

$$\stackrel{!}{=} (1+\alpha) A\, T^{\frac{1}{\alpha}} + f'(V) \Longrightarrow f'(V) = \text{const.}$$

$$\Longrightarrow \quad S(T,V) = S_0 + (1+\alpha) A\, V\, T^{\frac{1}{\alpha}}.$$

Lösung zu Aufgabe 2.9.14

1) Mischungstemperatur T_m:

Der Druck ändert sich nicht, wenn man die Trennwand herauszieht. Deshalb gelten die Zustandsgleichungen:

$$\begin{aligned}
&\text{Vorher:} && p\,V_{1,2} = n_{1,2}\,R\,T_{1,2},\\
&\text{nachher:} && p\,V \;\; = n\,R\,T_m\\
& && V = V_1 + V_2,\; n = n_1 + n_2\\
&\Longrightarrow && n\,R\,T_m = R(n_1T_1 + n_2T_2),\\
& && T_m = \tfrac{n_1}{n}T_1 + \tfrac{n_2}{n}T_2 = \tfrac{n_1T_1+n_2T_2}{n_1+n_2}.
\end{aligned}$$

T_m ist damit bekannt.

2) Die Durchmischung ist irreversibel. Wir müssen die Entropie deshalb über einen **reversiblen Ersatzprozeß** berechnen.

a) Isotherme Expansion (reversibel, s. Kapitel 2.7) eines jeden Teilgases:

$$V_{1,2} \longrightarrow V, \quad \Delta U_{1,2} = 0, \quad \text{da isotherm,}$$

$$\Delta W_{1,2} = -n_{1,2}\,R\,T_{1,2} \int\limits_{V_{1,2}}^{V} \frac{dV}{V} = -n_{1,2}\,R\,T_{1,2} \ln \frac{V}{V_{1,2}},$$

$$\Delta S_{1,2}^{(a)} = \frac{-\Delta W_{1,2}}{T_{1,2}} = n_{1,2}\,R \ln \frac{V}{V_{1,2}}.$$

Der Druck der beiden Teilgase wird sich geändert haben.

b) Isochore Temperaturänderung (reversibel):

$$T_{1,2} \longrightarrow T_m,$$

$$\Delta U = \Delta Q, \quad \text{da isochor,}$$

$$\Delta S_{1,2}^{(b)} = n_{1,2}\,C_V \int\limits_{T_{1,2}}^{T_m} \frac{dT}{T} = n_{1,2}\,C_V \ln \frac{T_m}{T_{1,2}}.$$

c) Gesamtbilanz: Mischungsentropie

$$\Delta S = \Delta S_1^{(a)} + \Delta S_2^{(a)} + \Delta S_1^{(b)} + \Delta S_2^{(b)},$$

$$\Delta S = R\left[n_1 \ln\frac{V}{V_1} + n_2 \ln\frac{V}{V_2}\right] + C_V\left[n_1 \ln\frac{T_m}{T_1} + n_2 \ln\frac{T_m}{T_2}\right].$$

3) Man setze $T_1 = T_2$. Dann darf sich bei identischen Gasen der Zustand des Gesamtsystems wegen des gleichen Drucks und der gleichen Temperatur in den beiden Kammern **nicht** ändern. $\Delta S = 0$ ist zu erwarten. Unsere Rechnung ergibt aber:

$$\Delta S(T_1 = T_2 = T_m) = R\left(n_1 \ln\frac{V}{V_1} + n_2 \ln\frac{V}{V_2}\right).$$

Das ist **paradox**, weil ich dann durch Einsetzen beliebig vieler Trennwände in ein Gas die Entropie desselben beliebig klein machen könnte. Die Entropie wäre dann eine Funktion der Vorgeschichte und **keine** Zustandsgröße!

Sei $\widehat{C}_V$ die Wärmekapazität pro Teilchen. Dann gilt allgemein für die Entropie des idealen Gases:

$$S = N\left(\widehat{C}_V \ln T + k_B \ln V + C\right).$$

Die *Konstante* C ist unabhängig von T und V, muß aber offensichtlich N-abhängig sein. Dann können wir aber durch die Definition

$$S = N\left(\widehat{C}_V \ln T + k_B \ln\frac{V}{N} + C'\right)$$

das *Paradoxon* vermeiden. Die Mischungsentropie

$$\Delta S = S(N, V, T) - [S(N_1, V_1, T_1) + S(N_2, V_2, T_2)]$$

ist widerspruchsfrei.

Lösung zu Aufgabe 2.9.15

$$\eta_C = \frac{T_1 - T_2}{T_1} = \frac{1}{6} \implies -\Delta W = \eta_C\,\Delta Q_1 = \frac{1}{6}\,\mathrm{kJ}.$$

Lösung zu Aufgabe 2.9.16

1) Wegstück $a \to b$:

$$p \sim V \implies p = \frac{p_a}{V_a}V \implies V_b = \frac{V_a}{p_a}p_b,$$

ideales Gas: $p\,V = n\,R\,T$

$$\implies \frac{p_a V_a}{p_b V_b} = \frac{T_a}{T_b} = \frac{p_a^2}{p_b^2} \implies T_b = T_a\left(\frac{p_b}{p_a}\right)^2.$$

Wegstück $b \to c$:

$$V = \text{const.} \implies V_c = V_b = \frac{V_a}{p_a}\, p_b,$$

$$p_c\, V_c = n\, R\, T_c = p_a\, V_b \implies T_c = p_a\, V_b \frac{T_b}{p_b\, V_b}$$

$$\implies T_c = T_a \frac{p_b}{p_a}.$$

2) Arbeitsleistungen:

$$\Delta W_{ab} = -\int_a^b p\, dV = -\frac{p_a}{V_a} \int_a^b V\, dV = -\frac{p_a}{2\, V_a} \left(V_b^2 - V_a^2\right)$$

$$\implies \Delta W_{ab} = -\frac{1}{2} p_a V_a \left[\left(\frac{p_b}{p_a}\right)^2 - 1\right] < 0,$$

$$\Delta W_{bc} = 0, \quad \text{da } dV = 0,$$

$$\Delta W_{ca} = -p_a (V_a - V_c) = -p_a\, V_a \left(1 - \frac{p_b}{p_a}\right) > 0.$$

Innere Energien:

Die innere Energie des idealen Gases hängt nur von der Temperatur ab. Daraus folgt:

$$\Delta U_{ab} = C_V (T_b - T_a) = C_V\, T_a \left[\left(\frac{p_b}{p_a}\right)^2 - 1\right],$$

$$\Delta U_{bc} = C_V (T_c - T_b) = C_V\, T_a \frac{p_b}{p_a} \left(1 - \frac{p_b}{p_a}\right),$$

$$\Delta U_{ca} = C_V (T_a - T_c) = C_V\, T_a \left(1 - \frac{p_b}{p_a}\right).$$

Wärmemengen:

$$\Delta Q_{ab} = \Delta U_{ab} - \Delta W_{ab} = \left(C_V\, T_a + \frac{1}{2} p_a\, V_a\right) \left[\left(\frac{p_b}{p_a}\right)^2 - 1\right],$$

$$\Delta Q_{bc} = \Delta U_{bc} - \Delta W_{bc} = C_V\, T_a \frac{p_b}{p_a} \left(1 - \frac{p_b}{p_a}\right),$$

$$\Delta Q_{ca} = \Delta U_{ca} - \Delta W_{ca} = (C_V\, T_a + p_a\, V_a)\left(1 - \frac{p_b}{p_a}\right),$$

$$\Delta Q_{ab} > 0,$$

$$\Delta Q_{bc} < 0; \quad \Delta Q_{ca} < 0.$$

Entropieänderungen:

$$\Delta S_{b\to c} = \int_b^c \frac{\delta Q}{T} = C_V \int_b^c \frac{dT}{T} = C_V \ln \frac{T_c}{T_b} = C_V \ln \frac{p_a}{p_b},$$

$$\Delta S_{c\to a} = \int_c^a \frac{\delta Q}{T} = C_p \ln \frac{T_a}{T_c} = C_p \ln \frac{p_a}{p_b},$$

S Zustandsgröße: $\oint dS = 0$

$$\Longrightarrow \quad \Delta S_{a\to b} = -(\Delta S_{b\to c} + \Delta S_{c\to a}) = -(C_V + C_p) \ln \frac{p_a}{p_b},$$

$$C_p = C_V + n\,R = C_V + \frac{p_a\, V_a}{T_a}$$

$$\Longrightarrow \quad \Delta S_{a\to b} = -\left(2\, C_V + \frac{p_a\, V_a}{T_a}\right) \ln \frac{p_a}{p_b}.$$

3)

$$\eta = \frac{\text{gesamte Arbeitsleistung}}{\text{aufgenommene Wärme}} = \frac{-\Delta W}{\Delta Q_{ab}},$$

$$\Delta W = -\frac{1}{2} p_a\, V_a \left[\left(\frac{p_b}{p_a}\right)^2 - 1 + 2 - 2\frac{p_b}{p_a}\right] =$$

$$= -\frac{1}{2} p_a\, V_a \left(\frac{p_b}{p_a} - 1\right)^2 < 0$$

$$\Longrightarrow \quad \eta = \frac{\frac{1}{2} p_a\, V_a}{C_V\, T_a + \frac{1}{2} p_a\, V_a} \, \frac{\frac{p_b}{p_a} - 1}{\frac{p_b}{p_a} + 1} = \frac{p_a\, V_a}{2\, C_V\, T_a + p_a\, V_a} \, \frac{p_b - p_a}{p_b + p_a}.$$

Lösung zu Aufgabe 2.9.17

1) Temperaturen:

Auf den Adiabaten gilt: $T\,p^{\frac{1-\gamma}{\gamma}} = \text{const.}$

$$\Longrightarrow \quad T_c\,p_2^{\frac{1-\gamma}{\gamma}} = T_d\,p_1^{\frac{1-\gamma}{\gamma}}\,; \quad T_b\,p_2^{\frac{1-\gamma}{\gamma}} = T_a\,p_1^{\frac{1-\gamma}{\gamma}}$$

$$\Longrightarrow \quad \frac{T_a - T_d}{T_b - T_c} = \left(\frac{p_2}{p_1}\right)^{\frac{1-\gamma}{\gamma}} .$$

2) Wärmemengen:

$$\Delta Q_{ab} = \Delta Q_{cd} = 0,$$
$$\Delta Q_{bc} = C_p(T_c - T_b) > 0 \quad (T_c > T_b \text{ folgt aus der Zustandsgleichung!}),$$
$$\Delta Q_{da} = C_p(T_a - T_d) < 0.$$

3) Wirkungsgrad:

$$\eta = \frac{-\Delta W}{\Delta Q_{bc}} = 1 + \frac{\Delta Q_{da}}{\Delta Q_{bc}} = 1 - \frac{T_a - T_d}{T_b - T_c} = 1 - \left(\frac{p_1}{p_2}\right)^{\frac{\gamma-1}{\gamma}} .$$

Lösung zu Aufgabe 2.9.18

1) $\delta Q = T\,dS$

$$1 \to 2 : T = \text{const.} = T_1 \Longrightarrow \Delta Q_{12} = T_1(S_2 - S_1) > 0,$$
$$2 \to 3 : \text{adiabatisch, isentrop} \Longrightarrow \Delta Q_{23} = 0,$$
$$3 \to 4 : T = \text{const.} = T_2 \Longrightarrow \Delta Q_{34} = T_2(S_1 - S_2) < 0,$$
$$4 \to 1 : \text{adiabatisch, isentrop} \Longrightarrow \Delta Q_{41} = 0.$$

2) $0 = \oint dU$, da Kreisprozeß

$$\Longrightarrow \quad -\Delta W = \oint \delta Q = (T_1 - T_2)(S_2 - S_1)$$

$$\Longrightarrow \quad \eta = \frac{-\Delta W}{\Delta Q_{12}} = 1 - \frac{T_2}{T_1} = \eta_c .$$

3) Der Kreisprozeß ist nichts anderes als der Carnot-Prozeß!

Lösung zu Aufgabe 2.9.19

Wegstück 1 → 2 :

Adiabatische Verdichtung des Gases $\Longrightarrow$ Temperaturerhöhung (über die Entzündungstemperatur des Brennstoffgemisches!):

$$\Delta W_{12} = -\int\limits_{V_1}^{V_2} p\,dV = -\int\limits_{V_1}^{V_2} \frac{C_1}{V^\gamma}\,dV = \frac{C_1}{\gamma-1}\left(V_2^{1-\gamma} - V_1^{1-\gamma}\right) =$$

$$= \frac{1}{\gamma-1}(p_2\,V_2 - p_1\,V_1),$$

$$\Delta Q_{12} = 0.$$

Wegstück 2 → 3 :

Einspritzen des Brennstoffes (isobar):

$$\Delta W_{23} = -p_2(V_3 - V_2),$$

$$\Delta Q_{23} = C_p(T_3 - T_2),$$

$$p_2\,V_2 = n\,R\,T_2,$$
$$p_2\,V_3 = n\,R\,T_3$$
$$\Longrightarrow\; T_3 - T_2 = \tfrac{p_2}{n\,R}(V_3 - V_2),$$

$$\Delta Q_{23} = \tfrac{C_p}{n\,R}p_2(V_3 - V_2) =$$
$$= \tfrac{\gamma}{\gamma-1}p_2(V_3 - V_2) > 0.$$

Wegstück 3 → 4 :

Expansion längs einer Adiabaten (Arbeitsleistung):

$$\Delta W_{34} = \frac{C_2}{\gamma-1}\left(V_4^{1-\gamma} - V_3^{1-\gamma}\right) = \frac{1}{\gamma-1}(p_4\,V_1 - p_2\,V_3),$$

$$\Delta Q_{34} = 0.$$

Wegstück 4 → 1 :

Ausstoß des Restgases:

$$\Delta W_{41} = 0,$$

$$\Delta Q_{41} = C_V(T_1 - T_4),$$

$$p_4\,V_1 = n\,R\,T_4,$$
$$p_1\,V_1 = n\,R\,T_1$$
$$\Longrightarrow\; T_1 - T_4 = \tfrac{V_1}{n\,R}(p_1 - p_4),$$

$$\Delta Q_{41} = \tfrac{C_V}{n\,R}V_1(p_1 - p_4) =$$
$$= \tfrac{1}{\gamma-1}V_1(p_1 - p_4) < 0.$$

Gesamtbilanz:

$$\Delta W = \oint \delta W = \frac{1}{\gamma - 1}(p_2 V_2 - p_1 V_1 + p_4 V_1 - p_2 V_3) - p_2(V_3 - V_2) =$$

$$= p_2(V_3 - V_2)\frac{\gamma}{1-\gamma} + \frac{V_1}{\gamma - 1}(p_4 - p_1) =$$

$$= \frac{1}{\gamma - 1}\left[V_1(p_4 - p_1) + \gamma\, p_2(V_3 - V_2)\right].$$

Lösung zu Aufgabe 2.9.20

1)

$0 \to 1$: Ansaugen, Kolben wird verschoben, Volumenexpansion bei gleichbleibendem Druck,

$1 \to 2$: Verdichten, adiabatische Kompression, dabei Druckerhöhung,

$2 \to 3$: Zünden, Druckerhöhung bei konstantem Volumen,

$3 \to 4$: adiabatische Expansion, dabei Arbeitsleistung,

$4 \to 1$: Öffnung der Auslaßventile, Abnahme des Drucks bei gleichbleibendem Volumen,

$1 \to 0$: Ausstoß des Restgases.

($0 \to 1$, $1 \to 0$ gehören nicht zum thermodynamischen Kreisprozeß!)

2) $\Delta U = \Delta Q + \Delta W = 0$, da Kreisprozeß

$$\Longrightarrow \Delta W = -\Delta Q,$$

$$\Delta Q = C_V(T_3 - T_2) + C_V(T_1 - T_4) = \Delta Q_{23} + \Delta Q_{41}.$$

Zustandsgleichung:

$$p_2 V_2 = n R T_2; \quad p_3 V_2 = n R T_3$$

$$\Longrightarrow T_3 > T_2, \quad \text{da } p_3 > p_2,$$

$$p_1 V_1 = n R T_1; \quad p_4 V_1 = n R T_4$$

$$\Longrightarrow T_4 > T_1, \quad \text{da } p_4 > p_1$$

$$\Longrightarrow \Delta Q_{23} = C_V(T_3 - T_2) > 0,$$

$$\Delta Q_{41} = C_V(T_1 - T_4) < 0.$$

Adiabatengleichungen:

$$T_1 V_1^{\gamma-1} = T_2 V_2^{\gamma-1} \qquad \Longrightarrow T_1 < T_2,$$
$$T_3 V_2^{\gamma-1} = T_4 V_1^{\gamma-1} \qquad \Longrightarrow T_4 < T_3.$$

T_3 ist also die höchste, T_1 die niedrigste Temperatur des Kreisprozesses!

$$(T_1 - T_4) V_1^{\gamma-1} = (T_2 - T_3) V_2^{\gamma-1}$$
$$\Longrightarrow \Delta Q = -\Delta W = C_V(T_3 - T_2)\left[1 - \left(\frac{V_2}{V_1}\right)^{\gamma-1}\right].$$

3) Auf dem Teilstück 2 → 3 nimmt das System Wärme auf, deshalb:

$$\eta = \frac{-\Delta W}{\Delta Q_{23}} = 1 - \left(\frac{V_2}{V_1}\right)^{\gamma-1} = 1 - \frac{T_1}{T_2}.$$

4) Carnot-Maschine zwischen den Wärmebädern WB(T_1) und WB(T_3) hat den Wirkungsgrad

$$\eta_C = 1 - \frac{T_1}{T_3}$$
$$\Longrightarrow \eta_{\text{otto}} < \eta_C.$$

$T_2 \to T_3$ geht nicht beim Otto-Motor, da dann das *Zünden* wegfiele.

Lösung zu Aufgabe 2.9.21

$\boxed{1 \to 2}$: Wärme $Q_D = Q_D^{(1)} + Q_D^{(2)}$ wird dem Wärmebad WB(T) entnommen und zur Überwindung der Kohäsionskräfte ($Q_D^{(1)}$) und zur Expansion ($Q_D^{(2)}$) verwendet:

$$\Delta W_{12} = -(p + \Delta p)(V_2 - V_1).$$

$\boxed{2 \to 3}$: Kaum Arbeitsleistung, da vernachlässigbare Volumenänderung:

$$\Delta W_{23} \approx 0.$$

$\boxed{3 \to 4}$: Isotherme Kondensation:

$$\Delta W_{34} = -p(V_1 - V_2).$$

$Q_D^{(1)}$ geht durch Kondensation ins Wärmebad WB($T - \Delta T$).

$\boxed{4 \to 1}$: $\Delta W_{41} \approx 0$, da nur unbedeutende Volumenänderung.

$$\Longrightarrow \quad \Delta W = \oint \delta W = -\Delta p(V_2 - V_1) < 0.$$

Wirkungsgrad:

$$\eta = 1 - \frac{T - \Delta T}{T} = \frac{\Delta T}{T} \stackrel{!}{=} \frac{-\Delta W}{Q_D} = \frac{\Delta p(V_2 - V_1)}{Q_D}$$

(↑ Carnot)

$$\Longrightarrow \quad \frac{\Delta p}{\Delta T} = \frac{Q_D}{T\,(V_2 - V_1)} \quad \text{q.e.d.}$$

Lösung zu Aufgabe 2.9.22

Nach (2.73) gilt für adiabatische Zustandsänderungen:

$$(dT)_{\text{ad}} = -T\,\frac{\beta(T)}{C_V\,\kappa_T}\,(dV)_{\text{ad}}.$$

Wegen $\beta(T = 4\,^0\text{C}) = 0$ ist die **adiabatische** Abkühlung von Wasser von $6\,^0\text{C}$ auf $4\,^0\text{C}$ nicht möglich. Der beschriebene Carnot-Prozeß ist also gar nicht realisierbar. Deswegen handelt es sich auch nicht um einen Widerspruch.

Lösung zu Aufgabe 2.9.23

Arbeitsleistungen:

$$\Delta W_{12} = -\int_{V_1}^{V_2} p(V)\,dV = -n\,R\,T_2 \ln\frac{V_2}{V_1} < 0,$$

$$\Delta W_{23} = 0, \quad \text{da } dV = 0,$$

$$\Delta W_{34} = -\int_{V_2}^{V_1} p(V)\,dV = -n\,R\,T_1 \ln\frac{V_1}{V_2} > 0,$$

$$\Delta W_{41} = 0$$

$$\Longrightarrow \quad \Delta W = -n\,R(T_2 - T_1)\ln\frac{V_2}{V_1}.$$

Zustandsgleichung:

$$\left.\begin{aligned} p_4 V_1 &= n R T_1 \\ p_1 V_1 &= n R T_2 \end{aligned}\right. \implies T_2 > T_1 \implies \Delta W < 0.$$

Wärmemengen:

$\Delta Q_{12} = -\Delta W_{12}$: bei isothermen Zustandsänderungen bleibt die innere Energie des idealen Gases konstant!

$$\begin{aligned} \Delta Q_{23} &= C_V (T_1 - T_2) < 0, \\ \Delta Q_{34} &= -\Delta W_{34}, \\ \Delta Q_{41} &= C_V (T_2 - T_1) > 0. \end{aligned}$$

Wirkungsgrad:

$$\eta = \frac{-\Delta W}{\Delta Q}.$$

ΔQ ist die dem System zugeführte Wärmemenge:

$$\begin{aligned} \Delta Q &= \Delta Q_{12} + \Delta Q_{41} \neq \Delta Q_{12}, \\ \Delta Q &= n R T_2 \ln \frac{V_2}{V_1} + C_V (T_2 - T_1) \\ \implies \eta &= \frac{T_2 - T_1}{T_2 + \frac{C_V (T_2 - T_1)}{n R \ln V_2 / V_1}} < \eta_C. \end{aligned}$$

Ist das ein Widerspruch zu dem in Kapitel 2.5 bewiesenen Satz, daß η_C von allen reversibel und periodisch zwischen zwei Wärmebädern arbeitenden Maschinen erreicht wird?

Lösung zu Aufgabe 2.9.24

1) Isothermen: $p \sim \frac{1}{V}$ (Zustandsgleichung!)

a) $p_1 V_1 = n R T_1$,

b) $p_1 V_2 = n R T_2$,

c) $p_2 V_2 = n R T_3$,

d) $p_2 V_1 = n R T_4$.

Wegen $p_1 V_2 = p_2 V_1$ ist $T_2 = T_4$. Es gibt also nur drei verschiedene Temperaturen T_1, T_2, T_3. Wir brauchen zur Darstellung drei Isothermen.

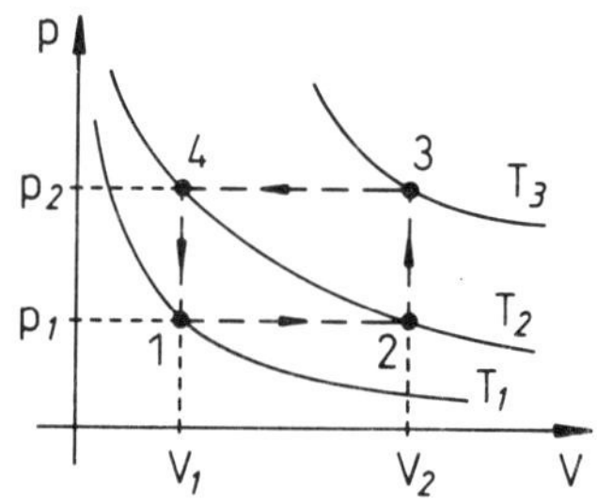

2) Isobaren: $T \sim V$

$$p(1) = p(2) = p_1; \quad p(3) = p(4) = p_2,$$
$$V(1) = V(4) = V_1; \quad V(2) = V(3) = V_2.$$

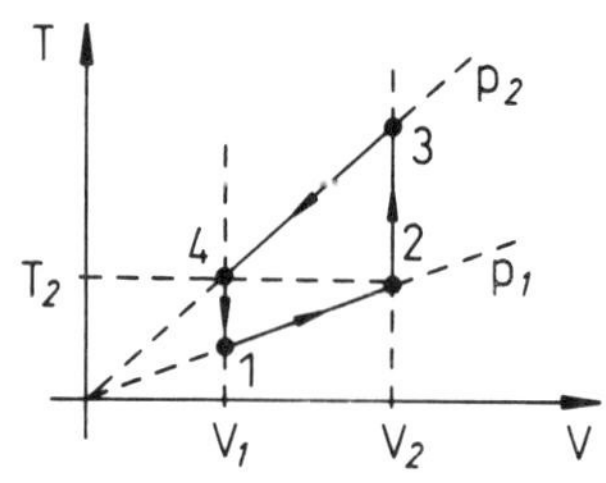

3) Isochoren: $p \sim T$

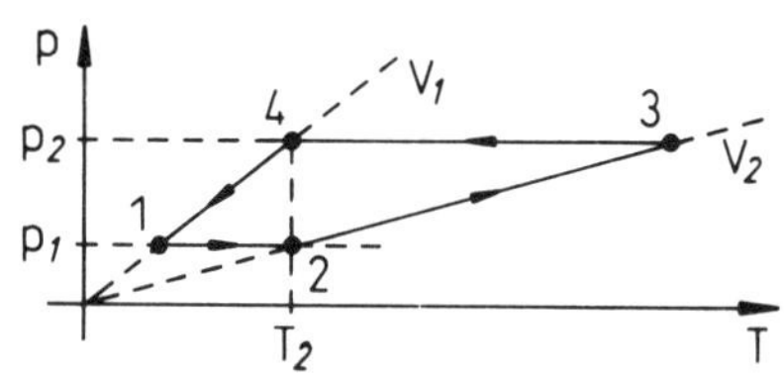

Lösung zu Aufgabe 2.9.25

1) Verlängerung des Fadens bedeutet Arbeitsleistung am System, die also positiv zu zählen ist. Es ergibt sich damit die folgende Analogie zum Gas:

$$Z\,dL \iff -p\,dV,$$
$$Z \iff -p,$$
$$L \iff V.$$

Erster Hauptsatz:

$$dU = \delta Q + Z\,dL,$$
$$dS = \frac{dU}{T} - \frac{Z}{T}\,dL,$$
$$U = U(T,L) \implies dS = \frac{1}{T}\left(\frac{\partial U}{\partial T}\right)_L dT + \left[\frac{1}{T}\left(\frac{\partial U}{\partial L}\right)_T - \frac{Z}{T}\right] dL.$$

dS ist ein totales Differential. Daraus folgt:

$$\frac{1}{T}\left[\frac{\partial}{\partial L}\left(\frac{\partial U}{\partial T}\right)_L\right]_T \stackrel{!}{=} \left\{\frac{\partial}{\partial T}\left[\frac{1}{T}\left(\frac{\partial U}{\partial L}\right)_T - \frac{Z}{T}\right]\right\}_L$$

Integrabilitätsbedingungen

$$\implies \frac{1}{T^2}\left(\frac{\partial U}{\partial L}\right)_T = -\left[\frac{\partial}{\partial T}\left(\frac{Z}{T}\right)\right]_L,$$
$$\left[\frac{\partial}{\partial T}\left(\frac{Z}{T}\right)\right]_L = \left(\frac{\partial}{\partial T}\,\frac{L-L_0}{\alpha}\right)_L = 0$$
$$\implies \left(\frac{\partial U}{\partial L}\right)_T = 0 \iff U(T,L) \equiv U(T).$$

Wärmekapazität:

$$C_L(T,L) = \left(\frac{\delta Q}{dT}\right)_L = \left(\frac{\partial U}{\partial T}\right)_L \equiv C_L(T).$$

Nach Aufgabenstellung gilt speziell für $L = L_0$:

$$C_{L_0}(T) = C_{L_0} = C > 0.$$

Wegen $C_L(T) = C_{L_0}(T)$ für beliebige L folgt dann die Behauptung:

$$C_L(T) \equiv C > 0.$$

2) Aus Teil 1) folgt bereits:

$$U(T) = C\,T + U_0,$$
$$dS = \frac{dU}{T} - \frac{Z}{T}\,dL = C\,\frac{dT}{T} - \frac{L-L_0}{\alpha}\,dL$$

$\implies$ Entropie:

$$S(T,L) = C\ln T - \frac{1}{2\alpha}(L-L_0)^2 + S_0.$$

Adiabaten-Gleichungen:

$$dS = 0 \implies C\,\frac{dT}{T} = \frac{L - L_0}{\alpha}\,dL$$
$$\iff \ln T = \frac{L - L_0}{\alpha\, C}\,dL$$
$$\iff T(L) = D\,\exp\left[\frac{(L - L_0)^2}{2\,\alpha\, C}\right],$$

Die Konstante D nimmt auf verschiedenen Adiabaten verschiedene Werte an: $D = \exp\left[(S - S_0)/C\right] = D(S)$.

$$Z(L) = \frac{D}{\alpha}(L - L_0)\exp\left[\frac{(L - L_0)^2}{2\,\alpha\, C}\right].$$

3)

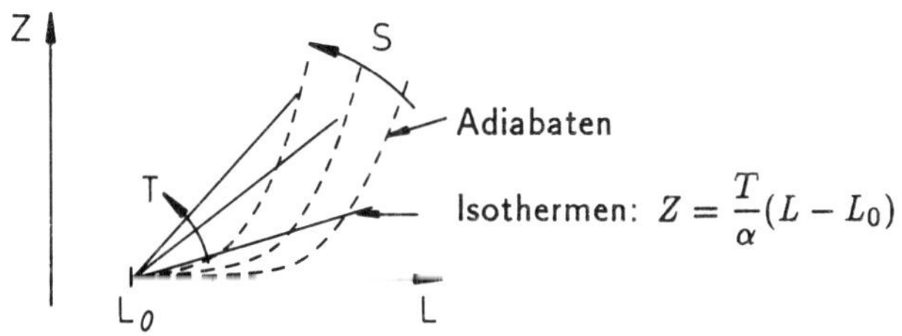

4)

$$C_Z = T\left(\frac{\partial S}{\partial T}\right)_Z.$$

Wir benötigen also $S = S(T, Z)$:

$$dS = \frac{C}{T}\,dT - \frac{Z}{T}\,dL,$$
$$L = L(T, Z) = L_0 + \alpha\,\frac{Z}{T} \implies dL = -\frac{\alpha\, Z}{T^2}\,dT + \frac{\alpha}{T}\,dZ$$
$$\implies dS = \left(\frac{C}{T} + \alpha\,\frac{Z^2}{T^3}\right)dT - \frac{\alpha\, Z}{T^2}\,dZ$$
$$\implies C_Z = C + \alpha\,\frac{Z^2}{T^2}.$$

5)

$$\Delta L = \alpha\, Z\left(\frac{1}{T_2} - \frac{1}{T_1}\right) < 0, \quad \text{falls } \alpha > 0,$$

$$\beta = \frac{-\Delta W}{\Delta Q} = 1 - \frac{\Delta U}{\Delta Q} < 1, \quad \text{da sich beim Erwärmen auch die innere Energie ändert,}$$

$$\Delta U = C(T_2 - T_1),$$

$$\Delta Q = \int_{T_1}^{T_2} C_Z \, dT = C(T_2 - T_1) - \alpha Z^2 \left(\frac{1}{T_2} - \frac{1}{T_1}\right)$$

$$\Longrightarrow \beta = \frac{1}{1 + \frac{C}{\alpha Z^2} T_1 T_2} < 1.$$

Die zugeführte Wärmemenge wird also **nicht** ausschließlich für mechanische Arbeit verwendet!

6) *Wärmeisoliert* $\Longrightarrow$ Adiabatengleichung verwendbar (s. 2)).

$$T(L_{1,2}) = D \exp\left[\frac{(L_{1,2} - L_0)^2}{2\alpha C}\right],$$

$$L_2 > L_1 \Longrightarrow T(L_2) > T(L_1).$$

Der Faden erwärmt sich also:

$$\frac{T_2}{T_1} = \exp\left[\left(\frac{L_2 - L_0}{L_1 - L_0}\right)^2\right].$$

Lösung zu Aufgabe 2.9.26

1)

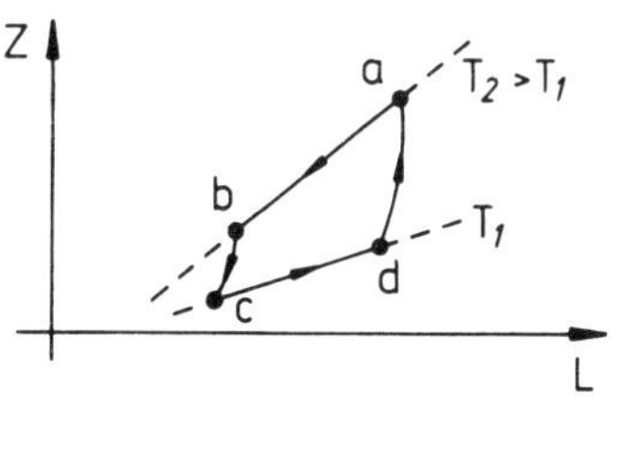

Der Carnot-Prozeß besteht aus zwei Isothermen und zwei Adiabaten. Als *Wärmekraftmaschine* arbeitet er genau dann, wenn er einem Wärmereservoir Wärme entzieht und einen Teil davon für eine Arbeitsleistung verbraucht:

$$\oint \delta W \overset{!}{<} 0; \quad \oint \delta Q > 0.$$

Wegen $\delta W = Z\,dL$ ist der Umlaufsinn deswegen wie skizziert.

2) Erster Hauptsatz:

$$\delta Q = dU - Z\,dL; \quad dU = C\,dT,$$

$$\Delta Q_2 = \int_a^b \delta Q = -\int_a^b Z(T,L)\,dL = \qquad \text{(Isotherme!)}$$

$$= -\frac{T_2}{\alpha}\int_{L_a}^{L_b}(L - L_0)\,dL = -\frac{T_2}{2\,\alpha}\left[(L_b - L_0)^2 - (L_a - L_0)^2\right],$$

$$L_a > L_b > L_0 \implies \Delta Q_2 > 0.$$

Das System nimmt auf dem Teilstück $a \to b$ Wärme auf. Analog findet man:

$$\Delta Q_1 = -\frac{T_1}{2\,\alpha}\left[(L_d - L_0)^2 - (L_c - L_0)^2\right],$$

$$L_0 < L_c < L_d \implies \Delta Q_1 < 0.$$

Das System gibt auf dem Teilstück $c \to d$ Wärme aus dem Wärmebad WB(T_1) ab.

Nach Teil 2) aus Aufgabe 2.9.25 gilt:

$$\left(L_{a,b,c,d} - L_0\right)^2 = 2\,\alpha\left[C \ln T_{a,b,c,d} - \left(S_{a,b,c,d} - S_0\right)\right].$$

Auf den Adiabaten ist:

$$S_a = S_d; \quad S_b = S_c$$

$$\implies (L_b - L_0)^2 - (L_a - L_0)^2 = 2\,\alpha[S_a - S_b],$$

$$(L_d - L_0)^2 - (L_c - L_0)^2 = 2\,\alpha[S_c - S_d] = 2\,\alpha[S_b - S_a].$$

Wirkungsgrad:

$$\eta = \frac{\Delta Q_1 + \Delta Q_2}{\Delta Q_2} = 1 - \frac{T_1}{T_2} = \eta_c.$$

3)

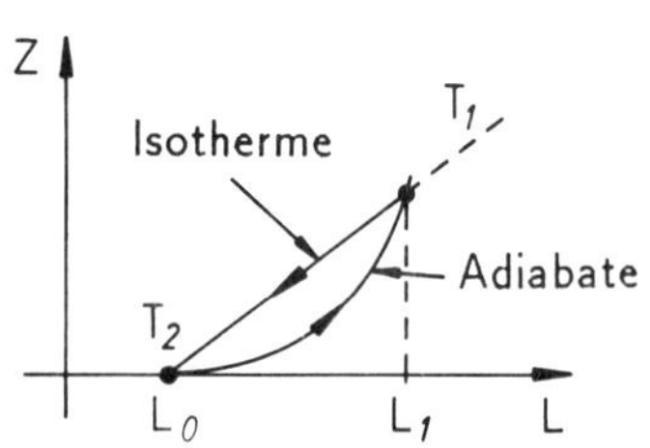

Der Punkt bei L_0 ist sowohl auf der Isothermen als auch auf der Adiabaten mehrdeutig. Auf der Isothermen gilt sonst $T = T_1$ und auf der Adiabaten nach Teil 2) aus Aufgabe 2.9.25:

$$T = D(S)\exp\left[\frac{(L-L_0)^2}{2\,\alpha\,C}\right] = T(L)$$

$$\Longrightarrow\quad T_2 = (T(L_0))_{\text{ad}} = D,$$

$$T_1 = (T(L_1))_{\text{ad}} = D\exp\left[\frac{(L_1-L_0)^2}{2\,\alpha\,C}\right] =$$

$$= T_2\exp\left[\frac{(L_1-L_0)^2}{2\,\alpha\,C}\right] > T_2.$$

Bei $L = L_0$ muß also von T_1 auf T_2 abgekühlt werden. Dieser Prozeß ist irreversibel, wenn dazu das Wärmebad $\mathrm{WB}(T_2)$ benutzt wird. Wir erwarten deshalb

$$\eta < \eta_c = 1 - \frac{T_2}{T_1}.$$

Arbeitsleistung:

$$\Delta W = \int\limits_{\text{is}} Z\,dL + \int\limits_{\text{ad}} Z\,dL =$$

$$= \frac{T_1}{\alpha}\int\limits_{L_1}^{L_0}(L-L_0)\,dL + \frac{D}{\alpha}\int\limits_{L_0}^{L_1}(L-L_0)\,e^{\frac{(L-L_0)^2}{2\alpha C}}\,dL =$$

$$= -\frac{T_1}{2\alpha}(L_1-L_0)^2 + \frac{T_2}{\alpha}\alpha\,C\int\limits_{L_0}^{L_1} dL\,\frac{d}{dL}\,e^{\frac{(L-L_0)^2}{2\alpha C}},$$

$$\Delta W = -\frac{T_1}{2\,\alpha}(L_1-L_0)^2 + C\,T_2\left\{\exp\left[\frac{(L_1-L_0)^2}{2\,\alpha\,C}\right] - 1\right\}.$$

Wärmemenge:

$$\Delta Q = (\Delta Q)_{\text{is}} = \int\limits_{\text{is}}(dU - Z\,dL) = -\frac{T_1}{\alpha}\int\limits_{L_1}^{L_0}(L-L_0)\,dL$$

$$\Longrightarrow\quad \Delta Q = \frac{T_1}{2\,\alpha}(L_1-L_0)^2 > 0, \quad \text{wird vom System aufgenommen!}$$

Wirkungsgrad:

$$\eta = \frac{-\Delta W}{\Delta Q} = 1 - \frac{T_2}{T_1}\,\frac{e^{\frac{(L_1-L_0)^2}{2\alpha C}} - 1}{\frac{(L_1-L_0)^2}{2\alpha C}},$$

$$\frac{1}{x}(e^x - 1) = 1 + \frac{1}{2!}\,x = \ldots > 1, \qquad (x > 0).$$

Es ist also wie erwartet:

$$\eta < \eta_C = 1 - \frac{T_2}{T_1}.$$

Lösung zu Aufgabe 2.9.27

$\Delta W = 0$, da die Längenänderung gegen $Z = 0$ erfolgt,
$\Delta Q = 0$, da kein Wärmeaustausch mit der Umgebung stattfindet.

Ein passender reversibler Ersatzprozeß würde die folgende Entropieänderung bringen:

Teil 2) aus Aufgabe 2.9.25 hatte ergeben:

$$S(T, L) = C \ln T - \frac{1}{2\,\alpha}(L - L_0)^2 + S_0$$

$$\Longrightarrow \quad \Delta S = S(T, L_0) - S(T, L) = \frac{1}{2\,\alpha}(L - L_0)^2 = \frac{1}{2}\,\alpha\,\frac{Z^2}{T^2}.$$

Reversibler Ersatzprozeß:

Isotherme Zustandsänderung durch Kontakt mit Wärmebad WB(T), quasistatischer Ablauf. Dabei $Z = 0$, d.h. $L \to L_0$:

$$dU = 0 \Longrightarrow \delta Q = -\delta W = -Z\,dL = T\,dS$$

$$\Longrightarrow \quad \Delta S = -\frac{1}{T}\int\limits_L^{L_0} Z\,dL' = -\frac{1}{\alpha}\int\limits_L^{L_0}(L' - L_0)\,dL' =$$

$$= \frac{(L - L_0)^2}{2\,\alpha} = \frac{1}{2}\,\alpha\,\frac{Z^2}{T^2} \quad \text{q.e.d.}$$

Lösung zu Aufgabe 2.9.28

1)
$$\delta Q^{(m)} = dU^{(m)} - \delta W^{(m)},$$

$$\delta W^{(m)} = \mu_0\,V\,H\,dM$$

$$\Longrightarrow \quad C_M^{(m)} = \left(\frac{\delta Q^{(m)}}{dT}\right)_M = \left(\frac{\partial U^{(m)}}{\partial T}\right)_M,$$

$$C_H^{(m)} = C_M^{(m)} + \left[\left(\frac{\partial U^{(m)}}{\partial M} \right)_T - \mu_0 \, H \, V \right] \left(\frac{\partial M}{\partial T} \right)_H .$$

Damit gilt für die Wärmemenge:

$$\delta Q^{(m)} = \left[C_M^{(m)} - \mu_0 \, V \, H \left(\frac{\partial M}{\partial T} \right)_H \right] dT - \mu_0 \, V \, H \left(\frac{\partial M}{\partial H} \right)_T dH.$$

Nun gilt andererseits für das paramagnetische Momentensystem:

$$dS^{(m)} = \frac{1}{T} \left(\frac{\partial U^{(m)}}{\partial T} \right) dT + \frac{1}{T} \left[\left(\frac{\partial U^{(m)}}{\partial M} \right)_T - \mu_0 \, V \, H \right] dM.$$

Die Integrabilitätsbedingungen für $dS^{(m)}$ liefern dann:

$$\left(\frac{\partial U^{(m)}}{\partial M} \right)_T = \mu_0 \, V \, H - \mu_0 \, V \, T \left(\frac{\partial H}{\partial T} \right)_M = 0.$$

Es bleibt damit die Behauptung:

$$\delta Q^{(m)} = C_H^{(m)} \, dT - \mu_0 \, V \, H \left(\frac{\partial M}{\partial H} \right)_T dH.$$

2a)

$$\begin{aligned} &\delta Q^{(m)} = 0 \\ \Longrightarrow \quad &\frac{dT}{dH} = \mu_0 \, V \, H \, \frac{\left(\frac{\partial M}{\partial H}\right)_T}{C_H^{(m)}} = \frac{\widehat{C} \, \frac{1}{T}}{\widehat{C} \, \frac{H^2 + H_r^2}{T^2}} \\ \Longrightarrow \quad &\frac{dT}{dH} = \frac{T \, H}{H^2 + H_r^2}. \end{aligned}$$

Dies läßt sich leicht integrieren:

$$d \ln T = \frac{dT}{T} = \frac{H \, dH}{H^2 + H_r^2} = \frac{1}{2} \frac{d}{dH} \ln(H^2 + H_r^2) \, dH.$$

Mit $T_0 = T(H = 0)$ folgt:

$$\begin{aligned} &\ln \frac{T}{T_0} = \frac{1}{2} \ln \frac{H^2 + H_r^2}{H_r^2} \\ \Longrightarrow \quad &T(H) = T_0 \sqrt{\frac{H^2 + H_r^2}{H_r^2}}. \end{aligned}$$

2b) Thermisches Gleichgewicht bedeutet:

$$\delta Q^{(m)} = -\delta Q_K = -C_K\, dT,$$

C_K gilt als bekannt,

$$\Longrightarrow \; -\left(C_K + C_H^{(m)}\right) dT = -\mu_0\, V\, H \left(\frac{\partial M}{\partial H}\right)_T dH$$

$$\Longrightarrow \; \frac{dT}{dH} = \mu_0\, V \frac{\widehat{C}\,\frac{H}{T}}{C_K + C_H^{(m)}} \approx \mu_0\, V \frac{\widehat{C}}{C_K}\frac{H}{T}.$$

$$\text{da } C_K \gg C_H^{(m)}$$

Das läßt sich wiederum leicht integrieren:

$$\frac{1}{2}(T^2 - T_0^2) = \mu_0\, V \frac{\widehat{C}}{C_K}\frac{1}{2} H^2$$

$$\Longrightarrow \; T(H) = \sqrt{\mu_0\, V \frac{\widehat{C}}{C_K} H^2 + T_0^2}.$$

3a) Das ist die Situation von 2a):

$$T_0 = T^* \sqrt{\frac{H_r^2}{H^{*2} + H_r^2}} < T^* \quad \text{(Abkühlung!)}.$$

3b)

$$-\int_{T_0}^{T_g} \delta Q^{(m)} \overset{!}{=} \int_{T^*}^{T_g} \delta Q_K \quad (H = \text{const.} = 0)$$

$$\Longleftrightarrow \; -\int_{T_0}^{T_g} C_H^{(m)}(H=0)\, dT = \int_{T^*}^{T_g} C_K\, dT$$

$$\Longleftrightarrow \; -\widehat{C}\,\mu_0\, V\, H_r^2 \int_{T_0}^{T_g} \frac{dT}{T^2} = C_K(T_g - T^*)$$

$$\Longleftrightarrow \; \widehat{C}\,\mu_0\, V\, H_r^2 \left(\frac{1}{T_g} - \frac{1}{T_0}\right) = C_K(T_g - T^*).$$

Die Gittertemperatur wird sich wegen der hohen Wärmekapazität beim obigen Wärmeaustausch nur wenig ändern. Wir können also auf der linken Seite näherungsweise T_g durch T^* ersetzen:

$$T_g - T^* = \frac{\widehat{C}\,\mu_0\,V}{C_K} H_r^2 \left(\frac{1}{T^*} - \frac{1}{T_0}\right) = $$
$$= \frac{\widehat{C}\,\mu_0\,V}{C_K}\,\frac{H_r^2}{T^*} \left(1 - \frac{\sqrt{H_r^2 + H^{*2}}}{H_r}\right) < 0.$$

4) Das ist nun die Situation von 2b), für die wegen $C_K \gg C_H^{(m)}$ zu lösen bleibt:

$$\frac{dT}{dH} \approx \mu_0\,V \frac{\widehat{C}}{C_K}\,\frac{H}{T}$$
$$\Longrightarrow\ \widehat{T}_g^2 - T^{*2} = -\mu_0\,V\,\frac{\widehat{C}}{C_K}\,H^{*2}$$
$$\Longleftrightarrow\ \left(\widehat{T}_g - T^*\right)\left(\widehat{T}_g + T^*\right) = -\mu_0\,V\,\frac{\widehat{C}}{C_K}\,H^{*2}.$$

Aus denselben Gründen wie unter 3b) können wir

$$\widehat{T}_g + T^* \approx 2\,T^*$$

setzen:

$$\Longrightarrow\ \widehat{T}_g - T^* \approx -\mu_0\,V\,\frac{\widehat{C}}{2\,C_K}\,\frac{H_*^2}{T^*} < 0.$$

Auch jetzt ergibt sich eine Abkühlung!

5a) Der Prozeß 3) ist irreversibel, und zwar der Wärmeaustausch zwischen Momentensystem und Kristall (Teil 2)). Der Prozeß 4) ist reversibel.

Das Gesamtsystem ist thermisch isoliert:

$$\Delta Q = \Delta Q^{(m)} + \Delta Q_K = 0.$$

Allgemein gilt in einem solchen Fall:

$$dS \geq \frac{\delta Q}{T} = 0,$$

"=" für reversibel; ">" für irreversibel $\Longrightarrow$ Prozeß 3): $\Delta S > 0$; Prozeß 4): $\Delta S = 0$

$$\Longrightarrow\ S_g > \widehat{S}_g.$$

5b) Durch Auflösen von $S = S(T, H)$ nach T,

$$T = T(S, H),$$

gilt in den Endzuständen:

$$T_g = T(S_g, 0) \neq \widehat{T}_g = T(\widehat{S}_g, 0).$$

Wir behaupten, daß

$$\widehat{T}_g \geq T_g$$

ist. Das ist richtig, falls gilt:

$$0 \geq \mu_0 V \frac{\widehat{C}}{C_K} \frac{1}{T^*} \left(-\frac{1}{2} H^{*2} - H_r^2 + H_r \sqrt{H_r^2 + H^{*2}} \right)$$

$$\iff H^{*2} \geq 2 \left(H_r \sqrt{H_r^2 + H^{*2}} - H_r^2 \right)$$

$$\iff H^{*2} + 2\, H_r^2 \geq 2\, H_r \sqrt{H_r^2 + H^{*2}}$$

$$\iff H^{*4} + 4\, H^{*2}\, H_r^2 + 4\, H_r^4 \geq 4\, H_r^4 + 4\, H_r^2\, H^{*2}$$

$$\iff H^{*4} \geq 0 \quad \text{q.e.d.}$$

Das Gleichheitszeichen ($\widehat{T}_g = T_g$) gilt nur bei $H^* = 0$.

Kapitel 3.9

Lösung zu Aufgabe 3.9.1

1) Freie Energie: $F - F(T, V)$

$$\left(\frac{\partial F}{\partial T}\right)_V = -S(T, V); \qquad \left(\frac{\partial F}{\partial V}\right)_T = -p(T, V).$$

Wir integrieren die erste Gleichung:

$$F(T, V) = -\int_{T_0}^{T} dT'\, S(T', V) + f(V) = -\frac{R\, V_0}{V} \frac{1}{T_0^a} \int_{T_0}^{T} dT'\, T'^a + f(V) =$$

$$\stackrel{(a \neq -1)}{=} -\frac{R\, V_0}{V\, T_0^a} \frac{1}{a+1} \left(T^{a+1} - T_0^{a+1}\right) + f(V).$$

Zwischenergebnis:

$$F(T, V) = -\frac{R\, V_0}{V} \frac{T}{a+1} \left(\frac{T}{T_0}\right)^a + \frac{R\, V_0}{V} \frac{T_0}{a+1} + f(V).$$

Wegen

$$dF = -S\, dT - p\, dV = -S\, dT + \delta W$$

gilt für **isotherme** Zustandsänderungen:

$$(dF)_T = (\delta W)_T.$$

Das nutzen wir für $T = T_0$ aus:

$$\left(\frac{\partial F}{\partial V}\right)_{T_0} = \left(\frac{\delta W}{\partial V}\right)_{T_0} = \frac{R\,T_0}{V} =$$
$$= \left\{\frac{R\,V_0}{V^2}\,\frac{T}{a+1}\left(\frac{T}{T_0}\right)^a - \frac{R\,T_0\,V_0}{V^2(a+1)} + f'(V)\right\}_{T=T_0} = f'(V)$$
$$\Longrightarrow \quad f(V) = R\,T_0 \ln\frac{V}{V_0} + f(V_0).$$

Das legt schließlich die freie Energie fest:

$$F(T,V) = R\,\frac{V_0}{V}\,\frac{T_0}{a+1}\left[1 - \left(\frac{T}{T_0}\right)^{a+1}\right] + R\,T_0 \ln\frac{V}{V_0} + F(T_0, V_0).$$

2) Zustandsgleichung:

$$p = -\left(\frac{\partial F}{\partial V}\right)_T = R\,\frac{V_0}{V^2}\,\frac{T_0}{a+1}\left[1 - \left(\frac{T}{T_0}\right)^{a+1}\right] - \frac{R\,T_0}{V}.$$

3) Arbeitsleistung:

$$\Delta W_T = -\int\limits_{V_0}^{V} p(T,V')\,dV' =$$
$$= R\,V_0\frac{T_0}{a+1}\left[1 - \left(\frac{T}{T_0}\right)^{a+1}\right]\left(\frac{1}{V} - \frac{1}{V_0}\right) + R\,T_0 \ln\frac{V}{V_0}$$
$$\Longrightarrow \quad \Delta W_T = \frac{R\,T_0}{a+1}\left[1 - \left(\frac{T}{T_0}\right)^{a+1}\right]\frac{V_0 - V}{V} + R\,T_0 \ln\frac{V}{V_0} =$$
$$= F(T,V) - F(T,V_0).$$

Lösung zu Aufgabe 3.9.2

$$(2.59) \quad \Longrightarrow \quad \left(\frac{\partial U}{\partial V}\right)_T = T\left(\frac{\partial p}{\partial T}\right)_V - p.$$

Das bedeutet für das Photonengas:

$$\epsilon(T) = \frac{1}{3}\left(T\frac{d\epsilon}{dT} - \epsilon\right) \quad \Longleftrightarrow \quad 4\,\epsilon(T) = T\,\frac{d\epsilon}{dT}$$
$$\Longrightarrow \quad \epsilon(T) = \sigma\,T^4.$$

Damit folgt die kalorische Zustandsgleichung:

$$U(T,V) = \sigma V T^4.$$

Die Entropie berechnen wir wie folgt:

$$T\left(\frac{\partial S}{\partial T}\right)_V = \left(\frac{\partial U}{\partial T}\right)_V = 4\sigma V T^3$$
$$\Longrightarrow \left(\frac{\partial S}{\partial T}\right)_V = 4\sigma V T^2.$$

Eine erste Integration liefert:

$$S(T,V) = \frac{4}{3}\sigma V T^3 + f(V).$$

Wir benutzen nun die folgende Maxwell-Relation für die freie Energie:

$$\left(\frac{\partial S}{\partial V}\right)_T = \left(\frac{\partial p}{\partial T}\right)_V = \frac{1}{3}\frac{d}{dT}(\sigma T^4) = \frac{4}{3}\sigma T^3 =$$
$$= \frac{4}{3}\sigma T^3 + f'(V)$$
$$\Longrightarrow f(V) = \text{const.}$$

Wir kennen damit die Entropie als Funktion von T und V:

$$S(T,V) = \frac{4}{3}\sigma T^3 V + \text{const.}$$

Der Dritte Hauptsatz besagt, daß die Konstante Null sein muß. Wir lösen nach T auf

$$T = \left(\frac{3}{4\sigma}\right)^{\frac{1}{3}} S^{\frac{1}{3}} V^{-\frac{1}{3}}$$

und setzen das Ergebnis in die kalorische Zustandsgleichung ein:

$$U(S,V) = \left[\frac{3}{4}\left(\frac{3}{4\sigma}\right)^{\frac{1}{3}}\right] V^{-\frac{1}{3}} S^{\frac{4}{3}}.$$

Das ist die innere Energie des Photonengases in ihren natürlichen Variablen S und V.

Die freie Energie ist einfacher zu berechnen:

$$F(T,V) = U(T,V) - T\,S(T,V) = -\frac{1}{3}\sigma V T^4.$$

Für die freie Enthalpie ergibt sich ein besonders einfacher Ausdruck:

$$G = F + pV = -\frac{1}{3}\sigma V T^4 + \frac{1}{3}\sigma V T^4 = 0.$$

Aus der Gibbs-Duhem-Relation $G = \mu N$ folgt damit für das chemische Potential des Photonengases:

$$\mu \equiv 0.$$

Es bleibt noch die Enthalpie H übrig:

$$H = U + pV \implies H = \frac{4}{3}\sigma V T^4 = S T.$$

Mit $T = \left(\frac{3p}{\sigma}\right)^{\frac{1}{4}}$ folgt:

$$H(S, p) = \left(\frac{3}{\sigma}\right)^{\frac{1}{4}} p^{\frac{1}{4}} S.$$

Lösung zu Aufgabe 3.9.3

Arbeit:

$$\delta W = -F_k\, dx = +k(T)\, x\, dx.$$

Analogie zum Gas:

$$\delta W = -p\, dV \implies \begin{aligned} p &\iff -(k\,x), \\ V &\iff x. \end{aligned}$$

Für eine durch x und T charakterisierte Zustandsänderung ist die freie Energie F das passende thermodynamische Potential:

$$dF = -S\, dT + k\, x\, dx.$$

Bei isothermer Dehnung der Feder gilt:

$$\begin{aligned} F(x, T = \text{const.}) &= \int\limits_{x_0}^{x} k x'\, dx' + F(x_0, T) = \\ &= \frac{1}{2} k \left(x^2 - x_0^2\right) + F(x_0, T), \\ \Delta F(x, T = \text{const.}) &= \frac{1}{2}\, k \left(x^2 - x_0^2\right). \end{aligned}$$

Die Entropieänderung ergibt sich aus der Maxwell-Relation für F:

$$\left(\frac{\partial S}{\partial x}\right)_T = -\left[\frac{\partial}{\partial T}(kx)\right]_x = -x\left(\frac{\partial k}{\partial T}\right)_x$$

$$\Longrightarrow \quad (\Delta S)_{T=\text{const.}} = -\int\limits_{x_0}^{x} x' \frac{dk}{dT}\, dx' = -\frac{1}{2}\frac{dk}{dT}\left(x^2 - x_0^2\right).$$

Damit berechnen wir die Änderung der inneren Energie:

$$\begin{aligned}(\Delta U)_T &= (\Delta F)_T + T(\Delta S)_T = \\ &= \frac{1}{2}\left(x^2 - x_0^2\right)\left(k - T\frac{dk}{dT}\right) = k\left(x^2 - x_0^2\right).\end{aligned}$$

Lösung zu Aufgabe 3.9.4

1) Arbeit:

$$\delta W = \sigma\, dL.$$

Bei Dehnung des Bandes wird am System Arbeit geleistet (Vorzeichenkonvention!).

Frei Energie:

$$F(T,L) = -S\, dT + \sigma\, dL.$$

Maxwell-Relation:

$$-\left(\frac{\partial S}{\partial L}\right)_T = \left(\frac{\partial \sigma}{\partial T}\right)_L = \alpha.$$

Innere Energie:

$$U(T,L) = F(T,L) + T\, S(T,L).$$

Wir zeigen, daß U nur von T, nicht von L abhängt:

$$\left(\frac{\partial U}{\partial L}\right)_T = \left(\frac{\partial F}{\partial L}\right)_T + T\left(\frac{\partial S}{\partial L}\right)_T = \sigma - \alpha\, T = 0.$$

2)

$$\left(\frac{\partial S}{\partial L}\right)_T = -\alpha < 0.$$

Die Entropie des Bandes nimmt bei Dehnung ab!

3) Gesucht: $\left(\frac{\partial T}{\partial L}\right)_S$.

Kettenregel:

$$\left(\frac{\partial T}{\partial L}\right)_S \left(\frac{\partial L}{\partial S}\right)_T \left(\frac{\partial S}{\partial T}\right)_L = -1,$$

$$C_L = T\left(\frac{\partial S}{\partial T}\right)_L \ : \ \text{Wärmekapazität bei konstanter Länge; stets positiv}$$

$$\Longrightarrow \left(\frac{\partial T}{\partial L}\right)_S = \frac{\alpha}{C_L}T > 0.$$

Die Temperatur des Bandes steigt bei adiabatischer Dehnung!

Lösung zu Aufgabe 3.9.5

Entropie:

$$S = S(T\,H) \Longrightarrow dS = \left(\frac{\partial S}{\partial T}\right)_H dT + \left(\frac{\partial S}{\partial H}\right)_T dH \stackrel{!}{=} 0$$

$$\Longrightarrow \left(\frac{\partial T}{\partial H}\right)_S = -\frac{\left(\frac{\partial S}{\partial H}\right)_T}{\left(\frac{\partial S}{\partial T}\right)_H} = -\frac{T}{C_H}\left(\frac{\partial S}{\partial H}\right)_T.$$

Freie Enthalpie:

$$dG = -S\,dT - m\,dB_0$$

$$B_0 = \mu_0\,H;\ m = M\,V;\ V = \text{const., keine Variable}$$

$$\Longrightarrow \left(\frac{\partial S}{\partial B_0}\right)_T = \left(\frac{\partial m}{\partial T}\right)_{B_0}$$

$$\Longrightarrow \left(\frac{\partial S}{\partial H}\right)_T = \mu_0\,V\left(\frac{\partial M}{\partial T}\right)_H = -\mu_0\,V\frac{C}{T^2}H$$

C : Curie-Konstante

$$\Longrightarrow \left(\frac{\partial T}{\partial H}\right)_S = \mu_0\,V\frac{C\,H}{C_H\,T}.$$

Lösung zu Aufgabe 3.9.6

1)

$$S(T,V) = -\left(\frac{\partial F}{\partial T}\right)_V = N\,k_B(\alpha + \ln C_0\,V) + N\,k_B \ln C_1(k_B\,T)^\alpha.$$

2)

$$p = -\left(\frac{\partial F}{\partial V}\right)_T = \frac{N\,k_B\,T}{V}.$$

3)

$$U = F(T,V) + T\,S(T,V) = N\,k_B\,T\,\alpha.$$

4)

$$C_V = \left(\frac{\partial U}{\partial T}\right)_V = T\left(\frac{\partial S}{\partial T}\right)_V = N\,k_B\,\alpha .$$

5)

$$\kappa_T = -\frac{1}{V}\left(\frac{\partial V}{\partial p}\right)_T = -\frac{1}{V}\left[\left(\frac{\partial p}{\partial V}\right)_T\right]^{-1} = \frac{V}{N\,k_B\,T} = \frac{1}{p}.$$

Lösung zu Aufgabe 3.9.7

1)

$$dF = -S\,dT + B_0\,dm = -S\,dT + \mu_0\,V\,H\,dM$$
$$\Longrightarrow \left(\frac{\partial F}{\partial M}\right)_T = \mu_0\,V\,H.$$

Suszeptiblität:

$$\chi_T = \left(\frac{\partial M}{\partial H}\right)_T = \left[\left(\frac{\partial H}{\partial M}\right)_T\right]^{-1} = \frac{\mu_0\,V}{\left(\frac{\partial^2 F}{\partial M^2}\right)_T}.$$

Freie Energie:

$$\left(\frac{\partial^2 F}{\partial M^2}\right)_T = \frac{\mu_0\,V}{\chi_T}$$
$$\Longrightarrow \left(\frac{\partial F}{\partial M}\right)_T = \mu_0\,V\int_0^M \chi_T^{-1}(T,M')\,dM' + f(T)$$
$$\Longrightarrow F(T,M) = F(T,0) + \mu_0\,V\int_0^M dM'\int_0^{M'} dM''\,\chi_T^{-1}(T,M'') + f(T)\,M.$$

Dies ist die allgemeinste Lösung!

Spezialfall:

$$\chi_T(T,M) \equiv \chi_T(T) \qquad \text{(z.B. Curie-Gesetz)}$$
$$\Longrightarrow \chi_T = \frac{M}{H}.$$

Dann folgt:

$$\left(\frac{\partial F}{\partial M}\right)_T = \mu_0 V \frac{M}{\chi_T} + f(T) \implies f(T) \equiv 0$$

$$\implies F(T,M) = F(T,0) + \mu_0 V \frac{1}{2} \frac{M^2}{\chi_T}.$$

2) Entropie:

$$S = -\left(\frac{\partial F}{\partial T}\right)_M =$$

$$= S(T,0) - M \frac{df(T)}{dT} - \mu_0 V \int_0^M dM' \int_0^{M'} dM'' \left(\frac{\partial}{\partial T} \chi_T^{-1}(T,M'')\right)_{M''}.$$

Obiger **Spezialfall:**

$$S(T,M) = S(T,0) - \mu_0 V \frac{1}{2} M^2 \left(\frac{d}{dT} \chi_T^{-1}(T)\right).$$

Innere Energie:

$$U = F + T\,S,$$

$$U(T,M) = U(T,0) + M\left(f(T) - T\frac{df}{dT}\right) +$$

$$+ \mu_0 V \int_0^M dM' \int_0^{M'} dM'' \left(\chi_T^{-1}(T,M'') - T\frac{\partial}{\partial T}\chi_T^{-1}(T,M'')\right).$$

Spezialfall:

$$U(T,M) = U(T,0) + \mu_0 V \frac{1}{2} M^2 \left(\chi_T^{-1} - T\frac{\partial \chi_T^{-1}}{\partial T}\right).$$

Dabei ist:

$$U(T,0) = F(T,0) + T\,S(T,0).$$

Lösung zu Aufgabe 3.9.8

Aus $dF = -S\,dT + B_0\,dm$ folgt als Integrabilitätsbedingung:

$$\left(\frac{\partial S}{\partial m}\right)_T = -\left(\frac{\partial B_0}{\partial T}\right)_m = -\mu_0 \left(\frac{\partial H}{\partial T}\right)_m.$$

Curie-Weiß-Gesetz:

$$M = \frac{C}{T - T_c} H = V\,m \qquad (V = \text{const.})$$

Wärmekapazität:

$$\left(\frac{\partial C_m}{\partial m}\right)_T = T\left[\frac{\partial}{\partial m}\left(\frac{\partial S}{\partial T}\right)_m\right]_T = T\left[\frac{\partial}{\partial T}\left(\frac{\partial S}{\partial m}\right)_T\right]_m =$$

$$= -\mu_0 T\left(\frac{\partial^2 H}{\partial T^2}\right)_m = 0$$

$$\Longrightarrow \quad C_m(T,M) \equiv C_m(T).$$

Innere Energie:

$$dU = T\,dS + \mu_0\,V\,H\,dM$$

$$\Longrightarrow \quad \left(\frac{\partial U}{\partial T}\right)_M = T\left(\frac{\partial S}{\partial T}\right)_M = C_M = C_m,$$

$$\left(\frac{\partial U}{\partial M}\right)_T = T\left(\frac{\partial S}{\partial M}\right)_T + \mu_0\,V\,H =$$

$$= T\,V\left(\frac{\partial S}{\partial m}\right)_T + \mu_0\,V\,H =$$

$$= -\mu_0\,T\,V\left(\frac{\partial H}{\partial T}\right)_m + \mu_0\,V\,H =$$

$$= -\mu_0\,T\,V\,\frac{M}{C} + \mu_0\,V\,\frac{M}{C}(T - T_c) =$$

$$= -\mu_0\,V\,\frac{M}{C}\,T_c$$

$$\Longrightarrow \quad U(T,M) = -\mu_0\,V\,T_c\,\frac{M^2}{2C} + G(T).$$

Wegen

$$\left(\frac{\partial U}{\partial T}\right)_M = G'(T) = C_m$$

gilt insgesamt:

$$U(T,M) = \int_0^T C_m(T')\,dT' - \mu_0\,V\,T_c\,\frac{M^2}{2C} + U_0.$$

Entropie:

$$S(T,M) = \int_0^T \frac{C_m(T')}{T'}\,dT' = f(M),$$

$$\left(\frac{\partial S}{\partial m}\right)_T = \frac{1}{V}\left(\frac{\partial S}{\partial M}\right)_T = -\mu_0\left(\frac{\partial H}{\partial T}\right)_m = -\frac{\mu_0}{C}M$$

$$\Longrightarrow \quad f'(M) \overset{!}{=} -\frac{\mu_0 V}{C} M$$

$$\Longrightarrow \quad S(T,M) = S_0 + \int_0^T \frac{C_m(T')}{T'} \, dT' - \frac{\mu_0 V}{2C} M^2 .$$

Freie Energie:

$$F(T,M) = U(T,M) - T\,S(T,M) =$$

$$= F_0 + \int_0^T C_m(T') \left(1 - \frac{T}{T'}\right) dT' + \frac{\mu_0 V}{2C} M^2 (T - T_c).$$

Freie Enthalpie:

$$G = F - m\,B_0 = F - \mu_0 V\,M\,H = F - \frac{\mu_0 V}{C}(T - T_c)\,M^2 =$$

$$= F_0 + \int_0^T C_m(T') \left(1 - \frac{T}{T'}\right) dT' - \frac{\mu_0 V}{2C} M^2 (T - T_c)$$

$$\Longrightarrow \quad G(T, B_0) = F_0 + \int_0^T C_m(T') \left(1 - \frac{T}{T'}\right) dT' - \frac{V C}{2\mu_0} B_0^2 \frac{1}{T - T_c} .$$

Lösung zu Aufgabe 3.9.9

$$H = U + p\,V = H(S,p); \quad dH = T\,dS + V\,dp,$$

$$\left(\frac{\partial H}{\partial p}\right)_V = T\left(\frac{\partial S}{\partial p}\right)_V + V.$$

Maxwell-Relation für U:

$$dU = T\,dS - p\,dV \quad \Longrightarrow \quad \left(\frac{\partial p}{\partial S}\right)_V = -\left(\frac{\partial T}{\partial V}\right)_S$$

$$\Longrightarrow \quad \left(\frac{\partial H}{\partial p}\right) = V - T\left(\frac{\partial V}{\partial T}\right)_S .$$

Lösung zu Aufgabe 3.9.10

1) Erster Hauptsatz:

$$dU = \delta Q + \delta W.$$

Die Arbeit setzt sich aus einem elektrischen und einem mechanischen Anteil zusammen:

$$\delta W_e = V\,E\,dP \qquad \text{(das Volumen } V \text{ ist wieder als konstant anzusehen, gehört \textbf{nicht} zu den thermodynamischen Variablen),}$$

$$\delta W_m = \tau\,dL.$$

Für reversible Zustandsänderungen gilt somit:

$$dU = T\,dS + V\,E\,dP + \tau\,dL.$$

Das Differential der freien Enthalpie,

$$G = U - T\,S - V\,EP - \tau L,$$

lautet:

$$dG = -S\,dT - V\,P\,dE - L\,d\tau.$$

Es ist total, so daß die Maxwell-Relation

$$V\left(\frac{\partial P}{\partial \tau}\right)_{T,E} = \left(\frac{\partial L}{\partial E}\right)_{T,\tau}$$

gilt.

2) Es gibt so viele thermodynamische Potentiale, wie man durch Legendre-Transformation aus U erzeugen kann:

U;

$U - T\,S;\; U - V\,PE;\; U - L\tau \quad \Longleftrightarrow$ Transformation in **einer** Variablen,

$U - T\,S - V\,PE;\; U - T\,S - L\tau;\; U - V\,PE - L\tau \quad \Longleftrightarrow$ Transformation in **zwei** Variablen,

$U - T\,S - V\,PE - L\tau \quad \Longleftrightarrow$ Transformation in **drei** Variablen.

Es gibt also insgesamt **acht** verschiedene thermodynamische Potentiale.

3) Jedes Potential hängt von drei Variablen ab. Das bedeutet jeweils drei Integrabilitätsbedingungen. Insgesamt sind es dann vierundzwanzig!

Lösung zu Aufgabe 3.9.11

1)

$$U(T,V,N) = F + TS = F - T\left(\frac{\partial F}{\partial T}\right)_{V,N}$$

$$\Longrightarrow \left(\frac{\partial U}{\partial N}\right)_{T,V} = \left(\frac{\partial F}{\partial N}\right)_{T,V} - T\left[\frac{\partial}{\partial N}\left(\frac{\partial F}{\partial T}\right)_{V,N}\right]_{T,V}.$$

Man beachte, daß die Ableitung nach der Teilchenzahl nur dann das chemische Potential μ ergibt, wenn es sich bei der abgeleiteten Größe um ein thermodynamisches Potential handelt:

$$\left(\frac{\partial U}{\partial N}\right)_{T,V} \neq \mu; \quad \text{aber}: \left(\frac{\partial U}{\partial N}\right)_{S,V} = \mu(S,V,N),$$

$$\left(\frac{\partial F}{\partial N}\right)_{T,V} = \mu(T,V,N).$$

Dies bedeutet für die obige Beziehung:

$$\left(\frac{\partial U}{\partial N}\right)_{T,V} = \mu(T,V,N) - T\left[\frac{\partial}{\partial T}\left(\frac{\partial F}{\partial N}\right)_{T,V}\right]_{V,N}$$

$$\Longrightarrow \left(\frac{\partial U}{\partial N}\right)_{T,V} - \mu(T,V,N) = -T\left(\frac{\partial \mu}{\partial T}\right)_{V,N}.$$

2)

$$N = N(T,V,\mu)$$

$$\Longrightarrow dN = \left(\frac{\partial N}{\partial T}\right)_{V,\mu} dT + \left(\frac{\partial N}{\partial V}\right)_{T,\mu} dV + \left(\frac{\partial N}{\partial \mu}\right)_{T,V} d\mu.$$

Man setze:

$$x = \frac{\mu}{T}$$

$$\Longrightarrow \left(\frac{\partial N}{\partial T}\right)_{V,x} = \left(\frac{\partial N}{\partial T}\right)_{V,\mu} + 0 + \left(\frac{\partial N}{\partial \mu}\right)_{T,V}\left(\frac{\partial \mu}{\partial T}\right)_{V,x},$$

$$\left(\frac{\partial \mu}{\partial T}\right)_{V,x} = \left[\frac{\partial}{\partial T}(T\,x)\right]_{V,x} = x = \frac{\mu}{T}.$$

Damit haben wir als Zwischenergebnis:

$$\left(\frac{\partial N}{\partial T}\right)_{V,x} = \left(\frac{\partial N}{\partial \mu}\right)_{T,V}\left[\left(\frac{\partial N}{\partial T}\right)_{V,\mu}\left(\frac{\partial \mu}{\partial N}\right)_{T,V} + \frac{\mu}{T}\right].$$

Kettenregel:

$$\left(\frac{\partial N}{\partial T}\right)_{\mu,V}\left(\frac{\partial T}{\partial \mu}\right)_{N,V}\left(\frac{\partial \mu}{\partial N}\right)_{T,V} = -1$$

$$\Longrightarrow \left(\frac{\partial N}{\partial T}\right)_{V,x} = \left(\frac{\partial N}{\partial \mu}\right)_{T,V}\left[\frac{\mu}{T} - \left(\frac{\partial \mu}{\partial T}\right)_{N,V}\right] =$$

$$\overset{1)}{=} \frac{1}{T}\left(\frac{\partial N}{\partial \mu}\right)_{T,V}\left(\frac{\partial U}{\partial N}\right)_{T,V} \quad \text{q.e.d}$$

3)

$$U = U(T,V,N)$$

$$\Longrightarrow dU = \left(\frac{\partial U}{\partial T}\right)_{V,N} dT + \left(\frac{\partial U}{\partial V}\right)_{T,N} dV + \left(\frac{\partial U}{\partial N}\right)_{T,V} dN.$$

Daran lesen wir ab:

$$\left(\frac{\partial U}{\partial T}\right)_{V,x} = \left(\frac{\partial U}{\partial T}\right)_{V,N} + 0 + \left(\frac{\partial U}{\partial N}\right)_{T,V}\left(\frac{\partial N}{\partial T}\right)_{V,x}.$$

Nach Einsetzen des Resultats von Teil 2) ergibt sich die Behauptung!

Lösung zu Aufgabe 3.9.12

1) **Freie Energie:**

Nach Aufgabe 3.9.7 gilt:

$$F(T,m) = F(T,0) + \frac{\mu_0}{2\,V}\frac{m^2}{\chi_T}.$$

Dies bedeutet:

$$F(T,m) = F(T,0) + \mu_0 \frac{T - T_c}{2\,V\,C} m^2.$$

Innere Energie:

Nach Aufgabe 3.9.7 gilt:

$$U(T,m) = U(T,0) + \frac{\mu_0}{2\,V} m^2 \left(\chi_T^{-1} - T\frac{\partial \chi_T^{-1}}{\partial T}\right),$$

$$\chi_T^{-1} - T\frac{\partial \chi_T^{-1}}{\partial T} = \frac{1}{C}(T - T_c) - \frac{T}{C} = -\frac{T_c}{C}.$$

Dies bedeutet:

$$U(T,m) = U(T,0) - \frac{\mu_0\,T_c}{2\,V\,C} m^2.$$

Entropie:

Nach Aufgabe 3.9.7 gilt:

$$S(T,m) = S(T,0) - \frac{\mu_0}{2V}m^2\left(\frac{d}{dt}\chi_T^{-1}\right).$$

Das bedeutet hier:

$$S(T,m) = S(T,0) - \frac{\mu_0}{2VC}m^2.$$

2) **Entropie:**

$$C_m(T,m=0) = T\left(\frac{\partial S}{\partial T}\right)_{m=0}$$

$$\Longrightarrow \quad S(T,0) = \int_0^T \frac{C_m(T',0)}{T'}\,dT' = \gamma T.$$

Mit dem Teilergebnis aus 1) bleibt:

$$S(T,m) = \gamma T - \frac{\mu_0}{2VC}m^2 \qquad \text{(Beachte Teil 4)!)}$$

Wegen

$$m = \frac{CV}{T-T_c}H$$

folgt unmittelbar:

$$S(T,H) = \gamma T - \frac{1}{2}\mu_0 CV\frac{H^2}{(T-T_c)^2}.$$

Freie Energie:

$$\left(\frac{\partial F}{\partial T}\right)_m = -S(T,m)$$

$$\Longrightarrow \quad F(T,0) = F_0 - \int_0^T \gamma T'\,dT' = F_0 - \frac{1}{2}\gamma T^2.$$

Mit dem Resultat von Teil 1) folgt dann:

$$F(T,m) = F_0 - \frac{1}{2}\gamma T^2 + \mu_0\frac{T-T_c}{2VC}m^2.$$

Innere Energie:

$$C_{m=0} = \left(\frac{\partial U}{\partial T}\right)_{m=0}$$

$$\Longleftrightarrow \quad U(T, m=0) = \frac{1}{2}\gamma T^2 + U_0.$$

Mit dem Resultat aus Teil 1) ergibt sich:

$$U(T,m) = U_0 + \frac{1}{2}\gamma T^2 - \frac{\mu_0 T_c}{2 V C} m^2.$$

3) **Wärmekapazitäten:**

$$C_m = T\left(\frac{\partial S}{\partial T}\right)_m = \gamma T = C_m(T, m=0),$$

$$C_H = T\left(\frac{\partial S}{\partial T}\right)_H = \gamma T + \mu_0 C V \frac{T H^2}{(T-T_c)^3}.$$

Wegen $T > T_c$ folgt: $C_H \geq C_m$.

Adiabatische Suszeptiblität:

Nach (2.84) gilt:

$$\chi_S = \chi_T \frac{C_m}{C_H}.$$

Einsetzen der obigen Ergebnisse liefert:

$$\chi_S(T,H) = \frac{C}{T-T_c} \frac{\gamma T}{\gamma T + \mu_0 C V \frac{T H^2}{(T-T_c)^3}}$$

$$\Longrightarrow \quad \chi_S(T,H) = \frac{C}{T - T_c + \frac{\mu_0 C V}{\gamma} \frac{H^2}{(T-T_c)^2}}.$$

4) $T_c = 0 \Longrightarrow$ nach Teil 2):

$$S(T,H) = \gamma T - \frac{1}{2}\mu_0 C V \frac{H^2}{T_c^2}.$$

Der Dritte Hauptsatz fordert:

$$\lim_{T \to 0} S(T,H) = 0.$$

Unser obiges Ergebnis liefert für $H \neq 0$ einen Widerspruch. Das Curie-Gesetz kann also nicht für beliebig tiefe Temperaturen korrekt sein!

Wir hatten in Aufgabe 3.9.7 gefunden:

$$S(T,m) = S(T,0) - \frac{\mu_0}{2V} m^2 \left(\frac{d}{dt} \chi_T^{-1}\right).$$

Falls $\chi_T(T,m) \equiv \chi_T(T)$, d.h, $m = V \chi_T H$ gilt, folgt:

$$S(T,m) = S(T,0) + \frac{\mu_0}{2V} m^2 \frac{1}{\chi_T^2} \frac{d\chi_T}{dT}$$

$$\Longrightarrow \quad S(T,H) = S(T,0) + \frac{1}{2}\mu_0 V H^2 \frac{d\chi_T}{dT}.$$

Um den Dritten Hauptsatz zu erfüllen, müssen wir also

$$\lim_{T\to 0} \frac{d\chi_T}{dT} = 0 \iff \chi_T = \text{const.} + 0(T^2)$$

fordern, d.h. χ_T bleibt endlich für $T \to 0$!

Lösung zu Aufgabe 3.9.13

Wegen $T_c = 0$ ist:

$$U(T,m) = U_0 + \frac{1}{2}\gamma T^2 \equiv U(T)$$

(vgl. Gay-Lussac-Versuch für das ideale Gas).

1) Isotherm: $0 \to H \implies dU = 0$

Dies bedeutet:

$$\Delta Q = -\Delta W = -\mu_0 \int_0^H H\, dm,$$

$$dm = \frac{C\,V}{T_1} dH$$

$$\Longrightarrow \quad \Delta Q = -\frac{\mu_0 C\, V}{2\,T_1} H^2 < 0.$$

Wärme wird abgeführt!

2) Adiabatisch-reversibel $\iff dS = 0$

$$\iff \quad S(T_1, H) = S(T_e, 0).$$

Wir benutzen das Ergebnis

$$S(T,H) = \gamma\, T - \frac{1}{2}\mu_0\, C\, V \frac{H^2}{T^2}$$

aus Teil 2) der vorangehenden Aufgabe.

$$\gamma\, T_1 - \frac{1}{2}\mu_0\, C\, V \frac{H^2}{T_1^2} \stackrel{!}{=} \gamma\, T_e$$

$$\Longleftrightarrow\quad T_e = T_1 - \underbrace{\frac{\mu_0\, C\, V}{2\,\gamma}\,\frac{H^2}{T_1^2}}_{>0} < T_1 .$$

Man erzielt also einen *Kühleffekt*! Man vergleiche das Resultat mit Teil 3) aus Aufgabe 2.9.28!

Lösung zu Aufgabe 3.9.14

1) **Druck:**

$$p = -\left(\frac{\partial F}{\partial V}\right)_T = -\frac{d\,F_0}{dV} - A\,T\,\frac{\frac{1}{k_B\,T}\,\frac{dE(V)}{dV}\cdot e^{-\frac{E(V)}{k_B\,T}}}{1 - e^{-\frac{E(V)}{k_B\,T}}}$$

$$\Longrightarrow\quad p = -\frac{B}{V_0}(V - V_0) + \frac{A\,E_1}{k_B\,V_0}\,n(T,V).$$

Entropie:

$$S = -\left(\frac{\partial F}{\partial T}\right)_V = -A\,\ln\left(1 - e^{-\frac{E(V)}{k_B\,T}}\right) + A\,T\,\frac{\frac{E(V)}{k_B\,T^2}\,e^{-\frac{E(V)}{k_B\,T}}}{1 - e^{-\frac{E(V)}{k_B\,T}}} =$$

$$= -A\ln\left(1 - e^{-\frac{E(V)}{k_B\,T}}\right) + A\,\frac{E(V)}{k_B\,T}\,n(T,V).$$

Man verifiziert leicht:

$$e^{\frac{E(V)}{k_B\,T}} = \frac{n+1}{n},$$

$$1 - e^{-\frac{E(V)}{k_B\,T}} = 1 - \frac{n}{n+1} = \frac{1}{n+1},$$

$$\frac{E(V)}{k_B\,T} = \ln(n+1) - \ln n.$$

Damit lautet die Entropie:

$$S = A\{(n+1)\ln(n+1) - n\ln n\}.$$

Innere Energie:

$$U = F + T\,S = F_0(V) + A\,T\ln\left(1 - e^{-\frac{E(V)}{k_B T}}\right) -$$

$$- A\,T\ln\left(1 - e^{-\frac{E(V)}{k_B T}}\right) + A\frac{E(V)}{k_B}\,n(T,V)$$

$$\Longrightarrow\quad U = F_0(V) + A\,\frac{E(V)}{k_B}\,n(T,V).$$

2) Aus 1) folgt für $p = 0$:

$$\frac{B}{V_0}(V_m - V_0) \overset{!}{=} \frac{A\,E_1}{k_B\,V_0}\,n(T,V_m)$$

$$\Longrightarrow\quad V_m = V(p=0) = \frac{A\,E_1}{k_B\,B}\,n(T,V_m) + V_0.$$

Das ist eine implizite Bestimmungsgleichung für V_m, die sich z.B. iterieren läßt:

$$n(T,V_m) = \left\{\exp\left[\frac{1}{k_B\,T}\left(E_0 - E_1\frac{V_m - V_0}{V_0}\right)\right] - 1\right\}^{-1}.$$

Das muß nach Potenzen von E_1 um $E_1 = 0$ entwickelt werden. Da E_1 auch als Faktor auftritt, reicht für $n(T,V_m)$ die nullte Ordnung:

$$V_m \approx V_0 + \frac{A\,E_1}{k_B\,B}\,n(T,V_0).$$

Ausdehnungskoeffizient:

$$\beta = \frac{1}{V}\left(\frac{\partial V}{\partial T}\right)_p.$$

Abschätzung:

$$\frac{1}{V_m} = \frac{1}{V_0 + \frac{A\,E_1}{k_B\,B}\,n(T,V_m)} \approx \frac{1}{V_0}\left(1 - \frac{A\,E_1}{k_B\,B\,V_0}\,n(T,V_0)\right),$$

$$\frac{\partial V_m}{\partial T} = \frac{A\,E_1}{k_B\,B}\,\frac{\partial n}{\partial T} = \frac{A\,E_1}{k_B\,B}\,\frac{\frac{E(V)}{k_B\,T^2}\,e^{\frac{E(V)}{k_B T}}}{\left(e^{\frac{E(V)}{k_B T}} - 1\right)^2} =$$

$$= \frac{A\,E_1}{k_B\,B}\,\frac{1}{T}\,n(n+1)\ln\frac{n+1}{n}$$

$$\Longrightarrow\ \beta \approx \frac{1}{V_0}\,\frac{A}{B}\,\frac{E_1}{k_B\,T}\,n_0(n_0+1)\ln\frac{n_0+1}{n_0},$$

$$n_0 = n(T,V_0) = \left(e^{\frac{E_0}{k_B\,T}} - 1\right)^{-1}.$$

$\boxed{T \to 0}$

$$n_0 \approx e^{-\frac{E_0}{k_B\,T}} \to 0,$$

$$n_0 + 1 \to 1; \quad \ln\frac{n_0+1}{n_0} \approx -\ln n_0 \approx \frac{E_0}{k_B\,T}$$

$$\Longrightarrow\ \frac{1}{k_B\,T}\,n_0(n_0+1)\ln\frac{n_0+1}{n_0} \approx \frac{E_0}{(k_B\,T)^2}\,e^{-\frac{E_0}{k_B\,T}} \underset{T\to 0}{\longrightarrow} 0$$

$$\Longrightarrow\ \beta(T=0) = 0; \quad V_m = V_0.$$

$\boxed{k_B\,T \gg E(V)}$

$$n(T,V) \approx \frac{k_B\,T}{E(V)}; \quad \frac{\partial n}{\partial T} \approx \frac{k_B}{E(V)} = \frac{k_B}{E_0} + 0(E_1)$$

$$\Longrightarrow\ \beta \approx \frac{1}{V_0}\,\frac{A\,E_1}{B\,E_0}; \quad V_m \approx V_0 + \frac{A\,E_1}{B\,E_0}\,T.$$

3) Ein günstiger Startpunkt ist Gleichung (2.65):

$$C_p - C_V = T\left(\frac{\partial p}{\partial T}\right)_V \left(\frac{\partial V}{\partial T}\right)_p.$$

Der Druck läßt sich in unseren Gleichungen schwer konstant halten:

$$\left(\frac{\partial V}{\partial T}\right)_p = \frac{-1}{\left(\frac{\partial T}{\partial p}\right)_V \left(\frac{\partial p}{\partial V}\right)_T} = -\frac{\left(\frac{\partial p}{\partial T}\right)_V}{\left(\frac{\partial p}{\partial V}\right)_T}.$$

Dies bedeutet:

$$C_p - C_V = -T\,\frac{\left[\left(\frac{\partial p}{\partial T}\right)_V\right]^2}{\left(\frac{\partial p}{\partial V}\right)_T},$$

$$\left(\frac{\partial p}{\partial T}\right)_V = \frac{A\,E_1}{k_B\,V_0}\left(\frac{\partial n}{\partial T}\right)_V \approx \frac{A\,E_1}{k_B\,V_0}\left(\frac{\partial n_0}{\partial T}\right)_V,$$

$$
\begin{aligned}
\left(\frac{\partial p}{\partial V}\right)_T &= -\frac{B}{V_0} + \frac{A\,E_1}{k_B\,V_0}\left(\frac{\partial n}{\partial V}\right)_T ,\\
\left(\frac{\partial n}{\partial V}\right)_T &= \frac{\frac{1}{k_B\,T}\,e^{\frac{E(V)}{k_B\,T}}}{\left(e^{\frac{E(V)}{k_B\,T}}-1\right)^2}\,\frac{\partial E(V)}{\partial V},\\
\frac{\partial E(V)}{\partial V} &= -\frac{E_1}{V_0}\\
\Longrightarrow\quad \left(\frac{\partial p}{\partial V}\right)_T &= -\frac{B}{V_0} + 0(E_1^2)\\
\Longrightarrow\quad C_p - C_V &\approx T\,\frac{A^2\,E_1^2}{k_B^2\,B\,V_0}\left(\frac{\partial n_0}{\partial T}\right)_V^2 .
\end{aligned}
$$

Lösung zu Aufgabe 3.9.15

1)

$$
\begin{aligned}
U &= U(S,V,A),\\
dU &= \delta Q + \delta W,\\
\delta W &= \delta W_V + \delta W_A,\\
\delta W_V &= -p\,dV,\\
\delta W_A &= \sigma\,dA.
\end{aligned}
$$

Wenn die Oberfläche A um dA vergrößert wird, wird Arbeit am System geleistet:

$$
dU = T\,dS - p\,dV + \sigma\,dA.
$$

2) Maxwell-Relation für dU:

$$
\begin{aligned}
\left(\frac{\partial T}{\partial A}\right)_{S,V} &= \left(\frac{\partial \sigma}{\partial S}\right)_{V,A} = \left(\frac{\partial \sigma}{\partial T}\right)_{V,A}\left(\frac{\partial T}{\partial S}\right)_{V,A} =\\
&= \frac{\frac{d\sigma}{dT}}{\left(\frac{\partial S}{\partial T}\right)_{V,A}} = \frac{T}{C_{V,A}}\,\frac{d\sigma}{dT} \quad \text{q.e.d..}
\end{aligned}
$$

3) Sei

$$
\gamma = \frac{\alpha}{T_c\,C_{V,A}},
$$

dann ist zu integrieren:

$$
\frac{dT}{T} = -\gamma\,dA \Longrightarrow \ln T = -\gamma\,A + \beta.
$$

Anfangswerte:

$$\beta = \gamma\, A_0 + \ln T_0$$

$$\Longrightarrow \ln \frac{T}{T_0} = -\gamma(A - A_0) \Longrightarrow T = T_0\, e^{-\gamma(A-A_0)}.$$

Die Temperatur nimmt bei adiabatisch-isochorer Vergrößerung der Oberfläche ab!

4)

$$dF = d(U - T\,S) = dU - T\,dS - S\,dT$$

$$\Longrightarrow dF = -S\,dT - p\,dV + \sigma\,dA.$$

5) Unabhängige Variable: T, V, A:

$$\left(\frac{\partial F}{\partial A}\right)_{T,V} = \sigma(T), \quad \text{unabhängig von } V$$

$$\Longrightarrow F(T,V,A) = \sigma(T)\,A + F_V(T,V).$$

Außerdem gilt:

$$\frac{\partial}{\partial A}\left(\frac{\partial F}{\partial V}\right)_{T,A} = \frac{\partial}{\partial V}\left(\frac{\partial F}{\partial A}\right)_{T,V} = \frac{\partial}{\partial V}\sigma(T) = 0$$

$$\Longrightarrow \left(\frac{\partial F}{\partial V}\right)_{T,A} = f(T,V), \quad \text{unabhängig von } A$$

$$\Longrightarrow F(T,V,A) = \int^{V} f(T,V')\,dV' + F_A(T,A).$$

Ganz offensichtlich gilt:

$$F(T,V,A) = F_V(T,V) + F_A(T,A).$$

F_A kann explizit angegeben werden:

$$F_A(T,A) = \sigma(T)\,A.$$

6) Maxwell-Relation für F:

$$\left(\frac{\partial S}{\partial A}\right)_{T,V} = -\left(\frac{\partial \sigma}{\partial T}\right)_{V,A} = \frac{\alpha}{T_c} > 0.$$

Die Entropie S nimmt bei Vergrößerung der Oberfläche zu!

7) $dU = T\,dS + \sigma\,dA$, falls isochor

$$\Longrightarrow \left(\frac{\partial U}{\partial A}\right)_{T,V} = T\left(\frac{\partial S}{\partial A}\right)_{T,V} + \sigma \overset{6)}{=} \alpha\frac{T}{T_c} + \alpha\left(1 - \frac{T}{T_c}\right) = \alpha > 0.$$

8)

$$S = -\left(\frac{\partial F}{\partial T}\right)_{V,A} = S_V(T,V) + S_A(T,A)$$

$$\Longrightarrow S_A(T,A) = -\left(\frac{\partial F_A}{\partial T}\right)_{V,A} \overset{5)}{=} -A\,\frac{d\sigma}{dT} = +A\,\frac{\alpha}{T_c}.$$

$A_1 \to A_2$: isotherm-isochor $\Longleftrightarrow$ S_V =const.

$$\Delta Q = T\,(S_A(T,A_2) - S_A(T,A_1)) = \alpha\frac{T}{T_c}(A_2 - A_1),$$

$\Delta Q > 0$, falls $A_2 > A_1$.

9)

$$dG = d(F + p\,V) = -S\,dT + V\,dp + \sigma\,dA.$$

10)

$$\left(\frac{\partial G}{\partial A}\right)_{T,p} = \sigma(T), \quad \text{unabhängig von } p$$

$$\Longrightarrow \frac{\partial}{\partial p}\left(\frac{\partial G}{\partial A}\right)_{T,p} = 0 = \frac{\partial}{\partial A}\left(\frac{\partial G}{\partial p}\right)_{T,A}$$

$$\Longrightarrow \left(\frac{\partial G}{\partial p}\right)_{T,A} = V(T,p), \quad \text{unabhängig von } A.$$

Dies bedeutet:

$$G(T,p,A) = G_V(T,p) + G_A(T,A).$$

Oberflächenanteil:

$$G_A(T,A) = \sigma(T)\,A,$$

$$V = \left(\frac{\partial G}{\partial p}\right)_{T,A} = \left(\frac{\partial G_V}{\partial p}\right)_{T,A}.$$

Lösung zu Aufgabe 3.9.16

1)

$$G_V^{(1)}(T,p) = M_1\, g_1(T,p), \quad G_A^{(1)}(T,A) = \sigma(T)\, A_1 = \sigma(T)\, 4\pi\, r^2, \quad \Big\}\text{ - Tropfen}$$

$$G^{(2)}(T,p) = M_2\, g_2(T,p) \quad \Big\}\text{ - Dampf; hat keine Oberfläche}$$

$$\Longrightarrow \quad G(T,p,A) = M_1\, g_1(T,p) + \sigma(T)\, 4\pi\, r^2 + M_2\, g_2(T,p).$$

2) Gleichgewicht bedeutet: $dG = 0$

Da T und p fest sind, bleiben nur M_1, M_2 und r veränderbar:

$$M_1 + M_2 = M = \text{const.} \Longrightarrow dM_1 = -dM_2.$$

Teil 1) liefert dann:

$$0 = dG = dM_1(g_1 - g_2) + \sigma\, 8\pi\, r\, dr$$

$$\Longrightarrow \quad g_2 - g_1 = \sigma\, 8\pi\, r \frac{dr}{dM_1}.$$

Die Massendichte ρ_1,

$$\rho_1 = \frac{M_1}{\frac{4\pi}{3} r^3},$$

des Flüssigkeitstropfens ist als konstant anzusehen:

$$\Longrightarrow \quad M_1 = \rho_1 \frac{4\pi}{3} r^3 \Longrightarrow \frac{dM_1}{dr} = \rho_1\, 4\pi\, r^2\, dr.$$

Es ist damit die Behauptung

$$g_2 - g_1 = \frac{2\sigma}{r\,\rho_1}$$

bewiesen.

3) Aus der allgemeinen Relation

$$\left(\frac{\partial G}{\partial p}\right)_T = V$$

folgt hier:

$$V = V_1 + V_2 = M_1 \left(\frac{\partial g_1}{\partial p}\right)_T + 0 + M_2 \left(\frac{\partial g_2}{\partial p}\right)_T .$$

Dies bedeutet offensichtlich:

$$\left(\frac{\partial g_i}{\partial p}\right)_T = \frac{V_i}{M_i}; \quad i = 1, 2$$

$$\Longrightarrow \quad \frac{V_2}{M_2} - \frac{V_1}{M_1} = \frac{1}{\rho_2} - \frac{1}{\rho_1} = \left[\frac{\partial}{\partial p}(g_2 - g_1)\right]_T =$$

$$= -\frac{2\sigma(T)}{r^2\,\rho_1}\,\frac{dr}{dp}.$$

$\rho_1 \gg \rho_2$:

$$\frac{1}{\rho_2} \approx -\frac{2\,\sigma(T)}{r^2\,\rho_1}\,\frac{dr}{dp}.$$

Dampf = ideales Gas:

$$\rho_2 = \frac{M_2}{V_2} = \frac{M_2}{N\,k_B\,T\frac{1}{p}} = \frac{m\,p}{k_B\,T},$$

m : Masse eines Moleküls,

$$\Longrightarrow \quad \frac{k_B\,T}{m\,p} \approx -\frac{2\,\sigma}{r^2\,\rho_1}\,\frac{dr}{dp} \quad \Longrightarrow \quad \frac{dp}{p} = \frac{2\,\sigma\,m}{\rho_1\,k_B\,T}\left(-\frac{dr}{r^2}\right)$$

$$\Longrightarrow \quad \ln p = \frac{2\,\sigma\,m}{\rho_1\,k_B\,T}\,\frac{1}{r} + \alpha.$$

$p_\infty(T)$: Dampfdruck bei unendlichem Tröpfchenradius:

$$\Longrightarrow \quad \alpha = \ln p_\infty$$

$$\Longrightarrow \quad \ln\frac{p}{p_\infty} = \frac{2\,\sigma\,m}{\rho_1\,k_B\,T}\,\frac{1}{r}.$$

Dampfdruck des Tröpfchens:

$$p(r, T) = p_\infty(T)\exp\left(\frac{2\,m\,\sigma(T)}{\rho_1\,k_B\,T}\,\frac{1}{r}\right).$$

Lösung zu Aufgabe 3.9.17

1) Erster Hauptsatz: $dU = \delta Q + \mu_0 V H \, dM$

$$\Longrightarrow \quad C_M = \left(\frac{\partial U}{\partial T}\right)_M ,$$

$$\delta Q = C_M \, dT + \left[\left(\frac{\partial U}{\partial M}\right)_T - \mu_0 V H\right] dM$$

$$\Longrightarrow \quad C_H = \left(\frac{\delta Q}{dT}\right)_H = C_M + \left[\left(\frac{\partial U}{\partial M}\right)_T - \mu_0 V H\right] \left(\frac{\partial M}{\partial T}\right)_H$$

$$\Longrightarrow \quad C_M - C_H = \left[\mu_0 V H - \left(\frac{\partial U}{\partial M}\right)_T\right] \left(\frac{\partial M}{\partial T}\right)_H .$$

2)

$$\left(\frac{\partial M}{\partial T}\right)_H = -\frac{C}{T^2} H$$

$$\Longrightarrow \quad C_M - C_H = -\frac{\mu_0 V}{C} M^2 .$$

3a) Maxwell-Relation der freien Energie:

$$dF = -S \, dT + \mu_0 V H \, dM$$

$$\Longrightarrow \quad \left(\frac{\partial S}{\partial M}\right)_T = -\mu_0 V \left(\frac{\partial H}{\partial T}\right)_M .$$

3b) Maxwell-Relation der freien Enthalpie:

$$dG = -S \, dT - \mu_0 V M \, dH$$

$$\Longrightarrow \quad \left(\frac{\partial S}{\partial H}\right)_T = \mu_0 V \left(\frac{\partial M}{\partial T}\right)_H .$$

3c) Die Behauptung folgt unmittelbar aus 1) für $\delta Q = T \, dS$.

4)

$$C_M - C_H = -T \left(\frac{\partial S}{\partial M}\right)_T \left(\frac{\partial M}{\partial T}\right)_H =$$

$$= \mu_0 V T \left(\frac{\partial H}{\partial T}\right)_M \left(\frac{\partial M}{\partial T}\right)_H .$$

5)

$$\left(\frac{\partial H}{\partial T}\right)_M = \frac{M}{C},$$

$$dH = \frac{M}{C} dT + \frac{1}{C}(T - T_c) \, dM + 3 \, b \, M^2 \, dM$$

$$\Longrightarrow \left(\frac{\partial M}{\partial T}\right)_H \left[3\,b\,M^2 + \frac{1}{C}(T - T_c)\right] = -\frac{M}{C}$$

$$\Longrightarrow \left(\frac{\partial M}{\partial T}\right)_H = \frac{-M}{3\,b\,M^2\,C + (T - T_c)}$$

$$\Longrightarrow C_M - C_H = \frac{-\mu_0\,V\,T\,M^2}{3\,b\,M^2\,C^2 + C(T - T_c)}.$$

6)

$$\frac{\partial}{\partial M}C_M = \left\{\frac{\partial}{\partial M}\left[T\left(\frac{\partial S}{\partial T}\right)_M\right]\right\}_T = T\left[\frac{\partial}{\partial T}\left(\frac{\partial S}{\partial M}\right)_T\right]_M =$$

$$\overset{(3a)}{=} T(-\mu_0\,V)\left(\frac{\partial^2 H}{\partial T^2}\right)_M = 0.$$

7)

$$\left(\frac{\partial U}{\partial T}\right)_M = C_M(T).$$

Nach Teil 3) gilt auch:

$$\left(\frac{\partial U}{\partial M}\right)_T = T\left(\frac{\partial S}{\partial M}\right)_T + \mu_0\,V\,H = -\mu_0\,V\,T\left(\frac{\partial H}{\partial T}\right)_M + \mu_0\,V\,H =$$

$$= -\mu_0\,V\,T\frac{M}{C} + \mu_0\,V\frac{1}{C}(T - T_c)\,M + \mu_0\,V\,b\,M^3 =$$

$$= \mu_0\,V\left(b\,M^3 - \frac{T_c}{C}\,M\right).$$

Daraus folgt durch Integration:

$$U(T,M) = \mu_0\,V\left(\frac{1}{4}b\,M^4 - \frac{T_c}{2\,C}M^2\right) + f(T),$$

$$\left(\frac{\partial U}{\partial T}\right)_M = C_M(T) = f'(T)$$

$$\Longrightarrow U(T,M) = \mu_0\,V\left(\frac{1}{4}b\,M^4 - \frac{T_c}{2\,C}M^2\right) + \int_0^T C_M(T')\,dT'.$$

Analog findet man die Entropie:

$$\left(\frac{\partial S}{\partial T}\right)_M = \frac{1}{T}C_M(T); \quad \left(\frac{\partial S}{\partial M}\right)_T = -\mu_0\,V\left(\frac{\partial H}{\partial T}\right)_M = -\mu_0\,V\frac{M}{C}$$

$$\Longrightarrow S(T,M) = -\mu_0\,V\frac{M^2}{2\,C} + \int_0^T \frac{C_M(T')}{T'}\,dT'.$$

Das bedeutet schließlich für die freie Energie:

$$F = U - T\,S = F_0 + \mu_0\,V\frac{1}{2\,C}(T - T_c)\,M^2 + \mu_0\,V\frac{1}{4}b\,M^4 +$$
$$+ \int\limits_0^T C_M(T')\left(1 - \frac{T}{T'}\right)\,dT'.$$

8)

$$H = M\left[\frac{1}{C}(T - T_c) + b\,M^2\right].$$

$H = 0$ besitzt also die Lösungen:

$$a)\quad M = 0,$$
$$b)\quad M_S = \pm\sqrt{\tfrac{1}{b\,C}(T_c - T)}.$$

Für die freie Energie gilt nach Teil 7):

$$F = f(T) + \frac{\mu_0\,V}{2\,C}(T - T_c)\,M^2 + \frac{1}{4}\mu_0\,V\,b\,M^4$$
$$\Longrightarrow\quad F(T, M = 0) = f(T),$$
$$F(T, M = \pm M_S) = f(T) + \frac{\mu_0\,V}{2\,C}(T - T_c)\frac{T_c - T}{b\,C} +$$
$$+ \frac{1}{4}\mu_0\,V\,b\frac{1}{(b\,C)^2}(T_c - T)^? =$$
$$= f(T) - \frac{1}{4}\frac{\mu_0\,V}{b\,C^2}(T_c - T)^2.$$

Es ist also:

$$F(T, M = \pm M_S) < F(T, M = 0).$$

Die *ferromagnetische* Lösung $M_S \neq 0$ ist demnach stabil. Sie existiert als reelle Lösung nur für $T \leq T_c$.

9) Magnetische Suszeptibilität:

$$\chi_T = \left(\frac{\partial M}{\partial H}\right)_T = \left[\left(\frac{\partial H}{\partial M}\right)_T\right]^{-1} = \frac{1}{\frac{1}{C}(T - T_c) + 3\,b\,M^2}$$
$$\Longrightarrow\quad \lim_{H\to 0}\chi_T = \frac{1}{\frac{1}{C}(T - T_c) + 3\,b\,M_S^2} = \frac{C}{2(T_c - T)}.$$

χ_T divergiert im Nullfeld für $T \to T_c$!

Für die Differenz der Wärmekapazitäten benutzen wir das Resultat von Teil 5):

$$\lim_{H\to 0}(C_M - C_H) = \frac{-\mu_0\, V\, T\, M_S^2}{3\, b\, M_S^2 C^2 + C(T - T_c)} =$$

$$= \frac{-\mu_0\, V\, T \frac{1}{b\,C}(T_c - T)}{3\, b\, C^2 \frac{1}{b\,C}(T_c - T) + C(T - T_c)} = -\frac{\mu_0\, V}{2\, b\, C^2}\, T.$$

Kapitel 4.3

Lösung zu Kapitel 4.3.1

1) Es gilt die Zuordnung:

$$p \iff B_0 = \mu_0\, H,$$
$$V \iff -m = -V\, M.$$

Clausius-Clapeyron-Gleichung (4.19):

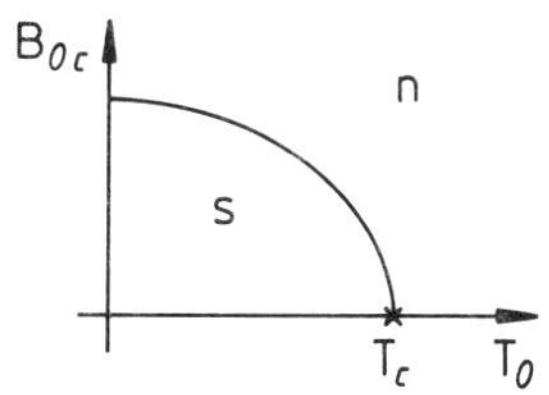

$$\frac{dp}{dT} = \frac{\Delta Q}{T_0\, \Delta V}.$$

Dies bedeutet für den Supraleiter:

$$\Delta Q = T_0 \frac{dB_{0C}}{dT}(-\Delta m),$$
$$\Delta m = V(M_n - M_s) \approx -V\, M_s = V\, H_C.$$

Der letzte Schritt ist ein Ausdruck des Meißner-Ochsenfeld-Effekts:

$$\frac{dB_{0C}}{dT} = \mu_0 \frac{dH_C}{dT}$$
$$\Longrightarrow\ \Delta Q = -T_0\, V\, \mu_0 \left(H_C \frac{dH_C}{dT}\right)_{T=T_0}.$$

2)

$$G(T,H) = U - T\,S - \mu_0\, V\, H\, M,$$
$$M_n \text{ sehr klein } \Longrightarrow G_n(T,H) \approx G_n(T,0),$$
$$dG = -S\, dT - \mu_0\, V\, M\, dH.$$

Meißner-Ochsenfeld-Effekt:

$$dG_s = -S_s\, dT + \mu_0\, V\, H\, dH.$$

Wir interessieren uns für den isothermen Prozeß:

$$(dG_s)_T = \mu_0\, V\, H\, dH$$
$$\Longrightarrow \quad G_s(T,H) = G_s(T,0) + \frac{1}{2}\mu_0\, V\, H^2.$$

Phasengleichgewicht:

$$G_n(T,H_C) \stackrel{!}{=} G_s(T,H_C) \approx G_n(T,0).$$

Daraus erhalten wir die *Stabilisierungsenergie*:

$$\Delta G = G_s(T,0) - G_n(T,0) \approx G_s(T,0) - G_s(T,H_C)$$
$$\Longrightarrow \quad \Delta G = -\frac{1}{2}\mu_0\, V\, H_C^2(T).$$

3)

$$S_n = -\left(\frac{\partial}{\partial T} G_n(T,H)\right)_H \approx -\left(\frac{\partial}{\partial T} G_n(T,H=0)\right)_{H=0},$$
$$S_s = -\left(\frac{\partial}{\partial T} G_s(T,H)\right)_H \stackrel{2)}{=} -\frac{d}{dT} G_s(T,0)$$
$$\Longrightarrow \quad S_s - S_n = -\frac{d}{dT}\Delta G = \mu_0\, V\, H_C(T)\frac{dH_C(T)}{dT}.$$

Dies ist in Übereinstimmung mit Teil 1)!

Wegen $\frac{dH_C}{dT} < 0$ ist:

$$S_n(T) > S_s(T).$$

Der Supraleiter hat also den höheren Ordnungszustand. Wegen $H_C(T_c) = 0$ gilt am kritischen Punkt:

$$S_n(T_c) = S_s(T_c).$$

4) Unabhängig von den Werten anderer Parameter gilt nach dem Dritten Hauptsatz:

$$S_s(T) \underset{T\to 0}{\longrightarrow} 0; \quad S_n(T) \underset{T\to 0}{\longrightarrow} 0.$$

Da andererseits

$$H_C(T) \underset{T\to 0}{\longrightarrow} H_0 \neq 0$$

sein soll, muß nach Teil 3)

$$\lim_{T\to 0} \frac{dH_C}{dT} = 0$$

erfüllt sein, was von unserem Ansatz für H_C in der Tat gewährleistet wird.

5)

$$\begin{aligned}
C_s - C_n &= T\left[\frac{\partial}{\partial T}(S_s - S_n)\right] = \\
&= \mu_0\, V\, T\left[\left(\frac{dH_C}{dT}\right)^2 + H_C(T)\frac{d^2H_C(T)}{dT^2}\right], \\
\frac{dH_C}{dT} &= -2\,H_0(1-\alpha)\frac{T}{T_c^2} - 4\,\alpha\,H_0\frac{T^3}{T_c^4} = \\
&= -2\,H_0\frac{T}{T_c^2}\left(1-\alpha+2\,\alpha\frac{T^2}{T_c^2}\right), \\
\left(\frac{dH_C}{dT}\right)^2 &= 4\,H_0^2\frac{T^2}{T_c^4}\left(1-\alpha+2\,\alpha\frac{T^2}{T_c^2}\right)^2, \\
\frac{d^2H_C}{dT^2} &= -2\frac{H_0}{T_c^2}\left(1-\alpha+6\,\alpha\frac{T^2}{T_c^2}\right) \\
\Longrightarrow\ C_s - C_n &= \mu_0\, V\, T\, 2\frac{H_0^2}{T_c^2}\left[\alpha - 1 + 3\frac{T^2}{T_c^2}(1-4\,\alpha+\alpha^2) + \right. \\
&\quad \left. + 15\,\alpha(1-\alpha)\frac{T^4}{T_c^4} + 14\,\alpha^2\frac{T^6}{T_c^6}\right].
\end{aligned}$$

Interessant ist der kritische Punkt $T = T_c$:

$$(C_s - C_n)_{T=T_c} = 4\,\mu_0\, V\frac{H_0^2}{T_c}(1+\alpha)^2.$$

6)

$T < T_c$

$$S_n(T) \neq S_s(T)$$

$\Longrightarrow$ Phasenübergang erster Ordnung.

$\boxed{T = T_c}$

$$S_n(T_c) = S_s(T_c),$$
$$C_n(T_c) \neq C_s(T_c) \quad \text{(endlicher Sprung)}$$
$$\Longrightarrow \text{Phasenübergang zweiter Ordnung.}$$

Lösung zu Aufgabe 4.3.2

$$T = T_c(\epsilon + 1).$$

$f(T)$ läßt sich als Funktion von ϵ wie folgt schreiben:

$$f(\epsilon) = a\,T_c(\epsilon + 1)\ln|T_c\,\epsilon| + b\,T_c^2(\epsilon + 1)^2.$$

Der kritische Exponent bestimmt sich dann wie folgt:

$$\begin{aligned}
\varphi &= \lim_{\epsilon\to 0} \frac{\ln|f(\epsilon)|}{\ln|\epsilon|} = \lim_{\epsilon\to 0} \frac{\ln|a\,T_c(\epsilon+1)\ln|T_c\epsilon||}{\ln|\epsilon|} = \\
&= \lim_{\epsilon\to 0} \frac{\ln|a\,T_c\epsilon\ln|T_c\,\epsilon| \ + a\,T_c\ln|T_c\epsilon||}{\ln|\epsilon|} = \lim_{\epsilon\to 0} \frac{\ln|a\,T_c\ln|T_c\,\epsilon||}{\ln|\epsilon|} = \\
&= \lim_{\epsilon\to 0} \frac{\ln|a\,T_c| + \ln|\ln|T_c\,\epsilon||}{\ln|\epsilon|} = \lim_{\epsilon\to 0} \frac{\ln|\ln T_c + \ln|\epsilon||}{\ln|\epsilon|} = \\
&= \lim_{\epsilon\to 0} \frac{\ln|\ln|\epsilon||}{\ln|\epsilon|} = \lim_{\epsilon\to 0} \frac{\frac{1}{|\ln|\epsilon||}\,\frac{1}{|\epsilon|}}{\frac{1}{|\epsilon|}} = \lim_{\epsilon\to 0} \frac{1}{|\ln|\epsilon||} = 0.
\end{aligned}$$

Lösung zu Aufgabe 4.3.3

Phasenübergänge zweiter Ordnung nach der Ehrenfest-Klassifikation sind durch endliche Sprünge in den zweiten Ableitungen der freien Enthalpie oder freien Energie definiert:

$$f(\epsilon) \xrightarrow[T\to T_c^{(\pm)}]{} A_\pm; \quad A_+ \neq A_-$$

$$\Longrightarrow \ \varphi = \lim_{\epsilon\to 0} \frac{\ln|f(\epsilon)|}{\ln|\epsilon|} = \lim_{\epsilon\to 0} \frac{\ln|A_\pm|}{\ln|\epsilon|} = 0.$$

Lösung zu Aufgabe 4.3.4

1)

$$T = T_c(\epsilon + 1) \implies f(\epsilon) = a\,T_c^{\frac{5}{2}}(\epsilon + 1)^{\frac{5}{2}} - b$$

$$\implies \varphi = \lim_{\epsilon \to 0} \frac{\ln|f(\epsilon)|}{\ln|\epsilon|} = 0.$$

2)

$$f(\epsilon) = a\,T_c^2(\epsilon + 1)^2 + \frac{C}{T_c}\,\frac{1}{\epsilon}$$

$$\implies \varphi = \lim_{\epsilon \to 0} \frac{\ln|\frac{C}{T_c\,\epsilon}|}{\ln|\epsilon|} = -\lim_{\epsilon \to 0} \frac{\ln|\epsilon|}{\ln|\epsilon|} = -1.$$

3)

$$f(\epsilon) = a\,\sqrt{T_c}\,\sqrt{|\epsilon|} + d$$

$$\implies \varphi = \lim_{\epsilon \to 0} \frac{\ln|d|}{\ln|\epsilon|} = 0.$$

Lösung zu Aufgabe 4.3.5

Wir benutzen (2.82):

$$\chi_T(C_H - C_m) = \mu_0\,V\,T\,\beta_H^2; \quad \beta_H = \left(\frac{\partial M}{\partial T}\right)_H$$

$$\implies 1 - R = \mu_0\,V\,T\,\beta_H^2\,\chi_T^{-1}\,C_H^{-1}.$$

Kritisches Verhalten $T \to T_c^{(-)}$:

$$M \sim (-\epsilon)^{\beta}; \quad \beta_H^2 \sim (-\epsilon)^{2\beta - 2}; \quad \chi_T^{-1} \sim (-\epsilon)^{\gamma'}; \quad C_H^{-1} \sim (-\epsilon)^{\alpha'}$$

$$\implies 1 - R \sim (-\epsilon)^{2\beta - 2 + \gamma' + \alpha'}.$$

Daran lesen wir ab:

1) $R \neq 1$:

Die voranstehende Gleichung ist nur erfüllbar, falls gilt:

$$2\beta - 2 + \gamma' + \alpha' = 0 \iff \alpha' + 2\beta + \gamma' = 2.$$

2) $R = 1$:

Dann ist in der obigen Beziehung die linke Seite Null und kann deswegen nur durch

$$2\beta - 2 + \gamma' + \alpha' > 0 \iff \alpha' + 2\beta + \gamma' > 2$$

erfüllt werden.

Lösung zu Aufgabe 4.3.6

Skalenhypothese (4.76) hat (4.77) zur Folge. Dort setzen wir

$$\lambda = (\pm\epsilon)^{-\frac{1}{a_\epsilon}}$$

und erhalten mit H anstelle von $B_0 = \mu_0 H$:

$$M(\epsilon, H) = (\pm\epsilon)^{\frac{1-a_B}{a_\epsilon}} M\left(\pm 1, (\pm\epsilon)^{-\frac{a_B}{a_\epsilon}} H\right).$$

Wir benutzen (4.78) und (4.80):

$$\frac{1-a_B}{a_\epsilon} = \beta; \quad \frac{a_B}{a_\epsilon} = \beta\delta.$$

Damit folgt unmittelbar die Behauptung:

$$\frac{M(\epsilon, H)}{(\pm\epsilon)^\beta} = M\left(\pm 1, (\pm\epsilon)^{-\beta\delta} H\right).$$

Man mißt die Magnetisierung M für eine Vielzahl von äußeren Feldern H als Funktion der Temperatur (bzw. ϵ). Trägt man dann

$$\frac{M(\epsilon, H)}{|\epsilon|^\beta} \quad \text{gegen} \quad \frac{H}{|\epsilon|^{\beta\delta}}$$

auf, so reduziert sich diese Vielzahl auf zwei Kurven, je eine für $T < T_c$ und $T > T_c$, falls die Skalenhypothese gültig ist.

Lösung zu Aufgabe 4.3.7

Wir benutzen:

$$(4.78) : \beta = \frac{1-a_B}{a_\epsilon},$$

$$(4.79) : \delta = \frac{a_B}{1-a_B},$$

$$(4.81): \gamma = \gamma' = \frac{2a_B - 1}{a_\epsilon},$$

$$(4.82): \alpha = \alpha' = \frac{2\alpha_\epsilon - 1}{a_\epsilon}.$$

1) $\gamma(\delta + 1) = (2 - \alpha)(\delta - 1)$

gilt genau dann, wenn

$$\frac{2a_B - 1}{a_\epsilon} \frac{1}{1 - a_B} \stackrel{!}{=} \frac{1}{a_\epsilon} \frac{2a_B - 1}{1 - a_B}$$

erfüllt ist. Das ist offensichtlich der Fall!

2) $\delta = \frac{2-\alpha+\gamma}{2-\alpha-\gamma}$

gilt, falls

$$\frac{a_B}{1 - a_B} \stackrel{!}{=} \frac{2 - \frac{2a_\epsilon - 1}{a_\epsilon} + \frac{2a_B - 1}{a_\epsilon}}{2 - \frac{2a_\epsilon - 1}{a_\epsilon} - \frac{2a_B - 1}{a_\epsilon}}$$

erfüllt ist:

$$\frac{a_B}{1 - a_B} \stackrel{!}{=} \frac{2a_\epsilon - 2a_\epsilon + 1 + 2a_B - 1}{2a_\epsilon - 2a_\epsilon + 1 - 2a_B + 1}$$

$$\Longleftrightarrow \quad \frac{a_B}{1 - a_B} \stackrel{!}{=} \frac{2a_B}{2 - 2a_B} \quad \text{q.e.d.}$$

Lösung zu Aufgabe 4.3.8

1) Wir können vom Gesetz der korrespondierenden Zustände (1.19) ausgehen:

$$\left(\pi + \frac{3}{v^2}\right)(3\,v - 1) = 8\,t,$$

$$p_r = \pi - 1; \quad V_r = v - 1; \quad \epsilon = t - 1$$

$$\Longrightarrow \quad \left[(1 + p_r) + 3(1 + V_r)^{-2}\right]\left[3(V_r + 1) - 1\right] = 8(1 + \epsilon)$$

$$\Longrightarrow \quad \left[4 + 2\,V_r + V_r^2 + p_r(1 + 2\,V_r + V_r^2)\right](3\,V_r + 2) =$$

$$= 8(1 + \epsilon)(1 + 2\,V_r + V_r^2).$$

Sortieren dieser Gleichung führt auf:

$$p_r(2 + 7\,V_r + 8\,V_r^2 + 3\,V_r^3) = -3\,V_r^3 + 8\,\epsilon(1 + 2\,V_r + V_r^2).$$

2) Im kritischen Bereich werden alle drei Größen p_r, V_r und ϵ sehr klein. In erster Näherung können wir deshalb die Zustandsgleichung aus 1) linearisieren:

$$p_r \approx 4\,\epsilon.$$

In einem nächsten Näherungsschritt setzen wir dieses wieder in die Zustandsgleichung ein:

$$\begin{aligned} 4\,\epsilon(2+7\,V_r+8\,V_r^2+3\,V_r^3) &= -3\,V_r^3+8\,\epsilon(1+2\,V_r+V_r^2) \\ \Longrightarrow\ 0 &\approx V_r(3\,V_r^2+12\,\epsilon+24\,V_r\,\epsilon+12\,\epsilon\,V_r^2) \\ \Longrightarrow\ 0 &\approx V_r(V_r^2+8\,V_r\,\epsilon+4\,\epsilon). \end{aligned}$$

Diese Gleichung hat die Lösungen:

$$V_r^{(0)}=0; \qquad V_r^{(\pm)}=-4\,\epsilon\pm 2\sqrt{-\epsilon}\,\sqrt{1-4\,\epsilon}.$$

$T \overset{>}{\rightarrow} T_c \iff \epsilon \overset{>}{\rightarrow} 0:$

Nur $V_r=0$ kann Lösung sein, da $V_r^{(\pm)}$ komplex sind.

$T \overset{<}{\rightarrow} T_c \iff \epsilon \overset{<}{\rightarrow} 0:$

Wir wissen, daß die Lösung $V_r=0$ instabil ist. Für das reduzierte Volumen des van der Waals-Gases gilt deshalb:

$$V_r^{(\pm)}=-4\,\epsilon\pm 2\sqrt{-\epsilon}\,\sqrt{1-4\,\epsilon}\sim\pm 2\sqrt{-\epsilon}.$$

3) β bestimmt das Verhalten des Ordnungsparameters (4.52):

$$\begin{aligned} \frac{\Delta\rho}{2\,\rho_C} &= \frac{1}{2}\,\frac{\rho^- - \rho^+}{\rho_C}=\frac{V_c}{2}\,\frac{V^+ - V^-}{V_-\,V_+}= \\ &= \frac{1}{2}\left(\frac{V_c}{V_-}-\frac{V_c}{V_+}\right)=\frac{1}{2}\left(\frac{1}{V_r^{(-)}+1}-\frac{1}{V_r^{(+)}+1}\right)\approx \\ &\approx \frac{1}{2}\left[1-V_r^{(-)}-\left(1-V_r^{(+)}\right)\right]=\frac{1}{2}\left(V_r^{(+)}-V_r^{(-)}\right) \\ &\Longrightarrow\ \frac{\Delta\rho}{2\,\rho_C}\sim 2\sqrt{-\epsilon} \\ &\Longrightarrow\ \beta=\frac{1}{2}; \quad \text{kritische Amplitude } B=2. \end{aligned}$$

4) $T=T_c$ heißt $\epsilon=0$. Dann lautet die Zustandsgleichung aus Teil 1):

$$p_r=-3\,V_r^3\left(2+7\,V_r+8\,V_r^2+3\,V_r^3\right)^{-1}.$$

Entwicklung für kleine V_r:

$$p_r=-\frac{3}{2}\,V_r^3\left(1-\frac{7}{2}\,V_r+0(V_r^2)\right).$$

5) Der kritische Exponent δ ist durch (4.57) definiert:

$$p_c^{(0)} = n\,\frac{R\,T_c}{V_c} = \frac{8}{3}\,p_c .$$

Dabei haben wir (1.17) ausgenutzt. Es ist also:

$$\frac{p - p_c}{p_c^{(0)}} = \frac{3}{8}\left(\frac{p}{p_c} - 1\right) = \frac{3}{8}\,p_r .$$

Weiter gilt:

$$\frac{\rho}{\rho_C} - 1 = \frac{V_c}{V} - 1 = \frac{1}{V_r + 1} - 1 = \frac{-V_r}{V_r + 1} =$$
$$= -V_r\left(1 - V_r + 0(V_r^2)\right).$$

Auf der kritischen Isothermen gilt also, wenn wir Teil 4) ausnutzen und für $p \to p_c$ $V_r \to 0$ anwenden:

$$\frac{p - p_c}{p_c^{(0)}} \sim \frac{9}{16}\left|\frac{\rho}{\rho_C} - 1\right|^3 .$$

Der Vergleich mit (4.57) liefert:

$$\delta = 3; \qquad D = \frac{9}{16}.$$

6) Kompressiblität:

$$\kappa_T = -\frac{1}{V}\left(\frac{\partial V}{\partial p}\right)_T = -\frac{1}{V}V_c\left(\frac{\partial V_r}{\partial p}\right)_T ,$$

$$dp_r = d\left(\frac{p}{p_c} - 1\right) = \frac{1}{p_c}\,dp,$$

$$\kappa_T = -\frac{1}{V}\,\frac{V_c}{p_c}\left(\frac{\partial V_r}{\partial p_r}\right)_T .$$

Normierungsfaktor:

$$\kappa_{T_c}^{(0)} = \frac{1}{p_c^{(0)}} = \frac{V_c}{n\,R\,T_c} = \frac{3}{8\,p_c}.$$

Im letzten Schritt haben wir wieder (1.17) ausgenutzt:

$$\frac{\kappa_T}{\kappa_{T_c}^{(0)}} = -\frac{8}{3}\,\frac{1}{V_r + 1}\left(\frac{\partial V_r}{\partial p_r}\right)_T .$$

Nach Teil 1) gilt:

$$\left(\frac{\partial p_r}{\partial V_r}\right)_T = \frac{-9\,V_r^2 + 16\,\epsilon(1+V_r)}{2+7\,V_r+8\,V_r^2+3\,V_r^3} - \frac{\left[-3\,V_r^3 + 8\,\epsilon(1+2\,V_r+V_r^2)\right](7+16\,V_r+9\,V_r^2)}{(2+7\,V_r+8\,V_r^2+3\,V_r^3)^2}.$$

a) $\boxed{T \underset{\rightarrow}{>} T_c}$ $\rho = \rho_C$, d.h. $V_r = 0$

$$\Longrightarrow \left(\frac{\partial p_r}{\partial V_r}\right)_{\substack{T\\ V_r=0}} = 8\,\epsilon - 14\,\epsilon = -6\,\epsilon \Longrightarrow \frac{\kappa_T}{\kappa_{T_c}^{(0)}} = \frac{4}{9}\epsilon^{-1}.$$

Das gilt sogar überall auf der kritischen Isochoren ($V_r = 0$), nicht nur für $T \underset{\rightarrow}{>} T_c$.

$$\Longrightarrow \gamma = 1; \quad C = \frac{4}{9}.$$

b) $\boxed{T \underset{\rightarrow}{<} T_c}$

Im kritischen Bereich gilt jetzt nach Teil 2):

$$V_r^2 \approx -4\,\epsilon.$$

Dies bedeutet:

$$\left(\frac{\partial p_r}{\partial V_r}\right)_{\epsilon\to 0} \approx \frac{1}{2}(36\,\epsilon + 16\,\epsilon) - \frac{1}{4}\,56\,\epsilon = 12\,\epsilon,$$

$$\frac{1}{V_r+1} \underset{\epsilon\to 0}{\longrightarrow} 1.$$

Es bleibt somit:

$$\frac{\kappa_T}{\kappa_{T_c}^{(0)}} \sim -\frac{8}{3}\,\frac{1}{12\,\epsilon} = \frac{2}{9}(-\epsilon)^{-1}.$$

Durch Vergleich mit (4.55) folgt:

$$\gamma' = 1; \quad C' = \frac{2}{9} = \frac{1}{2}C.$$

Lösung zu Aufgabe 4.3.9

Kettenregel:

$$\left(\frac{\partial V}{\partial T}\right)_p \left(\frac{\partial T}{\partial p}\right)_V \left(\frac{\partial p}{\partial V}\right)_T = -1$$

$$\Longleftrightarrow \quad (V\,\beta)\left(\frac{\partial T}{\partial p}\right)_V \left(-\frac{1}{V\,\kappa_T}\right) = -1$$

$$\Longrightarrow \quad \beta = \kappa_T \left(\frac{\partial p}{\partial T}\right)_V .$$

Für das van der Waals-Gas gilt speziell:

$$\beta = \kappa_T \left(\frac{n\,R}{V - n\,b}\right) .$$

Der Klammerausdruck verhält sich analytisch für $T \to T_c$, so daß das kritische Verhalten von β dem der Kompressiblität κ_T entspricht.

Lösung zu Aufgabe 4.3.10

1) Nach (1.28) lautet die Zustandsgleichung des Weiß-Ferromagneten:

$$M = M_0\, L\left(m\frac{B_0 + \lambda\,\mu_0\,M}{k_B\,T}\right),$$

$$\frac{m\,\lambda\,\mu_0\,M}{k_B\,T} = \frac{M}{M_0}\,\frac{\frac{N}{V}m^2\lambda\,\mu_0}{k_B\,T} \overset{(1.26)}{=} \widehat{M}\,\frac{3\,k_B\,C\,\lambda}{k_B\,T} \overset{(1.30)}{=} \widehat{M}\,\frac{3\,T_c}{T}.$$

Damit folgt unmittelbar:

$$\widehat{M} = L\left(b + \frac{3\,\widehat{M}}{\epsilon + 1}\right).$$

2) $L(x) = \frac{1}{3}x - \frac{1}{45}x^3 + 0(x^5)$

$$B_0 = 0 \Longrightarrow b = 0,$$

$$T \underset{\to}{<} T_c \Longrightarrow \widehat{M} \text{ sehr klein.}$$

Dann gilt:

$$\widehat{M} \approx \frac{\widehat{M}}{\epsilon + 1} - \frac{3}{5}\frac{\widehat{M}^3}{(\epsilon + 1)^3}$$

$$\Longrightarrow \quad \frac{\epsilon}{\epsilon+1} \approx -\frac{3}{5}\frac{\widehat{M}^2}{(\epsilon+1)^3} \quad \Longrightarrow \quad \widehat{M}^2 \approx -\frac{5}{3}\epsilon(\epsilon+1)^2.$$

Da $(\epsilon+1)^2 \to 1$ für $T \to T_c$ gilt, folgt:

$$\widehat{M} \sim \sqrt{\frac{5}{3}}(-\epsilon)^{\frac{1}{2}}.$$

Wie beim van der Waals-Gas ist somit:

$$\beta = \frac{1}{2}.$$

3) Kritische Isotherme: $T = T_c$; $B_0 \to 0$

$$\Longrightarrow \quad \epsilon = 0; \quad \widehat{M} \text{ und } b \text{ sehr klein.}$$

Dies bedeutet:

$$\widehat{M} \approx \frac{1}{3}b + \widehat{M} - \frac{1}{45}(b + 3\,\widehat{M})^3$$

$$\Longrightarrow \quad 15\,b \approx (b + 3\,\widehat{M})^3 \quad \Longleftrightarrow \quad b + 3\,\widehat{M} \approx (15\,b)^{\frac{1}{3}}$$

$$\longrightarrow \quad 3\,\widehat{M} \approx (15\,b)^{\frac{1}{3}} - b \approx (15\,b)^{\frac{1}{3}}, \text{ da } b \to 0.$$

Dies ergibt

$$b \sim \frac{3}{5}\widehat{M}^3$$

und führt auf den kritischen Exponenten

$$\delta = 3.$$

4)

$$\chi_T = \left(\frac{\partial M}{\partial H}\right)_T = \frac{M_0\,\mu_0\,m}{k_B\,T}\left(\frac{\partial \widehat{M}}{\partial b}\right)_{T,b=0} = \frac{3}{\lambda(\epsilon+1)}\left(\frac{\partial \widehat{M}}{\partial b}\right)_{T,b=0}.$$

Im kritischen Bereich ist $\widehat{M}$ sehr klein:

$$\left.\frac{\partial L}{\partial b}\right|_{b=0} = \frac{\partial x}{\partial b}\left.\left(\frac{1}{3} - \frac{1}{15}x^2\right)\right|_{b=0} + \ldots$$

$$\left.\frac{\partial \widehat{M}}{\partial b}\right|_{b=0} = \left(1 + \frac{3}{\epsilon+1}\left.\frac{\partial \widehat{M}}{\partial b}\right|_{b=0}\right)\left(\frac{1}{3} - \frac{1}{15}\frac{9\widehat{M}^2}{(\epsilon+1)^2}\right) + \dots$$

$$\Longrightarrow \quad \left.\frac{\partial \widehat{M}}{\partial b}\right|_{b=0} \cdot \left(1 - \frac{1}{\epsilon+1} + \frac{9}{5}\frac{\widehat{M}^2}{(\epsilon+1)^3}\right) = \frac{1}{3}\left(1 - \frac{9}{5}\frac{\widehat{M}^2}{(\epsilon+1)^2}\right).$$

$T \to T_c$ bedeutet $\widehat{M} \to 0$:

$$\left(\frac{\partial \widehat{M}}{\partial b}\right)_{T,b=0} \approx \frac{1}{3}\frac{1}{\frac{\epsilon}{\epsilon+1} + \frac{9}{5}\frac{\widehat{M}^2}{(\epsilon+1)}}.$$

a) $T \underset{\rightarrow}{>} T_c$:

Oberhalb T_c ist $\widehat{M} \equiv 0$, so daß mit $(\epsilon + 1) \xrightarrow[T \to T_c]{} 1$ folgt:

$$\left(\frac{\partial \widehat{M}}{\partial b}\right) \sim \frac{1}{3}\epsilon^{-1}.$$

Dies bedeutet für die Suszeptiblität:

$$\chi_T \sim \frac{1}{\lambda}\epsilon^{-1} \quad \Longrightarrow \quad \gamma = 1.$$

b) $T \underset{\rightarrow}{<} T_c$:

Nach Teil 2) haben wir nun $\widehat{M}^2 \sim \frac{5}{3}(-\epsilon)$ einzusetzen:

$$\chi_T \sim \frac{1}{2\lambda}(-\epsilon)^{-1} \quad \Longrightarrow \quad \gamma' = 1.$$

Für die kritischen Amplituden ergibt sich wie beim van der Waals-Gas:

$$C' = \frac{1}{2}C.$$

LITERATURVERZEICHNIS

Thermodynamik

Jelitto, R.J.: Theoretische Physik 6, Thermodynamik und Statistik, Aula, Wiesbaden, 1985

Weidlich, W.: Thermodynamik und statistische Mechanik, Akademische Verlagsgesellschaft, Wiesbaden, 1976

Kittel, C.: Physik der Wärme, Oldenbourg, München, 1973

Stumpf, H.; Rieckers, A.: Thermodynamik 1, Vieweg, 1976

Huang, K.: Statistische Mechanik I, Bibliographisches Institut, Mannheim, 1964

Becker, R.: Theorie der Wärme, Springer, Berlin, 1966

Stanley, H.E.: Introduction to Phase Transitions and Critical Phenomena, Clarendon, Oxford, 1971

Spezielle Relativitätstheorie

Jelitto, R.J.: Theoretische Physik 3, Elektrodynamik, Aula, Wiesbaden, 1985

Jackson, J.D.: Classical Electrodynamics, Wiley, New York, 1975

Kacser, C.: Introduction to the Special Theory of Relativity, Prentice-Hall, Englewood Cliffs, 1967

French, A.P.: Die spezielle Relativitätstheorie, Vieweg, 1971

Sommerfeld, A.: Elektrodynamik, Deutsch, Frankfurt, 1977

STICHWÖRTERVERZEICHNIS

Hinweis auf weitere Bücher des Verlages:

In der Reihe **GRUNDKURS: THEORETISCHE PHYSIK** von Prof. Dr. Nolting sind bisher erschienen:

Band 1: **Klassische Mechanik**

3., durchgesehene Auflage 1993. XII, 356 S. 183 Abb. 74 Aufgaben mit **vollständigen** Lösungen. Kartoniert DM 38,00. ISBN 3-922410-18-9.

Band 2: **Analytische Mechanik**

3., durchgesehene Auflage 1993. IX, 255 S. 66 Abb. 30 Aufgaben mit **vollständigen** Lösungen. Kartoniert DM 28,00. ISBN 3-922410-21-9.

Band 3: **Elektrodynamik**

3., durchgesehene Auflage 1993. X, 493 S. 224 Abb. 73 Aufgaben mit **vollständigen** Lösungen. Kartoniert DM 52,00. ISBN 3-922410-20-0.

Band 5: **Quantenmechanik, Teil 1: Grundlagen**

1992. XII, 460 S. 115 Abb. 130 Aufgaben mit **vollständigen** Lösungen. Kartoniert DM 52,00. ISBN 3-922410-25-1.

Band 5: **Quantenmechanik, Teil 2: Methoden und Anwendungen**

1993. X, 489 S. 53 Abb. 110 Aufgaben mit **vollständigen** Lösungen. Kartoniert DM 55,00. ISBN 3-922410-27-8.

Band 7: **Viel-Teilchen-Theorie**

2., überarbeitete und erweiterte Auflage 1992. XIII, 600 S. 162 Abb. 109 Aufgaben mit **vollständigen** Lösungen. Kartoniert DM 72,00. ISBN 3-922410-24-3.

Verlag Zimmermann-Neufang • Antoniusstr. 9 • 56766 Ulmen